地震学

第3版

宇津徳治 著

共立出版株式会社

第3版の刊行にあたって

　地震学（seismology）は地震とそれに関連する現象を研究する学問であるが，大別して，地震の発生に関連する問題と，地震波とそれによる地球内部構造探求の問題を扱っている．前者の研究には後者の知識が不可欠であるし，さらにこれらの基礎として，地震動の測定や弾性の理論などがある．本書は以上の比較的狭い意味での地震学について，基礎的な知識を記述したものである．地震学を学ぼうとする学生諸君の入門書となることを目的としているが，地震学に隣接する分野の研究者の方々，あるいは企業や官庁で地震に関連する業務に携わっている方々などにも参考に供して頂けるものと思う．

　地震現象が関係する分野は広い．本書はそれらのすべてを含めてはいない．たとえば地震災害については断片的にしか述べていないし，地球の内部についても，地震波によって直接調べられることに限定し，密度，圧力，温度，電磁気的性質，物質の組成・物性，流動などについてはほとんどふれていない．

　本書の初版は1977年に，第2版は1984年に刊行されたが，その後の学問の進展に伴い追加・修正を必要とする部分が目立ってきた．地震発生の断層モデルやプレートテクトニクスを含む近代地震学の基礎は，初版刊行以前にできあがっていたが，それ以後の地震学は，質，量ともに向上した観測データ，データ処理能力，実験・解析技術を駆使してより詳細な研究を行い，地震発生過程，発生状況，地球内部構造などの複雑性・多様性を明らかにしつつある．たとえば最近の研究論文では，複雑な地球内部の三次元構造モデルは多数の水平・鉛直断面についてカラー図版で示すのがふつうになっている．

　しかし，初期の単純な方法・モデルは，全体像を大局的に把握するためにも，学問の進展をたどり研究手法を会得するためにも，まず理解しなければならない．本書では第2版と同様，このような基本的な方法や成果を解説する一方，最近の研究についてもなるべくふれるようにした．巻末の引用文献の半数近くが第2版以降に刊行されたものである．

　今後とも内容改善のためのご助言を頂ければ幸いである．

2001年5月　　　　　　　　　　　　　　　　　　　　　　　　　著　者

例　言

1. 用語は『文部省学術用語集地震学編（増訂版）』(2000) によった．したがって本書第2版の用語とやや違う表記がいくつかある．たとえばアクースティック・エミッションはアコースティックエミッションに，アセノスフェアはアセノスフェアに，アレイはアレーに，ダイアグラムはダイヤグラムに，ダイレイタンシーはダイラタンシーに，ハイドロフォンはハイドロホンに，バリアはバリヤーに，沈み込みは沈込みに，立ち上りは立上りに，くい違いは食違いに変更した．筆者は個人的には前者のほうがよいと思うが，学術用語には文部省（当時）の選定基準があり，それに従って決められている．

2. 地名は大陸，大洋，プレート，国名は片仮名または漢字を用い適宜略記し（たとえば南米，中国），その他は日本，中国を除き原則として英語論文でふつうに使われるつづりを用いた（たとえば Kamchatka 半島, San Andreas 断層）．したがって現地語のつづりとは異なる場合もある．なお，日本訳の呼び名がふつうに使われている場合はそれを使った（たとえば地中海）．

3. 人名の次に刊行年を記した研究は，古典的なものを除き文献を巻末に示し参照の便をはかった．刊行年に*がついているものは巻末に参考書として挙げたものである．学問上の常識となっている事柄，研究の動向や総括を記す際には出典を挙げていない．なお，日本人の名については引用論文が外国語であっても漢字等で記した．ただし字体を常用漢字など通常使われる字体に変えてある（たとえば鹽→塩，邊→辺，廣→広）．外国人については引用論文に用いられているつづり（中国語，ロシア語などではその英文要旨または英訳等に用いられているつづり）を採用した．ただし，数学，物理学等で用いられている法則，定数，公式，関数，現象などに含まれる人名はそれぞれの『学術用語集』と同じカタカナを用いた（たとえばポアソン分布，フーリエ変換，レイリー波）．人名を含む用語は学術用語として定められているもの以外は前記方針によって Haskell の方法，Jeffreys-Bullen の表，Benioff 式地震計のように記した．

4. 地震名は San Francisco 地震（1906），チリ地震（1960）のように発生

年を添えた．発生年月日とマグニチュードは巻末の地震索引に示した．日付は日本の地震は日本時間，他はUTであるが古い地震では現地時間のものもある．

5. 地震のマグニチュードには色々な種類がある（§5.2）．本書では外地の地震についてはM_w, M_s（浅い地震），m_B（深い地震）を主として用い，日本の地震については気象庁の方式による値をMで表して用いている（地震索引ではM_w, M_s, m_Bも付記）．なお，使われたマグニチュードを説明すると煩雑になる場合や，だいたいの値を表示する場合も単にMと記している．

6. logは常用対数，lnは自然対数を表す．

7. 次の文字を断りなく用いたときは次の意味を表す．

g：重力加速度

h：震源の深さ

i：$\sqrt{-1}$

i, jなどの添字：1, 2, …

M：気象庁マグニチュード（§5.2E）または前記5項の説明参照．

m_B：実体波マグニチュード（§5.2D）

m_b：実体波マグニチュード（短周期地震計によるもの）（§5.2D）

M_L：Richterのローカルマグニチュード（§5.2B）

M_s：表面波マグニチュード（§5.2C）

M_w：モーメントマグニチュード（§5.2G）

r_0：地球を球とみなした場合の半径（通常$r_0=6371$kmが使われる）

t：時間

V_P：P波の速度，V_S：S波の速度

Δ：震央距離

$\delta(\cdot)$：δ関数（§2.1A）

$\Gamma(\cdot)$：ガンマ関数

λ, μ：ラメの定数（§3.1B）

ρ：密度

ω：角周波数

目　　次

1章　地震概説
1.1　地震と地震動……………………………………………………………1
1.2　震源と震央………………………………………………………………2
1.3　震度とマグニチュード…………………………………………………2
1.4　地震活動と地震の群……………………………………………………3
1.5　地震計と地震観測………………………………………………………4
1.6　地震波の伝搬と地球内部構造…………………………………………5
1.7　地震に伴う現象…………………………………………………………7
1.8　地震の原因と予知………………………………………………………8

2章　地震計と地震観測
2.1　線形システムの応答特性……………………………………………11
　　A．線形システム………………………………………………………11
　　B．波動のスペクトル…………………………………………………12
　　C．周波数特性…………………………………………………………12
　　D．地震計の原理………………………………………………………14
2.2　振り子の運動と機械式地震計………………………………………15
　　A．簡単な振り子………………………………………………………15
　　B．地震計に使われる振り子…………………………………………16
　　C．制振作用……………………………………………………………19
　　D．地動と振り子の運動との関係……………………………………20
　　E．機械式あるいは光学式地震計の周波数特性……………………21
　　F．摩擦の影響…………………………………………………………24
2.3　電磁式地震計…………………………………………………………24
　　A．可動コイル形変換器と検流計……………………………………24
　　B．電磁式地震計の方程式……………………………………………26
　　C．電磁式地震計の周波数特性………………………………………28
　　D．増幅器を用いる電磁式地震計……………………………………32

E．フィードバック型換振器 …………………………………33
　　　F．地震計の校正 ……………………………………………33
　2.4　ひずみ地震計および地殻変動連続観測装置 …………………34
　　　A．ひずみ地震計および伸縮計 ……………………………34
　　　B．埋込式ひずみ計 …………………………………………36
　　　C．傾斜計 ……………………………………………………36
　2.5　地震の観測 ……………………………………………………37
　　　A．地震観測網 ………………………………………………37
　　　B．SN比の改善 ……………………………………………40
　　　C．海底地震観測 ……………………………………………41

3章　弾性波動

　3.1　弾　性 ………………………………………………………43
　　　A．ひずみと応力の定義 ……………………………………43
　　　B．ひずみと応力の関係 ……………………………………44
　　　C．弾性体の運動方程式と弾性波 …………………………45
　　　D．異方性 ……………………………………………………49
　　　E．弾性エネルギー …………………………………………50
　3.2　実体波の反射屈折と表面波 …………………………………51
　　　A．反射と屈折 ………………………………………………51
　　　B．レイリー波 ………………………………………………53
　　　C．ラブ波 ……………………………………………………55
　　　D．位相速度と群速度 ………………………………………57
　　　E．表層がある場合のレイリー波 …………………………58
　　　F．水平 n 層構造の場合 …………………………………58
　　　G．球面を伝わる表面波 ……………………………………62
　3.3　弾性球の自由振動 ……………………………………………62
　　　A．一様な球の自由振動 ……………………………………62
　　　B．層構造をもつ球の自由振動 ……………………………64
　3.4　非弾性 …………………………………………………………65
　　　A．Q という量 ……………………………………………65
　　　B．粘弾性 ……………………………………………………67

4章　地震波による地球内部構造の研究

- 4.1　地球の層構造と実体波の伝搬 …………………………………71
  - A．震波線 …………………………………………………………71
  - B．ヘルグロッツ・ウィーヘルトのインバージョン ……………72
  - C．実体波の振幅 …………………………………………………75
  - D．表層の構造 ……………………………………………………76
  - E．地震波トモグラフィー …………………………………………78
  - F．実体波の色々な位相と標準走時曲線 …………………………79
  - G．震央距離と方位角の計算 ………………………………………84
- 4.2　実体波による地殻・マントル・核の構造 ……………………85
  - A．地殻の構造 ……………………………………………………85
  - B．マントルの構造 ………………………………………………91
  - C．実体波によるマントルの Q 構造 ……………………………96
  - D．核の構造 ………………………………………………………98
- 4.3　表面波による地殻および上部マントルの構造 ………………100
  - A．初期の研究 ……………………………………………………100
  - B．長周期表面波による研究 ……………………………………102
  - C．表面波によるマントルの Q 構造 ……………………………106
  - D．L_g, T 相，その他 ……………………………………………107
- 4.4　地球の自由振動と総合地球モデル ……………………………109
  - A．自由振動の観測 ………………………………………………109
  - B．自由振動データのインバージョン …………………………111
  - C．総合地球モデル ………………………………………………112
- 4.5　島弧などの異常構造 ……………………………………………114
  - A．島弧とは ………………………………………………………114
  - B．島弧の地下構造 ………………………………………………114
  - C．中央海嶺 ………………………………………………………120

5章　地震動の強さと地震の大きさ

- 5.1　震度 ………………………………………………………………121
  - A．震度階 …………………………………………………………121
  - B．震度と加速度 …………………………………………………124
  - C．震度分布 ………………………………………………………126

D. 異常震域 …………………………………………………… 128
5.2 地震のマグニチュード ……………………………………… 130
　　A. 地震の大きさと表示 ………………………………………… 130
　　B. Richter の定義 ……………………………………………… 130
　　C. 表面波マグニチュード ……………………………………… 131
　　D. 実体波によるマグニチュード ……………………………… 131
　　E. 色々な方式のマグニチュード ……………………………… 132
　　F. 震度とマグニチュードの関係 ……………………………… 135
　　G. マグニチュードの問題点とモーメントマグニチュード … 137
5.3 地震のエネルギー ……………………………………………… 139
　　A. 震源域におけるエネルギーの収支 ………………………… 139
　　B. 地震波エネルギーの推定 …………………………………… 140
　　C. 地殻変動から求めたひずみエネルギー …………………… 141
　　D. マグニチュードとエネルギーの関係 ……………………… 141
5.4 地震のマグニチュードの度数分布 …………………………… 143
　　A. グーテンベルク・リヒターの式 …………………………… 143
　　B. b 値の求め方 ……………………………………………… 145
　　C. b 値の空間的変動 ………………………………………… 146
　　D. 石本・飯田の式 ……………………………………………… 146
　　E. グーテンベルク・リヒターの式の解釈 …………………… 147
　　F. その他の問題 ………………………………………………… 151

6章　地震の空間的分布——世界各地の地震活動

6.1 震源の求め方 …………………………………………………… 153
　　A. 近地浅発地震 ………………………………………………… 153
　　B. 標準走時表を用いる方法 …………………………………… 154
　　C. 格子点捜査法 ………………………………………………… 156
　　D. 震央・震源の推定法 ………………………………………… 156
　　E. 震源決定の諸問題 …………………………………………… 158
6.2 世界の地震活動の分布 ………………………………………… 160
　　A. 概　説 ………………………………………………………… 160
　　B. 島弧と深発地震 ……………………………………………… 164
　　C. 中央海嶺，大陸内リフトおよびトランスフォーム断層の地震 …… 166

- 6.3 サイスミシティの表現と性質 …………………………………………166
  - A． サイスミシティの量的表現 …………………………………………166
  - B． 地震帯・地震区 ………………………………………………………167
  - C． 地震の分布と火山の分布 ……………………………………………169
  - D． 地形，地質，地殻構造，重力，地殻熱流量，電磁気データなどとの関係 …170
  - E． 震源の空間的分布の統計 ……………………………………………171
- 6.4 日本とその周辺の地震活動 ……………………………………………172
  - A． 総論 ……………………………………………………………………172
  - B． 南千島・北海道 ………………………………………………………176
  - C． 東北地方 ………………………………………………………………178
  - D． 関東地方 ………………………………………………………………179
  - E． 東海道-南海道沖 ……………………………………………………180
  - F． 西日本内陸部 …………………………………………………………181
  - G． 九州-南西諸島沖 ……………………………………………………181
- 6.5 世界のいくつかの地域における地震活動 ……………………………182
  - A． 北アメリカ ……………………………………………………………182
  - B． 中南米 …………………………………………………………………183
  - C． オセアニア，東南アジア ……………………………………………184
  - D． 中国，インドとその周辺 ……………………………………………185
  - E． 中近東 …………………………………………………………………186
  - F． 地中海周辺 ……………………………………………………………187

7章　地震の群と時間的分布・地震活動のパターン

- 7.1 余震 ………………………………………………………………………189
  - A． 余震の空間的分布 ……………………………………………………189
  - B． 余震の時間的分布 ……………………………………………………192
  - C． 余震活動 ………………………………………………………………194
  - D． 余震現象の解釈 ………………………………………………………195
- 7.2 前震 ………………………………………………………………………199
  - A． 前震活動の多様性 ……………………………………………………199
  - B． 前震の震源分布，時間分布，大きさ分布 …………………………199
  - C． 前震現象の解釈 ………………………………………………………202
- 7.3 群発地震・地震の続発 …………………………………………………202

7.4 地震の時系列の点過程モデル ……………………………………206
  A. ポアソン過程 …………………………………………………206
  B. 発生率が時間的に変動する場合（非定常ポアソン過程）……208
  C. 更新過程 ………………………………………………………208
  D. 発生時期予測可能モデルなど ………………………………210
  E. 分岐ポアソン過程 ……………………………………………211
  F. ETASモデル …………………………………………………213
7.5 地震発生の周期性および他現象との相関 ……………………213
  A. 周期性の存在 …………………………………………………213
  B. 周期性の例および他現象との相関 …………………………215
7.6 地震活動の時間的空間的関連性 ………………………………217
  A. 空白域と静穏化 ………………………………………………217
  B. 地震活動の相関・移動 ………………………………………218
  C. 地震が地震を誘発するメカニズム …………………………220
  D. 統計的有意性など ……………………………………………221
7.7 誘発地震 …………………………………………………………222
  A. ダムと地震 ……………………………………………………222
  B. 水の注入 ………………………………………………………223
  C. その他の誘発地震 ……………………………………………224

8章 地震に関連する地殻変動

8.1 地震断層 …………………………………………………………225
  A. 断層と地震 ……………………………………………………225
  B. 地震断層の例 …………………………………………………226
  C. 地震断層の性状 ………………………………………………229
8.2 地震と同時に起こる地盤の昇降 ………………………………230
  A. 海岸の昇降 ……………………………………………………230
  B. 水準測量など …………………………………………………232
8.3 地震と同時に起こる地盤の水平変動 …………………………233
  A. 三角網の解析 …………………………………………………233
  B. 地震に伴う水平変動 …………………………………………235
8.4 断層の変位による地殻変動の分布 ……………………………236

		A． 変位およびひずみを表す式 ································· 236
		B． 計算例 ··· 237
		C． 地殻変動域の大きさとストレインステップ ······· 238
		D． 測地データのインバージョン ··························· 239
		E． 地震サイクル ··· 240

8.5 地震を伴わないやや急な変動 ································· 241
  A． 断層のクリープ, サイレント地震 ······················ 241
  B． 氷期後の隆起 ··· 242
  C． 地盤沈下など ··· 243
  D． その他の非地震性の急な変動 ·························· 243

8.6 活断層など ··· 243
  A． 活断層 ··· 243
  B． 海岸段丘 ·· 246

9章　岩石の破壊とすべり

9.1 岩石の変形と破壊 ·· 247
  A． 応力-ひずみ曲線 ··· 247
  B． ダイラタンシー ··· 248
  C． 岩石の破壊強度 ··· 248
  D． 遅れ破壊 ·· 250

9.2 岩石の破壊前の挙動 ··· 250
  A． 微小破壊 ·· 250
  B． 弾性波速度の変化 ·· 253
  C． 電気抵抗の変化その他 ·································· 253

9.3 断層のすべり ·· 253
  A． スティックスリップと安定すべり ···················· 253
  B． 摩擦すべりの構成則 ····································· 254

10章　地震発生のメカニズム

10.1 P波初動による発震機構 ······································ 257
  A． P波の押し引き分布 ······································ 257
  B． 押し引きの観測から節面を求める ··················· 258

- 10.2 震源を代表する力 …………………………………………………… 262
  - A. I型とII型 ……………………………………………………… 262
  - B. S波の初動分布 ………………………………………………… 263
  - C. 表面波による発震機構の研究 ………………………………… 264
- 10.3 地震モーメント・応力降下 ………………………………………… 264
  - A. 断層の変位と等価な力 ………………………………………… 264
  - B. 地震モーメント ………………………………………………… 265
  - C. 応力降下 ………………………………………………………… 266
- 10.4 点震源とモーメントテンソル ……………………………………… 269
  - A. 点震源から出る地震波 ………………………………………… 269
  - B. モーメントテンソル …………………………………………… 270
  - C. Bruneのモデル ………………………………………………… 272
- 10.5 断層モデル …………………………………………………………… 274
  - A. 断層運動の進行 ………………………………………………… 274
  - B. 理論地震記象 …………………………………………………… 275
  - C. 移動震源モデルによる解析例 ………………………………… 276
  - D. 標準的な地震の断層パラメーター ……………………………… 279
  - E. 地震波のスペクトル …………………………………………… 281
- 10.6 震源過程の複雑性と多様性 ………………………………………… 282
  - A. 断面層の不均質性と短周期地震波の発生 …………………… 282
  - B. マルチプルショック ………………………………………… 284
  - C. 複雑な地震波形のインバージョン …………………………… 284
  - D. 強震動の合成 …………………………………………………… 286
  - E. すべりの始まりと進行 ………………………………………… 287
  - F. 断層面の構成則に関連する問題 ……………………………… 287
  - G. スロー地震と津波地震 ………………………………………… 288
  - H. 非ダブルカップル地震 ………………………………………… 289
- 10.7 世界各地域の地震メカニズム ……………………………………… 290
  - A. 断層面解の地域性 ……………………………………………… 290
  - B. 島弧の地震のメカニズム ……………………………………… 291
  - C. 中央海嶺およびトランスフォーム断層の地震のメカニズム … 293
  - D. 大陸内部の地震のメカニズム ………………………………… 293
- 10.8 プレートテクトニクスと地震の原因 ……………………………… 294

A．プレートテクトニクス ……………………………………294
　　B．プレートの相対運動 …………………………………………296
　　C．日本付近のプレート …………………………………………297
　　D．プレートテクトニクスと地震 ………………………………297
　　E．プレート運動の原動力 ………………………………………299
　　F．地震を起こす応力の原因 ……………………………………300
　　G．深発地震の問題 ………………………………………………301

11章　地震に伴う自然現象

11.1　地表に対する影響 ……………………………………………303
　　A．地割れ，地盤の液状化 ………………………………………303
　　B．山崩れ，地すべり ……………………………………………303
　　C．海底の乱泥流 …………………………………………………304
11.2　水圏への影響 …………………………………………………304
　　A．海　震 …………………………………………………………304
　　B．津　波 …………………………………………………………304
　　C．セイシュ ………………………………………………………307
　　D．地下水への影響 ………………………………………………307
11.3　大気圏での現象 ………………………………………………308
　　A．地鳴り …………………………………………………………308
　　B．大気中の長周期波動・大気と結合したレイリー波 ………309
　　C．発光現象 ………………………………………………………309
11.4　地震に伴う電磁気現象 ………………………………………309
　　A．地磁気 …………………………………………………………309
　　B．地電流 …………………………………………………………310
　　C．電気抵抗 ………………………………………………………310
11.5　その他の現象 …………………………………………………310
　　A．火山活動への影響 ……………………………………………310
　　B．重力の変化 ……………………………………………………311
　　C．チャンドラー章動に対する影響 ……………………………311

12章　地震危険度の推定と地震の予知

12.1　地震危険度の推定 ……………………………………………… 313
　A．地震発生の確率 ………………………………………………… 313
　B．地震危険度分布図 ……………………………………………… 315

12.2　地震予知の一般論 ……………………………………………… 318

12.3　地震に先行する地殻変動 ……………………………………… 320
　A．地盤の昇降 ……………………………………………………… 320
　B．水平ひずみ ……………………………………………………… 321
　C．地殻変動の連続観測 …………………………………………… 321

12.4　地震活動などの異常 …………………………………………… 322
　A．前震の判定 ……………………………………………………… 322
　B．地震活動の静穏化など ………………………………………… 323
　C．広義の前震，地震活動の活発化など ………………………… 324
　D．メカニズムの変化その他 ……………………………………… 325

12.5　その他の異常 …………………………………………………… 325
　A．地震波速度・減衰の変化 ……………………………………… 325
　B．電磁気的現象 …………………………………………………… 326
　C．地下水，地球化学的観測 ……………………………………… 327
　D．その他 …………………………………………………………… 328

12.6　地震の前兆現象の解釈 ………………………………………… 328
　A．前兆現象の現れる期間 ………………………………………… 328
　B．前兆現象のモデル ……………………………………………… 329

参考書 ……………………………………………………………………… 331
学術誌 ……………………………………………………………………… 335
文　献 ……………………………………………………………………… 336
地震索引 …………………………………………………………………… 359
　A．日本および周辺の地震 ………………………………………… 359
　B．外国の地震 ……………………………………………………… 363

事項索引 …………………………………………………………………… 367

1章 地 震 概 説

1.1 地震と地震動

　地震 (earthquake) とは，地球を構成している岩石の一部分に急激な運動が起こり，そこから**地震波** (seismic wave) が発生する現象である．地震波による地表あるいは地中の振動を**地震動** (earthquake motion) というが，一般には地震動も地震と呼んでいる．地震波は地球が弾性体であるために，その内部あるいは表面に沿って伝わる弾性波にほかならない．内部を伝わる波を**実体波** (body wave)，表面に沿って伝わる波を**表面波** (surface wave) という．

　地震は自然に発生するものであるが，人為的な原因，たとえば火薬の爆発や核爆発，あるいは重い物体が落ちたときの衝撃によっても地震と似た現象が起こる．これらは**人工地震** (artificial earthquake) と呼ばれ，**自然地震** (natural earthquake) と区別されている．また，深い井戸に水を大量に注入したり，高いダムを造って貯水したりすると地震が起こることがある．これらは前記の人工地震とは異なり，その発生位置，時刻，大きさなどを制御できないもので，**誘発地震** (induced earthquake) と呼ばれている．鉱山などに起こる**山はね** (rock burst) や，地下核実験の後に起こる余震なども一種の誘発地震といえよう．

　地表は地震動以外にも，色々な原因によって常に揺れ動いている．このような振動を**雑微動**または**常時微動** (microtremor, earth noise) という．とくに周期がほぼ一定（数秒程度）で，比較的規則的な波形で長時間続く振動を**脈動** (microseisms) という．脈動は主に海岸付近における波浪によって生じるものと考えられており，海況に応じて広い地域にわたって盛んになったり衰えたりする．これに対して，短周期（1秒以下）の雑微動は，波浪，風，滝など自然の原因によるものもあるが，交通機関，工場，土木工事その他人間の活動によってひき起こされるものが多く，市街地付近では人工的雑微動が著しい．

雑微動や脈動は地震計を用いて地震動を観測するとき**背景雑音**（background noise）として障害になる．月面に置かれた地震計が地球上に比べ1～3桁高い倍率で使えるのは，月には雑微動や脈動をひき起こす原因がほとんどないからである．このため，月の地震すなわち**月震**（moonquake）は，地球の地震に比べてきわめて小さいのにもかかわらず数多く観測されている．

1.2 震源と震央

　地震の直接の原因である地球内部の急激な運動は，岩石の破壊によって起こるものと考えられる．この破壊が生じた領域を**震源域**（source region）と呼ぶ．大きな地震では，震源域は数十～数百kmに達するので，これを1点とみなすのは無理である．しかし各地での地震波の到着時刻の観測値から，地震波が発生した場所を点と仮定してその位置を求めてみると，とくに不都合なく1点が決まる．この点，すなわち**震源**（hypocenter, focus）は破壊が最初に発生した点であり，震源域の中心ではなく縁に近い例も少なくない．**震央**（epicenter）とは震源の真上の地表の点をいう．震源の位置は震央の緯度・経度と**震源の深さ**（focal depth）によって示される．大きな地震では震源の位置だけでその発生場所を示すのは不合理で，震源域を表示する必要がある．震源域はその境界を明確に定めることは難しいが，余震の震源分布や，各地の地震動の記録，地震に伴う地殻変動や津波の状況などから推定できる．

　地震は震源の深さによって**浅発地震**（shallow earthquake），**やや深発地震**（intermediate-depth earthquake），**深発地震**（deep earthquake）に分けられる．その境は必ずしも定まっていないが，GutenbergとRichter（1949*）に習って70kmと300kmにとることが多い．ISC（§2.5A参照）では60kmと300kmを境にしている．700kmを越える深発地震は確認されていない．

1.3 震度とマグニチュード

　地震波の発生源としての地震の大小の程度を表す数値を**マグニチュード**（earthquake magnitude）といい，ある場所の地震動の強弱の程度を表す数値を**震度**（seismic intensity）という．マグニチュードの尺度にも，震度の尺度すなわち震度階にも，色々なものがあるから混同しないよう注意を要す

る．かつてはマスメディアでも震度とマグニチュードの混同が散見された．マグニチュードも震度も頻繁に使われているが，地震の大小や地震動の強弱を一つの数字で表すのは無理な面があることは承知しておくべきであろう．

震度は日本では長らく0から7まで8階級の気象庁震度階級が用いられてきたが，1996年10月から震度5と6をそれぞれ弱，強を付けて二つに分け10階級とした（§5.1A）．外国では12階級の震度階が多く用いられている．

マグニチュードの尺度としてはRichter（1935）が始めたものが広く使われている．ただし，Richterの定義のままでは，ほとんどの地震のマグニチュードは求められないので，これを拡張した種々の方法が提出されている（§5.2）．異なる方法で決めたマグニチュードは，同一地震でもかなり異なることがあり，同一方法によっても使用するデータが異なるとやや違う値になるのが普通である．日本ではマグニチュード M が7以上の地震を大地震，$7 > M \geq 5$ を中地震，$5 > M \geq 3$ を小地震，$3 > M \geq 1$ を微小地震，$1 > M$ を極微小地震と呼ぶことにしているが，これは国際的に通用する分類ではない．境界を明確には意識せず，大地震（large earthquake）とか小地震（small earthquake），さらには巨大地震（great earthquake）とか微小地震（microearthquake）とかいうこともある．

1.4 地震活動と地震の群

ある地域の地震の起こり方をその発生度数や大きさなどに基づいて考えるときサイスミシティ（seismicity）という，すなわち，地震活動（seismic activity）の程度を量的に考えているわけであるが，これを一つの数値として適切に表示することは困難で，単にサイスミシティが高いとか低いとか記述するにとどまっていることが多い．サイスミシティは地域的に著しく異なるほか，同じ地域でも時間的に変動している．

地震は限られた時間空間の範囲内に群をなして起こる傾向がある．一群の地震のうち一つだけとくに大きいものがあれば，それを本震（main shock）と呼び，本震の前に起こったものを前震（foreshock），後に起こったものを余震（aftershock）と呼ぶ．本震といえるような地震を含まない一群の地震を群発地震（earthquake swarm）という．以上の定義はややあいまいなので，と

きに分類に迷うが，厳密でかつ一般性のある定義を示すことは難しい．多数の余震を伴う本震でも，その前震は少なく，まったく観測されない場合も多い．

余震にはその時間的空間的分布に規則性があるので，一連の地震を群発地震とみるか（前震）-本震-余震系列とみるかは，そのような規則性を勘案して判断することもある．しかし，一連の地震活動の進行中に，それが群発地震であるか，後で起こる大地震の前震系列であるかを判別することはむずかしい．

1.5 地震計と地震観測

地震動を記録する器械を**地震計**（seismograph），その記録を**地震記象**（seismogram）という．普通は地面の運動を水平動2成分（南北動と東西動）と上下動に分けて記録するので，**水平動地震計**（horizontal-component seismometer）2台と**上下動地震計**（vertical-component seismometer）1台を一組として使う．実用的な地震計の開発は明治初期，日本に教師として来ていたイギリス人 Ewing, Gray, Milne らによってなされた．彼らは横浜地震（1880）などの体験を通じて，地震現象に関心を抱き研究を始めたのである．

普通の地震計は振り子を用いている．振り子は地震のとき地面とは違う運動をするので，振り子と地面の相対運動を適当な方法で記録すると地震計になる．振り子の運動をてこによって機械的に拡大して記録するものを**機械式地震計**（mechanical seismograph），光のてこを用いて印画紙に記録するものを**光学式地震計**（optical seismograph），振り子の運動を**変換器**（transducer）により電圧（電流）の変化に変え，電気的に記録するものを**電磁式地震計**（electromagnetic seismograph）という．現在はすべて電磁式であるが，古い地震を研究する際には，旧式の地震計についての知識も必要である．

地震動はその周期および振幅の範囲がきわめて広い．大地震は周期数十分に及ぶ地球の**自由振動**（free oscillation）を励起するが，微小地震では周期0.1秒以下の地震波が卓越する．大地震の震源域付近では倍率1倍の地震計でも記録が振り切れてしまうが，極微小地震の観測には倍率数十万倍以上の地震計も使われる．1種類の地震計でこのように広い周期，振幅の範囲を受け持つのは容易でないので，長周期地震計，短周期地震計，あるいは高倍率地震計，低倍率地震計というように多くの地震計を使い分けてきた．しかし，ディジタル記

録方式によれば,広い周期,振幅の範囲を記録できる広帯域・広ダイナミックレンジの地震計を得ることができる.この方式は計算機処理に適し,記録の伝送,保存,複写による劣化もないので地震観測の主流になっている.

地震計の役目の一つに,各種地震波の到着時刻すなわち**到着時**または**着震時**（arrival time）を正確に測定することがある.そのためには高精度の時計を併用し,また記録装置も精密なものでなければならない.数十年前には毎分1回,機械式の時計からタイムマークを入れるだけで,その時計も1秒以上の誤差は珍しくなかった.現在は報時電波,GPSなどによる正確な時刻信号を地震波形とともに記録し,十分な時刻精度を確保している.

地震の研究のためには,多くの地点に**観測所**（station, observatory）を設け,地震計を配置して,**観測網**（network of stations）を構成する必要がある.近年は地震計の出力波形を有線（電話回線,専用ケーブルなど）または無線（地上波あるいは衛星経由）で遠方に伝送するいわゆる**テレメーター**（telemetry）が盛んになり,多くの地点の地震動を1箇所（観測センター）で集中記録をすることが地震観測の常識になっている.

地震動の波形は記録せず,単にある程度以上の地震動があったこと,あるいはその最大加速度などを指示する器械を**感震器**（seismoscope）という.中国のChang Heng（張衡,132）がつくった候風地動儀は世界最古の感震器といわれている.現在は地震計に感震器の機能も取り込んで,地震動が一定のレベルを越えると電気信号が出力され,震度や最大加速度を表示したり,列車などを止めたりすることに使われている.家庭のガス管の元栓に取り付け,強い地震動を感知したときガスを自動的に止めるような簡単な感震装置もある.

1.6 地震波の伝搬と地球内部構造

等方弾性体の中を伝わる実体波には,**P波**（P wave）,**S波**（S wave）と呼ばれる2種類があり,P波は**縦波**（longitudinal wave）すなわち弾性体内の1点の振動方向は波の進行方向と一致し,S波は**横波**（transverse wave）すなわち振動は進行方向と直角の面上で起こる.このことを明らかにしたのはPoisson（1829）であるが,P波とS波の速度がそれぞれ $V_P = \sqrt{(\lambda+2\mu)/\rho}$, $V_S = \sqrt{\mu/\rho}$ （λ, μ は弾性体のラメの定数,ρ は密度）で表されることは,それ

から20年ほど後,Stokes (1849) によって示された.Ewing (1881) は東京で得られた地震記象上に2種類の波を認め,それが縦波,横波であると説明したが,このことが確立するにはさらに30年を要している.一方,Rayleigh (1885) は**レイリー波**(Rayleigh wave)と呼ばれる表面波の存在を理論的に示した.

震源において地震波が発生した時刻を**震源時**(origin time),到着時と震源時の差,すなわちある波が震源を出てから観測点に達するまでの時間を**走時**(travel time)という.各地のP波,S波などの走時または到着時を**震央距離**(epicentral distance)に対してプロットした図を**走時図**(travel-time diagram),走時と震央距離の関係を表す曲線を**走時曲線**(travel-time curve)という.震央距離は震央と観測点を通る大円に沿って測るが,大円の弧が中心に対して張る角度,すなわち**角距離**(angular distance)で表すこともある.なお,**震源距離**(hypocentral distance)は震源と観測点間の直線距離である.最初の走時曲線は Oldham (1900) が描いたといわれる.

Mohorovičić (1910) は,走時曲線が震央距離175km辺で折れ曲がることから,今日**地殻**(crust)と呼ばれている厚さ35km程度の表層の存在を発見した.地殻とその下の**マントル**(mantle)の境界は**モホロビチッチ不連続面**(Mohorovičić discontinuity),略して**モホ**(Moho)と呼ばれる.マントルは地球(平均半径6371km)の全体積の83%を占めるが,その下の地球の中心部には**核**(core)がある.核の存在はP波が震央距離100°を越える辺りから観測できなくなることから,20世紀初頭に Wiechert, Oldham らによって示唆されていたが,**核-マントル境界**(CMB, core-mantle boundary)の深さを約2900kmと求めたのは Gutenberg (1913) である.

地殻のような表層が存在すると,レイリー波とは異なる種類の表面波が伝搬することが Love (1911*) によって理論的に示された.この波を**ラブ波**(Love wave)という.表層があると,レイリー波もラブ波も速度が波長または周期によって異なる.この現象を**分散**(dispersion)という.表面波の分散を調べて地殻構造を推定する研究は1920年代から Gutenberg, Jeffreys らによって行われ,大陸と大洋の下で構造がかなり違うことがわかってきた.実体波の走時曲線による地球深部の地震波速度分布の研究も進み,1930年代後半

にはGutenbergやJeffreysによる地球全体の層構造のモデルができ上がった．両モデルは現在の知識からみてもほぼ妥当なものと考えられている．チリ地震（1960）の際発見された地球の自由振動は，地球内部構造研究に不可欠のものとなった．地球の内部を探るのには，地震のほかに重力，地磁気，熱流量などの観測や，岩石，隕石の研究，高圧高温下での物性の実験や理論などによって総合的に行われる．

近年は多数の震源と多数の観測点の組合せについて得られた多量の走時データを用いて，地球内部の三次元的地震波速度分布を計算する**地震波トモグラフィー**（seismic tomography）が盛んである．地球内部構造に色々なスケールでの不均質性（構造異常）が見いだされつつあるが，それらを詳しく調べ，地球内部で進行している変動（地震はその現れ）の解明に役立てるのが地震学の目標の一つである．月の内部構造もアポロ計画により1969～72年に月面5箇所に設置された地震計による月震観測からある程度わかっている．

1.7 地震に伴う現象

大地震は自然界および人間社会に大きな影響を及ぼす．地震に伴う自然現象でとくに著しいものは**地殻変動**（crustal deformation）であろう．**地震断層**（earthquake fault）という地盤の食違いが何十kmにわたって現れたり，海岸では海面に対して数mに及ぶ地盤の隆起や沈降が認められたりする．また，測量（近年ではGPS観測網の解析）の結果，広範囲にわたって地盤の水平移動や昇降が発見されることもある．海底の昇降は海水に擾乱を与え，**津波**（tsunami）と呼ばれる周期数分から数十分の海の波を発生し，ときには地震動によるもの以上の災害をもたらす．

強い地震動，あるいは地殻変動は表土に**地割れ**（ground fissure）を生ぜしめる．砂質の地盤では**液状化**（liquefaction）が起こる．また，傾斜地では**山崩れ，地すべり**（landslide）や**土石流**（debris flow）を生ずる．地震のとき場所によっては**地鳴り**（earth sound, rumbling）が聞こえることがある．また，夜間の大地震のときには**発光現象**（earthquake light）があるらしい．

日本をはじめ世界の地震国では，過去に何回となく大地震に見舞われ，多くの死傷者と大きな損害を生じている．**地震災害**（earthquake disaster）の解

説は本書の範囲外であるが，現代の社会においては，破壊的地震の影響は単に強い地震動，山崩れ，地盤の液状化，津波などによる建物の破壊，火災による焼失などにとどまらず，きわめて多岐にわたる．道路，橋，鉄道，港湾，空港，通信施設等の破壊による交通，通信の途絶，電力，水道，ガス等の施設やラインの破壊による供給停止，さらに専門職員，データなどの喪失が加わり，行政，医療，生産，流通，銀行業務などの麻痺も考えられる．その他にも，有害物質の流出とか，パニックによる混乱や治安悪化による色々なタイプの事故・事件などが予想される．大規模な破壊的地震の影響は被災地域にとどまらず，国全体がかなりの混乱と困窮に陥ることもあり得よう．

1.8 地震の原因と予知

地震の原因については古代ギリシャ時代から様々な空想がなされてきた．陰陽，あるいは地水風火のバランス等は論外としても，雷と類似の現象（地中雷），地下の火山爆発，可燃性物質（石炭，石油，硫黄など）の爆発的燃焼，地下空洞の陥落，地下水が熱せられて生じた蒸気圧による岩石の破壊，マグマの急激な運動による衝撃等，多くの説があった．大地震のとき現れる地震断層も，地震の原因なのか結果なのか，議論の分かれるところであった．断層を地震の原因とする考えは濃尾地震（1891）を調べた小藤（1893）が述べている．

San Francisco 地震（1906）のとき，San Andreas 断層の北の部分が 300 km 以上にわたり最大 6.4 m に及ぶ水平ずれを起こした．Reid（1910）は地震前後の測量データにより地殻変動を分析し**弾性反発説**（elastic rebound theory）をたてた．何らかの広域的な力が原因で地殻が弾性的に徐々にひずんでゆく．ひずみがある限度を越えると，地殻は**断層面**（fault plane）に沿って破壊し，断層面の両側の地殻はひずみを解消する方向に急激にずれ動き，これが地震波を発生するというものである．この説は欧米では素直に受け入れられたが，日本では地震はそのように単純なものではないという考えが支配的であった．

P波は縦波であるから，その**初動**（initial motion）は震源から遠ざかる向き，すなわち**押し**（push, compression）か，震源に近づく向き，すなわち**引き**（pull, dilatation）のいずれかである．志田（1917）は静岡県中部地震

(1917) などについて，各地の地震計の記録から押し引きの地理的分布を調べ，著しい規則性を発見した．P波やS波の初動方向や振幅の地理的分布は，震源域にどのような力が働いて，あるいはどのような運動が起こって地震波が発生したかを解く手がかりになる．この問題，すなわち**発震機構**（earthquake mechanism）の研究は，1930年代から本多をはじめ日本の研究者によって盛んに行われた．その結果によれば，ほとんどの地震は震源において直交する二つの面で押し引きの領域が分かれ，この面の一つが断層面に当たると考えてよいことがわかってきた．1960年代後半以降，実体波，表面波の解析から，主要な地震については，断層面の位置と大きさ，断層の相対的変位の方向と量，地震発生に伴う応力の低下量など，いわゆる**断層パラメーター**（fault parameters）が決められるようになり，Reid 以来の断層説が定着している．

断層を動かす力がどこから由来するかは，長らくなぞであったが，現在では**プレートテクトニクス**（plate tectonics）により代表される全地球的な大規模な運動によるという考えが広く受け入れられている．プレートテクトニクスは1967年ころにその大綱がまとまり，地球科学に大きな影響をもたらしたが，この説の成立には，世界各地の特徴的な地下構造やサイスミシティ，発震機構など地震学上の研究成果が大きな役割を演じている．プレートテクトニクスは§10.8で概説するが，その前にも各所でプレートと関連する記述がある．

地震の発生に先立って**前兆現象**（precursor, premonitory phenomenon, 先行現象ともいう）が認められたという報告がたくさんある．地震とは関係ない現象がたまたま地震の前にあったため，前兆と思われた例が多いと思われるが，明らかに関係があると思われるものもある．しかし地震発生前にそれが前兆である可能性が高いと広く認められた例はほとんどない．似た現象があっても地震の発生と結びつかないことが多い．前震は明らかに本震と関係があるが，それが前震であったとわかるのは本震が起こった後である．

地震予知（earthquake prediction）とは，場所，大きさ，時期の3要素をある程度狭い範囲で地震の起こる前に指定することである．前兆かもしれない異常現象を認めたとき，それに応じて上記3要素をどのように指定すれば，どの程度の確率で指定した地震が発生すると言えるかを判断し，適切な予報（あるいは情報）を発表することはたいへんむずかしい（とくに時期の幅が狭い短

期予知の場合)．地震予知は0（できない）か1（できる）として扱う問題ではなく，確率の問題であり，その確率も条件の選び方に大きく支配される．このことをふまえた上で観測・解析を進める一方，現在の知見を正しく理解し，防災に生かしてゆく方策を追求してゆくべきであろう．

2章　地震計と地震観測

2.1　線形システムの応答特性

A. 線形システム

　地震計は一つの**線形システム** (linear system) とみることができる．ここでいうシステムとは，時間 t とともに変化する量を**入力** (input) として与えたとき，それに応じてある**出力** (output) が得られるものである．地震計の場合は，地震動が入力で地震記象が出力であるが，たとえば地下の層構造を一つのシステムとみて，斜め下方から入射する地震波を入力，それによる地表の振動を出力と考えることもできる．線形システムとは，入力 $x_1(t)$ に対する出力が $y_1(t)$，入力 $x_2(t)$ に対する出力が $y_2(t)$ のとき，$x_1(t)+x_2(t)$ という入力を与えれば $y_1(t)+y_2(t)$ という出力が得られ，また，$\alpha x_1(t)$ という入力（α は定数）を与えると出力も $\alpha y_1(t)$ となるものをいう．

　ある線形システムに入力として δ 関数*で表される単位インパルス $\delta(t)$ を与えたときの出力，すなわちそのシステムの**インパルス応答** (impulsive response) を $g(t)$ としよう．任意の関数 $x(t)$ は

$$x(t) = \int_{-\infty}^{\infty} x(u)\delta(t-u)du \tag{2.1}$$

と書けるから，入力 $x(t)$ に対する出力 $y(t)$ は

$$y(t) = \int_{-\infty}^{\infty} x(u)g(t-u)du = x(t) * g(t) \tag{2.2}$$

となる**．$t<0$ では当然 $g(t)=0$ であるから (2.2) は

$$y(t) = \int_{0}^{\infty} g(u)x(t-u)du \tag{2.3}$$

---

* $t=0$ 以外で $\delta(t)=0$，かつ任意の正数 c に対し $\int_{-c}^{c}\delta(t)dt=1$ となるような関数．

** この積分を $x(t)$ と $g(t)$ のコンボリューション (convolution) といい，本書では $x(t) * g(t)$ で表す．逆演算，すなわち $g(t)$ と $y(t)$ から $x(t)$ を求める演算（あるいは $x(t)$ と $y(t)$ から $g(t)$ を求める演算）をデコンボリューション (deconvolution) という．

とも書ける．(2.2), (2.3) はある線形システムの $g(t)$ が与えられていれば，任意の入力に対する出力が一義的に決まることを示している．すなわち，$g(t)$ の中にはそのシステムの性質のすべてが含まれている．

B. 波動のスペクトル

フーリエ積分定理によれば，関数 $x(t)$ は色々な角周波数 ω の正弦波 $e^{i\omega t}$ の重ね合せとして

$$x(t) = \frac{1}{2\pi} \int_{-\infty}^{\infty} \Phi(\omega) e^{i\omega t} d\omega \tag{2.4}$$

のように表すことができる．$\Phi(\omega)$ は $x(t)$ の**フーリエ変換**（Fourier transform）

$$\Phi(\omega) = \int_{-\infty}^{\infty} x(t) e^{-i\omega t} dt \tag{2.5}$$

であり，これを $x(t)$ の**周波数スペクトル**（frequency spectrum）という．$\Phi(\omega)$ の絶対値と偏角

$$X(\omega) = |\Phi(\omega)|, \quad \chi(\omega) = \arg \Phi(\omega) \tag{2.6}$$

をそれぞれ**振幅スペクトル**（amplitude spectrum）および**位相スペクトル**（phase spectrum）という．実数領域でこれらを計算するには

$$X_1 = \int_{-\infty}^{\infty} x(t) \cos(\omega t) dt, \quad X_2 = \int_{-\infty}^{\infty} x(t) \sin(\omega t) dt \tag{2.7}$$

を求め

$$X(\omega) = \sqrt{X_1^2 + X_2^2}, \quad \tan \chi(\omega) = -X_2/X_1 \tag{2.8}$$

とすればよい．単位インパルス $\delta(t)$ のスペクトルは

$$\Phi(\omega) = X(\omega) = 1, \quad \chi(\omega) = 0 \tag{2.9}$$

となる．すなわち δ 関数は次のように表せる．

$$\delta(t) = \frac{1}{2\pi} \int_{-\infty}^{\infty} e^{i\omega t} d\omega \tag{2.10}$$

なお，$X(\omega)^2$ を**パワースペクトル**（power spectrum）という．いま，$x(t)$ は t のある範囲において存在する波形で，その範囲外では $x(t)=0$ とする．また，その範囲内でも $x(t)$ の平均値は 0 であるとする．

$$\varphi(\tau) = \int_{-\infty}^{\infty} x(t) x(t+\tau) dt \tag{2.11}$$

を**自己共分散関数**（autocovariance function）というが，これを用いるとパワースペクトルは次の式で表すことができる．

$$|\Phi(\omega)|^2 = \int_{-\infty}^{\infty} \varphi(\tau) e^{-i\omega\tau} d\tau \tag{2.12}$$

$\varphi(\tau)$ は偶関数なので上式の $e^{-i\omega\tau}$ は $\cos\omega\tau$ で置き換えてもよい．

実際には，有限の長さの波形について，適当な間隔 Δt で $x(t)$ の値を読み取ったデータからスペクトルを推定する．この計算手法として **FFT**（fast Fourier transform）がよく使われてきた．地震波のスペクトルを求めるとき，地震記象上には次々と違う種類の波が到着し重なり合って記録されているので，目的とする波動が卓越している短い部分を取り出すことになる．この場合，(2.5) に基づく計算では，取り出した部分以外でも同一の波形が周期的に繰り返されると仮定したことになる．また，(2.12) に基づく計算では，取り出した部分以外はゼロであり，ある大きさ以上の τ に対して $\varphi(\tau)=0$ と置いたことになる．より分解能がよいといわれるスペクトル解析法として**マキシマムエントロピー法**（maximum entropy method），**存否法**（Sompi method）がある．それぞれの解説として大内と南雲（1975）および斎藤（1978），熊沢ほか（1990）を挙げておこう．

C. 周波数特性

ある線形システムに角周波数 ω の正弦波 $\sin\omega t$ を入力として与えたとき，出力は振幅が $A(\omega)$ 倍，位相が $\alpha(\omega)$ だけ進んだ正弦波 $A(\omega)\sin\{\omega t + \alpha(\omega)\}$ になるとする．すなわち，入力が

$$x(t) = e^{i\omega t} \tag{2.13}$$

のときの出力を

$$y(t) = \Lambda(\omega) e^{i\omega t} \tag{2.14}$$

ただし

$$A(\omega) = |\Lambda(\omega)|, \quad \alpha(\omega) = \arg\Lambda(\omega) \tag{2.15}$$

とする．この $\Lambda(\omega)$ をそのシステムの**周波数特性**（frequency characteristics）といい，$A(\omega)$ を**振幅特性**（amplitude characteristic），$\alpha(\omega)$ を**位相特性**（phase characteristic）という．一般に入力のスペクトルを $\Phi(\omega)$ とすれば，出力のスペクトルは $\Psi(\omega) = \Phi(\omega)\Lambda(\omega)$ となり，**時間領域**（time domain）での入出力の関係がコンボリューションになるのに比べ，**周波数領域**（frequency domain）では単なる掛算となって扱いやすい．

インパルス応答 $g(t)$ と周波数特性 $\Lambda(\omega)$ の関係は

$$g(t) = \frac{1}{2\pi} \int_{-\infty}^{\infty} \Lambda(\omega) e^{i\omega t} d\omega$$

$$= \frac{1}{\pi} \int_{0}^{\infty} A(\omega) \cos\{\omega t + \alpha(\omega)\} d\omega \qquad (2.16)$$

となる．逆変換を行えば

$$\Lambda(\omega) = \int_{-\infty}^{\infty} g(t) e^{-i\omega t} dt \qquad (2.17)$$

が得られるから，$g(t)$ のスペクトルが $\Lambda(\omega)$ になる．

周波数特性が $\Lambda_1(\omega)$ と $\Lambda_2(\omega)$ の二つのシステムを直列につないだものを一つのシステムとみれば，その周波数特性は $\Lambda(\omega) = \Lambda_1(\omega)\Lambda_2(\omega)$ で表される．

D. 地震計の原理

地震のときには地上のあらゆるものが動いてしまう．地震動を忠実に記録するには常に動かない**不動点**（steady point）が必要ではないかと考えられるが完全な不動点は作り得ない．かつては，なるべく不動点に近いものを得て，それを基準にして地震動を記録しようとする思想があった．しかし，地動 $x(t)$ とその記録 $y(t)$ の関係が明確にされているならば，不動点の必要性はない．むしろ，複雑な地震動のうち，必要な部分が見やすい形で記録されるような特性を持つ地震計のほうが使いやすい．たとえば近距離の地震のP波到着時を正確に測定するためには短周期高倍率の上下動地震計が適当である．また，長周期の表面波を記録しようとすれば，脈動の周期（数秒）を避けて，それよりも長い周期帯に対して倍率の高い地震計が望ましい．

ひずみ地震計（§2.4）は別として，地面の並進運動を記録する地震計はみな振り子を用いている．慣性のため振り子は地面と違う運動をするので，地面に対する振り子の相対運動を適当な方法で記録すればよい．地動 $x(t)$ と記録 $y(t)$ の関係を表す式，または地震計の周波数特性 $\Lambda(\omega)$ がわかっていれば，時間領域または周波数領域で地動と記録の間の変換が可能である．

2.2 振り子の運動と機械式地震計

A. 簡単な振り子

図 2.1（左）のように質量 M のおもりを長さ l の糸でつり，同一鉛直面上で自由に振らせる**単振り子**（simple pendulum）の運動方程式は*

$$Ml\ddot{\theta} = -Mg\sin\theta \tag{2.18}$$

で，θ が小さいときは $\sin\theta = \theta - \theta^3/3! + \cdots$ の θ^3 以上の項を省略して

$$\ddot{\theta} + n^2\theta = 0, \quad n^2 = g/l \tag{2.19}$$

となる．この振り子の**固有周期**（natural period）T_0 は

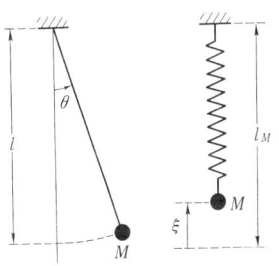

図 2.1 簡単な振り子

$$T_0 = \frac{2\pi}{n} = 2\pi\sqrt{\frac{l}{g}} \tag{2.20}$$

である．T_0 が 1 秒，10 秒，100 秒の振り子を得るには，l をそれぞれ約 25 cm，約 25 m，約 2.5 km にしなければならない．

また，図 2.1（右）のように質量 M のおもりを**つる巻きばね**（helical spring）でつり，鉛直線上を振動させる場合を考える．おもりを付けないときのばねの自然の長さを l_0，M を付けて釣合いの位置にあるときの長さを l_M とすると，ばねの張力は $l_M - l_0$ に比例するから，β を定数として

$$Mg = \beta(l_M - l_0) \tag{2.21}$$

が成り立つ．釣合いの位置からの振れを ξ で表せば運動方程式は

$$M\ddot{\xi} = -\beta\xi \tag{2.22}$$

したがってこの振り子の固有周期は

$$T_0 = 2\pi\sqrt{\frac{M}{\beta}} = 2\pi\sqrt{\frac{l_M - l_0}{g}} \tag{2.23}$$

となり，ちょうど糸の長さが $l_M - l_0$ の単振り子と同じになる．

---

* $\dfrac{dx}{dt}$ を $\dot{x}$, $\dfrac{d^2x}{dt^2}$ を $\ddot{x}$ のように略記する．

B. 地震計に使われる振り子

前節では振り子の質量が1点に集中している場合を扱ったが，実際の振り子はそうではない．回転軸が水平な任意の形の振り子，いわゆる**実体振り子**（physical pendulum）では，全質量を M，水平回転軸の周りの慣性モーメントを K，回転軸と重心の間の距離を H とすると，固有周期は

$$T_0 = 2\pi\sqrt{\frac{K}{MgH}} \tag{2.24}$$

となり，これは糸の長さが

$$l = \frac{K}{MH} \tag{2.25}$$

の単振り子と同じである．地震計には使用目的により色々な周期の振り子が要求される．形を大きくせず固有周期を長くする**周期延ばし**（無定位化, astatization）をはかった振り子がいくつか考案されている．周期延ばしは (2.25) の l が大きくならないようにして行わねばならない．天秤や弥次郎兵衛のように，H を小さくすることにより l を大きくし周期を延ばした振り子は地震計には使いにくい．

図 2.2 の A, B, C, E はいずれも**水平振り子**（horizontal pendulum）で，回転軸が鉛直に近く鉛直方向と i という小さい角をなしている．この振り子の固有周期は (2.25) の l を用いて

$$T_0 = 2\pi\sqrt{\frac{l}{g\sin i}} \tag{2.26}$$

で与えられる．上式にはつり線や板ばねの弾性による復元力の影響は考慮されていないが，いずれにしても i を小さくすれば周期は長くなる．

F と G は**逆立ち振り子**（inverted pendulum）である．ばねによる復元力のモーメントを $\beta\theta$ とすれば，固有周期は

$$T_0 = 2\pi\sqrt{\frac{K}{\beta - MgH}} \tag{2.27}$$

となる．ただし $\beta \fallingdotseq MgH$ のときは，運動方程式中の θ の項 $(\beta - MgH)\theta$ に比べて θ^3 の項 $MgH\theta^3/3!$ が無視できなくなるので面倒になる．D では重力による復元力をつる巻きばねの張力で打ち消すようにして周期延ばしをはかってい

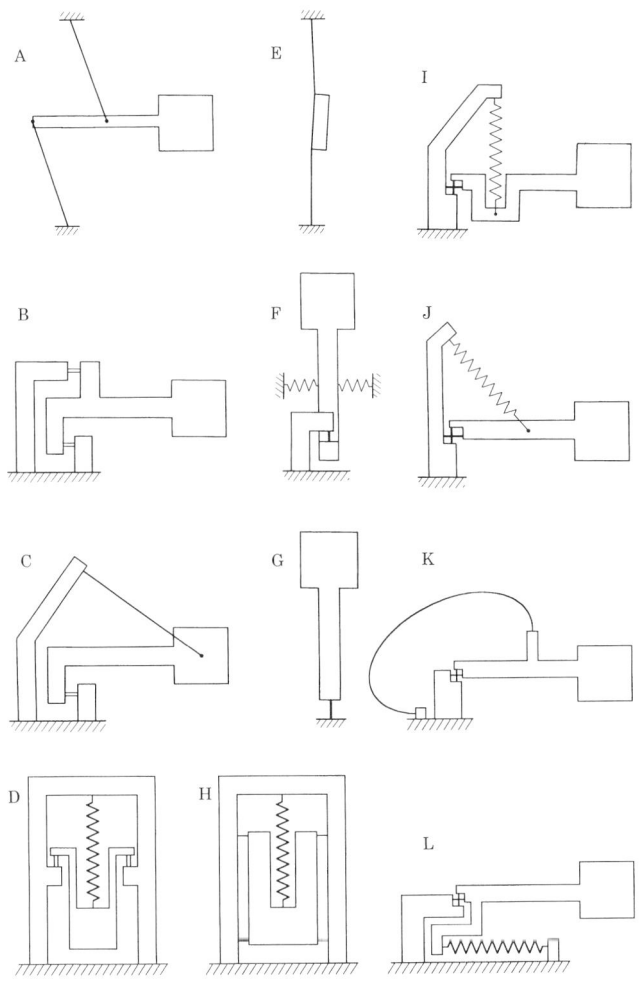

図 2.2　地震計に使われる振り子の例．A〜G は水平動，H〜L は上下動．

る．

　以上は水平動地震計用の振り子であるが，上下動の振り子としては，H のように直進運動をする Benioff 型もあるが，I, J のような回転運動をする Ewing 型が多く用いられる．I と J，あるいは曲がった薄い板ばねを用いた リ

一フスプリング型（leaf spring type）K，つる巻きばねを水平にした Kirnos 型 L も，力学的には同等である．図 2.3 のように回転軸（紙面に垂直）を P，ばねのつり点を Q, S とすると，∠PSQ は直角よりも小さくとってある．P からばねに下した垂線を PR とし，PR=s, RS=d とおくと運動方程式は

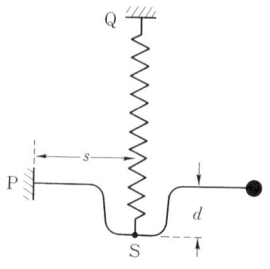

図 2.3 Ewing 型上下動振り子

$$K\ddot{\theta} = -\left\{\beta s^2 - P_0 d\left(1-\frac{d}{l_M}\right)\right\}\theta - \frac{3}{2}sd\left(1-\frac{d}{l_M}\right)\left(\beta - \frac{P_0}{l_M}\right)\theta^2 + \cdots \quad (2.28)$$

となる．ただし，ばねの定数を β，振り子が釣合いの位置（$\theta=0$）にあるときのばねの長さを l_M，ばねの張力を P_0 とする．振幅が小さいときの固有周期は

$$T_0 = 2\pi\sqrt{\frac{K}{\beta s^2 - P_0 d(1-d/l_M)}} = 2\pi\sqrt{\frac{l}{g\left\{\dfrac{s}{l_M - l_0} - \dfrac{d}{s}\left(1-\dfrac{d}{l_M}\right)\right\}}} \quad (2.29)$$

となる．$d=0$ の振り子を Gray 型という．このとき固有周期は単純な上下動振り子の固有周期（2.23）の $\sqrt{l/s}$ 倍になる．$d>0$ の Ewing 型ではさらに固有周期が延びて $d=l_M/2$ のとき最大になる．(2.28) の θ^2 の項は θ の正負にかかわらず同符号であるから，振り子の振幅が大きくなると，振動が上下非対称となる．これを除くためには，$d=0$，または $d=l_M$，または $P_0=\beta l_M$ とすればよい．$d=0$ は Gray 型にほかならない．$d=l_M$ は R と Q の一致，すなわち ∠PQS=90° ということで，このように設計した振り子を**直角づり**（rectanguler suspension）という．P_0 は一般に $P_0=\beta(l_M-l_0)$ で与えられるから，$P_0=\beta l_M$ という条件は $l_0=0$，すなわち**長さゼロのばね**（zero-length spring）の使用を意味する．

長さゼロのばねを用い ∠SPQ=90° となるような点 Q からつった振り子を LaCoste 型という．この振り子はばねの定数 β を適当に選ぶと θ に関係なく復元力をほとんどゼロにすることができ，安定した長周期の振り子が得られるので，長周期地震計や重力計に用いられる．

C. 制振作用

振り子には運動の速さに比例する抵抗力が働いている．この項を付け加えると（2.19）は

$$\ddot{\theta}+2hn\dot{\theta}+n^2\theta=0 \tag{2.30}$$

となる．この式の解は**減衰定数**（damping constant）h の値によって3通りの形となる．$h<1$ のときは α, γ を積分定数として

$$\theta=\alpha e^{-hnt}\sin(\sqrt{1-h^2}\,nt+\gamma) \tag{2.31}$$

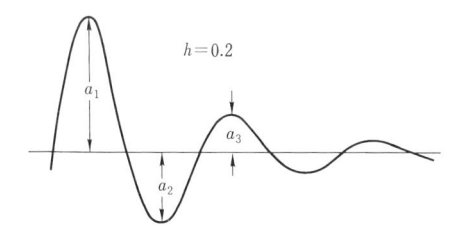

図 2.4　減衰振動

となる．これは図2.4に示すような**減衰振動**（damped oscillation）である．減衰振動の周期は $T_0'=T_0/\sqrt{1-h^2}$ で（2.20）の T_0 より長い．相隣る山と谷の振幅の比は一定で

$$v=\frac{a_1}{a_2}=\frac{a_2}{a_3}=\cdots=\frac{a_1+a_2}{a_2+a_3}=\frac{a_2+a_3}{a_3+a_4}=\cdots \tag{2.32}$$

となる．この v を**制振比**または**減衰比**（damping ratio）という．v と h の関係は次の式で与えられる．

$$v=\exp\left(\frac{\pi h}{\sqrt{(1-h^2)}}\right) \tag{2.33}$$

表2.1に v と h の関係を示す．$h>1$ のときは A, B を積分定数として

$$\theta=Ae^{-(h+\sqrt{h^2-1})nt}+Be^{-(h-\sqrt{h^2-1})nt} \tag{2.34}$$

となる．このときはゼロ線を2回以上横切るような振動は起こらない．この状態を**過制振**（over damping）という．$h<1$ のときは**不足制振**（under damping）である．$h=1$ を**臨界制振**（critical damping）という．このときの解は

$$\theta=(A+Bt)e^{-nt} \tag{2.35}$$

となる．地震計の振り子には，自由振動がいつまでも続かないように，適当な制振が与えられている．そのための装置を**制振器**（damper）という．導体が磁界の中を動くときに働く電磁力を用いた電磁制振器や，空気やシリコン油の粘性を利用した空気制振器や油制振器などがある．電磁式地震計では変換器を流れる電流の制振作用を利用するものが多く，この場合は制振器は要らない．

表 2.1　v と h の関係

v	h
1	0.000
2	0.216
5	0.456
10	0.591
20	0.690
50	0.780
∞	1.000

D. 地動と振り子の運動との関係

図 2.5 で座標系は空間に固定され地震の際も動かないとする．振り子の支点 P が水平方向に運動する場合を考え，その座標を $x(t)$ とする．振り子の運動方程式は

$$M(\ddot{x}+l\ddot{\theta})+D\dot{\theta}+Mg\theta=0 \qquad (2.36)$$

となるから（D は制振作用を表す定数），結局次の形になる．

$$\ddot{\theta}+2hn\dot{\theta}+n^2\theta=-\ddot{x}/l \qquad (2.37)$$

単振り子でない場合も，(2.25) の l を用いればこの式でよい．いま，振り子の先に針を付け（支点 P から針先までの距離を L とする），振り子の動きを

$$V=L/l \qquad (2.38)$$

倍に拡大して記録ドラムに巻いた紙の上に記録するものとし，記録の振れを $y(t)$，x 軸の負の方向を y の正の方向に選べば，ドラムは P と同じ動きをしているから，

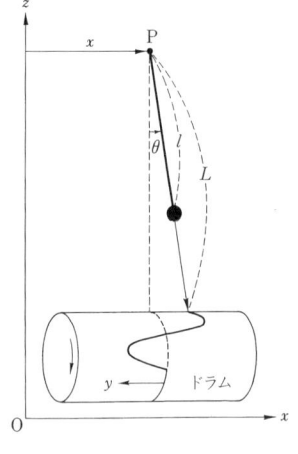

図 2.5　簡単な地震計

$y(t)=-L\theta$ で表され,(2.37)から

$$\ddot{y}+2hn\dot{y}+n^2y=V\ddot{x} \tag{2.39}$$

が得られる.y の方向を上記のように選んだのは,静止していた地面が x の正の方向に動き出したとき,針の振れる方向を記録紙上の正の方向にとるのが普通だからである.

(2.39)が機械式地震計あるいは光学式地震計の基本方程式である.すなわち,この種の地震計では,**基本倍率**(static magnification)V,減衰定数 h,固有周期 T_0($=2\pi/n$)の 3 定数を与えれば,特性は完全に定まる.(2.39)によって x を与えれば y を,y を与えれば x を求めることができる.たとえば $h<1$ のときは,$n'=n\sqrt{1-h^2}$ とおくと

$$y=ae^{-hnt}\sin(n't+\gamma)-(V/n')e^{-hnt}\{\cos n't\int e^{hnt}(\sin n't)\ddot{x}dt$$
$$-\sin n't\int e^{nt}(\cos n't)\ddot{x}dt\} \tag{2.40}$$

により x から y が求められる.y から x を求めるには(2.39)の両辺を 2 回積分すればよい.

以上は地面が x 方向にだけ動く場合であるが,同時に上下方向にも動いたらどうなるであろうか.上向きの加速度 $\ddot{z}$ があると,重力 g が $g+\ddot{z}$ になることに相当するから(2.37)は

$$\ddot{\theta}+2h\dot{\theta}+\frac{g+\ddot{z}}{l}\theta=-\frac{\ddot{x}}{l} \tag{2.41}$$

となる.この式は一般的議論はおろか,$z=c\sin pt$ のような簡単な場合でも解くことはたいへん面倒である.普通は $|\ddot{z}|\ll g$ であるとして $\ddot{z}$ を無視しているが,強い地震動に対してはそうはできないはずである.

E. 機械式あるいは光学式地震計の周波数特性

振り子の動きをそのまま拡大して記録する機械式あるいは光学式地震計では,入出力の関係が(2.39)で表されるので,その周波数特性は $x=e^{i\omega t}$,$y=\Lambda(\omega)e^{i\omega t}$ とおけば直ちに

$$\Lambda(\omega)=\frac{V\omega^2}{\omega^2-n^2-2hn\omega i} \tag{2.42}$$

となるから,地動の周期を T とし

$$u = n/\omega = T/T_0 \tag{2.43}$$

とおけば，振幅特性 $A(\omega)$, 位相特性 $\alpha(\omega)$ としてそれぞれ

$$A(\omega) = VU(\omega), \ U(\omega) = \frac{1}{\sqrt{(1-u^2)^2 + 4h^2u^2}} \tag{2.44}$$

$$\tan \alpha(\omega) = \frac{2hu}{1-u^2}, \ 0 < \alpha(\omega) < \pi \tag{2.45}$$

が得られる．地震計の振幅特性のことを**振動倍率**（dynamical magnification）ともいう．図 2.6 は $U(\omega)$ を両対数目盛で，$\alpha(\omega)$ を片対数目盛で示

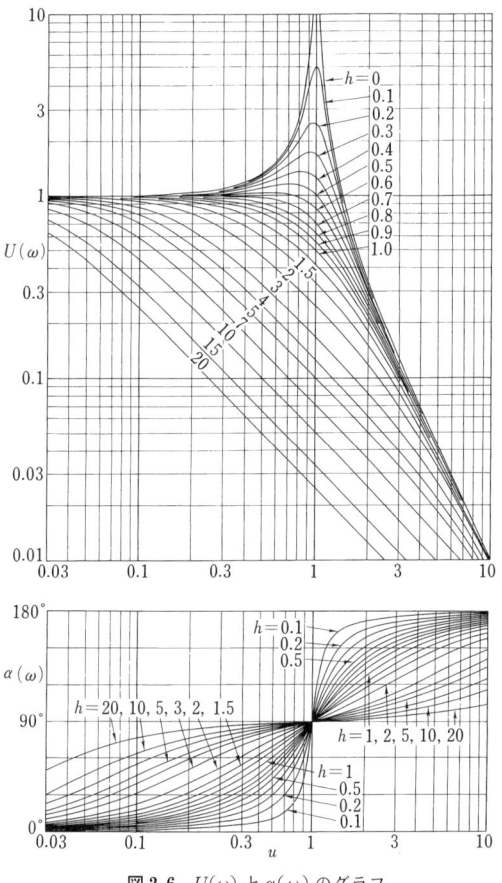

図 2.6　$U(\omega)$ と $\alpha(\omega)$ のグラフ

したものである．$U(\omega)$ のグラフ上の曲線は点（1，1）を通る傾斜 -2 の直線と水平な直線に漸近する．$A(\omega)$ の曲線すなわち**倍率曲線**（magnification curve）を描くときはこの両直線を基準にするとよい．

　地動をそのまま何倍かに拡大して記録する地震計（$y \propto x$ となる）を**変位地震計**（displacement seismograph）という．このためには $A(\omega)$ は一定，$\alpha(\omega)=0$ でなければならない．地動の周期に比べて振り子の固有周期が充分大きいとき，すなわち $T \ll T_0$（$u \fallingdotseq 0$）のときには h があまり大きくない限り $A(\omega) \fallingdotseq V$，$\alpha(\omega) \fallingdotseq 0$ となって近似的にこの条件が満たされる．図 2.6 の左端に近い範囲である．また，地動の加速度に比例する記録（$y \propto \ddot{x}$）をとる**加速度地震計**（acceleration seismograph）を得るためには，$A(\omega) \propto \omega^2$，$\alpha(\omega)=\pi$ としなければならない（$x = \sin \omega t$ のとき $\ddot{x} = \omega^2 \sin(\omega t + \pi)$ であるから）．$T \gg T_0$，$u \gg 1$ のときには h があまり大きくない限り $A(\omega) \fallingdotseq V/u^2 = (V/n^2)\omega^2$，$\alpha(\omega) \fallingdotseq \pi$ となって近似的にこの条件が満たされる．図 2.6 の右端に近い範囲である．加速度地震計の感度は V/n^2 で与えられる．**速度地震計**（velocity seismograph）は $A(\omega) \propto \omega$，$\alpha(\omega) = \pi/2$ であることが要請されるが，u が 1 に近く（たとえば $0.2 < u < 5$），h が充分大きい（$h > 5$）場合は近似的にこの条件が満たされる．このとき $A(\omega) \fallingdotseq V/(2hu) = \{(2hn)\}\omega$，$\alpha(\omega) \fallingdotseq \pi/2$ で $V/(2hn)$ が速度地震計の感度となる．

　以上のような考えから，石本（1931）と萩原（1934）はそれぞれ加速度地震計，速度地震計を開発した．機械式あるいは光学式の加速度地震計は数十〜1000 gal* の強い地震動を記録する**強震計**（strong motion seismograph）として広く使われてきた．SMAC 強震計（1953）は日本におけるその代表的なもので，いくつかの改良型があったが，いずれもある程度強い地震動（5〜10 gal）があると，感震器が働いて記録を始めるようになっていた．現代の強震計は電磁式加速度または速度地震計（フィードバック型，§2.3E）でディジタル記録のものが主流である．SMAC も一部でなお使われている．なお，気象庁の観測網で数十年間使われていた強震計は，加速度地震計ではなく，$T_0 = 5\sim$

---

* gal（ガル）は加速度の単位で cm/s² と同じ．速度の単位として cm/s を kine（カイン）ということがあるが，外国では通用しない．

6 s, $V=1$ の地震計で, 強震用というより大振幅の地震動の記録が目的であった. 現在の気象庁の観測網では震度計（§5.1B）が強震計を兼ねている.

F. 摩擦の影響

機械式地震計では拡大機構や記録紙と針先の間に摩擦力が働く. 摩擦力は地震計の倍率に応じて拡大され振り子の運動を止めようとする. ほとんどの機械式地震計では**すす書き**（smoked paper recording）といって, 石油やプロパンガスの炎でいぶした紙に軽い針先で細い線を描いて記録していた. このようにしても摩擦を小さくするのには限度があるので, その影響を避けるためには, 振り子の質量 M を大きくせざるを得ない. 機械式地震計の振り子が数十 kg から数百 kg, ときには de Quervain-Piccard 式地震計（1922）のように 21 t にも及んだのはこのためである. 機械式地震計時代の記録を調べるときは, 記録波形が摩擦の影響を受けていることに留意する必要がある. 気象庁の観測網で 1920 年代後半から 50 年以上にわたり使われた小型の Wiechert 式地震計（$V \fallingdotseq 80$, $T_0 \fallingdotseq 5$ s, $h \fallingdotseq 0.55$）では水平動に 200 kg, 上下動に 80 kg の振り子を用いていたが, 摩擦を小さくに保つため観測者はたいへん苦労したものである. 光学式地震計は摩擦がないので振り子は軽くてよい. Wood-Anderson 式地震計（1923）の振り子（図 2.2 の E）はわずか 0.8 g である.

2.3 電磁式地震計

A. 可動コイル形変換器と検流計

電磁式地震計では振り子に変換器を取り付け**換振器**（seismometer*）を構成し, 振り子の動きを電気的な量の変化に変える. 最終的には鏡付きの**検流計**（galvanometer）によって光学的に印画紙またはフィルムに記録するか, 増幅器付きペン書き検流計によってインク書きまたはすす書きのいわゆる直視記録を行う. 磁気テープや磁気ディスク, 光ディスク, 半導体メモリー等に記録した波形を計算機で処理し, 記録波形は見ないこともあるが, 主な地震は記録をディスプレイ上あるいは紙面に再生して波形を見るのが普通である.

---

* 地震探査では geophone あるいは pick-up ともいう. seismometer を seismograph の意味で使うこともあるが, 通常は両者を区別して使う.

2.3 電磁式地震計

変換器には色々な形式のものがあるが,普通に用いられてきたものは**可動コイル形**(moving-coil type)である.半径 a_1,巻き数 N_1 の円筒形コイルが磁束密度 B_1 の磁界の中を動くようになっている変換器では,振り子の回転軸からコイルの中心までの距離を L_1,振り子の振れの角を θ とすれば,振り子の運動によってコイルに発生する起電力は

$$E_1 = G_1 \dot{\theta} \tag{2.46}$$

で $G_1 = 2\pi a_1 N_1 L_1 B_1$ である.また,コイルに電流 i_1 が流れるとき,振り子が受ける力のモーメントは

$$J_1 = G_1 i_1 \tag{2.47}$$

である.次に,長方形のコイルを用いた検流計では,コイルの巻き数を N_2,両辺の長さを a_2, b_2,磁束密度を B_2,コイルの回転角を φ とすれば,コイルの運動によって発生する起電力は

$$E_2 = G_2 \dot{\varphi} \tag{2.48}$$

ただし $G_2 = a_2 b_2 N_2 B_2$.また,コイルに電流 i_2 が流れるときコイルの受ける力のモーメントは

$$J_2 = G_2 i_2 \tag{2.49}$$

となる.

変換器と検流計のコイルの両端にそれぞれ r_1, r_2 という抵抗をつないだとき,振り子および検流計の自由振動は,慣性モーメントをそれぞれ K_1, K_2 とすれば

$$K_1 \ddot{\theta} + D_1 \dot{\theta} + C_1 \theta = -G_1 i_1 \tag{2.50}$$

$$K_2 \ddot{\varphi} + D_2 \dot{\varphi} + C_2 \varphi = -G_2 i_2 \tag{2.51}$$

で表される.ここで i_1, i_2 はコイルの抵抗を R_1, R_2 とすれば

$$i_1 = \frac{G_1 \dot{\theta}}{R_1 + r_1}, \quad i_2 = \frac{G_2 \dot{\varphi}}{R_2 + r_2} \tag{2.52}$$

である.したがって (2.50), (2.51) は次の形になる.

$$\ddot{\theta} + 2h_1 n_1 \dot{\theta} + n_1^2 \theta = 0 \tag{2.53}$$

$$\ddot{\varphi} + 2h_2 n_2 \dot{\varphi} + n_2^2 \varphi = 0 \tag{2.54}$$

ただし,h_1, h_2 は抵抗 r_1, r_2 をつながずに自由振動させたときの減衰定数 h_{01},

h_{02} と r_1, r_2 をつないだために流れる電流の作用による減衰定数 h_{e1}, h_{e2} の和になる,すなわち,$h_1=h_{01}+h_{e1}$, $h_2=h_{02}+h_{e2}$ で

$$h_{e1}=\frac{G_1^2}{2n_1K_1(R_1+r_1)},\ h_{e2}=\frac{G_2^2}{2n_2K_2(R_2+r_2)} \tag{2.55}$$

である.次に,変換器または検流計に一定の大きさの電流 i_0 を流し続けると,それぞれ θ_0 または φ_0 という一定の角度だけ回転した位置に止まる.このとき

$$\theta_0=s_1i_0,\ \varphi_0=s_2i_0 \tag{2.56}$$

で,この s_1, s_2 を変換器または検流計の**電流感度**(current sensitivity)という.s_1, s_2 は

$$s_1=\frac{G_1}{n_1^2K_1},\ s_2=\frac{G_2}{n_2^2K_2} \tag{2.57}$$

である.コイルに小鏡を固定してその振れを光学的に記録する検流計では,鏡から記録紙までの距離を A とすれば,記録紙上の光点の振れ y とコイルの回転角 φ の関係は次式で与えられる.

$$y=-2A\varphi \tag{2.58}$$

マイナスの符号をつけたのは,静止していた地面が x の正の方向に動き出したとき,光点の振れる方向が記録上の正の方向になるようするためである.

B. 電磁式地震計の方程式

　この節と次の節では動コイル形変換器と検流計を直接つないで光学的に記録するいわゆる直結型の電磁式地震計を考える.この種の地震計は,電磁式地震計の元祖であるロシアの Galitzin 式地震計 (1906) 以来,色々な形式のもの(たとえば米国の Benioff 式や Press-Ewing 式,ロシアの Kirnos 式など)が各地の観測所でルーチン観測に長らく用いられてきた.直接つなぐといっても,図 2.7 の左上のように数個の抵抗から成る回路,いわゆる**減衰器**(attenuator)を間に入れて地震計の特性を調整するので,$i_1=i_2$ ではない.変換器および検流計の運動による起電力によってそれぞれのコイルを流れる電流は (2.52) で与えられるが,その $1/p_1$, $1/p_2$ が相手側のコイルに流れ込むとすると

$$i_1=\frac{G_1\dot{\theta}}{R_1+r_1}-\frac{G_2\dot{\varphi}}{(R_2+r_2)p_2} \tag{2.59}$$

2.3 電磁式地震計

$$i_2 = \frac{G_1\dot{\theta}}{(R_1+r_1)p_1} - \frac{G_2\dot{\varphi}}{R_2+r_2} \tag{2.60}$$

となる．この減衰器のような四端子回路に関する相反定理によれば

$$(R_1+r_1)p_1 = (R_2+r_2)p_2 \tag{2.61}$$

が成り立つ．この値を R とおこう．図 2.7 のような T 型減衰器では

$$p_1 = \frac{R_2+R_4}{R_5}+1,\ p_2 = \frac{R_1+R_3}{R_5}+1 \tag{2.62}$$

$$R = \frac{(R_1+R_3)(R_2+R_4)}{R_5} + R_1+R_2+R_3+R_4 \tag{2.63}$$

となる．

地動 $x(t)$ を与えたときの振り子の運動方程式は (2.50) の右辺に $-MH\ddot{x}$ を加えたものになるから，(2.59)，(2.60)，(2.61) を用いて書き直すと

$$\ddot{\theta}+2h_1n_1\dot{\theta}+n_1\theta = -\frac{\ddot{x}}{l}+f\varphi \tag{2.64}$$

$$\ddot{\varphi}+2h_2n_2\dot{\varphi}+n_2^2\varphi = k\dot{\theta} \tag{2.65}$$

となる．ただし

$$f = \frac{G_1G_2}{K_1R},\ k = \frac{G_1G_2}{K_2R} \tag{2.66}$$

である．(2.64)，(2.65) より θ を消去し，(2.58) により φ を y に改めると

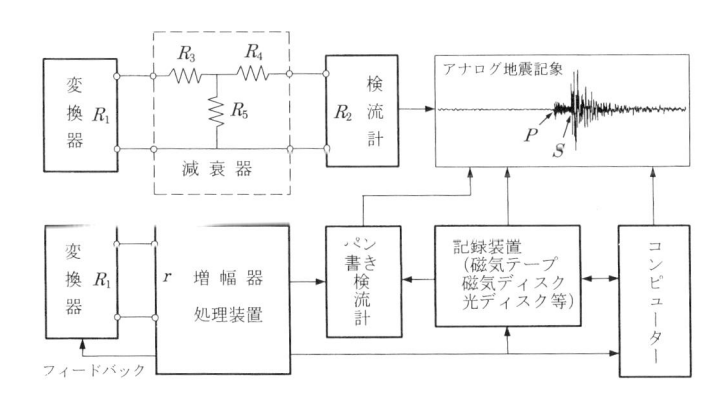

図 2.7 電磁式地震計．上半は直結型，下半は電子装置を用いる型．

$$\dddot{y} + \alpha \ddot{y} + \beta \ddot{y} + \gamma \dot{y} + \delta y = W \ddot{x} \tag{2.67}$$

を得る．これが直結型の電磁式地震計の基本方程式である．各係数は

$$\alpha = 2(h_1 n_1 + h_2 n_2) \tag{2.68}$$

$$\beta = n_1^2 + n_2^2 + 4 h_1 h_2 (1 - \sigma^2) \tag{2.69}$$

$$\gamma = 2(h_1 n_1 n_2^2 + h_2 n_1^2 n_2) \tag{2.70}$$

$$\delta = n_1^2 n_2^2 \tag{2.71}$$

$$W = \frac{2Ak}{l} = \frac{4A}{l} \sqrt{\frac{K_1}{K_2} h_1 h_2 n_1 n_2 \sigma^2} \tag{2.72}$$

ただし

$$\sigma^2 = \frac{fk}{4 h_1 h_2 n_1 n_2} = \frac{h_{e1} h_{e2}}{h_1 h_2} \frac{1}{p_1 p_2} \tag{2.73}$$

である．この σ^2 を**結合定数**（coupling constant）という．上式からすぐわかるように，$0 < \sigma^2 \leq 1$ である．$\sigma^2 = 1$ は $h_{01} = h_{02} = 0$，$p_1 = p_2 = 1$ の場合に限られる．直結形の電磁式地震計では（2.67）の5個の係数の値を与えれば地動 x と記録 y の関係は完全に定まる．しかし，次の6個の定数を用いるほうがわかりやすい．振り子と検流計の減衰定数 h_1，h_2，固有周期 T_1（$= 2\pi/n_1$），T_2（$= 2\pi/n_2$），結合定数 σ^2，および倍率を表す量（W または次項で述べる V_s，$\overline{V}$，V_m など）．なお，（2.68）〜（2.73）を見ればわかるように，直結型の電磁式地震計の特性は h_1 と h_2，T_1 と T_2 を同時に入れ替えてもまったく変わらない．

C. 電磁式地震計の周波数特性

（2.67）に $x = e^{i\omega t}$ とおき，$y = \Lambda(\omega) e^{i\omega t}$ の $\Lambda(\omega)$ を求め，その絶対値と偏角を計算すると，直結型の電磁式地震計の振幅特性，位相特性は

$$A(\omega) = \frac{W/\omega}{\sqrt{\{(1-u_1^2)(1-u_2^2) - 4 h_1 h_2 u_1 u_2 (1-\sigma^2)\}^2 + 4\{h_1 u_1 (1-u_2^2) + h_2 u_2 (1-u_1^2)\}^2}} \tag{2.74}$$

$$\tan \alpha(\omega) = -\frac{(1-u_1^2)(1-u_2^2) - 4 h_1 h_2 u_1 u_2 (1-\sigma^2)}{2\{h_1 u_1 (1-u_2^2) + h_2 u_2 (1-u_1^2)\}} \tag{2.75}$$

で表されることがわかる．ただし

2.3 電磁式地震計

$$u_1 = \frac{n_1}{\omega} = \frac{T}{T_1}, \quad u_2 = \frac{n_2}{\omega} = \frac{T}{T_2} \tag{2.76}$$

であり，$\alpha(\omega)$ は $-\pi/2$ から $3\pi/2$ まで変わる．

$\sigma^2 = 0$ ならば (2.74), (2.75) は次のように表すことができる．

$$A(\omega) = (W\omega/n_2^2) U_1(\omega) U_2(\omega) \tag{2.77}$$

$$\tan \alpha(\omega) = \tan\{\alpha_1(\omega) + \alpha_2(\omega) + \pi/2\} \tag{2.78}$$

ただし

$$U_1(\omega) = \frac{1}{\sqrt{(1-u_1^2)^2 + 4h_1^2 u_1^2}} \tag{2.79}$$

$$U_2(\omega) = \frac{u_2^2}{\sqrt{(1-u_2^2)^2 + 4h_2^2 u_2^2}} \tag{2.80}$$

$$\tan \alpha_1(\omega) = \frac{2h_1 u_1}{1-u_1^2}, \qquad 0 \leq \alpha_1(\omega) < \pi \tag{2.81}$$

$$\tan \alpha_2(\omega) = -\frac{2h_2 u_2}{1-u_2^2}, \qquad -\pi \leq \alpha_2(\omega) < 0 \tag{2.82}$$

検流計の運動によって発生した起電力による電流が変換器の運動に影響を与えないとき（$1/p_2=0$ のとき）は $\sigma^2=0$ となる．実際には σ^2 は 0 にはなり得ないが，充分 0 に近いとき（T_1 と T_2 が著しく異なっているときはそれほど 0 に近くなくとも）近似的に (2.77), (2.78) が成り立つ．

このとき，地動 $x=\sin \omega t$ による振り子の振れ θ，そのために発生した起電力によって変換器を流れる電流 i_1，その $1/p_1$ が検流計に流れ込むことにより生じる検流計の振れ φ を計算すると，記録 y は

$$y = \frac{2As_2 G_1 \omega}{l(R_1+r_1)p_1} U_1(\omega) U_2(\omega) \sin\left\{\omega t + \alpha_1(\omega) + \alpha_2(\omega) + \frac{\pi}{2}\right\} \tag{2.83}$$

で表される．この分数式の部分は $W\omega/n_2^2$ に等しいから，この場合の $A(\omega)$, $\alpha(\omega)$ は (2.77), (2.78) に等しいことがわかる．この場合は，$A(\omega)$, $\alpha(\omega)$ のグラフは図 2.6 を参照して描くことができる．$U_1(\omega)$ は図 2.6 の $U(\omega)$ と同じ，$U_2(\omega)$ のグラフは $U(\omega)$ のグラフを $u=1$ の線を軸として左右を反転したものである．$\alpha_1(\omega)$ のグラフは図 2.6 の $\alpha(\omega)$ と同じ，$\alpha_2(\omega)$ のグラフは $\alpha(\omega)$ のグラフの縦軸を π だけずらしたものである．

図 2.8 に $\sigma^2=0$ のときの振幅特性 $A(\omega)$ の曲線の描き方を $T_1=1$, $T_2=10$,

$h_1=h_2=1$ の場合を例にして示す．A は $U_1(\omega)$，B は $W\omega/n_2^2$，C は $U_2(\omega)$ のグラフで，D がこの 3 者の積（対数目盛上では和）$A(\omega)$ を示す．破線は §2.2E で説明した基準線である．D の基準線の頂点の倍率は

$$V_s = \frac{W}{n_i} = \frac{2Ak}{ln_i} \qquad (2.84)$$

となる．ただし n_i は n_1 と n_2 のうち大きいほうを示し，小さいほうを n_j で表すこととする．V_s はまた次のように表すこともできる．

$$V_s = \frac{2AMHn_in_j^2s_1s_2}{R} = \frac{4A}{l}\sqrt{\frac{K_1T_i}{K_2T_j}h_1h_2\sigma^2}$$

$$= \frac{2AG_1s_1n_2}{lR} \qquad (2.85)$$

図 2.9 には $h_1=h_2=1$ のときいくつかの T_1，T_2 の組合せに対する $A(\omega)$，$\alpha(\omega)$ のグラフが示されている．ただし $V_s=1$ にとってある．$A(\omega)$ の最大値，すなわち最大倍率 V_m は，式で表現すると著しく複雑になるが，もし T_1 と T_2 が充分離れていれば，次式の $\overline{V}$ がほぼ V_m に等しくなる．

$$\overline{V} = \frac{V_s}{2h_i} = \frac{2A}{l}\sqrt{\frac{K_1T_ih_j}{K_2T_jh_i}\sigma^2} \qquad (2.86)$$

これまでの多くの式に見られるように，直結型の電磁式地震計では多くの量がお互いに関連し合っているから，他の量に影響を及ぼすことなく一つの量だけを変えることはむずかしい．

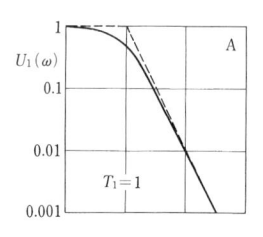

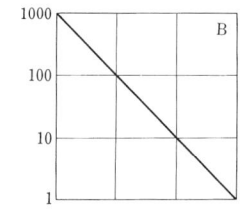

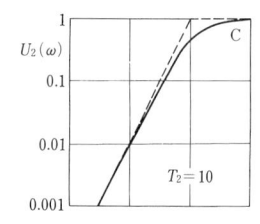

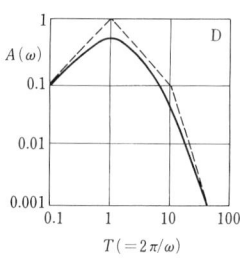

図 2.8 直結型の電磁式地震計の倍率曲線の求め方（$T_1=1$，$h_1=1$，$T_2=10$，$h_2=1$ の場合）．縦軸は $V_s=1$ となるように選んでいる．

電磁式は摩擦がないから振り子は軽くてよいとはいえない．Benioff 式地震計の振り子が 100 kg に近いのは，必要な倍率を得るにはそのくらいの質量が必要だからである．

2.3 電磁式地震計

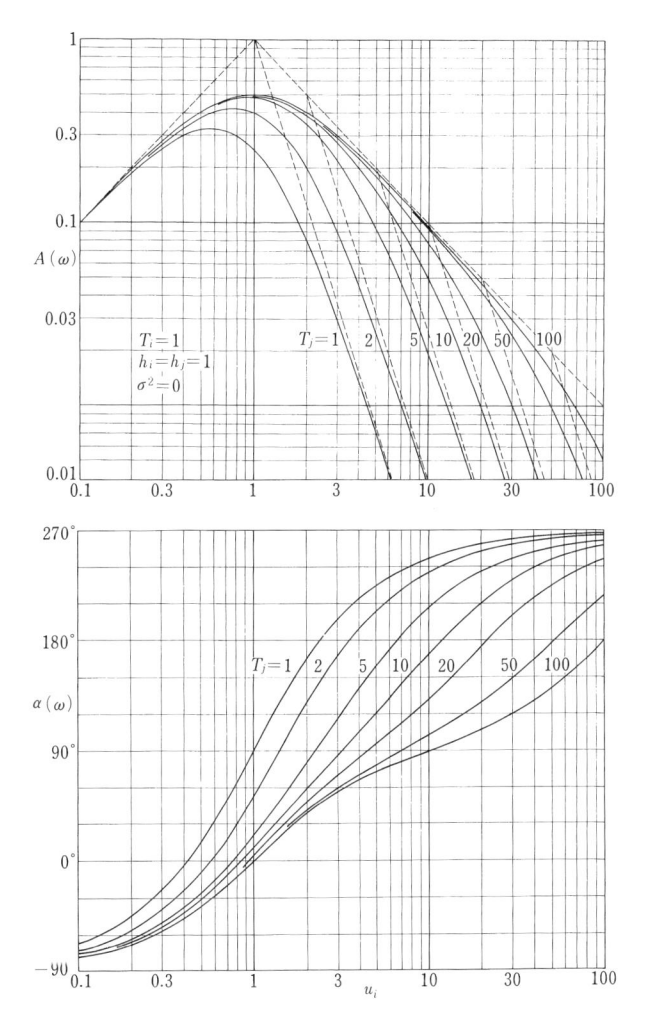

図2.9 直結型の電磁式地震計の周期特性（上：振幅特性，下：位相特性）の例

図2.8, 2.9からもわかるように，地動の周期が振り子や検流計の周期よりも充分長いときには，直結形の電磁式地震計は地動の3回微分 $\dddot{x}$ にほぼ比例した記録をする．地動の周期が充分短いときには，地動の積分 $\int x dt$ にほぼ比

例した記録をする．また，振り子と検流計の周期の中間では h_1, h_2 があまり大きくない限り，地動の速度 $\dot{x}$ にほぼ比例した記録をする．したがって，振り子の周期は短くても，長周期の検流計を用いればその周期までは機械式地震計よりも倍率の下り方が緩やかであるから長周期の地震動を記録できる．Benioff 式長周期地震計（$T_1=1$ s, $T_2=70～100$ s, $h_1=h_2=1$）はその例である．さらに，振り子も検流計も長周期にすれば，脈動の周期範囲（2～8 秒くらい）を避けてそれよりも長い周期に対して倍率を高くすることができ，長周期の地震波の記録により有効である．Press-Ewing 式地震計（$T_1=15～30$ s, $T_2=70～100$ s, $h_1=h_2=1$）はその例である．また，振り子も検流計も短周期にすれば，長い周期に対しては機械式地震計よりも急に倍率が下るから，脈動よりも短い周期の範囲で高倍率にすることができる．Benioff 式短周期地震計（$T_1=1$ s, $T_2=0.2$ s, $h_1=h_2=1$）はその例である．さらに，振り子か検流計のどちらか周期の短いほうの h_i を充分大きくとると，T_i の前後のかなり広い範囲で倍率を一定にすることができる．Kirnos 式地震計（$T_1=12$ s, $T_2=1.2$ s, $h_1=0.5$, $h_2=5$）はその例である．直結型の電磁式地震計の理論は Galitzin (1914*) 以来，多くの論文がある．ここに述べたものは Savarensky と Kirnos (1955*), 田治米 (1957), 萩原 (1958), 宇津 (1958) などによった．

D. 増幅器を用いる電磁式地震計

変換器の出力を増幅器を通してペン書き検流計等で記録することは 1950 年代から行われようになった．この場合は直結型のように高感度の検流計を用いて光学的に記録する必要はなく，振り子に検流計の運動が影響を及ぼすことはなく，振り子も比較的軽くて済み，増幅器の特性を変えることにより地震計としての周波数特性を色々と選ぶことができる．気象庁の観測網で Wiechert 式地震計の後継として 1960 年代以降 30 年間使われた 59 型直視式地震計はこの型である．ペン書き記録にはすす書きとインク書きがあるが，前者は扱いにくく後者は線が太くて微細な波形の記録に難がある．このため 1960 年以降も，世界的にはペン書き記録はモニターとして，あるいは磁気テープ等に記録された地震波形を速い紙送りで再生するため用いられ，WWSSN（§2.5A）をはじめ多くの観測所では直結型が多く使われてきた．

増幅器を用いる地震計（図 2.7 の B）では増幅器の振幅特性，位相特性を

$E(\omega)$, $\varepsilon(\omega)$ とすれば, $x=\sin\omega t$ という地動に対する検流計の回転角は

$$\varphi = \frac{r_1 G_1 s_2}{(R_2+r_2)lR_2}\omega U_1(\omega)U_2(\omega)E(\omega)\sin\left\{\omega t + \alpha_1(\omega) + \alpha_2(\omega) + \varepsilon(\omega) + \frac{\pi}{2}\right\} \tag{2.87}$$

となる. G_1/l を換振器の**電圧感度** (voltage sensitivity) という.

E. フィードバック型換振器

換振器の振り子の振れ θ を動コイル型変換器とは別の変位型の変換器により検出し, その出力あるいは出力の時間微分に比例する電流を動コイル型変換器に戻すと (2.53) は

$$\ddot{\theta} + 2h_1 n_1 \dot{\theta} + (n_1^2 + k^2)\theta = 0 \tag{2.88}$$

あるいは

$$\ddot{\theta} + 2(h_1+k)n_1\dot{\theta} + n_1^2\theta = 0 \tag{2.89}$$

という形にすることができる. このようなフィードバックをかけると, 振り子の固有周期が短くなったような, または減衰が強くなった効果を生じ, 前者では加速度計として後者では速度計として広帯域の地震計が得られる. 振り子の振幅が抑えられるので大振幅の地震動にも対応できる.

この型の広帯域換振器としては Wielandt と Streckeisen (1982) が開発したもの (製品名 STS-1, STS-2 など) がディジタル地震観測網で広く使われている. 0.01~50 Hz の帯域で地動速度に比例する出力が得られる. 上下動振り子はリーフスプリング (図 2.2 の K) を使っている.

F. 地震計の校正

地震計の記録を利用するときには, その正確な周波数特性を必要とすることが多いので, 定期的にその測定, すなわち**校正** (calibration) を行い, 結果を地震記象とともに保存しておく必要がある. 最も直接的な校正法は地震計を**振動台** (shaking table) に乗せて, 色々な周期, 振幅の振動を与えたときの記録をとる方法であるが, 問題が多く一般的とはいえない.

機械式および光学式地震計では 3 定数 T_0, h, V を測定し, 摩擦があるときは摩擦値 r を添える. 制振器をなるべく働かないようにして, 振り子を自由振動させたときの記録から T_0 と r が, 制振器を標準の状態で働かせたときの振り子の運動の記録から h が求められる. V は振り子の上のある場所に小さい

おもりを乗せたとき，あるいは振り子の台を一定の角度だけ傾けたときの記録の振れから求める．

直結形電磁式地震計の場合は T_1, T_2, h_1, h_2, σ^2, V_s の6定数を別々に求めればよい．これには色々な方法が考えられるが，地震計の形式や使用する測定器の種類によって最適の方法は変わってくる．個々の定数の値を求めず周波数特性を表す曲線を決めることもある．増幅器を用いた電磁式地震計ではそれが普通である．そのためには T_1, h_1 を測って $U_1(\omega)$, $\alpha(\omega)$ を計算し，別に増幅器と記録装置を含めた特性 $U_2(\omega)$, $\alpha(\omega)+\varepsilon(\omega)$ を増幅器に多くの周波数の電圧を入力したときの記録波形の振幅，位相から求める．なお，インパルスあるいは階段状の電圧を入力したときの記録波形のスペクトルから周波数特性を計算する方法もある．

換振器を含めて地震計全体の周波数特性を測定するには，適当な回路（たとえばWillmore（1959）のブリッジ）を組んで，ある端子に超低周波発振器の出力を与える方法，コンデンサーの放電あるいは電池の接続によってインパルスあるいは階段状の電流を変換器に流す方法（Espinosaほか，1962）がある．換振器に出力用の変換器のほか，校正用に別の変換器を付けておくと，特別な回路や調整を必要とせず便利である．定期的に（たとえば毎日1回）このような校正用パルスを与えたときの記録を残しておくと，後日地震波形を研究に用いるとき役立つ．

2.4 ひずみ地震計および地殻変動連続観測装置

A. ひずみ地震計および伸縮計

地震動に伴う土地の伸縮を測定するために，図2.10のように岩盤上の2点A，Bに台を設け，台Aに固定した長さ L の棒の端と台Bの間の隙間の長さの変化を記録する．このような装置を**ひずみ地震計**（linear strain seismograph）という．最初の実用的なひずみ地震計は1932年，Benioff（1935）によってPasadenaに設置された．当初は長さ20mの鋼管を用いたが，後に水晶管に改められた．温度変化の影響を避けるため地下数十m以深の横穴の中に入れる必要があり，設置は容易でないので数は限られている．日本では松代にある長さ100mのもの2成分が最長のものである．この装置は地震動に伴

2.4 ひずみ地震計および地殻変動連続観測装置

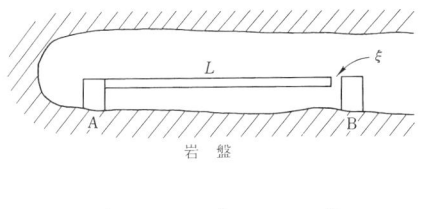

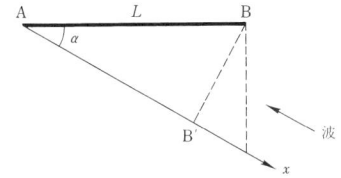

図 2.10 ひずみ地震計の原理

うひずみの変化のほかに，地殻変動による土地の長年にわたる伸縮，**地球潮汐**（earth tide）と呼ばれる月や太陽の引力による地球の固体部分の変形，さらに色々な擾乱（たとえば降雨）による土地の変形などを 10^{-9}（1 km につき 1 μm）程度の量まで記録するので，**伸縮計**（extensometer）としても利用される．日本ではその目的のものが多い．

いま，水平面上において地震波の到来する方向を x 軸にとり，AB の方向との角を α とする．BB′ を x 軸に垂直，すなわち波面に平行とすると，A での変位 u と BB′ 上での変位 u' の差は，波長が L に比べて充分長い場合は

$$u' - u = \frac{\partial u}{\partial x} L \cos \alpha \tag{2.90}$$

で，この L 方向の成分，すなわち ξ は，縦波（P 波，レイリー波）のときは

$$\xi = \frac{\partial u}{\partial x} L \cos^2 \alpha = \frac{L \cos^2 \alpha}{c} \dot{u} \tag{2.91}$$

横波（SH 波（§3.2A），ラブ波）のときは

$$\xi = \frac{\partial u}{\partial x} L \cos \alpha \sin \alpha = \frac{L \cos \alpha \sin \alpha}{c} \dot{u} \tag{2.92}$$

となる．c は水平面上での波の速度である．適当な変換器を用いて ξ に比例す

る出力を取り出せば，それは地動の速度 $\dot{u}$ に比例するものになる．振り子式の地震計と異なり固有周期というものが存在しないので，長周期の地震動の記録には有利であるが，設置・保守の困難さから観測の主流にはなり得なかった．

B. 埋込式ひずみ計

土地の体積ひずみを測定するものとして Sacks-Evertson 式ひずみ計 (1970) がある．シリコン油を満たしたステンレス製の円筒を，岩盤に掘った 100 m 以上の孔の底に入れ，固まると膨張するセメントを用いて岩盤に固定する．岩盤の伸び縮みに応じて油容器の上に出ている細い管の油の柱が昇降するのを電気的に検出して記録する．10^{-10} 程度の体積の変化を見いだせるという．この器械は 1976 年から気象庁が南関東，東海地方に設置を開始した．2000 年現在 32 箇所のデータがテレメーターにより本庁で記録されている．この器械は設置点付近の永年的地殻変動をどの程度忠実に記録するかはわからないが，地球潮汐や長周期地震動は良く記録する．降雨などのほか原因不明の異常変化を記録することもあるが，複数の地点の記録を比較することにより，大地震前に断層の緩やかな先行すべりがあればその検出に役立つことが期待される．近年は 3 方向のひずみを分けて測定する埋込式ひずみ計も連続観測に使われている．

井戸の水位を連続記録していると，井戸によっては遠い大地震などの際，ときには数十 cm に及ぶ振動が認められることがある．このような例は数十年前から多くの報告があり，たとえば Eaton と Takasaki (1959) によれば Honolulu のある井戸では十勝沖地震 (1952)，Kamchatka 地震 (1952) のときに 25 cm 水位が昇降したのをはじめ，多数の遠地地震のときの昇降が記録されている．日本の井戸でもそのような例が知られている．これは表面波の通過時のひずみに対する帯水層の反応とみられ，上記体積ひずみ計と似た面がある．

C. 傾 斜 計

長周期の水平動振り子は**傾斜計** (tiltmeter) として用いられる．地震動 $x(t)$ と重なって x 方向に ϕ という傾斜があるときには，x 方向に $g\phi$ という加速度が加わることになるから (2.39) は

$$\ddot{y}+2hn\dot{y}+n^2 y = V(\ddot{x}+g\phi) \tag{2.93}$$

となる．したがって記録上では x と ϕ とは区別がつかないが，何時間という長周期の変動が記録されるときには，傾斜であるとみるのが常識である．ゆっくりとした傾斜 ϕ のみがあるときの記録の振れ y は

$$y = \frac{T_0^2 Vg}{4\pi^2} \phi \tag{2.94}$$

となる．長周期の振り子は温度変化の影響によって位置がずれるおそれがあるから，傾斜計本体は温度変化の影響を受けにくい材質（たとえば水晶）で作り，トンネルの中などで使用する．石本式シリカ傾斜計（1927）は Zöllner づりの水平振り子（図 2.2 の A）を用い，振り子の動きを光学的に記録している．

水管傾斜計（water-tube tiltmeter）は数十 m 離れた水の容器を管で結び，両容器の水位を測定して，その差の変化から傾斜を求めるものである．水面に浮かべた浮きの位置を電気的に検出するなどして連続記録がとられている．この器械は 10^{-9} rad 程度の傾斜を測定できる．地殻変動観測所では横穴に水晶管伸縮計と並べて設置するのがふつうである．

振り子式傾斜計はそれを設置した岩盤の局部的な傾斜を記録して，地域的な地殻変動を記録するには問題があるといわれるが，短期間の変動の連続記録に適している．水管傾斜計は設置場所を得ることが容易でない．

2.5　地震の観測

A. 地震観測網

a. 地震観測所　従来，第一級の地震観測所といえば，地震動の周期，振幅の広い範囲に対応した各種地震計を備え，複数の職員を配置し，長年にわたり同一機種による観測を続けるものであった．毎日定時に記録紙を交換・処理し，時報を受信して刻時用時計の補正を行い，地震記録を読み取り，定期的に国内および国際センターに読取値を報告する．このような観測所は 20 世紀初頭から次第に世界の各国に設置されるようになった．地震計の性能（感度や時刻精度），記録の読取りや処理方法などは時代により大きく違うから，地震のデータを利用するときは，その記録，読取値，処理結果（震源位置，M など）がどのようにして得られたものかを知っている必要がある．

地震観測点を設置するときには，観測網の構成上，位置に制約はあるが，できる限り雑微動，脈動の少ない場所を選ぶ．海岸，市街地，主要道路，鉄道などの振動源からなるべく離れた堅固な岩盤がよく，地震計台（seismometer pier）は建物とは独立の基礎とし，できればなるべく深い縦穴（深井戸）の底が望ましい．日本では理想的な場所を得ることは困難で，地表で比較すれば日本で最良の場所でも，大陸奥地の観測所に比べると背景雑音は1桁大きい．

　地震計には地震動のほか，タイムマークが記録される．1960年代からは水晶時計が用いられているが，以前は航海用クロノメーターまたは振り子時計が用いられ，高級な時計でも1日に1秒程度の不規則な遅れ進みがあった．

b. 世界の観測網　世界各地の地震観測所あるいは地域的な観測網による観測資料はそれぞれの機関から定期的に観測報告として刊行される．全世界の観測資料の収集とそれによる震源等の決定は英国 Berkshire 州 Newbury にある ISC（International Seismological Centre）が行っており，1964年以降年間1万回以上（最近は2万回程度）の地震の震源等が観測資料とともに刊行されている（http://www.isc.ac.uk/）．1918〜63年の分はその前身である ISS（International Seismological Summary）に収められている．このほか，USGS（U. S. Geological Survey）でも，世界のかなりの数の観測所から観測資料の速報を受け，全世界の地震の震源等を求め，PDE（Preliminary Determination of Epicenters），EDR（Earthquake Data Report）を刊行している＊（http://wwwneic.cr.usgs.gov/）．

　米国は1962年から当時の共産圏諸国を除く世界の120の観測所に標準地震計を設置し WWSSN（worldwide standardized seismograph network）をつくったが，この地震計は Press-Ewing 式長周期地震計と Benioff 式短周期地震計を組合せたもので，記録紙を集中保管しコピーを提供するなど，地震学の発展に大きく貢献した．

　WWSSN は印画紙などを用いたアナログ記録であったが，1976年ころから

＊ 米国政府の地震事業は以前は USCGS（U. S. Coast and Geodetic Survey），その後 NOAA（National Oceanic and Atmospheric Administration）が引き継ぎ，1973年に USGS（U. S. Geological Survey）に移り，データの公開等は主に NEIC（National Earthquake Information Center）という部局が担当している．

米国は世界の十数箇所に SRO (seismic research observatories) または ASRO (abbreviated SRO) と称して，ディジタル記録による広帯域地震計を設置した．その後 WWSSN の地震計の一部もディジタル化が行われ，SRO や ASRO を含めて 30 箇所以上の観測点を含む GDSN (Global Digital Seismograph Network) として扱われるようになった．また IDA (International Deployment of Accelerographs) という計画 (California 大学) により，重力計を応用したディジタル方式の超長周期地震計が十数箇所に設置された．1980 年代以降，米国の IRIS (Incorporated Research Institutions of Seismology)，フランスの GEOSCOPE (Romanowicz ほか，1991; Roult ほか，1999)，ヨーロッパの ORFEUS (Observatories and Research Facilities for European Seismology, van Eck と Dost, 1999) などいくつかの観測網が整備された．IRIS はこれらを含め世界の 100 点以上の観測点の波形データを集め，準リアルタイムで提供している (http://www.iris.edu/)．日本は海半球ネットワーク (Ocean Hemisphere Project Network) が西太平洋地域に十数点の観測点を設置しているが，最近北海道はるか沖の海底にボアホール広帯域地震計 (海底下 500 m) が稼働を始めた．さらに数点の増設計画ある．インドネシア，南太平洋地域に展開した JISNET, SPANET もある．

c. 日本の観測網 気象庁は日本各地の気象台，測候所に地震計を設置して 100 年以上にわたり観測を続け，比較的大きい地震を対象として，地震情報や津波警報の発表等の業務を行ってきた．地点数，機種等は年代により異なる (浜松, 1981; 市川, 1981)．1994 年からは津波地震早期検知網と称して，全国 150 地点 (気象台構内ではなくノイズの小さい場所) に振り子の固有周期 10 秒および 1 秒のディジタル方式の地震計各 3 成分を設置して観測を行っている．そのほか地方自治体などが独自に設置した震度計を加えて，現在 3000 箇所以上で震度計の観測がなされている．観測資料は 1951 年以降は『地震月報』，それ以前は『気象要覧』などに刊行されている．日本ではこのほかいくつかの大学および防災科学技術研究所が主として微小地震を対象とした地域的観測網を持って 1970 年代から研究的観測を行っている．これらの観測網はテレメーター化されており，最近は気象庁にも転送され一元的に処理されている．気象庁，大学等の観測中枢では，地震発生後直ちに各地の記録を自動的に

読取り，震源を自動的に決定する自動処理システムを採用している．

また，1996～98年以降，防災科学技術研究所が運用する全国的な強震計観測網（K-net，約1000点，地表）および高感度地震観測網（Hi-net，100 m以上の観測井の底，約500点）が設置された．なお，Hi-netの観測点には強震計が地表と観測井の底にペアで設置され基盤強震観測網（KiK-net）を構成している．上記とは別に広帯域地震観測網（FREESIA，約30点）も整備され，モーメントテンソル解がルーチン的に求められている（§10.4B）．これらの波形データはネットを通じて取得できる（http://www.bosai.go.jp/）．

d．アレー　適当な間隔をおいて配置された多数の地震計からの出力を1箇所に集めて記録するシステムをアレー（seismic array）という．地域的な地震観測網もテレメーターにより1箇所で集中記録すれば一種のアレーとなるが（日本でいくつかの大学の微小地震観測点合わせて約350点をJ-arrayと称して活用している），狭い意味のアレーは地震計を規則正しく配列し，遠方の小地震の検出を目的としたものである．アレーの記録を処理することにより，雑微動の影響を軽減し，地震波の到来方位や見掛け速度等を測定することができる．この種のアレーで最大規模のものは，米国 Montana 州にある LASA（Large Aperture Seismic Array, 1965）で，直径200 kmほどの地域に21個の小アレーが設けられ，各小アレーは25個の地震計が直径7 kmほどの円内に配置され，合わせて数百個の地震計が Binings の記録センターで集中記録されていた（1978年以降は休止している）．NORSAR（Norwegian Seismic Array, 1971）も30年にわたり稼働している．小規模のアレーとしては，たとえば10個の地震計を十字形に配置したものなどがある．これらのアレーは地下核実験の探知を主目的として設置されたものが多いが，地震学への寄与も少なくない．

B．SN比の改善

地震記象を利用するには，目的とする地震波（信号）が背景雑音に比べて充分大きく記録されていること，すなわち **SN比**（signal to noise ratio）が大きいことが必要である．そのためには換振器の設置場所の選定がまず重要である．雑微動の大きい場所に設置せざるを得ないときは深井戸を掘るとよい．東京の周辺でも3000 m前後の深さでは短周期の雑微動は地表の100分の1程度

になる(高橋と浜田, 1975). 長周期地震計とくに上下動では気圧すなわち空気の密度の変化による振り子の浮力の変動やケースの中の空気の熱対流などによって記録が乱れることがある. これを防ぐため振り子を気密容器に収め真空に近い状態にして使用する. 長周期地震計に記録される周期10秒ないし100秒以上の長周期微動としては, 大気中の長周期の波動や風による大気の乱れが地面を変形させて生じるものもある. これは地震計を地下100 mより深く入れればかなり防げるという.

SN比を上げる一方法として目的とする地震波の周波数範囲のみを通す帯域フィルター(band-pass filter)を用いる. 脈動のように周期がだいたい決まっている雑音を除去するのには除波フィルター(rejection filter)を用いる.

縦波横波が混ざって記録されている水平動2成分の記象があるとき, 震央の方位 θ がわかれば, 一成分に $\cos\theta$, 他の成分に $\sin\theta$ を掛けて加え合わせることにより, 縦方向(radial direction)と横方向(transverse direction)の成分に分離することができる. 縦成分と上下動成分を掛け合わせると, P波の振動はゼロ線の片側のみに, SV波(§3.2A)の振動は他の側のみに, レイリー波の振動は両側にまたがって起こり, 三者を分離できるはずである.

アレーを構成している n 個の地震計の出力を重ね合わすと, もし雑音がランダムなものであれば, 信号は n 倍になるが, 雑音は $\sqrt{n}$ 倍にしかならないから, SN比は $\sqrt{n}$ 倍改善される. 信号には少しずつ到着時間に差があるから加え合わせるときには, 震央方位・見掛け速度に応じて適当にずらして和をとるとよい.

C. 海底地震観測

海底地震計(OBS, ocean-bottom seismograph)の必要性は説明するまでもなかろう. 実用的な海底地震計による観測が行われるようになったのは1960年代以降である. 海底においては脈動はともかく, 短周期の雑微動は陸上の静かな場所と同程度で, 高感度の地震計の設置が可能である. 現在の海底地震計は次の2種類に大別できるが, ほかにブイテレメーター方式も使われることがある.

a. ケーブル方式(cable type) 海底に設置した地震計の出力を海底に敷

設したケーブルによって陸上に導き記録するもので，ケーブルの設置・維持に費用がかかるが，長年にわたる常時観測が可能である．日本では気象庁が御前崎南方沖に約 160 km のケーブルを延ばし先端と途中 3 箇所に換振器を設け，1979 年から観測を開始した．房総半島沖にも同様な装置が 1985 年に設置された．さらに 1994〜99 年の間に伊豆半島東方沖，相模湾，三陸沖，室戸岬沖，釧路・十勝沖に光海底ケーブルを用いたディジタル方式の装置がいくつかの機関により設置され，データは気象庁にも送られている．

b. 自己浮上方式（pop-up type） 記録装置（磁気テープ，光ディスクなど），時計，電池等を含む地震計を耐圧容器（カプセル）に入れ海底に沈める．通常数週間程度で観測を終え，船からの信号によりバラストが外れてカプセルが浮上し，それを回収する．a に比べ費用はかからず機動性に優れているが，記録は回収後でなければ使えない．かつては海底に沈めたカプセルと海面に浮かべたブイをロープによって結んでおくタイプ（アンカードブイ方式）が使われたが，近年は使われない．

3章 弾 性 波 動

3.1 弾　　性

A. ひずみと応力の定義

　弾性論は**ひずみ**（strain）と**応力**（stress）の定義，および両者の関係の議論から始まる．直交座標系 x_1, x_2, x_3 を用い，弾性体がある変形を行ったとき，内部の1点 $\mathrm{P}(x_i)$ の変位ベクトルを $\boldsymbol{u}(u_i)$ としよう（添字の i, j などは 1, 2, 3 を表す）．P のごく近くの1点 $\mathrm{P}'(x_i+dx_i)$ の変位は $\boldsymbol{u}'(u_i+\sum_j(\partial u_i/\partial x_j)dx_j)$ となる．この $\partial u_i/\partial x_j$ は点 P におけるひずみを表すもので，これがすべての i, j について 0 ならば点 P の近傍で変形は起こらず，並進運動だけである．いま

$$\frac{\partial u_i}{\partial x_j} = e_{ij} - \xi_{ij} \tag{3.1}$$

ただし

$$e_{ij} = \frac{1}{2}\left(\frac{\partial u_j}{\partial x_i} + \frac{\partial u_i}{\partial x_j}\right) \tag{3.2}$$

$$\xi_{ij} = \frac{1}{2}\left(\frac{\partial u_j}{\partial x_i} - \frac{\partial u_i}{\partial x_j}\right) \tag{3.3}$$

のような e_{ij}, ξ_{ij} を用いれば，ベクトル $\boldsymbol{u}$ の発散 Θ，回転 $\boldsymbol{\Omega}$ はそれぞれ

$$\Theta = \mathrm{div}\,\boldsymbol{u} = \sum_i \frac{\partial u_i}{\partial x_i} = \sum_i e_{ii} \tag{3.4}$$

$$\boldsymbol{\Omega} = \mathrm{curl}\,\boldsymbol{u} = (2\xi_{23},\ 2\xi_{31},\ 2\xi_{12}) \tag{3.5}$$

となる．ひずみテンソル e_{ij} は対称（$e_{ij}=e_{ji}$）であり，ξ_{ij} は反対称（$\xi_{ij}=-\xi_{ji}$）で，したがって $\xi_{ii}=0$ である．e_{ii} は x_i 軸方向の伸び（Θ は体積膨張）を，$2e_{ij}$（$i\neq j$）は x_i 軸と x_j 軸の間のずりの角度（angle of shear）を表している．また，ξ_{ij} は x_k 軸（$k\neq i, j$）の周りの回転（rotation）を表している．なお

$$e_{ij} = \Theta\delta_{ij}/3 + E_{ij} \tag{3.6}$$

と書いたとき*の E_{ij} を**ひずみ偏差テンソル**（deviatoric strain tensor）という．座標系を適当に回転すると $e_{ij}=0$ $(i\neq j)$ とすることができるが，このときの e_{ii} を**主ひずみ**（principal strain），座標軸をひずみの主軸という．

　弾性体内に一つの面を考えると，その両側の部分はお互いに力を及ぼし合っている．いま x_i 軸に垂直な微小な面をとり，x_i が正の方向の側の部分が負の方向の側の部分に及ぼしている力の3成分が単位面積当り p_{i1}, p_{i2}, p_{i3} であるとする．p_{ii} は面に垂直な力すなわち**法線応力**（normal stress），p_{ij} $(i\neq j)$ は面に平行な力すなわち**接線応力**（tangential stress, **せん断応力**, shear stress と呼ぶこともある）である．p_{ij} を総称して応力テンソルというが，$p_{ij}=p_{ji}$ であるからこれは対称テンソルである．ひずみの場合と同じく，座標系を適当に回転すると $p_{ij}=0$ $(i\neq j)$ とすることができるが，このときの p_{ii} を**主応力**（principal stress）という．なお $P=(1/3)\sum p_{ii}$ は座標系によらない量すなわちスカラーであり，流体のときは $-P$ が静水圧になる．一般に

$$p_{ij}=P\delta_{ij}+P_{ij} \tag{3.7}$$

と書いて，P_{ij} を**応力偏差テンソル**（deviatoric stress tensor）という．

B. ひずみと応力の関係

　ひずみと応力の間にはひずみが小さいとき

$$p_{kl}=\sum_i\sum_j A_{ijkl}e_{ij} \tag{3.8}$$

という関係が成り立つものと考える．これは**フックの法則**（Hooke's law）の一般形である．A_{ijkl} はその弾性体の性質を表す定数で $3^4(=81)$ 個考えられるが，p_{ij}, e_{ij} が対称テンソルなのでそのうちの36個が独立である．もしも変形が断熱的または等温的に行われるときには，熱力学的考察から $A_{ijkl}=A_{klij}$ であることが証明されるので，独立なものは21個となる．さらに弾性体の性質が方向によらないとき，すなわち**等方性**（isotropy）を有しているときには，独立なものは2個となり

$$A_{ijkl}=\lambda\delta_{ij}\delta_{kl}+\mu(\delta_{ik}\delta_{jl}+\delta_{il}\delta_{jk}) \tag{3.9}$$

で表される．この λ, μ を**ラメの定数**（Lamé's constants）という．本書では

---

* δ_{ij} はクロネッカーのデルタ（Kronecker's delta）といわれる記号で，$i=j$ のとき $\delta_{ij}=1$, $i\neq j$ のとき $\delta_{ij}=0$ である．

とくに断わらない限り等方弾性体を考えるが，その場合ひずみと応力の関係（フックの法則）は

$$p_{ij}=\lambda\Theta\delta_{ij}+2\mu e_{ij} \tag{3.10}$$

と表すことができる．偏差テンソル同志の関係は

$$P_{ij}=2\mu E_{ij} \tag{3.11}$$

となる．μ は**剛性率**（rigidity）と呼ばれる弾性定数と同じである．弾性論では λ, μ のほかにも**体積弾性率**（bulk modulus）K, **ヤング率**（Young's modulus）E, **ポアソン比**（Poisson's ratio）σ などが用いられるが，これらは

$$K=\lambda+\frac{2}{3}\mu \tag{3.12}$$

$$E=\frac{\mu(3\lambda+2\mu)}{\lambda+\mu}=2\mu(1+\sigma) \tag{3.13}$$

$$\sigma=\frac{\lambda}{2(\lambda+\mu)} \tag{3.14}$$

によって λ, μ と結ばれる．

C. 弾性体の運動方程式と弾性波

弾性体の中に各辺の長さが dx_i の微小な直方体を考える（図 3.1）．面 ABCD および EFGH を通してこの直方体に働く応力の x_1 成分の差は $(\partial p_{11}/\partial x_1) dx_1 dx_2 dx_3$ である．他の 2 組の向い合った面を通して働く応力の x_1 成分の差はそれぞれ $(\partial p_{21}/\partial x_2) dx_1 dx_2 dx_3$ と $(\partial p_{31}/\partial x_3) dx_1 dx_2 dx_3$ であるから，弾性体の密度を ρ とすれば運動方程式の x_1 成分は

$$\rho\frac{d^2 u_1}{dt^2}=\sum_j\frac{\partial p_{j1}}{\partial x_j} \tag{3.15}$$

となる．もし重力のような実質に働く力（body force）も考えればその項を加える必要があるが，ここでは考えない．$d^2 u_1/dt^2$ は近似的に $\partial^2 u_1/\partial t^2$ でおき換えられる．結局，他の成分をも含めて

$$\rho\frac{\partial^2 u_i}{\partial t^2}=\sum_j\frac{\partial p_{ij}}{\partial x_j} \tag{3.16}$$

と書ける．(3.4), (3.10) を用いると上式は

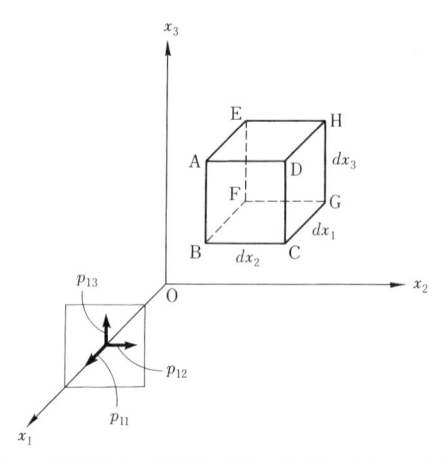

図 3.1 応力の説明. x_1 の正の方向の側が負の方向の側に及ぼす力の 3 成分が p_{11}, p_{12}, p_{13}.

$$\rho \frac{\partial^2 u_i}{\partial t^2} = (\lambda + \mu) \frac{\partial \Theta}{\partial x_i} + \mu \nabla^2 u_i \tag{3.17}$$

となる．あるいはベクトル的に次のように表せる*.

$$\rho \frac{\partial^2 \boldsymbol{u}}{\partial t^2} = (\lambda + \mu) \mathrm{grad}\, \Theta + \mu \nabla^2 \boldsymbol{u}$$

$$= (\lambda + 2\mu) \mathrm{grad}\, \mathrm{div}\, \boldsymbol{u} - \mu\, \mathrm{curl}\, \mathrm{curl}\, \boldsymbol{u} \tag{3.18}$$

(3.18) の両辺の発散および回転をとると，それぞれ

$$\rho \frac{\partial^2 \Theta}{\partial t^2} = (\lambda + 2\mu) \nabla^2 \Theta \tag{3.19}$$

$$\rho \frac{\partial^2 \boldsymbol{\Omega}}{\partial t^2} = \mu \nabla^2 \boldsymbol{\Omega} \tag{3.20}$$

が得られる．この 2 式は**波動方程式**（wave equation）にほかならない．波

---

* ベクトル解析で使われる記号と公式を掲げておく．ϕ はスカラー，$\boldsymbol{A} = (A_1, A_2, A_3)$ はベクトルとする．

$$\nabla^2 \phi = \sum_i \frac{\partial^2 \phi}{\partial x_i^2},\ \mathrm{grad}\, \phi = \left(\frac{\partial \phi}{\partial x_1}, \frac{\partial \phi}{\partial x_2}, \frac{\partial \phi}{\partial x_3} \right)$$

$$\mathrm{div}\, \boldsymbol{A} = \sum_i \frac{\partial A_i}{\partial x_i},\ \mathrm{curl}\, \boldsymbol{A} = \left(\frac{\partial A_3}{\partial x_2} - \frac{\partial A_2}{\partial x_3}, \frac{\partial A_1}{\partial x_3} - \frac{\partial A_3}{\partial x_1}, \frac{\partial A_2}{\partial x_1} - \frac{\partial A_1}{\partial x_2} \right)$$

$$\nabla^2 \boldsymbol{A} = \mathrm{grad}\, \mathrm{div}\, \boldsymbol{A} - \mathrm{curl}\, \mathrm{curl}\, \boldsymbol{A}$$

$$\mathrm{div}\, \mathrm{grad}\, \phi = \nabla^2 \phi,\ \mathrm{curl}\, \mathrm{grad}\, \phi = 0,\ \mathrm{div}\, \mathrm{curl}\, \boldsymbol{A} = 0$$

動方程式の一般の形は

$$\frac{\partial^2 \phi}{\partial t^2} = c^2 \nabla^2 \phi \tag{3.21}$$

であるが，ϕ が x と t だけの関数のときは $\frac{\partial^2 \phi}{\partial t^2} = c^2 \frac{\partial^2 \phi}{\partial x^2}$ となり，この式の一般解は任意の関数 f_1 と f_2 を用いて

$$\phi = f_1(x - ct) + f_2(x + ct) \tag{3.22}$$

で表される．これは $f_1(x)$, $f_2(x)$ という波形が c という速度でそれぞれ x の正および負の方向に伝搬してゆくことを示している．特別な場合として，x の正の方向に進む正弦波は

$$\phi = A e^{i(\omega t - qx)} \tag{3.23}$$

で表せる．ここで ω は角周波数，q は**波数**（wave number），A は振幅である．この波の周期 T，波長 L，速度 c はそれぞれ

$$T = 2\pi/\omega, \ L = 2\pi/q, \ c = L/T = \omega/q \tag{3.24}$$

である．

（3.19）は Θ という状態が

$$V_P = \sqrt{\frac{\lambda + 2\mu}{\rho}} = \sqrt{\frac{K + (4/3)\mu}{\rho}} \tag{3.25}$$

という速度で伝わることを，（3.20）は Ω という状態が

$$V_S = \sqrt{\frac{\mu}{\rho}} \tag{3.26}$$

という速度で伝わることを意味する．地震学では前者を P 波，後者を S 波というが，P 波は縦波，S 波は横波であることは，たとえば r_1 方向に進む平面 P 波または平面 S 波が単独に存在する場合について考えてみればすぐわかる．S 波は進行方向と直角な面上で振動が起こっているが，その面上のある一方向にだけ振動が限られている場合，S 波はその方向に**偏り**（polarization）が生じているという．

V_P と V_S の比は

$$\frac{V_P}{V_S} = \sqrt{\frac{\lambda}{\mu} + 2} = \sqrt{\frac{2(1-\sigma)}{1-2\sigma}} \tag{3.27}$$

である．ふつう λ も μ も正の量であるから $V_P/V_S > \sqrt{2}$ であり，P 波は S 波より速い．たいていの岩石では λ と μ は大きくは異ならない．もし，$\lambda = \mu$（ポアソンの関係）が成り立つとすれば，$\sigma = 1/4$, $V_P/V_S = \sqrt{3}$ となる．実際，地殻やマントルの V_P/V_S は 1.6〜1.8 程度である．流体は $\mu = 0$（$\sigma = 0.5$）であり，S 波は伝わらない．なお，次の式が成り立つことに注目しておこう．

$$V_P^2 - \frac{4}{3} V_S^2 = \frac{K}{\rho} \tag{3.28}$$

弾性波の問題を解くときには，まず単一周波数の波をとり上げ，振動は $e^{i\omega t}$ の形であるとする．そして，Θ と Ω の代わりに

$$\boldsymbol{u} = (\text{grad } \phi + \text{curl } \boldsymbol{A}) e^{i\omega t} \tag{3.29}$$

となるような ϕ と $\boldsymbol{A}$ を用いると便利なことが多い．これらを**変位ポテンシャル**（displacemet potentials）といい，ϕ をスカラーポテンシャル，$\boldsymbol{A}$ をベクトルポテンシャルという．このとき

$$\Theta = \text{div } \boldsymbol{u} = (\nabla^2 \phi) e^{i\omega t} \tag{3.30}$$

$$\Omega = \text{curl } \boldsymbol{u} = (\text{curl curl } \boldsymbol{A}) e^{i\omega t} \tag{3.31}$$

となる．もし ϕ および $\boldsymbol{A}$ が

$$\omega^2 \phi + \frac{\lambda + 2\mu}{\rho} \nabla^2 \phi = 0 \tag{3.32}$$

$$\omega^2 \boldsymbol{A} + \frac{\mu}{\rho} \nabla^2 \boldsymbol{A} = 0 \tag{3.33}$$

を満足するならば，$\boldsymbol{u}$ は運動方程式を満足するから，まずこれら 2 方程式の解を求め，(3.29) により $\boldsymbol{u}$ に直せばよい．(3.32), (3.33) は

$$(\nabla^2 + h^2) \phi = 0, \ h = \omega / V_P \tag{3.34}$$

$$(\nabla^2 + k^2) \boldsymbol{A} = 0, \ k = \omega / V_S \tag{3.35}$$

と書ける．

運動が $x_2 - x_3$ 平面上で起こる場合には，$\boldsymbol{A}$ の x_1 成分を Ψ と書けば

$$u_2 = \left(\frac{\partial \phi}{\partial x_2} + \frac{\partial \Psi}{\partial x_3} \right) e^{i\omega t} \tag{3.36}$$

$$u_3 = \left(\frac{\partial \phi}{\partial x_3} - \frac{\partial \Psi}{\partial x_2} \right) e^{i\omega t} \tag{3.37}$$

3.1 弾　性

$$(\nabla^2 + h^2)\phi = 0 \tag{3.38}$$

$$(\nabla^2 + k^2)\Psi = 0 \tag{3.39}$$

$$\Theta = \nabla^2 \phi e^{i\omega t} = -h^2 \phi e^{i\omega t} \tag{3.40}$$

$$\Omega = \nabla^2 \Psi e^{i\omega t} = -k^2 \Psi e^{i\omega t} \tag{3.41}$$

が成り立つ．したがって変位は

$$u_2 = -\frac{1}{h^2}\frac{\partial \Theta}{\partial x_2} - \frac{1}{k^2}\frac{\partial \Omega}{\partial x_3} \tag{3.42}$$

$$u_3 = -\frac{1}{h^2}\frac{\partial \Theta}{\partial x_3} + \frac{1}{k^2}\frac{\partial \Omega}{\partial x_2} \tag{3.43}$$

となり，また，応力は次式で表される．

$$p_{23} = 2\mu e_{23} = \mu\left(2\frac{\partial^2 \phi}{\partial x_2 \partial x_3} - k^2\Psi - 2\frac{\partial^2 \Psi}{\partial x_2^2}\right)e^{i\omega t}$$

$$= \mu\left(\Omega + \frac{2}{k^2}\frac{\partial^2 \Omega}{\partial x_2^2} - \frac{2}{h^2}\frac{\partial^2 \Theta}{\partial x_2 \partial x_3}\right) \tag{3.44}$$

$$p_{33} = \lambda\Theta + 2\mu e_{33} = \mu\left(-2\frac{\partial^2 \Psi}{\partial x_2 \partial x_3} - k^2\phi - 2\frac{\partial^2 \phi}{\partial x_2^2}\right)e^{i\omega t}$$

$$= \mu\left(\frac{k^2}{h^2}\Theta + \frac{2}{h^2}\frac{\partial^2 \Theta}{\partial x_2^2} + \frac{2}{k^2}\frac{\partial^2 \Omega}{\partial x_2 \partial x_3}\right) \tag{3.45}$$

D.　異　方　性

　ここでは等方性が成り立たない場合，すなわち**異方性**（anisotropy）についてふれておく．上記の弾性波の理論は等方性を仮定しており，次項以後の記述もほとんどが暗黙のうちに等方性を認めている．しかし，地球内部で異方性は珍しいことではない．震源決定や地球内部構造研究上で異方性は無視できないはずであるが，異方性を考慮すると問題が複雑になりすぎるためか，個々の事例の観測報告とその解釈にとどまる場合が多かった．

　等方性媒質を伝わる実体波はP波，S波だけであるが，異方性媒質ではそう簡単ではない．通常はP波に準ずる波，S波に準ずる波を考えその進行方位によって速度が異なるものとして扱う．上部マントルでは方位による速度差が数％に達しているいう観測例もある（§4.2A）．準S波はその振動方向によって速度が異なる．等方性媒質から異方性媒質へS波が入射すると，**S波の分裂**（shear wave splitting）が起こる．S波分裂の観測から異方性を研究した論

文は100編を越えている（§4.2A）．

　岩石を構成する鉱物の結晶は本来異方性を有しているが，結晶配列がランダムであれば全体として異方性は現れない．地球内のある方向に応力がかかり，流動が起こると，鉱物の結晶の選択配向が起こり異方性が生じ保存される．また，弾性の異なる等方性の媒質がある種の層構造をなしていたり，多数の小クラックやシート状の溶融体などがある方向に卓越して並んでいたりすると，ある周波数帯の弾性波に関し異方性が現れることが考えられる．

E. 弾性エネルギー

　ひずみを受けた弾性体がさらにde_{ij}で表される微小な変形を行ったときのエネルギーの増加は単位体積当り

$$dW = \sum_i \sum_j p_{ij} de_{ij} \tag{3.46}$$

となる．等方弾性体のときはこの式は（3.10）を用いて

$$dW = \lambda \Theta d\Theta + 2\mu \sum_i \sum_j e_{ij} de_{ij} \tag{3.47}$$

となる．積分すると

$$W = \frac{1}{2}\lambda \Theta^2 + \mu \sum_i \sum_j e_{ij}^2 \tag{3.48}$$

あるいは（3.6）を用いて

$$W = \frac{1}{2}K\Theta^2 + \mu \sum_i \sum_j E_{ij}^2 \tag{3.49}$$

と書ける．これらが単位体積当りの**ひずみエネルギー**（strain energy）を表す式である．

　次に，弾性体を伝わる波動のエネルギーを考えよう．単位体積当りの運動エネルギーは

$$K_E = \frac{1}{2}\rho \sum_i \left(\frac{\partial u_i}{\partial t}\right)^2 \tag{3.50}$$

である．いま，x_1方向に進むP波またはS波を考え，その変位が

$$u = A\sin(qx_1 - \omega t) \tag{3.51}$$

で表せるとする．ひずみエネルギーはP波，S波の場合それぞれ

$$W = \frac{1}{2}(\lambda + 2\mu)e_{11}^2 \tag{3.52}$$

$$W = \frac{1}{2}\mu e_{12}^2 \tag{3.53}$$

となる.P波のときのe_{11},S波のときのe_{12}を(3.2)から求めると,結局(3.52)も(3.53)も次のようになる.

$$K_E = W = \frac{1}{4}\rho\omega^2 A^2\{1+\cos 2(qx_1-\omega t)\} \tag{3.54}$$

1波長についての平均は

$$\overline{K_E} = \overline{W} = \rho\omega^2 A^2/4 \tag{3.55}$$

$$\overline{K_E + W} = \rho\omega^2 A^2/2 \tag{3.56}$$

となる.

3.2 実体波の反射屈折と表面波

A. 反射と屈折

図3.2のように$x_3=0$の面を境にして弾性の異なる媒質Ⅰ,Ⅱが接しているとき,Ⅰ$(x_3>0)$の側から平面P波が斜めに入射すると,反射P波,反射SV波,屈折P波,屈折SV波の4種の波が生じる.**SV波**とは,x_1軸に直角,すなわちx_2-x_3面上で振動するS波である.なお,x_1軸に平行,すなわち境界面に平行に振動するS波を**SH波**という.

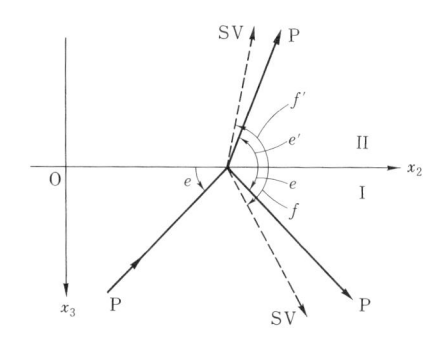

図3.2 反射と屈折.P波が媒質ⅠとⅡの境界面に斜めに入射した場合.

ⅠおよびⅡ側のP波,S波の速度をそれぞれV_P, V_S, V_P', V_S'とし,図のように角e, f, e', f'を定めれば,**ホイヘンスの原理**(Huygens' principle,波の進行状況は一つの波面のすべての点を波源として描いた波面の包絡面が次の波面なるということ)から波動の反射,屈折の法則

$$\frac{V_P}{\cos e} = \frac{V_S}{\cos f} = \frac{V_P'}{\cos e'} = \frac{V_S'}{\cos f'} \tag{3.57}$$

が成り立つ．SV波の入射するときも，同様に2種類ずつの反射，屈折波が生じこの式が成り立つ．

いま，角周波数 ω の正弦波を考え，IおよびIIにおける変位ポテンシャルをそれぞれ

$$\phi = A_e e^{-i(qx_2+rx_3)} + A_r e^{-i(qx_2-rx_3)} \tag{3.58}$$

$$\Psi = B_e e^{-i(qx_2+rx_3)} + B_r e^{-i(qx_2-rx_3)} \tag{3.59}$$

$$\phi' = A_r' e^{-i(qx_2+r'x_3)} \tag{3.60}$$

$$\Psi' = B_r' e^{-i(qx_2+s'x_3)} \tag{3.61}$$

とおく．ただしP波入射のときは $B_e=0$，SV波入射のときは $A_e=0$ である．上の4式は

$$q^2+r^2=h^2, \quad q^2+r'^2=h'^2 \tag{3.62}$$

$$q^2+s^2=k^2, \quad q^2+s'^2=k'^2 \tag{3.63}$$

のとき (3.38)，(3.39) を満足する．ただし $h'=\omega/V_P'$，$k'=\omega/V_S'$ である．q は x_2 方向の波数，r，r'，s，s' はI，IIにおける x_3 方向のP波およびS波の波数であるから

$$\tan e = r/q, \quad \tan e' = r'/q \tag{3.64}$$

$$\tan f = s/q, \quad \tan f' = s'/q \tag{3.65}$$

である．

境界条件は，$x_3=0$ で応力と変位が連続であることである．まず，応力については (3.44)，(3.45) より

$$\frac{2\rho qr}{k^2}(A_e-A_r) + \frac{\rho}{k^2}(s^2-q^2)(B_e+B_r) = \frac{2\rho'qr'}{k'^2}A_r' + \frac{\rho'}{k'^2}(s'^2-q^2)B_r' \tag{3.66}$$

$$\frac{2\rho qs}{k^2}(B_e-B_r) - \frac{\rho}{k^2}(s^2-q^2)(A_e+A_r) = \frac{2\rho'qs'}{k'^2}B_r' - \frac{\rho'}{k'^2}(s'^2-q^2)A_r' \tag{3.67}$$

また，変位については (3.36)，(3.37) より

$$A_e+A_r+\frac{s}{q}(B_e-B_r) = A_r' + \frac{s'}{q}B_r' \tag{3.68}$$

$$B_e+B_r-\frac{r}{q}(A_e-A_r) = B_r' - \frac{r'}{q}A_r' \tag{3.69}$$

が得られる．(3.66) ないし (3.69) によって，入射波の A_e（または B_e）を与えれば，反射波，屈折波の A_r，B_r，A_r'，B_r' を求めることができる．これらは

入射角と両媒質の V_p, V_S および密度の複雑な関数になる．

媒質IIが存在せず，自由表面 $x_3=0$ にP波が入射するときは，$B_e=A_r'=B_r'=0$ とし，境界条件として $x_3=0$ で応力ゼロとおくと

$$2qr(A_e-A_r)+(s^2-q^2)B_r=0 \qquad (3.70)$$

$$(s^2-q^2)(A_e+A_r)+2qsB_r=0 \qquad (3.71)$$

したがって

$$\frac{A_r}{A_e}=-\frac{(s^2-q^2)^2-4q^2rs}{(s^2-q^2)^2+4q^2rs} \qquad (3.72)$$

$$\frac{B_r}{A_e}=-\frac{4qr(s^2-q^2)}{(s^2-q^2)^2+4q^2rs} \qquad (3.73)$$

(3.70), (3.71) は次のようにも書ける．

$$(A_e-A_r)\sin 2e - B_r(V_p/V_S)^2\cos 2f=0 \qquad (3.74)$$

$$(A_e+A_r)\cos 2f - B_r\sin 2f=0 \qquad (3.75)$$

地表での変位振幅は (3.36), (3.37), (3.57) と上の2式より

$$U_2=-ik\frac{B_r\sin f}{\cos 2f} \qquad (3.76)$$

$$U_3=ik\frac{B_r}{2\cos f} \qquad (3.77)$$

したがって

$$\frac{U_2}{U_3}=-\tan 2f=\tan 2\left(\frac{\pi}{2}-f\right) \qquad (3.78)$$

この式は地表の質点の振動方向はP波の入射方向とは一致しないことを示している．SV波が自由表面に入射するときは $A_e=A_r'=B_r'=0$ とおいて同様な計算をすればよい．P波およびSV波が自由表面に垂直に入射したときの表面の振幅は入射波の2倍になる．

SH波が境界面に入射したときには，SH波の反射波，屈折波が生じるだけで，P波やSV波は生じない．

B. レイリー波

半無限均質弾性体が $x_3>0$ の範囲に存在するものとする．x_1 方向には運動は起こらないとし，x_2 方向に進む波を考え

$$\phi=Ae^{-ax_3}e^{-iqx_2} \qquad (3.79)$$

$$\Psi = Be^{-bx_3}e^{-iqx_2} \tag{3.80}$$

とおくと，これらは

$$a^2 = q^2 - h^2 \tag{3.81}$$

$$b^2 = q^2 - k^2 \tag{3.82}$$

のとき (3.38), (3.39) を満足する．応力を (3.44), (3.45) により求め，境界条件として $x_3=0$ で $p_{23}=p_{33}=0$ とおくと

$$2iqaA + (2q^2 - k^2)B = 0 \tag{3.83}$$

$$2iqbB - (2q^2 - k^2)A = 0 \tag{3.84}$$

が得られ，これから A, B を消去すると

$$(2q^2 - k^2)^2 - 4q^2 ab = 0 \tag{3.85}$$

となる．これは q^2 に関して2次方程式で**特性方程式** (characteristic equation) という．この根は

$$q = \pm K \tag{3.86}$$

であり，K は実数，$K>k$ であることが証明できる．もし $\lambda=\mu$ ($\sigma=1/4$) ならば $K=1.0877k$ となる．

以上のように，a, b, q を実数として (3.79), (3.80) が成り立つので，x_2 方向に進む波（振幅は x_3 方向に指数関数的に減少する）が存在することがわかる．これがレイリー波である．その速度を V_R とすれば

$$V_R = \frac{\omega}{K} = \frac{k}{K}V_S \tag{3.87}$$

であるから $V_R < V_S$ で，$\lambda=\mu$ のときは $V_R = 0.9194 V_S$ となる．

(3.85) は次のようにも書ける

$$\left\{2 - \left(\frac{V_R}{V_S}\right)^2\right\}^4 = 16\left\{1 - \left(\frac{V_R}{V_P}\right)^2\right\}\left\{1 - \left(\frac{V_R}{V_S}\right)^2\right\} \tag{3.88}$$

x_2 の正方向へ進む波をとり $q=-K$ とすれば (3.83), (3.84) より

$$\frac{A}{B} = -\frac{2K^2 - k^2}{2iKa} = \frac{2iKb}{2K^2 - k^2} \tag{3.89}$$

となるから C を定数として，$A=(2K^2-k^2)C$, $B=-2iKaC$ とおける．弾性体内の変位は (3.36), (3.37) を用いて

$$u_2 = -iK\{(2K^2 - k^2)e^{-ax_3} - 2abe^{-bx_3}\}Ce^{i\omega t}e^{-iKx_2} \tag{3.90}$$

3.2 実体波の反射屈折と表面波

$$u_3 = -a\{(2K^2-k^2)e^{-ax_3} - 2K^2 e^{-bx_3}\} Ce^{i\omega t}e^{-iKx_2} \tag{3.91}$$

となる．この両式の実数部をとれば

$$u_2 = U_2(x_3)\sin(\omega t - Kx_2) \tag{3.92}$$

$$u_3 = U_3(x_3)\cos(\omega t - Kx_2) \tag{3.93}$$

という形となり，$x_3=0$ では

$$U_2(0) = K(2K^2-k^2-2ab)C = \frac{k^2}{2K}(2K^2-k^2)C \tag{3.94}$$

$$U_3(0) = ak^2 C = \frac{(2K^2-k^2)^2 k^2}{4K^2\sqrt{K^2-k^2}} C \tag{3.95}$$

となって

$$\frac{U_3(0)}{U_2(0)} = \frac{2K^2-k^2}{2K\sqrt{K^2-k^2}} = \frac{1-(V_R/V_S)^2/2}{\sqrt{1-(V_R/V_S)^2}} > 1 \tag{3.96}$$

である．$x_3=0$ では (3.92)，(3.93) の係数が同符号であるから，レイリー波に伴う表面の 1 点の運動は図 3.3 のように楕円上を波の進行方向と逆向き（retrograde）に回るものとなる．ある深さ以上では $U_2(x_3)$ と $U_3(x_3)$ が逆符号になるので回転は順方向になる．図 3.3 に $\lambda=\mu$ のときの振幅の深さに対する変化を示す．ただし，表面の水平動振幅を 1 とし，縦軸は深さ/波長である．$x_3 \fallingdotseq 0.19L$ で水平動の振幅は 0 となることがわかる．

C. ラ ブ 波

半無限均質弾性体を伝わる表面波はレイリー波しか存在しないが，図 3.4 のように表層があって上層の V_S が下層の V_S' よりも小さいときには，別種の表面波が存在する．いま，振動は x_1 方向のみに起こり，$\Theta=0$ とする．表層に対して

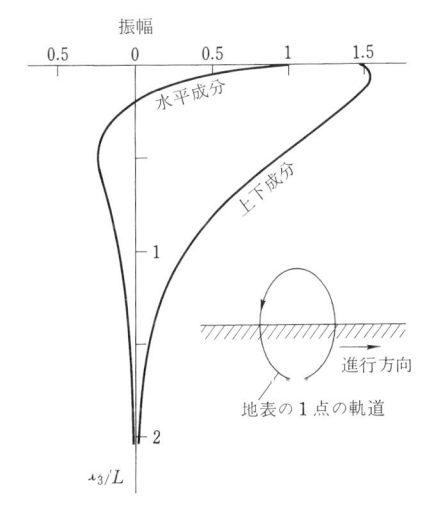

図 3.3 レイリー波

$$\rho \frac{\partial^2 u_1}{\partial t^2} = \mu \nabla^2 u_1 \tag{3.97}$$

下層に対して

$$\rho' \frac{\partial^2 u_1'}{\partial t^2} = \mu' \nabla^2 u_1' \tag{3.98}$$

が成り立つから,解を

$$u_1 = (Ae^{isx_3} + Be^{-isx_3})e^{-iqx_2}e^{i\omega t} \tag{3.99}$$
$$u_1' = Ce^{-is'x_3}e^{-iqx_2}e^{i\omega t} \tag{3.100}$$

ただし

$$s^2 = k^2 - q^2, \quad k = \omega/V_S \tag{3.101}$$
$$s'^2 = q^2 - k'^2, \quad k' = \omega/V_S' \tag{3.102}$$

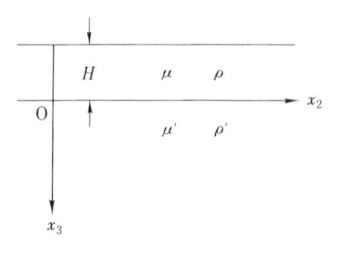

図 3.4 水平 2 層構造

とおく.境界条件としては表面 $x_3 = -H$ で $p_{31} = 0$,境界面 $x_3 = 0$ で $p_{31} = p_{31}'$,$u_1 = u_1'$ であるから

$$Ae^{isH} = Be^{-isH} \tag{3.103}$$
$$\mu' s' C = i\mu s(A - B), \quad C = A + B \tag{3.104}$$

が得られる.これらの式より

$$\tan sH = -\frac{e^{isH} - e^{-isH}}{e^{isH} + e^{-isH}} = \frac{\mu' s'}{\mu s} \tag{3.105}$$

が得られる.一方,(3.101),(3.102) より

$$s'^2 = q^2 \left\{ 1 - \left(\frac{V_S}{V_S'}\right)^2 \right\} - s^2 \left(\frac{V_S}{V_S'}\right)^2 \tag{3.106}$$

となるから,(3.105),(3.106) より

$$\tan sH = \frac{\mu'}{\mu} \sqrt{\frac{q^2}{s^2}\left\{1 - \left(\frac{V_S}{V_S'}\right)^2\right\} - \left(\frac{V_S}{V_S'}\right)^2} \tag{3.107}$$

この式により,q すなわち波長 L($=2\pi/q$)を与えれば s, s' が決まる,q の値によっては s, s' はいくつかの値をとり得る.

以上のように表層があって,$V_S < V_S'$ のときには,表面に平行で波の進行方向と直角に振動する表面波が存在することがわかる.これがラブ波である.同じ L に対し色々な s の波が存在するとき,$0 < sH < \pi/2$ のものを基本モード (fundamental mode) という.$\pi < sH < 3\pi/2$ のものは,表層中のある深さの

3.2 実体波の反射屈折と表面波

一つの面(節面)上で振幅が 0 である.これが 1 次の高次モード(first higher mode)である.$2\pi < sH < \pi/2$ のときは節面が二つ生じ,2 次の高次モードとなる.ラブ波の速度 V_L は

$$V_L = \frac{\omega}{q} = \frac{V_S k}{q} = V_S \sqrt{1 + \frac{s^2}{q^2}} \tag{3.108}$$

で,$L \to 0$ のとき $V_L \to V_S'$,$L \to \infty$ のとき $s^2/q^2 \to (V_S'/V_S)^2 - 1$ すなわち $V_L \to V_S'$ となる.このようにラブ波は速度が波長によって変わる.すなわち分散が起こる.分散の模様はモードによって異なり,高次モードではある周期より長い波は存在しない.なお (3.105),(3.107) は V_L を用いると

$$\tan\left\{\frac{2\pi H}{L}\sqrt{\left(\frac{V_L}{V_S}\right)^2 - 1}\right\} = \frac{\mu'}{\mu}\sqrt{\frac{1-(V_L/V_S')^2}{(V_L/V_S)^2 - 1}} \tag{3.109}$$

と書ける.

D. 位相速度と群速度

x 方向に進む分散性の波を考える.

$$u = A e^{i(\omega t - qx)} \tag{3.110}$$

とし,q が ω の関数である場合である.このとき (3.25) すなわち $c = \omega/q$ で定義される速度を**位相速度**(phase velocity)という.無限に続く正弦波の山や谷が進んでゆく速度である.いま波数 q_1 から q_2 までの色々な波を含む波形を考える.すなわち

$$u = \int_{q_1}^{q_2} A(q) e^{i(\omega t - qx)} dq \tag{3.111}$$

のようなものである.ある波数 q の波が最もよく現れている部分が移動してゆく速度を U とすれば,この部分の位置は

$$\frac{d}{dq}(\omega t - qx) = 0 \tag{3.112}$$

により与えられる.この式を満たす x, t において,波数 q 付近の波が同位相で重なって振幅が大きくなると考えられるからである.この式から

$$t\frac{d\omega}{dq} - x = 0 \tag{3.113}$$

となるから

$$U = \frac{x}{t} = \frac{d\omega}{dq} = c + q\frac{dc}{dq} = c - L\frac{dc}{dL} \qquad (3.114)$$

が得られる．この U を**群速度**（group velocity）という．U が波長 L とともに増す場合は周期の長い波が先に到着する．これを**正分散**（normal dispersion）という．その逆が**逆分散**（inverse dispersion）である．正分散と逆分散の境目，すなわち U が極小になるような波長を有する波は，地震記象上に大きな振幅で現れることがある．これを**エアリー相**（Airy phase）という．

E. 表層がある場合のレイリー波

図 3.4 のように表層がある場合には，ラブ波の他にレイリー波に対応する表面波も存在する．その場合の理論はかなり複雑である．長大な特性方程式が得られ，それを調べれば，層の厚さ，各層の弾性定数と密度，波長の間の関係がわかるはずであるが，簡単に実行することは困難である．この場合のレイリー波は大きく分けて2種類あり，M_1 波，M_2 波と呼ばれることがある．M_1 波の基本モードは，表層がないときのレイリー波に近い性質を持ち，普通の地震記象に現れるものはこの型と考えられる．M_1 波の速度は波長 $L \to 0$ のときは表層の V_P と V_S から（3.88）によって決まる V_R に近づき，$L \to \infty$ のときは下層の V_P と V_S から決まる V_R に近づく．M_2 波は妹沢と金井（1935）が理論的に調べたもので，$L \to 0$ のときその速度は表層の V_S に近づく．L にはある上限があり，それより長い波長の M_2 波は存在しない．その L に対する速度は下層の V_S に等しい．

F. 水平 n 層構造の場合

図 3.5 のように n 層の水平成層構造を伝わる表面波や，斜め下方から P 波，S 波が入射したときの表面の振動などは n が 3 以上になると数式が著しく長大となり，計算が困難となってくる．Haskell（1953）は Thomson（1950）が開発したマトリックスによる方法によって任意の n に対する表現を示した．第 m 層

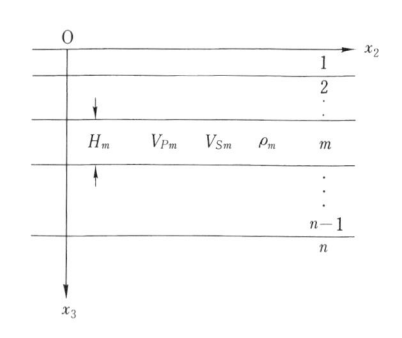

図 3.5 水平 n 層構造

3.2 実体波の反射屈折と表面波

の厚さを H_m, P 波, S 波速度, および密度を V_{Pm}, V_{Sm}, ρ_m とする. この層内の P 波および S 波の波線が x_3 軸となす角を i_{Pm}, i_{Sm} とすれば

$$\frac{V_{Pm}}{\sin i_{Pm}} = \frac{V_{Sm}}{\sin i_{Sm}} = c \tag{3.115}$$

が成り立つ. c は一つの水平面 ($x_3=$ 一定) に着目しているとき, その上を波が進んでゆく見掛けの早さで, これは深さ x_3 にはよらない. 下方から入射した P 波または S 波の反射屈折を扱っているときは, すべて $c>V_{Pm}>V_{Sm}$ であるが, 表面波を扱うときには c は位相速度であり, $c<V_{Pm}$, $c<V_{Sm}$ となることもあり得る.

$$r_{Pm} = \tan i_{Pm} = \sqrt{\left(\frac{c}{V_{Pm}}\right)^2 - 1} \qquad (c>V_{Pm}) \tag{3.116}$$

$$r_{Sm} = \tan i_{Sm} = \sqrt{\left(\frac{c}{V_{Sm}}\right)^2 - 1} \qquad (c>V_{Sm}) \tag{3.117}$$

$$r_{Pm} = \sqrt{1 - \left(\frac{c}{V_{Pm}}\right)^2} \qquad (c<V_{Pm}) \tag{3.118}$$

$$r_{Sm} = \sqrt{1 - \left(\frac{c}{V_{Sm}}\right)^2} \qquad (c<V_{Sm}) \tag{3.119}$$

とおき, さらに

$$P_m = qr_{Pm}H_m, \quad Q_m = qr_{Sm}H_m \tag{3.120}$$

$$\gamma_m = 2(V_{Sm}/c)^2 \tag{3.121}$$

とおく. ただし $q=\omega/c$ である.

いま P 波または SV 波の入射, あるいはレイリー型の表面波を扱うとし, 第 m 層の Θ と Ω を次のようにおく.

$$\Theta_m = \{\Theta_m' \exp(-iqr_{Pm}x_3) + \Theta_m'' \exp(iqr_{Pm}x_3)\} e^{i(\omega t - qx_2)} \tag{3.122}$$

$$\Omega_m = \{\Omega_m' \exp(-iqr_{Sm}x_3) + \Omega_m'' \exp(iqr_{Sm}x_3)\} e^{i(\omega t - qx_2)} \tag{3.123}$$

この式から (3.42), (3.43) により変位 u_2, u_3 を (3.44), (3.45) により応力 p_{23}, p_{33} を求め, 境界面でこれらが連続であるという条件から, 第 m 層における $\Theta_m' + \Theta_m''$, $\Theta_m' - \Theta_m''$, $\Omega_m' + \Omega_m''$, $\Omega_m' - \Omega_m''$ と第 $m-1$ 層の, $\dot{u}_2/c$, $\dot{u}_3/c$, p_{23}, p_{33} の関係を得, さらに第 m 層と第 $m-1$ 層の, $\dot{u}_2/c$, $\dot{u}_3/c$, p_{23}, p_{33} の関係が得られる. 同様の計算を次々と続けると結局表面における, $\dot{u}_2/c$, $\dot{u}_3/c$,

p_{23}, p_{33} と第 n 層（最下層）の $\Theta_n' + \Theta_n''$, $\Theta_n' - \Theta_n''$, $\Omega_n' + \Omega_n''$, $\Omega_n' - \Omega_n''$ との関係が次のように求まる．なお，$p_{23}(0)$, $p_{33}(0)$ は実は 0 である．

$$(\Theta_n' + \Theta_n'',\ \Theta_n' - \Theta_n'',\ \Omega_n' - \Omega_n'',\ \Omega_n' + \Omega_n'')^{\mathrm{T}}$$
$$= B_n A_{n-1} \cdots A_2 A_1 \left(\frac{\dot{u}_2(0)}{c},\ \frac{\dot{u}_3(0)}{c},\ p_{33}(0),\ p_{23}(0) \right)^{\mathrm{T}} \quad (3.124)$$

ここで A_1, A_2, $\cdots$, B_n はそれぞれ 4 行 4 列の行列であり，A_m の要素は c, ρ_m, γ_m, r_{Pm}, r_{Sm}, P_m, Q_m の関数，B_n の要素は c, ρ_n, r_n, r_{Pn}, r_{Sn}, V_{Pn} の関数として得られるが，それらの式の記載は省略する（Haskell, 1953 を参照）．

いま，最下層から P 波が入射する場合を考えると，入射 SV 波はないから $\Omega_m'' = 0$ であり，$\Theta'' = 1$ とおけば

$$\Theta_n' = \frac{(J_{11} + J_{21})(J_{32} - J_{42}) - (J_{12} + J_{22})(J_{31} - J_{41})}{D} \quad (3.125)$$

$$\Omega_n' = \frac{2(J_{32}J_{41} - J_{31}J_{42})}{D} \quad (3.126)$$

が得られる．ただし

$$D = (J_{11} - J_{21})(J_{32} - J_{42}) - (J_{12} - J_{22})(J_{31} - J_{41}) \quad (3.127)$$

で，J_{ij} は次の行列の要素である．

$$J = B_n A_{n-1} A_{n-2} \cdots A_1 \quad (3.128)$$

表面 $x_3 = 0$ では

$$\frac{\dot{u}_2(0)}{c} = \frac{2(J_{32} - J_{42})}{D} \quad (3.129)$$

$$\frac{\dot{u}_3(0)}{c} = \frac{2(J_{41} - J_{31})}{D} \quad (3.130)$$

であり，また第 n 層の上面では一般に

$$\frac{\dot{u}_2}{c} = -\left(\frac{V_{Pn}}{C}\right)^2 (\Theta_n' + \Theta_n'') - \gamma_n r_{Sn}(\Omega_n' - \Omega_n'') \quad (3.131)$$

$$\frac{\dot{u}_3}{c} = -\left(\frac{V_{Pn}}{C}\right)^2 r_{Pn}(\Theta_n' - \Theta_n'') + \gamma_n (\Omega_n' + \Omega_n'') \quad (3.132)$$

である．入射 P 波の x_2, x_3 成分がこの層構造によって増幅される率は

$$C_H = \frac{2c^2(J_{42} - J_{32})}{V_{Pn}^2 D} \quad (3.133)$$

3.2 実体波の反射屈折と表面波

$$C_Z = \frac{2c^2(J_{41}-J_{31})}{V_{Pn}^2 r_{Pn} D} \tag{3.134}$$

となる．C_H, C_Z は各層のパラメーター，入射角，および周波数の関数である．
SV 波が入射するときは同様にして

$$C_H = \frac{2(J_{12}-J_{22})}{\gamma_n r_{Sn} D} \tag{3.135}$$

$$C_Z = \frac{2(J_{21}-J_{11})}{\gamma_n D} \tag{3.136}$$

となる．

レイリー型の波がこの構造を伝わるときには，$\Theta_n'' = \Omega_m'' = 0$ とおけばよい．(3.124) は

$$(\Theta_n', \Theta_n', \Omega_n', \Omega_n') = J\left(\frac{\dot{u}_2(0)}{c}, \frac{\dot{u}_3(0)}{c}, 0, 0\right) \tag{3.137}$$

この式より Θ_n'', Ω_m'' が消去でき

$$\frac{\dot{u}_2(0)}{\dot{u}_3(0)} = \frac{J_{22}-J_{12}}{J_{11}-J_{21}} = \frac{J_{42}-J_{32}}{J_{31}-J_{41}} \tag{3.138}$$

が得られる．この式は (3.127) の D を用いれば

$$D = 0 \tag{3.139}$$

にほかならない．この式は構造のパラメーターに加えて，位相速度 c，波数 q を含んでいる．すなわち分散曲線を与える特性方程式であるが，その内容はたいへん複雑である．

SH 波の入射やラブ波の伝搬は比較的簡単に扱える．ラブ波の分散曲線は

$$A_{21} = -\mu_n r_{Sn} A_{11} \tag{3.140}$$

で与えられる．ただし A_{ij} は 2 行 2 列の行列 $A = a_{n-1} a_{n-2} \cdots a_1$ の要素で

$$a_m = \cos Q_m \begin{bmatrix} 1 & i\mu_m^{-1} r_{Sm}^{-1} \tan Q_m \\ i\mu_m r_{Sm} \tan Q_m & 1 \end{bmatrix} \tag{3.141}$$

である．$n = 2$ の場合 (3.140) は

$$\tan Q_1 = -i\frac{\mu_2 r_{S2}}{\mu_1 r_{S1}} \tag{3.142}$$

となるが，これは (3.105) と同等である．

以上のように実体波の反射屈折も表面波の伝搬も同じ形式で表されるが，こ

のことは表面波は表層の表面や内部の境界面で反射屈折を繰り返す実体波が重なり合って形成されるものであることを示している．この場合，表層内の入射角はある程度大きく最下層あるいはさらに上の層の上面で全反射が起こり，下層には屈折波がはいってゆかないことが要請される．もしこの条件が満たされなければ，波のエネルギーはどんどん最下層に洩れてゆくが，それでも表層に沿って伝わる波は存在し得る．ただしこの波は振幅の減衰が著しい．このような波の伝搬を**リーキングモード**（leaking mode）という．

G. 球面を伝わる表面波

以上の議論ではすべて地表が平面と考えていたが，長周期表面波は地表の**球面性**（sphericity）と重力の影響を受ける．たとえば地球上を伝わる周期300秒のレイリー波の位相速度は同一速度分布で平面の場合に比べ約5%増加する（BoltとDorman，1961）．球面の問題を平面に引き直しHaskellの方法を適用するため，速度分布にある種の変換を施す方法があり，ラブ波について用いられている（たとえばBiswasとKnopoff，1970）．レイリー波については平面の場合の計算値を球面の場合に補正する実験式もある．しかし，周期数百秒の表面波は地球の自由振動（次節）の合成として扱うのがふつうである．

3.3 弾性球の自由振動

A. 一様な球の自由振動

一様な球に衝撃を与えると，実体波，表面波が発生し伝搬してゆくが，一方，色々な振動の様式すなわちモードの自由振動が生じる．伝搬性の波も実は種々の固有周波数の自由振動（**正規モード**，normal mode）が重なり合って生じたものともみられる．自由振動には**伸び縮み振動**（spheroidal oscillation）と**ねじれ振動**（torsional oscillation, toroidal oscillation）の2種類がある．前者は体積の変化 Θ を伴うが，後著は $\Theta=0$ で表面および内部の点が半径方向に運動することはない．

一般に球面上におけるある量の分布は極座標を用いて $P_n^m(\cos\theta)_{\sin}^{\cos} m\varphi$ で*

---

* $P_n^m(\cos\theta)$ は次式で示すルジャンドル陪関数（associated Legendre function）である．
$$P_n^m(\cos\theta)=\frac{1-\cos^2\theta}{2^n n!}\frac{d^{m+n}(\cos^2\theta-1)^n}{d(\cos\theta)^{m+n}} \quad \begin{pmatrix} m=0,1,\cdots,n \\ n=0,1,\cdots \end{pmatrix}$$

3.3 弾性球の自由振動

展開できる．球の正規モードはこの m, n $(m \leq n)$ および半径方向の節面の数を表す数 l の三つで与えられると考え，伸び縮み振動は $_lS_n^m$, ねじれ振動は $_lT_n^m$ で表す．ところが自転していない球では，m は各モードの周期には関係しないので，実際には $_lS_n$, $_lT_n$ でよい．$l=0$ は基本モードであり，$l \geq 1$ は高次モードである．たとえば $_0S_0$ は球が一様に膨らんだり縮んだりする運動である．$_0S_1$ は起こらない．$_0S_2$ はフットボール型といわれ，球が平たくなったり細長くなったりする運動である．ねじれ振動では $_0T_0$ は考えられず，$_0T_1$ は起こらない．$_0T_2$ は両半球がお互いに反対方向に回転するような運動である．

一様な球の自由振動の問題は Lamb (1882) によって論じられたのが最初である．ここでは問題の一部を解説するにとどめる．まず (3.34) を極座標 r, θ, φ によって表せば

$$\frac{1}{r}\frac{\partial}{\partial r}\left(r^2\frac{\partial \phi}{\partial r}\right) + \frac{1}{r^2 \sin\theta}\frac{\partial}{\partial \theta}\left(\sin\theta\frac{\partial \phi}{\partial \theta}\right) + \frac{1}{r^2 \sin^2\theta}\frac{\partial^2 \phi}{\partial \varphi^2} + h^2\phi = 0 \quad (3.143)$$

となる．

$$\phi = R(r)P(\theta)Q(\varphi) \quad (3.144)$$

とおいて変数を分離すれば

$$r^2\frac{d^2R}{dr^2} + 2r\frac{dR}{dr} + \{h^2r^2 - n(n+1)\}R = 0 \quad (3.145)$$

$$\frac{1}{\sin\theta}\frac{d}{d\theta}\left(\sin\theta\frac{dP}{d\theta}\right) + \left\{n(n+1) - \frac{n^2}{\sin^2\theta}\right\}P = 0 \quad (3.146)$$

$$\frac{d^2Q}{d\varphi^2} + m^2Q = 0 \quad (3.147)$$

となる．m, n は 0 または正の整数で $m \leq n$ である．(3.145) は $R = R'/\sqrt{hr}$ とおくとベッセルの微分方程式*になるから

$$R(r) = \frac{A}{\sqrt{hr}}J_{n+1/2}(hr) \quad (3.148)$$

と表せる．(3.146) の解は

$$P(\theta) = BP_n^m(\cos\theta) \quad (3.149)$$

---

* $\dfrac{d^2J_\nu}{dz^2} + \dfrac{1}{z}\dfrac{dJ_\nu}{dz} + \left(1 - \dfrac{\nu^2}{z^2}\right)J_\nu = 0$ をベッセルの微分方程式という．その解の一つ $J_\nu(z)$ がベッセル関数 (Bessel function) である．

である．また (3.147) の解は

$$Q(\varphi) = C\cos m\varphi + S\sin m\varphi \tag{3.150}$$

となる．したがって (3.143) の一般解は

$$\phi = \sum_{n=0}^{\infty} \frac{1}{\sqrt{hr}} J_{n+1/2}(hr) \sum_{m=0}^{\infty} (C_n^m \cos m\varphi + S_n^m \sin m\varphi) P_n^m(\cos\theta) \tag{3.151}$$

となる．C_n^m, S_n^m は積分定数をまとめたものである．

最も簡単な場合として $m=0$, $n=0$ を考える．$P_0^0(\cos\theta)=1$, $J_{1/2}(hr)=\sqrt{2/(\pi hr)}\sin hr$ であるから ϕ は次の形になる．

$$\phi = A\frac{\sin hr}{hr} \tag{3.152}$$

変位の r, θ, φ 成分は

$$u_r = \frac{\partial \phi}{\partial r} = A\frac{hr\cos hr - \sin hr}{(hr)^2} \tag{3.153}$$

$$u_\theta = 0, \quad u_\varphi = 0 \tag{3.154}$$

表面 ($r=r_0$) の条件として応力 $p_{rr}=0$ より

$$(\lambda + 2\mu)\frac{du_r}{dr} + \frac{2\lambda}{r}u_r = 0 \tag{3.155}$$

したがって

$$\tan hr_0 = \frac{1}{1 - \frac{1}{4}\frac{\lambda + 2\mu}{\mu}(hr_0)^2} \tag{3.156}$$

を得る．この式がこのモードの振動の周期 T を与えるが，hr_0 には無数の値があるから，$T=2\pi/\omega=2\pi/(hV_P)$ にも無数の値がある．$\lambda=\mu$ とすると (3.156) より $hr_0=2.563$, 6.059, 9.223, $\cdots$ となる．たとえば $r_0=6371\,\mathrm{km}$, $V_P=11\,\mathrm{km/s}$ とすると $T=23.7$ 分，10.0 分，6.6 分，$\cdots$ となり，これらは $_0S_0$, $_1S_0$, $_2S_0$, $\cdots$ に対応する．

B. 層構造をもつ球の自由振動

地球の自由振動の研究には V_P, V_S が r の関数である球についての計算がまず必要である．精密を期するためには球自身による重力の影響を考慮する必要があるし，また球が自転している場合，あるいは完全な球でなく回転楕円体の場合どうなるかなども研究する必要がある．

層構造を有する弾性球の自由振動の計算は 1950 年代後半, 盛んに行われた. 計算には運動方程式の数値積分による法 (たとえば Alterman ほか, 1959), 変分法 (Jobert, 1957 ; 竹内, 1959 など), Haskell のマトリックス法 (Gilbert と MacDonald, 1960 など) が用いられた. たとえば数値積分によって伸び縮み振動 $_lS_n$ の場合を解くには, y_1, y_2, …, y_6 という 6 個の変数を導入し運動方程式を $dy_i/dr = f_i(y_1, y_2, …, y_6, V_P, V_S, \rho, \omega)$ という形の 6 元の式に直したものを用いる. 球を厚さ δr の球殻に分け, 中心における値を仮定して δr ごとに順次値を求めていき表面に及ぶ. こうしても一般には表面における境界条件は満足されないが, 中心における値を変えて繰り返して行うことにより, 表面の条件を満たす解が見いだせる. なお, 自由振動の理論のさらなる解説は, これと密接な関係のある表面波, 理論地震記象 (§10.5B) を含め, たとえば竹内と斎藤 (1972), 佐藤 (1978*), 安芸と Richards (1980*), Dahlen と Tromp (1998*) などにある. 地球の自由振動の観測・解析については §4.4 で扱う.

3.4 非 弾 性

A. Q という量

　実体波も表面波も伝搬中に振幅が減少してゆく. これは波線の広がり (§4.1C) に起因する部分もあるが, 媒質が波動エネルギーを吸収する性質を持っているために生じる部分がある. 物質が振動のエネルギーを吸収して熱に変える性質を**内部摩擦** (internal friction) というが, その物理的機構は物質・状態により異なり, 同じ物質でも周期帯によって異なることが考えられる. 地球内部の岩石にも地震波の振幅の内部摩擦による**減衰** (attenuation) が認められる. なお, 地震波の振幅は散乱によっても減衰する.

　いま 1 周期の間に波動または振動のエネルギー E が ΔE だけ失われるとき, 次式で定義される Q を用いてその物質の**非弾性** (anelasticity) を表す量とする.

$$\frac{2\pi}{Q} = \frac{\Delta E}{E} \tag{3.157}$$

Q は quality factor の略である. 変位が $Ae^{-\alpha t}\sin \omega t$ で表される減衰振動の

Q は，エネルギーが振幅の二乗に比例することから，周期を T とすると

$$\frac{1}{Q} = \frac{1-e^{i\pi\alpha/\omega}}{2\pi} \fallingdotseq \frac{2\alpha}{\omega} = \frac{T\alpha}{\pi} \tag{3.158}$$

減衰定数 h（$\fallingdotseq \alpha/\omega$）を用いれば $Q \fallingdotseq 1/(2h)$ となる．次に速度 c の平面波の振幅が1波長 L だけ進む間に減衰して e^{-kL} 倍になるとする．k は**吸収係数**（absorption coefficient）である．このときの Q は次のようになる．

$$\frac{1}{Q} = \frac{1-e^{-2kL}}{2\pi} \fallingdotseq \frac{kL}{\pi} = \frac{kcT}{\pi} = \frac{2kc}{\omega} \tag{3.159}$$

電磁気学では，共振回路の同調の鋭さを Q によって表しているが，この Q もエネルギー的に考えると（3.157）と同じである．

（3.159）をみると Q は角周波数 ω に比例するようにみえるが，ある周波数帯では地球内部の岩石は k も ω にほぼ比例するので，Q は近似的に周波数によらない定数として扱われる．これは物性論的に証明されたわけではなく，事実，色々な物質の Q を測ってみると周波数によって異なる値となることが多いし，地球内部の Q もたとえば下部マントルでは周期数十〜数百秒の長周期の地震波のほうが数秒以下の短周期の地震波より減衰が大きいとみられている．

P波の Q を Q_P，S波の Q を Q_S と書くことにする．Q_P と Q_S の関係は決まっていないが，次のように考えて $Q_P/Q_S = 9/4$ とすることがある．いま減衰性の媒質中を x 方向に進む平面波を

$$\phi = Ae^{-kx}e^{i(\omega t - qx)} = Ae^{-i(\omega t - \hat{q}x)} \tag{3.160}$$

で表す．ただし $\hat{q}$ は複素数の波数で $\hat{q} = q + ik$ である．$\hat{V} = \omega/\hat{q}$ で複素数の速度を定義し，$\hat{V} = V + iV^*$ と書くことにすれば

$$\frac{1}{Q} = \frac{2k}{q} = \frac{2V^*}{V} \tag{3.161}$$

となる．弾性定数も複素数と考え，虚数部に * を付けて示すと

$$\hat{V}_P = \sqrt{\frac{K + \frac{4}{3}\mu + i\left(K^* + \frac{4}{3}\mu^*\right)}{\rho}} = V_P\left(1 + \frac{i}{2}\frac{K^* + \frac{4}{3}\mu^*}{K + \frac{4}{3}\mu} - \cdots\right) \tag{3.162}$$

$$\hat{V}_S = \sqrt{\frac{\mu + i\mu^*}{\rho}} = V_S\left(1 + \frac{i\mu^*}{2\mu} - \cdots\right) \qquad (3.163)$$

したがって

$$\frac{Q_P}{Q_S} = \frac{V_P V_S^*}{V_S V_P^*} = \left(\frac{V_P}{V_S}\right)^2 \frac{\mu^*}{K^* + \frac{4}{3}\mu^*} \qquad (3.164)$$

ここで $K^* \ll \mu^*$ と考え，$K^* = 0$, $V_P/V_S = \sqrt{3}$ とおくと $Q_P/Q_S = 9/4$ となる．

B. 粘弾性

弾性を簡単に表現すると，応力 p と変形 e が比例関係にあること

$$p = \gamma e \qquad (3.165)$$

であり，図 3.6 のばねで代表させることができる．一方，変形速度 $\dot{e}$ が応力に比例するときこれを**粘性**（viscosity）という．すなわち

$$p = \eta \dot{e} \qquad (3.166)$$

で η が粘性係数（viscosity coefficient）である．これは図 3.6 のダッシュポ

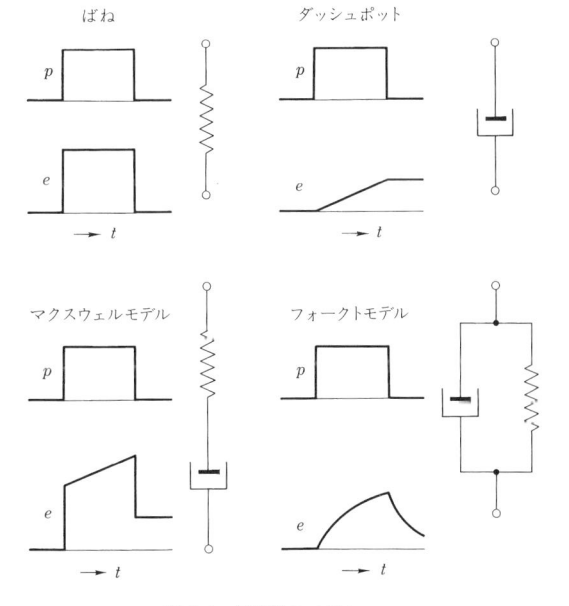

図 3.6 粘弾性のモデル

ット（dashpot）で代表させることができる.

粘弾性（viscoelasticity）とはこの両方の性質を備えた場合で，基本的なものとして次の二つが考えられる.

（1）**マクスウェルモデル**（Maxwell model）．ばねとダッシュポットを直列につないだ場合に相当し

$$\dot{e} = \frac{1}{\gamma}\dot{p} + \frac{1}{\eta}p \tag{3.167}$$

で与えられる．急激な力に対しては弾性体として反応し，長時間働く力に対しては粘性体として振舞う．

（2）**フォークトモデル**（Voigt model）．ばねとダッシュポットを並列につないだ場合に相当し

$$p = \gamma e + \eta \dot{e} \tag{3.168}$$

で与えられる．急激な力に対しては粘性が大きければすぐにはほとんど変形しない．長時間働く力に対しては弾性体のように振舞う．

角周波数 ω の正弦的に振動する応力 $p = p_0 e^{i\omega t}$ を加えたときの変形は，マクスウェルモデルでは

$$e = \frac{p_0 \omega \tau}{\gamma\sqrt{1+\omega^2\tau^2}} e^{i(\omega t - \delta)} \tag{3.169}$$

となる．ただし

$$\tau = \eta/\gamma \tag{3.170}$$

$$\tan\delta = 1/(\omega\tau) \tag{3.171}$$

である．フォークトモデルでは

$$e = \frac{p_0}{\gamma\sqrt{1+\omega^2\tau^2}} e^{i(\omega t + \delta)} \tag{3.172}$$

となる．ただしこの式の δ は

$$\tan\delta = \omega\tau \tag{3.173}$$

で与えられる．(3.171) と (3.173) の $\tan\delta$ はエネルギー的に考えると実は $1/Q$ に等しいことが証明できる．

一定の応力 p_0 を $t=0$ から加えると，マクスウェルモデルではその瞬間 p_0/γ だけ変形し，その後 $\dot{e} = p_0/\eta$ の一定速度で変形が進行する．フォークトモデル

では変形は

$$e = \frac{p_0}{\gamma}(1-e^{-t/\tau}) \qquad (3.174)$$

で表される．このように一定の力を加えておくと変形が時間とともに増大してゆく現象を**クリープ**（creep）という．

地球内部の岩石は場合によっては粘弾性体として扱う必要があるが，その場合，単純なマクスウェルモデルやフォークトモデルで代表させることは不適当なことが多い．いくつかのマクスウェルモデルを並列につないだもの，いくつかのフォークトモデルを直列につないだもの，さらにこれらを組合せたものなどを考えれば，岩石の粘弾性をある程度代表させることができるといわれる．

岩石のクリープは複雑な現象である．同じ岩石でも引張り，ねじり，曲げなどでクリープの模様が変わってくる．以下，いくつかの式を挙げておく．ξ が変形量，t が時間で，他は定数を表す．

$$\xi = a + b \log t \quad \text{（日下部, 1903; Griggs, 1939）} \qquad (3.175)$$

$$\xi = A + B\{1 - \exp(-at^{1/2})\} + Ct^\beta \quad \text{(Michlson, 1917)} \qquad (3.176)$$

$$\xi = a + b \log(\gamma t + 1) + ct \quad \text{(Lyons, 1946)} \qquad (3.177)$$

$$\xi = A + B \log t + Ct \quad \text{(Pomeroy, 1956)} \qquad (3.178)$$

$$\xi = A + B \log(1 + at) \quad \text{(Lomnitz, 1956)} \qquad (3.179)$$

$$\xi = A + B\{(1+at)^\alpha - 1\} \quad \text{(Jefffeys, 1958)} \qquad (3.180)$$

4章　地震波による地球内部構造の研究

4.1　地球の層構造と実体波の伝搬

A. 震　波　線

　地球内部の地震波の伝搬を議論するとき，波面に垂直な**震波線**（seismic ray）を考える．地震波速度 V が地球の中心からの距離 r だけの関数である場合を扱い，地球を薄い球殻に分けて，各層の中では速度は一定とみなせるものとする．波線は各層の中では直線で，層の境界でわずかに屈折する．図 4.1 の三角形 ABC と ACD について

$$\sin i_2 = \frac{r_{23} d\theta}{ds} \tag{4.1}$$

$$\sin i_2' = \frac{r_{12} d\theta}{ds} \tag{4.2}$$

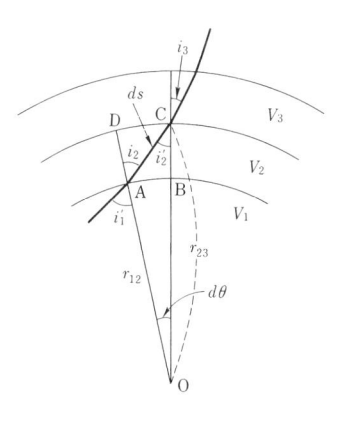

図 4.1　震波線の屈折

であるから

$$r_{12} \sin i_2 = r_{23} \sin i_2' \tag{4.3}$$

が成り立つ．屈折の法則により

$$\frac{\sin i_2'}{V_2} = \frac{\sin i_3}{V_3} \tag{4.4}$$

であるから

$$\frac{r_{12} \sin i_2}{V_2} = \frac{r_{23} \sin i_3}{V_3} \tag{4.5}$$

この式から一般に一つの震波線について波線と半径方向のなす角を i とすれば

$$\frac{r \sin i}{V} = p \quad (\text{一定}) \tag{4.6}$$

が成り立つ．p は**波線パラメーター**（ray parameter）と呼ばれる．(4.6) は地球における**スネルの法則**（Snell's law）である．地表への入射角を i_0，地表での地震波速度を V_0，地球の半径を r_0 とすれば，図4.2より

$$\sin i_0 = \frac{V_0 dt}{r_0 d\Delta} \qquad (4.7)$$

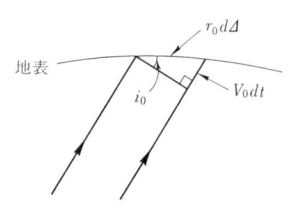

図 4.2 地表に入射する地震波

が成り立つ．地表では dt 時間に $r_0 d\Delta$ だけ波の到着点が進むから

$$\overline{V_\Delta} = \frac{r_0 d\Delta}{dt} = \frac{r_0}{p} \qquad (4.8)$$

は震央距離 Δ における**見掛け速度**（apparent velocity）で走時曲線の傾斜の逆数である．(4.8) を**ベンドルフの法則**（Benndorf's law）という．地震波線の**最深点**（vertex）$r=r_m$ では $\sin i = 1$ であるから，最深点における速度 V_m は

$$V_m = \frac{r_m}{p} = \frac{r_m}{r_0} \overline{V_\Delta} \qquad (4.9)$$

で表される．

B. ヘルグロッツ・ウィーヘルトのインバージョン

観測から走時曲線が得られたとき，いろいろの震央距離 Δ に到着した波の最深点 r_m がわかれば，(4.9) によって V_m が決まり，地球内部の地震波速度分布が求まることになる．(4.6) の $\sin i$ を

$$\sin i = \frac{r d\theta}{\sqrt{r^2 (d\theta)^2 + (dr)^2}} \qquad (4.10)$$

でおき換えると

$$d\theta = \frac{p\, dr}{r\sqrt{(r/V)^2 - p^2}} \qquad (4.11)$$

が得られる．いま，震源が地表（$r=r_0$, $\theta=0$）にあるとし，最深点（$r=r_m$, $\theta=\Delta/2$）まで積分すると

$$\Delta = 2\int_{r_m}^{r_0} \frac{p\, dr}{r\sqrt{(r/V)^2 - p^2}} \qquad (4.12)$$

この積分方程式の解は Herglotz (1907) によって得られ，Wiechert と Geiger (1910)，Bateman (1910) らによって改良され地球内部の速度分布の研究に使われた．その解は

$$\ln \frac{r_0}{r_m} = \frac{1}{\pi}\int_0^{\Delta} \cosh^{-1}\frac{\overline{V_\Delta}}{\overline{V_x}}dx \tag{4.13}$$

である．ただし $\overline{V_x}$ は震央距離 x における見かけ速度である．この式により地球内部の速度分布を求める方法を**ヘルグロッツ・ウィーヘルトのインバージョン***（Herglotz-Wiechert inversion，以下 H-W 法と書く）という．現在はこの方法を使うことはほとんどないが，巧妙な方法であり歴史的に重要である．(4.12) から (4.13) を導くには，$r/V = \eta$ とおくと

$$\Delta = \int_{\eta_m}^{\eta_0} 2pr^{-1}(\eta^2 - p^2)^{-1/2}\frac{dr}{d\eta}d\eta \tag{4.14}$$

両辺に $(p^2 - \eta_\Delta^2)^{-1/2}$ を掛けて η_Δ から η_0 まで積分すれば

$$\int_{\eta_\Delta}^{\eta_0}\Delta(p^2-\eta_\Delta^2)^{-1/2}dp = \int_{\eta_\Delta}^{\eta_0}dp\int_{\eta_m}^{\eta_0}2pr^{-1}\{(p^2-\eta_\Delta^2)(\eta^2-p^2)\}^{-1/2}\frac{dr}{d\eta}d\eta \tag{4.15}$$

左辺を部分積分，右辺を積分順序を交換して p について積分すれば

$$\left[\Delta\cosh^{-1}\frac{p}{\eta_\Delta}\right]_{\eta_\Delta}^{\eta_0} - \int_{\eta_\Delta}^{\eta_0}\frac{d\Delta}{dp}\cosh^{-1}\frac{p}{\eta_\Delta}dp = \pi\int_{\eta_\Delta}^{\eta_0}r^{-1}\frac{dr}{d\eta}d\eta \tag{4.16}$$

左辺の第 1 項は 0 であるから $\eta_\Delta = 1/\overline{V_\Delta}$，$p = 1/\overline{V_x}$ を入れて (4.13) を得る．

H-W 法が適用できるためにはいくつかの条件がある．震源が地表にあること，V が r だけの関数であることのほかに，$\cosh^{-1}X$ という関数は $X > 1$ で定義されているので，$\overline{V_x} < \overline{V_\Delta}$ でなければならない．すなわち走時曲線は図 4.3 [1]（下段）のように傾斜が Δ とともに減少し上に凸の形をしていなげればならない．また，r/V が r の増加関数，すなわち $\sin i$ または i が r の減少関数

---

* 逆問題（inverse problem）を解くことがインバージョンである．たとえば構造を与えて地震波の走時を計算するのは順問題（direct problem）であるが，走時データから構造を求めるのは逆問題である．地球物理学では限られた場所での観測データから，直接観測できない場所の状態や現象を探る逆問題が多いので，インバージョンが研究の大きな部分を占めている．逆問題を解くには順問題を試行錯誤法で繰り返し解き最適の解を捜すこともあるが，インバージョンというと通常はモデルパラメーターの値を未知数として一連の計算で解を求めることを意味する．未知のパラメーターが多すぎるとパラメーター間のトレードオフ（trade-off）などのため安定した解が得られないので，その場合は一部パラメーターの値を固定するなど適宜束縛条件を設ける．地震学では震源決定，地下構造調査，震源過程（断層運動）解析など重要な逆問題が多い．解説として Tarantra (1987*)，松浦 (1991)，Parker (1994*) を挙げておく．

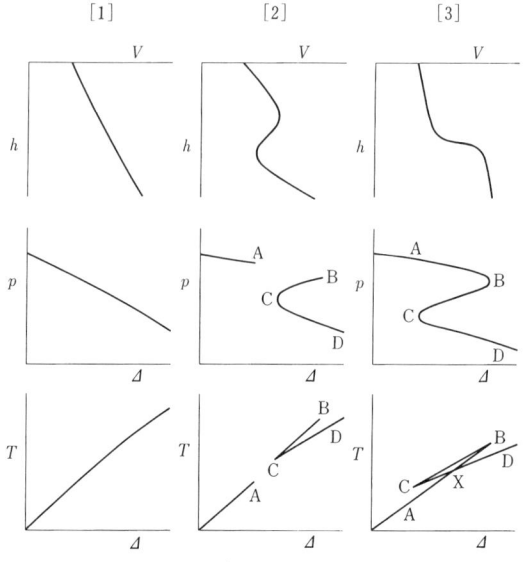

図 4.3 速度分布 [1]，[2]，[3] に対する Δ に到着する波線のパラメーター（中段），走時曲線（下段）

であることも必要である．これは

$$\frac{d(r/V)}{dr} = \frac{1}{V}\left(1 - \frac{r}{V}\frac{dV}{dr}\right) > 0 \tag{4.17}$$

すなわち

$$\frac{dV}{dr} < \frac{V}{r} \tag{4.18}$$

という条件である．上式が成り立たないほど速度が深さとともに急に減少している場合は，図4.3 [2] のように走時曲線に不連続が生じる．このような**低速度層**（low-velocity zone）を含む場合は H-W 法は使えない．

図4.3 [3] のように速度がある深さで急増するときは，初動の走時曲線にX点で傾斜の不連続が生じる．しかし走時には図のように**三重合**（triplication）が生じるので，XB，BC，CX に相当する波を**後続相**（later phase）として観測し図のような p 対 Δ の曲線が描ければ H-W 法を適用することができる．

ある深さ h に起こった地震の走時曲線は，図4.4のように，$\Delta = 0$ で水平，Δ とともに傾斜を増し，点 I で最大となり以後次第に減じてゆく．この傾斜の

変化がゼロになり走時曲線が下に凸から上に凸に変わる点Iを**変曲点**（inflection point）という．変曲点の前後で傾斜が等しくなる点の対が選べるから，両点の距離差を$\varDelta'$，走時差をT'とし，$\varDelta'$とT'で走時曲線を描く．これは深さhより浅い部分をはぎ取った地球に対する走時曲線になるから，H-W法を適用して深さh以深の速度分布を求めることができる．なお変曲点は震源から水平に射出された波が地表に到着する点であるから，変曲点における傾斜$(dT/d\varDelta)_1$は，深さhにおける速度V_hと次式で結ばれる．

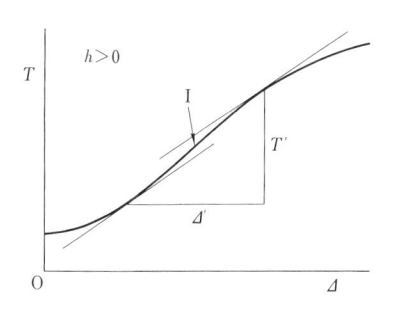

図4.4 深さのある地震の走時曲線

$$\left(\frac{dT}{d\varDelta}\right)_1 = \frac{r_0 - h}{V_h} \tag{4.19}$$

色々な深さの地震の走時曲線の変曲点における傾斜を測って，上式により速度と深さの関係を求める方法はGutenberg（1953）による．

C. 実体波の振幅

無限に広がる一様な弾性体内の1点から発生した実体波の振幅は，非弾性的な吸収がない場合（$Q=\infty$）には，震源距離Rに反比例して減少する．これには図4.5（上）に示すように，面dSと面R^2dSを単位時間に通過する波のエネルギーが等しいことと，エネルギーは振幅の2乗に比例することから導かれる．

層構造を有する地球内を伝わる実体波の振幅も，やはり，波線の**幾何学的広がり**（geometrical spreading）によって減少する．この場合，前記の$1/R$に相当する項は

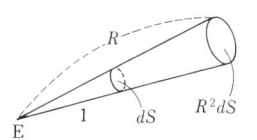

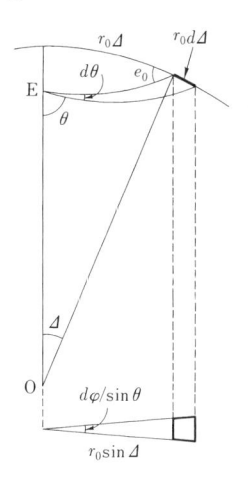

図4.5 波線の広がり

$$f = \frac{1}{r_0}\sqrt{\frac{\rho V}{\rho_0 V_0}\frac{\sin\theta}{\sin\varDelta \sin e_0}\frac{d\theta}{d\varDelta}} \tag{4.20}$$

となる.ただし ρ と V,ρ_0 と V_0 は震源と地表における密度,地震波速度,$\varDelta$ は震央距離,θ,e_0 は図 4.5 に示す角である.上式を導くには震源から $d\theta d\varphi$ という立体角に射出されたエネルギーの保存を考えればよい.図の下の図形はこの立体角に射出された波線を上方から見た場合を示し,震源距離 1 のところの波線に垂直な面積 $d\theta d\varphi$ が地表では $(r_0 d\varDelta \sin e_0)(r_0 \sin\varDelta d\varphi/\sin\theta)$ に広がっていることから前式が得られる.震源が地表にあるときは,

$$f = \frac{1}{r_0}\sqrt{\frac{V_0}{r_0 \sin\varDelta}\frac{\cos e_0}{\sin^2 e_0}\frac{d^2 T}{d\varDelta^2}} \tag{4.21}$$

と走時の 2 次微係数を含む式で表すこともできる.

D. 表層の構造

地球の比較的浅い部分の構造を震央距離数百 km 以内の観測によって調べるときには地表を平面と考えて扱える.地震波速度が深さとともに連続的に増大しているときには (4.13) に対応する式として

$$h_m = \frac{1}{\pi}\int_0^{\varDelta} \cosh^{-1}\frac{\overline{V_\varDelta}}{V_x}dx \tag{4.22}$$

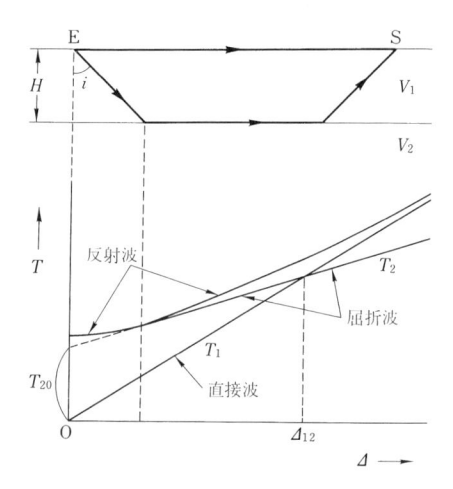

図 4.6 水平 2 層構造

が成り立つ．なお，最深点 h_m における速度は $V_m = \overline{V_\varDelta}$ となる．

図4.6のように速度 V_1，厚さ H の表層が速度 V_2（$>V_1$）の半無限層の上に載っている水平2層構造を考える．震源が地表にあるとき走時曲線は2本の直線

$$T_1 = \frac{\varDelta}{V_1} \tag{4.23}$$

$$T_2 = \frac{\varDelta}{V_2} + T_{20} \tag{4.24}$$

から成る．T_{20} は次式で与えられ，**原点走時**（intercept time）と呼ばれる．

$$T_{20} = \frac{2H\cos i}{V_1} = 2H\sqrt{\frac{1}{V_1^2} - \frac{1}{V_2^2}} \tag{4.25}$$

2本の直線の交わる震央距離 $\varDelta_{12}$ を**交差距離**（crossover distance）という．

$$\varDelta_{12} = \frac{V_1 V_2}{V_2 - V_1} T_{20} = 2H\sqrt{\frac{V_1 + V_2}{V_2 - V_1}} \tag{4.26}$$

水平2層構造，震源が地表の仮定が適用できるときは，上記の諸式を用いて観測された走時曲線から V_1，V_2，H を決めることができる．なお図4.6に示されている境界面からの反射波を利用することもできる．モホからの反射波がはっきり現れることは少ないが，特別な場合には直接P波，直接S波と同じくらい大きく出ることもある．

水平3層構造のときは，走時曲線は（4.23），（4.24）のほかに

$$T_3 = \frac{\varDelta}{V_3} + T_{30} \tag{4.27}$$

が加わる．T_{30} は第1層，第2層の厚さを H_1，H_2 とすると

$$T_{30} = 2H_1\sqrt{\frac{1}{V_1^2} - \frac{1}{V_2^2}} + 2H_2\sqrt{\frac{1}{V_2^2} - \frac{1}{V_3^2}} \tag{4.28}$$

である．T_2 と T_3 の交差距離は次式で与えられる．

$$\varDelta_{23} = \frac{V_2 V_3}{V_3 - V_2}(T_{30} - T_{20}) \tag{4.29}$$

ある条件のもとでは $\varDelta_{23} < \varDelta_{12}$ となることがあり得る．このときは T_2 は初動としては現れず，第2層は**隠れた層**（masked layer）になってしまう．

2層構造で境界面が角 ω だけ傾いている場合は，最大傾斜の方向に適当に離

れた二つの表面震源が得られれば，両地震の走時曲線の傾斜から V_1 と下層に対する見掛け速度 V_{2a}, V_{2b} とが求まる．$V_{2a} > V_{2b}$ のときは

$$V_1/V_{2a} = \sin(i-\omega) \tag{4.30}$$
$$V_1/V_{2b} = \sin(i+\omega) \tag{4.31}$$
$$V_1/V_2 = \sin i \tag{4.32}$$

であるから，i, ω, V_2 が決まる．人工地震を用いて地下構造を調べるときには，境界面が傾いていることを考え，一つの測線上に二つの爆破点を選び，いわゆる**逆測線**（reverse profile）も観測する．

さらに一般には多数の爆破点と観測点が適当に配置されていることが望ましい．このような場合のデータの解析の一方法として Scheidegger と Willmore (1957) の**タイムターム法**（time-term method）がある．爆破点と観測点と合わせて N 点あるとき，i 番目の点から出て，速度 V の下層を屈折波として伝わり，j 番目の観測点に到着する波の走時は2点間の距離を Δ_{ij} とすると

$$t_{ij} = \frac{\Delta_{ij}}{V} + a_i + a_j \tag{4.33}$$

のように書ける．ただし境界面は大きくは傾斜していないとし，a_i, a_j は i 番目，j 番目の点に関する定数と考え，その点のタイムタームという．未知数は V と N 個のタイムタームであるから，(4.33) のような観測方程式が $(N+1)$ 個以上あれば求まる．タイムタームはそれぞれの点の下における境界面の深さに関係しているが，上層の構造が何らかの方法で求められれば，境界面の深さが決まる．

E. 地震波トモグラフィー

地球内部のある領域を多数のブロックに分け，多くの観測点における多くの地震のP波走時の観測データから，i 番目のブロック中のP波速度の標準値 V_i からの偏差 δV_i を求めることにより，地下の三次元的な速度構造を調べることができる．このような三次元ブロックインバージョンは安芸と Lee (1976)，安芸ほか (1977) などにより始められたが，計算機の能力と観測データの質と量の向上により，近年では地球深部の三次元的構造を探る標準的方法の一つに発展し地震波トモグラフィーとなった．

P波速度の標準値 V_i は適当な一次元モデル（速度が深さのみの関数）を採

用する．ある震源からある観測点に至る震波線が通過するブロックと各ブロック中の波線の長さ L_i は採用したモデルにより計算できる*．観測走時 T_0 から計算走時 T_c を引いた走時残差 δT $(=T_0-T_c)$ は，ブロックのP波速度が標準値 V_i から δV_i だけずれ $V_i+\delta V_i$ であるとすれば

$$\delta T = \sum \delta V_i L_i / V_i^2 \qquad (4.34)$$

とみなせる．総和は全ブロックについて行う（波線が通らないものは $L_i=0$）．このような式をきわめて多数作り，δV_i を未知数として最小二乗法などで解くことが考えられる．実際にはまともな解を得るためには各ブロックを多数の波線が色々な方向から貫くようなデータが必要である．ブロックの数（解像度）もデータに応じ適切に選ばなければならない．この式をそのまま解くのは通常は困難で，状況に応じ色々な技法を取り入れ行われる（Nolet, 1987*; Iyer と平原, 1993*）．震源位置，震源時の誤差も未知数として解析することも考えられる．また，ブロックに分けず，速度値（あるいは境界面の位置）を球面調和関数（あるいはチェビシェフ多項式，スプライン）などを用いてその係数により表示する扱い方もある．走時データに加えて自由振動，地震波形データを併用することもある．

F. 実体波の色々な位相と標準走時曲線

震源から出たP波，S波のなかには，地表で反射し，あるいは地球内部の境界面で反射，屈折し，また，その際P波からS波に，S波からP波に**変換**（conversion）をして観測点に到着するものもある．最も顕著な境界面はCMB（核-マントル境界）である．核は後に説明するように，**外核**（outer core）と**内核**（inner core）に分かれている．外核を通るS波は観測されないので，$\mu=0$ すなわち流体と考えられる．内核は半径約 1220 km の固体で，マントルより速く自転しているという説（Su ほか (1996) によれば $3°/y$，Creager (1997) によれば $0.2\sim0.3°/y$，Vidale ほか (2000) によれば $0.15°/y$）とそれを疑問視する意見（Souriau と Poupinet, 2000; Poupinet ほか, 2000）もある．

---

* 与えられた構造，とくに三次元的に不均質な構造のもとで，震源から観測点に至る波線の経路を計算するのはかなり面倒である．このような三次元波線追跡については Jacob (1970) 以来多くの方法が試みられている．

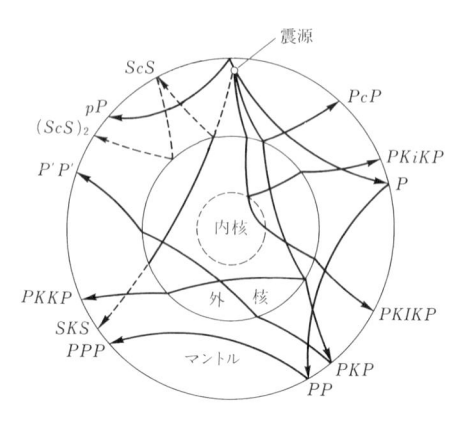

図 4.7 地球内の実体波の伝搬（実線は P 波，波線は S 波）

　色々な経路をとって観測点に到着する波は，次の約束に従って記号が付けられる（図 4.7）．マントル中の P 波は P，S 波は S，外核中の P 波は K，内核中の P 波は I，S 波は J で表し，異なる領域に入るごとにその記号を並べる（例 PKP）．地殻の存在は命名に際して通常は無視する．外核の表面（CMB）および内核の表面（ICB という）に外側から入射して反射した波には，入射波の記号と反射波の記号の間にそれぞれ c および i を入れる（例 ScS，$PKiKP$）．地表，CMB，ICB に内側から入射して反射した波には，何も付けずに入射波の記号と反射波の記号を並べる（例 SP，$SKKS$）．ある地点に到着する深い地震からの地表反射波は 2 種類存在するが，震央に近いほうで反射した波（震源から水平方向よりは上向きに出た波）については震源から地表までの P 波を p，S 波を s で表す（例 pP）．略記法として，PKP を P'，$ScSScS$ を $(ScS)_2$，$PKKKP$ を $P3KP$ などと表示することがある．地震記象上である位相の立上りが明瞭であるときには位相名の前に i（impulsive）を，不明瞭であるときには e（emergent）をつけて示すことがある（例 iP，eS）．

　地球内部の P 波，S 波の速度分布を観測データから求め，それに基づいて，色々な深さの震源に対する各種の波の走時を計算し，表，グラフにまとめる仕事は 1930 年代に Macelwane（1933），和達と沖（1933），Brunner（1935），Jeffreys（1939），Gutenberg と Richter（1934, 36, 37）などによって行われた．Jeffreys と Bullen（1940*）による走時表（J-B 表）は現在でも使われて

4.1 地球の層構造と実体波の伝搬

いる．新しい表として iasp91（Kennett と Engdahl, 1991）を挙げておく．
図 4.8 には深さ 500 km の地震に対する Gutenberg と Richter（1936）の標準走時曲線を簡略化して示した．この程度の寸法の図では他の研究者による走時との差異はほとんど見いだせない．

地震記象上には標準走時表に載っている波に対応する記録波形（**位相**または**相**，phase）がすべて現れるわけではない（図 4.9）．震央距離，震源の深さ，地震計の周波数特性にもよるし，震源や観測点の条件によっても現れ方が違ってくる．ときには走時表に載っていない波が現れることもある．それらのうち

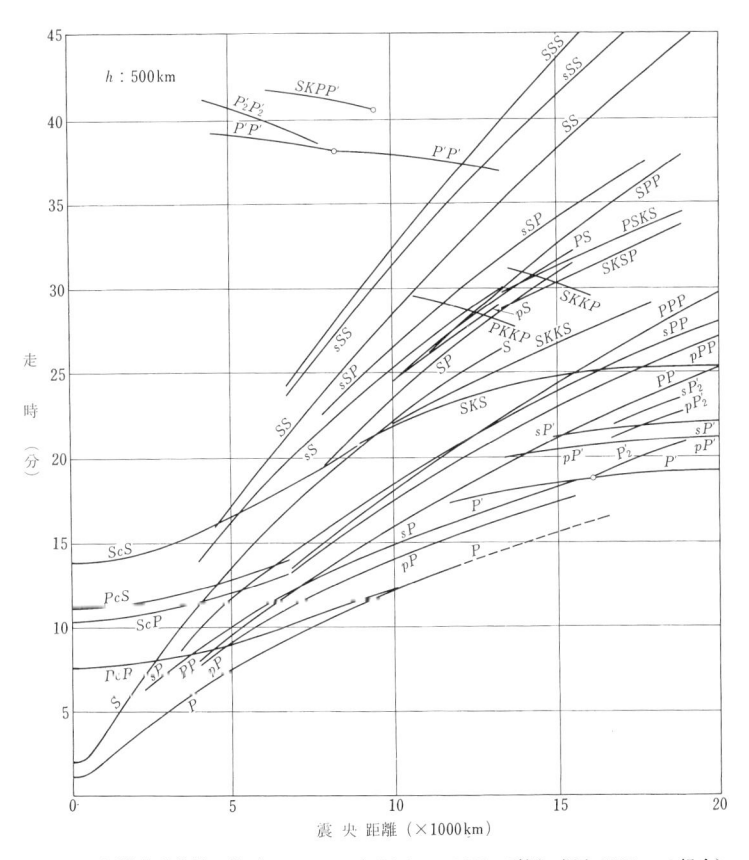

図 4.8 標準走時曲線の例（Gutenberg と Richter, 1936, 震源の深さ 500 km の場合）

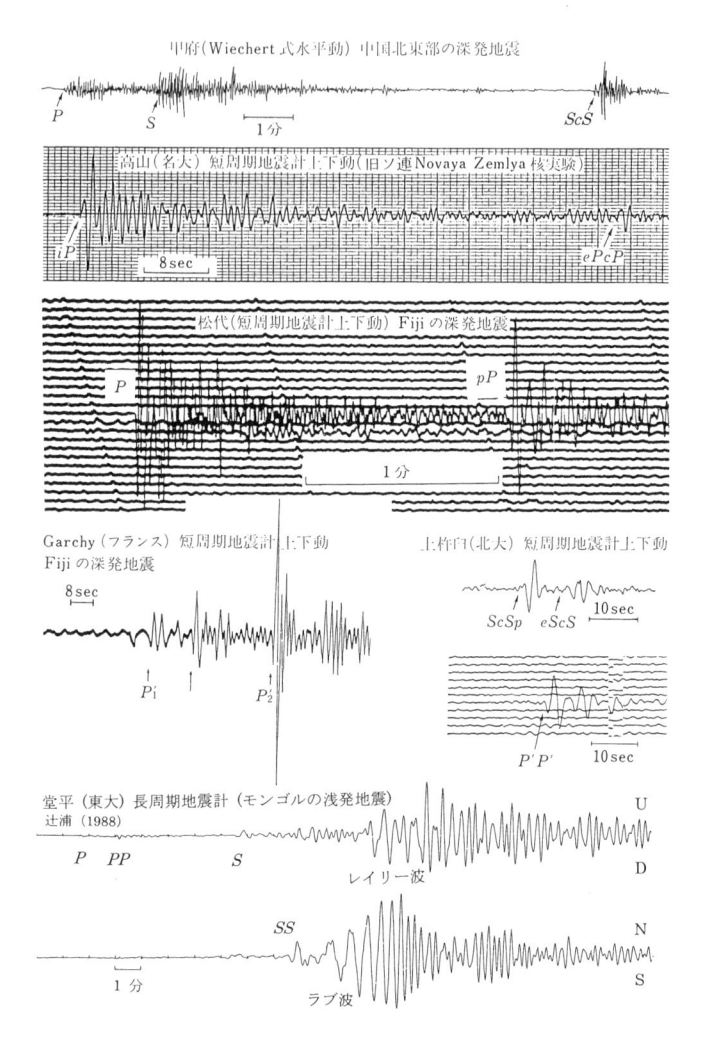

図 4.9 地震記象の例

には後述の L_g や T などのように，すでに広く知られているものもあるが，未知の波でそれを研究することにより地球内部構造についての新しい情報が得られる場合があるかもしれない．以下，主な波について地震記象上での現れ方について略述しよう．

P: 震央距離 $\varDelta 100°$ くらいまでは地震記録の初動としてはっきり現れる．103°を越えると振幅が小さくなるが，これは核の**陰** (shadow zone) に入るからで，150°くらいまで弱い波が認められることがあるが，これは**回折** (diffraction) によるものである．なお，浅い地震では $\varDelta 12 \sim 24°$ のあたりでは小さい初動に続いて大きな振幅の位相が認められることがあり，これは上部マントルの特別な構造に関連しているものである (§4.2B)．地殻内に起こった地震を数百 km 以内で観測すると，地殻中を伝わってきた波と，屈折波としてマントル最上部を伝わってきた波が認められる．前者（直接波）を P_g，後者を P_n で表す．

S: $\varDelta 100°$ くらいまでは P よりも大きな振幅で現れることが多い．100°付近から核の陰に入るが，SKS が S の走時曲線の延長付近に現れる．$\varDelta 12°\sim 24°$ では P と同様複雑な様相を示す．地殻内地震の場合，P_g，P_n に対応する S_g，S_n が認められることがある．P_n の速度（約 8.2 km/s）や S_n の速度（約 4.7 km/s）を持つ短周期の P 波，S 波は $\varDelta$ が 40°以上まで認められることがあり，これらも P_n，S_n と呼ばれる．なお，P_n，P_g，S_n，S_g は Pn, Pg, Sn, Sg と書くこともある．

PP, SS: $\varDelta 20°$ 以上で P または S と分離してくる．数十度以上では P または S と同程度あるいは数倍の振幅で現れることがある．PPP も比較的よく出る．

pP, sS: 深い地震の際には 30°～100°あたりで P, S に次いで明瞭に現れる．$pP-P$ 時間，$sS-S$ 時間は震央距離よりも震源の深さによって大きく変わるので震源の深さの決定に役立つ．

PS, SP, pS, sP: これらの波もときには現れることがある．深発地震のとき sP は $\varDelta 10°$ 辺から大きく現れ，S と誤認されることがある．

PcP, ScS, $pPcP$, $sScS$: PcP, ScS あるいは PcS, ScP は $\varDelta 30°\sim 40°$ 前後でよく現れる．深い地震ではさらに近距離でも ScS が大きく現れる．長周期地震計には $sScS$ や $(ScS)_n$, $s(ScS)_n$, ($n=2, 3, \cdots$) も記録されることがある．

P', $P'P'$: 核内を伝わる波の現れ方は複雑である (§4.2D)．P' (PKP) は $\varDelta$ 約 110°から現れ，143°付近で P'_1 ($PKIKP$) と P'_2 (PKP) に分かれる．こ

の分岐点は焦点であり，その付近では振幅が大きくなる．$P'P'$ の焦点は約 $76°$，$P'P'P'$ の焦点は約 $66°$ である．$P'P'$ は P から 25〜35 分後に，$P'P'P'$ は 40 分以上後に到着するので，別の地震と間違えられやすい．

PKKP：PKKP は $120°$ 付近に焦点がある．短周期地震計によく現れる．$n \geq 3$ の $PnKP$ は通常弱いが，$P7KP$ の観測データを利用した研究もある（§4.2 D）．

G. 震央距離と方位角の計算

震央距離 Δ および震央 E から観測点 S をみた方位 θ_E，S から E をみた方位 θ_S の計算は次の式による．E および S の経度，緯度をそれぞれ λ_E, φ_E, λ_S, φ_S とすれば球面三角法の公式により

$$\cos \Delta = \cos \varphi_E \cos \varphi_S \cos(\lambda_E - \lambda_S) + \sin \varphi_E \sin \varphi_S$$
$$= A_E A_S + B_E B_S + C_E C_S \tag{4.35}$$

である．ただし

$$A_E = \cos \varphi_E \cos \lambda_E,\ B_E = \cos \varphi_E \sin \lambda_E,\ C_E = \sin \varphi_E \tag{4.36}$$
$$A_S = \cos \varphi_S \cos \lambda_S,\ B_S = \cos \varphi_S \sin \lambda_S,\ C_S = \sin \varphi_S \tag{4.37}$$

震央距離を km で表すには Δ（rad）に地球の平均半径 r_0（気象庁では 6370.291 km を採用）を掛ける．なお，普通の緯度は**地理緯度**（geographic latitude）（図 4.10 の φ' であるが，距離の計算には**地心緯度**（geocentric latitude）φ を用いるほうがよい．両者の関係（分単位）は

$$\varphi \doteqdot \varphi' - 11.55' \sin 2\varphi' \tag{4.38}$$

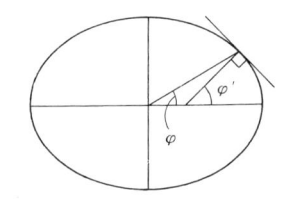

図 4.10 地心緯度 φ と地理緯度 φ'（地球の赤道半径と極半径の違いは実際は 21.4 km で，この図はこれを誇張して書いてある）

である．Δ が小さいときは（4.35）よりも次の式を用いるほうがよい．

$$\sin \frac{\Delta}{2} = \frac{1}{2} \sqrt{(A_E - A_S)^2 + (B_E - B_S)^2 + (C_E - C_S)^2} \tag{4.39}$$

方位角は次の式による（添字 E と S を入れ替えると θ_E の式になる）．

$$\cos \theta_S = \frac{(\sin \varphi_E \cos \varphi_S - \cos \varphi_E \sin \varphi_S \cos(\lambda_E - \lambda_S)}{\sin \Delta} \tag{4.40}$$

4.2 実体波による地殻・マントル・核の構造

A. 地殻の構造

a. 自然地震の走時による研究　Mohorovičić（§1.6）が地殻の存在を発見したクロアチアの地震（1909）の走時図は，震央距離 39～2405 km の 29 観測点のデータによるもので，見掛け速度 5.68 km/s と 7.8 km/s の 2 直線が 175 km で交わるものであった．震源が地表で，水平 2 層構造を仮定すれば（4.26）により地殻の厚さは 35 km となる．Conrad（1925）はオーストリアの地震（1923）などの走時曲線が三つの直線になることを見いだし，地殻が 2 層から成るとした．地殻を上層と下層に大別しその境界を**コンラッド不連続面**ということがある．

自然地震による地殻構造の研究はその後ヨーロッパや米国で盛んに行われ，Jeffreys（1926），Gutenberg（1927），Byerly（1931）を始め多くの研究があり，3～5 層の多数のモデルが発表された．

ある走時図に n 本の直線が適合するとみれば n 層構造が得られるが，一つの上に凸の曲線が適合するとして H-W 法を適用すれば連続的速度分布が得られる．どちらのモデルがよいか（n はいくつか）は決定的なことはいえない．いずれにしても実際の地殻は少数の水平に近い層（各層内では速度が一定）から成るというような単純なものではない．なお，地殻構造モデルは他の地球物理学的データ（たとえば重力異常）と矛盾するものであってならない．

多くの場所でモホがかなり明瞭な不連続面であることは，この面からの反射波（最近では PmP, SmS と書くことが多い）が認められることからもわかる．

b. 観測点直下の地殻構造　地震動波形には観測点直下の構造の影響を含んでいるので，それを利用して構造を探る試みがある．Phinney（1964）は水平成層構造の下面に平面 P 波が斜めに入射するときの地表の上下動と水平動（縦方向）のスペクトル比が（3.133），（3.134）で与えられる C_Z と C_H の比に等しいことを利用した．C_Z と C_H には層構造に起因する反射，屈折の際の波の変換，層内の重複反射など地震波の挙動のすべてが含まれている．地震記録 P 波の部分のスペクトル比，構造を仮定したときの C_Z/C_H の理論値はともに ω

のみの関数で，あるωの範囲で両関数がなるべく一致するような構造を探ることができる．1点における遠地地震の3成分記録があれば，震源スペクトルや層構造に入射する前の伝搬経路の性質とは無関係に議論ができるが，解の一義性，解像度に問題がある．また構造が水平という仮定が適当とは限らない．

以上は周波数領域での解析であるが，近年は同様な解析を時間領域で行うことが多い．P波の水平縦方向成分 $u_r(t)$ は入射するP波 $A(t)$ と観測点直下の構造のインパルス応答（**レシーバー関数**，receiver function）$g_r(t)$ のコンボリューションになる（$u_r(t) = A(t) * g_r(t)$）．$A(t)$ はP波の上下動成分 $u_v(t)$ で近似される（$g_v(t) ≒ δ(t)$）として，デコンボリューションの演算によってレシーバー関数を求め，それに適合する構造（とくにS波構造）を求めることが行われる（たとえば Langston, 1979；Ammon と Zandt, 1993；Zhao と Frohlich, 1996；Sandvol ほか, 1998；Darbyshire ほか, 2000）．

c. 人工地震（屈折法）による研究　地中での火薬爆発を震源として，地殻，上部マントルの構造を研究するのが**爆破地震学**（explosion seismology）である．爆破を用いる利点としては，震央，震源時が正確にわかり，かつ震源の深さがほぼ0であること，多数の臨時観測点を配置し精度の高い観測が行えること，P波の波形が単純で立上りが比較的鋭いこと，地震の起こらない地域でも研究が可能なことなどが挙げられる．一方，欠点としては，発生する地震波の振幅が小さいこと（大量の火薬は使用不能），爆破を行える場所が限定されること，S波が出にくいことなどがある．

爆破地震動の観測は1920年代より採石爆破，軍用の爆発，爆発事故などを用いて，ヨーロッパ，米国などで行われてきた．ドイツの Heligoland における4000tの火薬爆発（1947）の際には，ヨーロッパ各国の研究者が多数の観測点を設けて観測した．日本では石淵ダム工事の際の50tの採石爆破（1950）を利用して各機関が協同で観測したのを機に爆破地震動研究グループが生まれ，以後各地における採石爆破，廃坑，ボーリング孔等における自力爆破，日本近海の海中爆破により日本列島の地殻構造の研究を進めている．北米では1950年代から爆破地震動による地殻構造研究が各地で行われた．たとえば Superior 湖の実験（1963）では湖底で7kmおきに78回の1t爆破を行い，13機関のべ約100点で記録を取った．タイムターム法で解析した結果（Smith ほか，

1966) によれば，Superior 湖地域のモホの深さは場所によって 25km から 55km くらいまで変動しているという．1966 年にはさらに大規模な実験（Early Rise 計画, 38 回の 5t 爆破）が行われた（成果はたとえば Hales, 1972）．一方，旧ソ連では 1940 年代から DSS (deep seismic sounding) と名づけて，数百 km の測線上に数 km 間隔で観測点を置く方法で，大陸の地殻構造の研究を盛んに行った（たとえば Pavlenkova, 1996）．近年の DSS として QUARTZ がある．3 核爆発，48 火薬爆発，400 観測点を含む長さ 3850km の測線で，データはいくつかのグループにより解析され，深さ 700km までの二次元構造モデルが提出されている（たとえば Mechie ほか, 1993；Ryberg ほか, 1996；Schueller ほか, 1997；Morozova ほか, 1999）．

近年では地震波の到着時のみならず，振幅，波形を利用することも盛んになってきた．色々な構造を仮定して，単純な点震源に対する各震央距離での理論地震記象（§10.4）を計算し，観測された初動および後続相の走時・振幅と比較する（初期の例としては Helmberger, 1968；Fuchs と Müller, 1971；Wiggins と Helmberger, 1973, 74 など）．このような方法により，地殻内に低速度層のあるモデルもしばしば提出されたが（たとえば Mithal と Mutter, 1989），地殻内低速度層が広く存在することは確認されていない．

d. 海の人工地震（屈折法） 海水中で爆破をかけ，あるいは**エアガン***（air gun）を震源として，海中につるした**ハイドロホン**（hydrophone）または海底地震計で記録をとることが行われる．Ewing ほか (1937) の先駆的実験もあるが，本格的に行われるようになったのは Ewing ほか (1950) が Bermuda 島沖で 2 船法による測定を行ってからである．ハイドロホンをつるした船と測線上を次々と火薬を海中に投入しながら進む船によって能率的に走時のデータが得られた．爆発の水中音波は海底に達し，地殻の各層を P 波として伝わり，再び水中音波としてハイドロホンで記録される．震央距離は直達水中音波の走時から，海水の温度，塩分を知って求めた．

日本では 1963 年に紀伊半島沖で実験を行って以来，村内，田らによって，日本周辺から西太平洋の各地で観測が行われた（たとえば村内, 1968）．旧ソ

---
* 圧縮空気を瞬時に水中に放出し P 波を発生させる装置．

連も1957年ごろから千島，Kamchatka，Sakhalin 周辺から日本海にかけて熱心に観測を行った（たとえば Kosminskaya ほか，1963）．大洋底では地殻が薄いので100 km ほどの測線をとれば地殻構造が求められるが，上部マントルの構造を調べるため1000 km 以上の遠距離観測も行われるようになった（島村と浅田，1976；浅田と島村，1979）．また，海中爆破を陸上に分布した観測点で観測することも行われた．1980年代からは震源としてはエアガンを用いる屈折法探査が行われるようになった（たとえば Mithal と Mutter, 1989）．最近では100台の海底地震計を並べる観測も行われる．

e. 反射法による地下探査　地下資源探査のため発展した反射法探査は，地殻深部構造の調査にも使われるようになった．多数の震源と観測点を測線上に密に配置し，多数の記録波形の**重合**（stacking）などの処理によって，地震波速度の値ではなく，速度が急変する面（反射面）の存在とその相対的位置が**反射断面図**（reflection profile）として示される*．震源として火薬爆発が用いられてきたが，1970年代からは**バイブロサイス****（Vibroseis）が地殻調査にも導入され，広く用いられている．海域ではエアガンアレーが用いられる．

調査事業としては米国の COCORP（Consortium for Continental Reflection Profiling，たとえば Oliver ほか，1983；Allmendinger ほか，1987）を始めヨーロッパのいくつかなどがあり，多くの測線について地殻構造断面が得られている．海域では大洋プレートが大陸側プレートの下に海溝から潜り込んでいる状況などもかなりよく見えてきた（たとえば，三陸沖について，鶴ほか，2000）．

f. 地殻構造のまとめ　地殻構造は地域性が著しく，個々の地域についての研究成果を紹介する余裕はない．たとえば Mooney ほか（1998）が1995年までに刊行された成果によって作った全世界の地殻モデル（CRUST 5.1）を参照されたい．地殻の厚さは大陸地域では25～70 km 程度（30～50 km がふつ

---

* 反射法については地震探査の書物（たとえば Sheriff と Geldart, 1995*）に詳しいが，地震学書では Shearer (1999*) に解説されている．基本的な方法，たとえばマイグレーション（migration），共通中点法（共通反射点法）（common-midpoint method, common-depth-point method），ノーマルムーブアウト（normal moveout, NMO）などについてはこれらを参照されたい．
** 大型トラックに積載した機械的連続震動源（油圧制御）から一定周波数（7～25 Hz 程度）の P 波を地下に送り込み，地下の反射面を探る方法（Conoco Inc.の登録商標）．

う）であるが（西蔵山地や Andes 山地中部で最も厚い），大洋底では 6〜7km 程度と薄く，海水層の厚さを入れるとモホは海面下 10〜12km 程度にある．大陸の地殻は V_P が 5.5km/s あるいはそれ以下の表層の下に，5.6〜6.3km/s の層と，6.4〜7.0km/s を置くモデルが採用されてきた．地域によってはその下に 7.0〜7.5km/s の層を考え，その下面をモホとみることもある．Christensen と Mooney（1995）は大陸地殻の平均の厚さとして 41.1km，平均 V_P として 6.45km/s，平均 P_n 速度として 8.09km/s を得た．大洋地殻は，表面付近の堆積層を第 1 層とし，その下に V_P が 4.0〜6.0km/s の第 2 層，さらに地殻の主体をなす厚さ 5km 程度で V_P 6.5〜7.0km/s の第 3 層があるモデルが 1970 年代から標準とされてきた．第 3 層はときに**玄武岩質層**（basaltic layer）と呼ばれた．

　従来は各層内で速度は一定であるとして速度を求めたが，実際には深さ方向にも水平方向にもある程度変化している．層構造のモデルを採用するにしても各層に速度勾配をつける（あるいは速度の範囲を示す，場所によりやや異なる速度を与える）のがふつうで，層の境界を示す場合も，そこに明瞭な速度の不連続が認められたというより，平均速度や速度勾配の違いにより境界を想定することが多い．最近の走時解析（屈折法），反射法，三次元トモグラフィーを総合した結果では，各地域の地殻構造を比較的少数の層の速度と境界面の位置を示す単純なモデルで表現するのは困難で，かなり複雑な表示がなされている（たとえば Parsons ほか，1999；Fliedner ほか，2000；Hauksson，2000）．このような詳細な構造が求まると震源や活断層の分布との関係の議論なども進められる．ただし，単純な構造モデルにはそれなりの価値がある．通常の震源決定には単純化した一次元モデルが使われており，その範囲内でも最適なモデルの選択が肝要である．

　マントル最上部の P 波の速度（P_n の速度）は大陸の下では 7.9〜8.2km/s 程度の値が多いが（北米西部など変動帯ではさらに低い値が報告されている），大洋の下では 7.7〜8.5km/s 程度の範囲の値が求められ変化が大きい．大洋の地殻，最上部マントルの地震波速度異方性は古くから指摘されており（Hess，1964 など），たとえば Hawaii の北方では P_n の速度は南北方向には 7.85km/s，東西方向には 8.47km/s となるという報告（Raitt ほか，1969, 71）がある．

日本東方の太平洋底の最上部マントルにも同程度の異方性が報告されている（たとえば島村ほか，1983）．大陸の P_n 速度にもかなりの異方性が観測されている（たとえば Bamford, 1977; Smith と Ekström, 1999）．

ある観測点の下の地殻・上部マントルの異方性は S 波の分裂（しばしば SKS が用いられる）によっても認められる（日本の例としては安藤ほか，1983; 金嶋ほか，1987 など）．異方性についての論文は非常に多い．総合報告として川崎（1989），金嶋（1991），Babuška と Cara（1991*），Silver（1996），Montagner（1998），Savage（1999）を挙げておこう．

日本内陸部の地殻構造は古くは和達（1925），松沢（1929）の研究があるが，1950 年以降爆破地震動研究グループが多くの測線について構造を調査している．図 4.20 に示す地殻構造モデルは当時としては画期的な結果（吉井と浅野，1972）からとられている（最近の成果としては岩崎ほか（1999）を参照．ただし測線の位置がやや違う）．Zhao ほか（1992）は日本の内陸部について近地浅発地震を用いたトモグラフィーにより，モホとコンラッド不連続面の深さ分布を求めている．モホは深さ 25〜40 km，コンラッド面は 12〜22 km の範囲にある．モホは概してかなり明瞭な不連続面であるが，コンラッド面はその存在を仮定したモデルも作りうるという程度で，実際の地殻内の地震波速度は三次元的に複雑に変化していると思われる．たとえば日高山脈を横切る断面は南西に進行する南千島スリバーの衝突を示唆する構造がみられる（たとえば宮町と森谷，1984; 宮町，1994; 森谷ほか，1998; 岩崎ほか，1998）．

g. 局地的構造　小さい規模の構造の調査は，地下資源とくに石油の探査，建設工事のための地盤調査などのため発達してきた．地学上もたとえば火山体の構造，とくにマグマだまりの位置の推定や，活断層，とくに大地震の震源断層に関連する構造異常などは，火山噴火や地震の予測にかかわる重要問題であり，小区域高密度の人工地震観測や地震波トモグラフィーが行われる．以下若干の例を示す．

東京周辺の関東平野（首都圏）は場所によっては 3 km を越える厚い堆積層に覆われているが，その三次元的分布は 1975 年以来数十回行われた人工地震の観測データから明らかにされている（たとえば纐纈と東，1992）．

震源断層に関連する三次元構造は，たとえば長野県西部地震（1984）につい

ては平原ほか（1992）が，兵庫県南部地震（1995）は Zhao と根岸（1998）が，Parkfield 地震（1966）は Eberhart-Phillips と Michael（1993, 98）が，Landers 地震（1992）は Lees と Nicholson（1993）が調べている．結果はそれぞれ興味深いが，たとえば本震震源付近は高速域か低速域か一致した結論は得られていない．

火山帯の地下には溶融体（マグマだまり）あるいは溶融に近い状態の部分があり，地震波とくに S 波の反射によりその位置が確かめられた例がいくつかある．たとえば日光・足尾地区の顕著な反射面については溝上ほか（1982），松本と長谷川（1996），堀内ほか（1997）など多くの研究がある．地殻内地震活動は反射面の少し上までに限られる．火山，あるいは Himalaya や Alps など隆起山脈の下に Q の低い領域が認められることがある．飛騨山脈の下 5～15 km を通る地震波の減衰は異常に大きいが（たとえば勝俣ほか，1995），地震波速度は異常に小さい（松原ほか，2000）．

B. マントルの構造

a. 上部マントルと走時曲線　上部マントルの構造の特徴としては深さ 70～200 km 付近に存在する低速度層ないしは速度増加の小さい部分と，深さ 410 km 前後および 660 km 前後に存在する速度の急増部ないしは不連続面が挙げられる．いくつかの地域で 410 km 不連続面，660 km 不連続面による反射波，変換波が観測され（c 項），場所による不連続面の深さの違いも議論されている（Shearer, 1991；Flanagan と Shearer, 1998, 99, Castle と Creager, 1998；Vasco と Johnson, 1998）．520 km 不連続面を示唆した研究もいくつかある（たとえば Shearer, 1996）．

低速度層の存在を最初に示唆したのは Gutenberg（1926）である．浅発地震の実体波の振幅は震央距離数度辺りから急に小さくなるが，15°辺りを過ぎるとその手前の 10 倍以上に大きくなるという観測事実を説明するため考えたものである．低速度層があると図 4.3 [2] のように，走時曲線が AC 間で飛び，C 点付近では振幅が大きくなる．Gutenberg はその後も低速度層の存在を主張し続けたが，一般に認識されるようになったのは 1960 年代である．しかし，低速度層が広く存在するかは疑問である．近年の研究では深さとともに速度が増加する割合は小さいが，速度の減少はないという結果も少なくない．

しかしこの層はその上下の部分に比べ Q や粘性が著しく小さいものとみられ**アセノスフェア**（asthenosphere）と呼ばれることがある．これに対してその上の最上部マントルと地殻を合わせて**リソスフェア**（lithosphere）という．

リソスフェアやアセノスフェアの厚さには地域性がある．大洋底のリソスフェアの厚さは平均 70 km 程度といわれる（金森と Press, 1970）が，大陸の一部では 200 km に達しているという報告もある．また，日本内陸部，California などでは P_n 速度が異常に小さいので，アセノスフェアはモホのすぐ下から始まっているとみられる．リソスフェアはプレートテクトニクス（§10.7）でいうプレートに相当する．

低速度層の考えが現れたのと同じころ，Byerly（1926）は浅発地震の P 波の走時曲線が 20° 辺りで折れることから 20° 不連続面を考えた．Jeffreys（1936）は低速度層は認めず，20° 不連続面は深さ 400 km 辺りの速度の急増に対応すると考えた（図 4.3 [3] の X 点）．岸本（1956）は千島方面の浅発地震を日本で観測すると 18° 辺りで P 波，S 波の走時曲線が折れるが，13° 辺りから図 4.3 [3] の CX に相当する波が初動の後に大きく現れることを見いだした．S 波については 23° 辺りでも走時曲線が折れ，その手前では大振幅の波が遅れて現れる．以上のように震央距離 10°〜25° では走時，振幅の模様はかなり複雑であるが（たとえば LeFevre と Helmberger, 1989；Ryberg ほか，1998），410 km と 660 km 不連続面の存在は確かなので，それらと関連づけて解釈するのがふつうである．

b. $dT/d\varDelta$ 法，波形モデリングなど　アレーで記録された色々な震央距離の地震を用いて，波線のパラメーター $p = dT/d\varDelta$ と $\varDelta$ の関係を直接求め，それから速度分布を決めると精度のよい結果が得られる．このような研究は北米のアレーを用いて Niazi と Anderson（1965）が 320 km と 650 km 付近に P 波速度の増加率が不連続になることを推定したものを初めとして，初期の研究としては Johnson（1967），金森（1967），Archambeau ほか（1969）などがある．p 対 $\varDelta$ の曲線には，$\varDelta$ が 30° までの間に，低速度層に対応する一つの飛び（図 4.3 [2] のようなもの）と二つの速度急増部に対応する二つの波状の変化（図 4.3 [3]）がみられるのがふつうである．図 4.11 は各地域の上部マントルの一次元構造を求めた例であるが，初期のものを除き $dT/d\varDelta$，あるい

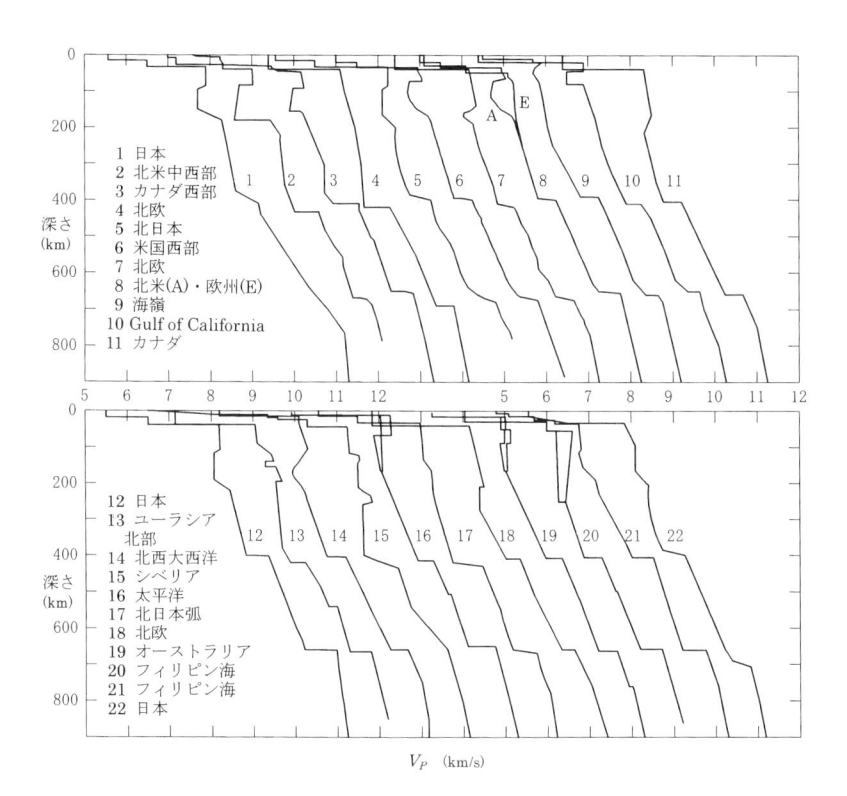

4.2 実体波による地殻・マントル・核の構造

図 4.11 上部マントルの V_P 分布のモデルの例. 1：金森 (1967), 2：Helmberger と Wiggins (1971), 3：Dey-Sarker と Wiggins (1976), 4：King と Calcagnile (1976), 5：深尾 (1977), 6：Burdick と Helmberger (1978), 7：Given と Helmberger (1980), 8：Burdick (1981), 9：Walck (1984), 10：Walck (1985), 11：LeFevere と Helmberger (1989), 12：Erdögan と Nowack (1993), 13：Mechie ほか (1993), 14：Zhao と Helmberger (1993), 15：Priestley ほか (1994), 16：Gaherty ほか (1996), 17：山崎と平原 (1996), 18：Ryberg ほか (1998), 19：Gaherty ほか (1999), 20：加藤と Jordan (1999), 21：Nowack ほか (1999), 22：加藤と中西 (2000). ほかに本文中に掲げた初期の例や Lerner-Lam と Jordan (1987), Spakman ほか (1993), Kennett ほか (1994), Qiu ほか (1996), Pino と Helmberger (1997), Zhao ほか (1999) などの研究がある. V_P の目盛の数字は左端および右端の曲線に対するもので, その他の曲線は1目盛 (1km/s) ずつずらして描かれている. 16, 19, 20 の二つに分かれている範囲は右側が水平方向, 左側が上下方向の速度を示す.

は走時データの解析に加えて，観測波形を理論地震記象と比較し構造を定める**波形モデリング**（waveform modeling）を行っているものが多い．それぞれの研究が採用した方法については原論文を参照されたい．

c. $P'dP'$ と PdP など $P'P'$ は図 4.7 に示すように，反対側の地表で反射してきたP波であるが，その数十秒前に小振幅の波

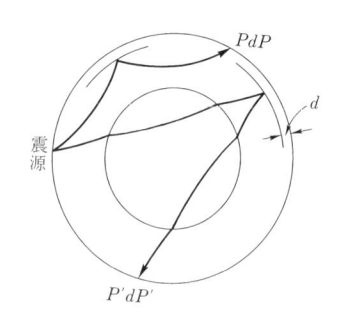

図 4.12 PdP と $P'dP'$

が認められることがある．これは深さ d の不連続面で反射した波（図 4.12）と解釈して $P'dP'$ の記号で表す．Adams（1968）は深さ 70 km 前後と百数十 km からの反射波を認めたが，深さ約 660 km からの反射波 $P'660P'$ がかなり明瞭に出る（Adams, 1971; 中西, 1988）．$P'410P'$ も認められ，$P'520P'$ も弱いながら出現することがある（Shearer, 1991）．また PP，SS の前に現れる PdP，SdS についても研究されている（たとえば Bolt ほか，1968; Bolt, 1970）．Flanagan と Shearer（1998）は SdS の記象の重合によって 410 km および 660 km 不連続面の深さを全地球的に調べ，30 km 程度の凹凸の存在を認めた．Niu と川勝（1995）は 660 km 不連続面における P→S 変換波から同不連続面の深さの地域差を調べている．

d. マントルの構造の地域性（三次元構造） 1950 年代まではマントルは地殻とは違って大きな地域差はないと考えられていたが，1960 年代に島弧や中央海嶺の上部マントルには著しい異常構造があることが発見され（§4.5），大陸と大洋では地殻構造だけでなく上部マントルの構造も大きく異なることが明らかになった（§4.3）．このような水平方向の不均質性が下部マントルにも及んでいることは 1970 年代から注目されるようになった．ScS の走時を調べると，S波が地表から核の表面まで鉛直に走るのに要する時間は，大陸の下のほうが大洋の下よりも約 4〜5 秒短い（Sipkin と Jordan, 1975, 76, 80）．大陸と大洋の地殻の厚さの差から深さ 50 km まではS波の走時は大陸の下のほうが約 1 秒長いと考えられるので，マントルの部分で 5〜6 秒の差があることになる．その後古い大陸の上部マントルはとくに高速度であることがわかってき

た.

　近年は地震波トモグラフィーが全マントルに適用され，マントルの三次元的構造が明らかになりつつある（たとえば井上ほか，1990；深尾ほか，1992；Pulliam ほか，1993；Vasco ほか，1994；Masters ほか，1996；van der Hilst ほか，1997；Su と Dziewonski，1997；Bijwaard ほか，1998；Kennett ほか，1998；Vasco と Johnson，1998；Boschi と Dziewonski，1999；Bijwaard と Spakman，2000；Widiyantoro ほか，2000）．これらの研究，あるいは深さ1200 km までを詳しく調べた Zhou (1996) の結果，南北アメリカと周辺の S 波構造を調べた Grand (1994) の結果などをみると，沈込んだプレート（スラブ）が 660 km 不連続面を越えて下部マントルに貫入し，あるいは 660 km 不連続面付近に滞留していたスラブが下部マントルに落ち込んで CMB 付近に達しているという説につながるような構造がみえる．たとえば，Vasco と Johnson (1998) の研究は，核を含む全地球の P 波および S 波トモグラフィーで，ISC の走時データ（292 万個の P，73 万個の S，3.4 万個の PP，1.7 万個の PcP，その他 SS，ScS，PKP の各枝，SKS など）と 41,108 個の震源（ak135 地球モデル（§4.4C）によって再決定したもの）を用いたものである．地球を 22 層，各層は 1136 セル（計 24992 ブロック）に分けている．環太平洋地域の低速上部マントル，その外側に下部マントルの上部に広がる沈込んだスラブ（滞留スラブ）と思われる高速度部，環太平洋地域の下の CMB 直上の高速度域などがみえる．アフリカ下方のマントルが低速であることもいくつかの研究で認められている．

　下部マントルへの**スラブの貫入**（slab penetration）は 1980 年代を中心に色々と議論されたが（たとえば Creager と Jordan，1984，86；Lay，1997*），地域によって貫入あるいは滞留の様式が違うものと思われる．かつては沈込むスラブは次第に暖められて 670 km に達するころに周囲のマントルに同化してしまうという想像がなされたが現在は否定されている．

　e. D″層　核との境界（CMB）に接する厚さ数十〜300 km の部分に異常があるという説は 1920 年代からあったが，1960 年代以降とくに注目されている．この領域を **D″層**（D″ region）という．Cleary (1969)，Bolt (1970)，その他は，$dT/d\Delta$ の観測から P 波あるいは S 波速度がマントル最下部数十 km の

層でJeffreysのモデルの値よりかなり下がると報告した．一方，Mitchellと Helmberger（1973）のように逆の報告もあった．現在ではS波速度は深さ 2600〜2640 km辺りで急増してからCMBに向かって減少していくとみられている．たとえばSidrinほか（1998）によればCMBの約100 km上から減少し始める．一部地域ではCMBに接する部分はかなり低速度で部分溶融状態にあるという見方がある（たとえばGarnero, 1998；VidaleとHedlin, 1998）．

　D''層の構造は地域性が著しく水平方向に波長が10〜1000 km以上の不均質性があるとみられるが（たとえばYoungとLay, 1990；Wysessionほか, 1992, 94, 95；Weber, 1993；KendallとShearer, 1994；KuoとWu, 1997；大林と深尾, 1997；Layほか, 1997, 98；Castleほか, 2000；Garnero, 2000），CMB自体にも数km程度（あるいはそれ以上）の凹凸があるという観測がある（たとえばCreagerとJordan, 1986；MorelliとDziewonski, 1987；RodgersとWahr, 1993；VascoとJohnson, 1998）．異方性の水平方向変化を認めた研究もある（GarneroとLay, 1997；Russellほか, 1999）．CMB付近の地震波の挙動は複雑であり，$P, S, PcP, ScS, PKP, SKS, Sd''S$（$D''$層上面からの反射波）等の走時・振幅のほか回折波の観測が有用な情報をもたらす（たとえばWysessionほか, 1992, 95, 99）．Qについてもマントル最下部でかなり小さくなっているという報告がある．熊谷ほか（1992）が伸び縮み振動から調べた結果ではQが大きく減少している兆候はみえない．

　D''層はその成因，マントル全体の流動に対する役割，外核との関わりなど重要な問題を含んだ領域である（たとえばLoperとLay, 1995；Gurnisほか, 1998*）．ホットスポット（§10.7B）はD''層の低速度域の上方に位置し，高速度域は90 Ma以上前の沈込み帯の下に当たるという傾向がみえる（Castleほか, 2000）．

C. 実体波によるマントルの Q 構造

　地球内部のQの値は場所によって著しく異なる．マントルの大部分でQ_P, Q_Sは1000を越えているが，上部マントルには数十以下という低い値の領域もある．Q値は地震波速度のように各層ごとに詳しく求めなくとも，だいたいの値の分布だけで地球内部の性状を論じる上で有効な情報となる．

　ある観測点におけるある地震からの実体波の記録波形の振幅スペクトルは次

4.2 実体波による地殻・マントル・核の構造

の式で表される.

$$Y(\omega) = FS(\omega)C(\omega)A(\omega)\exp\left(-\frac{\omega}{2}\int\frac{ds}{QV}\right) \qquad (4.41)$$

F は周波数に無関係な量で,波線の広がりの項などはこれに含まれる.$S(\omega)$ は震源スペクトル,$C(\omega)$ は観測点の下の地殻構造の周波数特性,$A(\omega)$ は地震計の周波数特性を表し,積分は波の経路に沿ってなされる.

$$\int\frac{ds}{QV} = \frac{\tau}{\overline{Q}} \qquad (4.42)$$

によって経路の Q の平均値 $\overline{Q}$ を定義する.ただし $\tau = \int\frac{ds}{V}$ で走時を表す.1 観測点の波形から $\overline{Q}$ を推定するためには,$C(\omega)$,$A(\omega)$ は既知としても,$S(\omega)$ を測定(あるいは仮定)しなければならない.浅田と高野 (1963) は $1\sim10\,\mathrm{Hz}$ 程度の周波数範囲で $S(\omega) \propto \omega^{-1}$ と仮定してマントルの Q_P を求め,2000〜5000 程度の値を得た.

$S(\omega)$ を測定(仮定)しないで $\overline{Q}$ を推定するには,同じ震源から異なる経路を通って同じ観測点に達した波(たとえば P と PcP,P と pP,ScS と $sScS$ など)を用いるか,同じ地震を異なる観測点で記録した波形を用いる.あるいは Q_P/Q_S をたとえば 9/4 と置いて,P 波と S 波の震源スペクトルは等しいとすれば,1 点の観測から Q_P,Q_S を決めることができる.以下,若干の例を述べる.

Kovach と Anderson (1964) は南米の深さ 600 km の地震について震央に近い観測点における $(ScS)_n$ と $s(ScS)_n$ のスペクトル比から 600 km 以浅の上部マントルの $\overline{Q}_S$ として 200,それ以深の下部マントルの $\overline{Q}_S$ として 2200 を得た.金森 (1967) は震央距離 35°付近での P と PcP のスペクトル比などから上部マントルの $\overline{Q}_P$ が 180〜240,下部マントルの $\overline{Q}_P$ が 1600〜6000 という値を得ている.最近 Bhattacharyya ほか (1996) は 400 km までの $\overline{Q}_S$ を 112 と求めた.Morozov (1998) ほかは QUARTZ 測線(§4.2A)に沿う上部マントルの $\overline{Q}_P$ を求めた.$\overline{Q}_P$ は 400〜1800 の間の値をとるが,100〜240 km 辺で小さくなっている.

マントルの Q の深さ分布は長周期表面波による結果(§4.3D),自由振動に

よる結果,トモグラフィーによる結果（§4.5B）もある．島弧など変動帯の上部マントルでは同じ深さでも場所により Q 値が数倍〜数十倍違う．

D. 核 の 構 造

a. 核を通る波の走時曲線　マントルを通ってきた P 波は $\Delta 100°$ 過ぎから核の陰にはいり地震記象に現れなくなる．核の回折波が $160°$ 辺りまで認められることもあるが,ふつうは核を通ってきた波 PKIKP が初動になる．回折波は D'' 層の構造に敏感である．核の波は $143°$ 付近で振幅が大きくなるが,それより遠方では少なくとも二つの波 (PKIKP, PKP) に分かれる．これを P'_1, P'_2

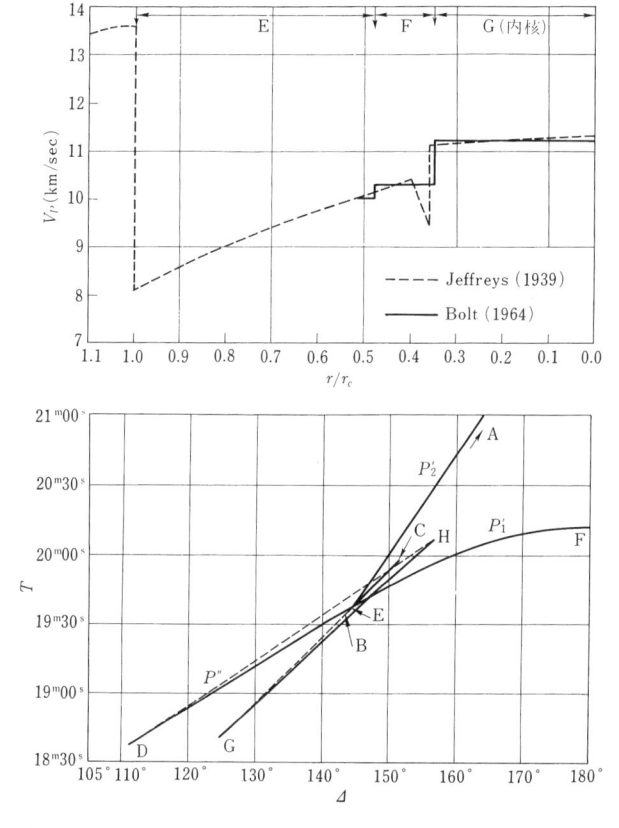

図4.13 核内の P 波速度分布と走時曲線（Bolt, 1964）．現在では外核最下部の F 層は存在しないと考えられているが,走時曲線の各枝の記号（AB, DE, EF など）は広く使われている．

で表す．またそれより手前のPKIKPをP''と記すことがある（図4.13）．PKP (AB)，PKP(BC)，PKP(DF)などの表示も使われる（A, B,…は図4.13参照）．

P_1', P_2'を説明するためLehmann（1936）は半径1400kmほどの内核の存在を考えた（現在は内核の半径は約1220kmとみられている）．P_2'は外核のみを通る波PKPであり，P_1'は内核をも通る波PKIKPであると考えればよい．

$\varDelta 125°\sim 143°$辺りではP''の数秒ないし数十秒前に弱い別の波が認められることがある．また，$143°\sim 155°$ではP_1'とP_2'の間にもう一つの波が現れることがある．これらの波の走時曲線は明確には決まっていない．

b. 核内の地震波速度分布 核を通る波にH-W法をそのまま適用することはできないが，和達と益田（1934）は核中のP波の速度分布をSKSとScSの走時曲線を組合せて求めた．$\varDelta_1$におけるSKSと$\varDelta_2$におけるScSが等しい走時曲線の傾斜（波線のパラメーター）を持つとすれば，$\varDelta = \varDelta_2 - \varDelta_1$に対する核内のP波の走時は$K = SKS - ScS$であることを利用する．現在では観測から得られた$P_1'$, P_2', P''およびその前後に現れる波の走時曲線に適合し，かつ自由振動の観測とも矛盾しない速度分布のモデルが求められている．

図4.13にはかつての代表的モデルによる速度分布（Jefffeys, 1939; Bolt, 1964）とBoltのモデルによって計算された走時曲線を示す．内核の外側に遷移層（F層）があるため走時曲線に枝（GHなど）が生じている．P''の前に現れる波はBolt（1964）によってPKHKPと呼ばれた．F層の厚さを420km，$V_P = 10.31$km/sとし，この層の屈折波と考えたのである．その後このP''の先駆波は不均質なD''層あるいは凹凸のあるCMBにおけるBC枝の波の散乱が原因であるとする考え（ClearyとHaddon, 1972; HaddonとCleary, 1974など）が有力になった．近年のモデル（PREM, iasp91など，§4.4C）ではF層を認めていない．Hedlinほか（1997）はマントル全体に広がっている小規模な不均質構造による散乱を考えている．

内核が$V_S = 3.6$km/s程度の固体であることは地球の自由振動のデータからも推定される．PKJKPの観測は非常に難しく，V_Sを求めた研究は少ない（Deussほか, 2000）．外核はP'に対応するS'が観測されないことから$\mu \fallingdotseq 0$すなわちほぼ流体と考えられており，このことは核の表面でのS波の反射率

からも支持されている（本多, 1934）.

c. 外核および内核の半径 核の表面までの深さとして Gutenberg（1913）が求めた 2900 km という値は現在の観測からみてもほぼ正確であった．地球の半径を 6370 km とすれば外核の半径は 3470 km となる．その後，実体波の走時や自由振動の観測から外核の半径の推定が数多くなされており，3470〜3490 km 程度の値が示されているが，3480〜3485 km くらいが確からしい．内核の半径としては，1960 年以降の多くの研究は 1213〜1250 km の範囲の値が示されているが，1220 km 程度が確からしい平均値とみられている.

d. 核の Q と異方性 外核の Q_P は $P'P'$ と P のスペクトル比による Sacks（1971）の研究，$P7KP$ と $P4KP$ のスペクトル比による Qamar と Eisenberg（1974）の研究，その他によれば 3000〜10000 程度で非常に大きい．内核の Q_P は Buchbinder（1971），Sacks（1971），Qamar と Eisenberg（1974），その他によれば 120〜600 程度の値が得られている．Doornbos（1974），Cormier（1981）等によれば内核表面付近では Q_P は小さいが 500 km くらい深いところでは 1000 程度になる．Souriau と Roudil（1995）は内核の上層部 100 km で $Q_P=200$，その下方で $Q_P=440$ と求めた.

内核（とくにその上層部）には異方性がある（ほぼ自転軸方向に地震波速度が大きい）という観測がいくつかある（Poupinet ほか, 1983; Morelli ほか, 1986; Creager, 1992; Song と Helmberger, 1993, 95; Su と Dziewonski, 1995; 田中と浜口, 1997; Song, 1997; Vasco と Johnson, 1998; Creager, 1999 など）.

4.3 表面波による地殻および上部マントルの構造

A. 初期の研究

a. 分散曲線と地殻構造 長周期地震計による遠い浅発地震の記象には分散している表面波が卓越して現れる（図 4.9）．上下動成分にはレイリー波が，水平動成分にはラブ波とレイリー波が混ざって記録されるが，水平動 2 成分を震央の方位と直角および平行成分に直せば両者は分離される．震央と震源時のわかっている地震では，ある観測点における色々な周期のレイリー波またはラブ波の到着時を測れば，群速度の分散曲線を描くことができる．これは震央と

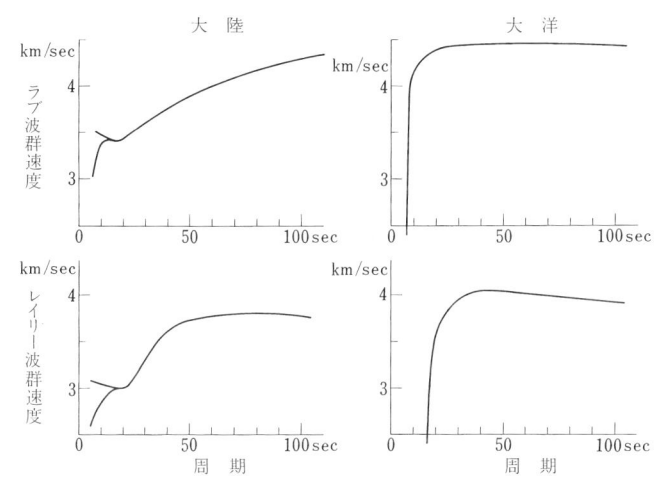

図 4.14 周期 100 秒程度までのラブ波(上)とレイリー波(下)の標準的な群速度.左は大陸経路,右は大洋経路.

観測点の間の平均的な地下構造を反映している.このような研究は 1920 年代から Gutenberg, Jeffreys, Stoneley, Tams などによって始められたが,1950 年代に Ewing, Press らによって大陸および大洋地域に対する周期 100 秒以下の分散曲線の代表的なものが得られた(図 4.14).

このような分散曲線に適合する構造を求めるわけであるが,1 層の地殻とその下に半無限の一様なマントルを考えたモデルでは,大陸と大洋の地殻の厚さがそれぞれ 6 km, 35 km 前後であることはわかるが,モデルのパラメーターをいかに変えても分散曲線の形を完全には説明できない.これは,周期の長い範囲ではマントル中の速度分布や地表が球面であることを考慮する必要が,周期の短い範囲では地殻中の速度分布(地表付近の堆積層を含む)を考慮する必要があるからである.海水の層はラブ波には影響しない.

表面波の記録の多くは大陸,大洋,その境界地域が混ざった経路を通ってきたものであるから,その分散曲線は大陸と大洋の中間的な様相を呈している.大陸や大洋の内部でも構造に地域差がある.多くの震源と観測点の組合せによる分散のデータを用いると,世界を構造の違ういくつかの地域に分けることができる(三東,1963).三東と佐藤(1966)は適当に交わり合った 320 本のレイリー波の経路を用いて,世界の大部分を十数種類の分散区に分けた.

b. 位相速度による方法　位相速度を時間領域で直接求めるには，各辺が数十〜300km程度の三角形（または多角形）の頂点に同一特性の地震計を置き，その記録を並べて表面波の山，谷の対応をつける．3点でのそれぞれの山谷の到着時間差から波の到来方向と位相速度が求まり分散曲線が決められる．これはその三角形の地域の地下構造を反映している．Press（1956）はこの方法によって南Californiaの地殻構造を調べた．日本では安芸（1961）から神沼（1966）に至る一連の研究がある．求まった地殻の厚さは30km前後であるが，中部山岳地帯などでは厚く，東北地方などではやや薄いことが認められた．なお，この方法によりレイリー波とラブ波を用いて独立に地殻のV_Sを求めると，ラブ波によるほうが大きく出ることが安芸と神沼（1963），McEvilly（1964），その他によって報告されている．この解釈として地殻・上部マントルに異方性を考えるモデル（神沼, 1966）のほか，いくつかの説（安芸, 1968；竹内ほか, 1968；ThatcherとBrune, 1969；James, 1971）があった．表面波伝搬の異方性についてはその後多くの研究がある．

B. 長周期表面波による研究

a. 長周期表面波　周期数百秒の表面波はその速度がマントルの構造に支配されるので，**マントルレイリー波，マントルラブ波**と呼ばれる．このような表面波はEwingとPress（1954）がKamchatka地震（1952）について報告したものが初めである．マントルレイリー波をR_1, R_2, …で，マントルラブ波をG_1, G_2, …で表す．R_1, G_1は震央から劣弧（最短距離）を通って観測点に達する波，R_2, G_2は優弧を通る波，R_3, G_3は地球を1周さらに劣弧を通る波，…である．巨大地震のときにはR_{20}, G_{20}くらいまで記録されることがある．GはGutenbergとRichter（1934）が命名した波が，その後マントルラブ波であることがわかったのでそのまま同じ記号が使われている．

これらの表面波を扱う上で注意すべきこととして，Bruneほか（1961）が述べている**ポーラーフェイズシフト**（polar phase shift）がある．R_2, G_2, R_3, G_3, …は**対せき点**（antipode, $\Delta = 180°$の点）あるいは震央を通過するごとに位相が$\pi/2$ずつ進むということである．

b. 群速度　長周期表面波の群速度を求めるためにいくつかの方法が考えられた．ある角周波数ωの表面波の到着時刻を求めるために，ある時刻tを中

心とし周期 T の数倍の一定の長さの部分を取り出し,ある処理を施した後,ω に対する振幅スペクトルを求め t-ω 面(すなわち群速度-周期面)上に振幅スペクトルの等値線群を描くと,その峰を連ねる線が群速度曲線に対応する(たとえば Dziewonski ほか,1969; Landisman ほか,1969). あるいは表面波の記録のスペクトル $F(\omega)$ を求め,それに狭い帯域のフィルター関数 $H(\omega)=\exp\{-a^2(\omega-\omega_c)^2/\omega_c^2\}$ を掛ける.$F(\omega)H(\omega)$ を逆変換したものを $f(t,\omega_c)$ とし,$|f(t,\omega_c)|$ の等値線群を t-ω_c 平面上に描いてもよい.また,震央を通る大円上にあり $\mathit{\Delta}_0$ だけ隔たった2観測点での表面波の記録から同一の長さの部分を取り出し位相スペクトル $\phi_1(\omega)$,$\phi_2(\omega)$ を求める.取り出した部分の時間差を δt とすれば,2点間の群速度は次の式で与えられる(Toksöz と Ben-Menahem,1963).

$$U(\omega)=\frac{\mathit{\Delta}_0}{\delta t+\dfrac{d\phi_2}{d\omega}-\dfrac{d\phi_1}{d\omega}} \tag{4.43}$$

c. 位相速度 表面波のスペクトル解析によって位相速度を測定したのは佐藤(1955, 58 など)に始まる.(4.43)と同じ条件,記号を用いれば,2点間の位相速度は次の式で与えられる.

$$c(\omega)=\frac{\mathit{\Delta}_0}{\delta t+\dfrac{2\pi}{\omega}\left(\phi_2-\phi_1+N-\dfrac{1}{2}\right)} \tag{4.44}$$

ただし N は整数で位相には $2N\pi$ だけの不定があるから $c(\omega)$ がもっともらしい値になるよう N を選ぶ.同一観測点における G_2 と G_4,R_3 と R_5 のように地球1周分だけの差がある波を用いてもよい.このときは $\mathit{\Delta}_0$ は4万 km となる.なお,1点の観測だけで $c(\omega)$ を求めようとするなら,震源における位相 ϕ_f を知る必要がある.これは地震のメカニズムがわかれば理論的に与えることができる.

位相速度を求めるにはほかにも,二つの観測点の記録を時間軸を色々とずらせて加算あるいは掛算をする方法,アレーを用いて時間・空間領域の波形を角周波数・波数領域へ2次元のフーリエ変換を行い,これを ω-q 平面上に等値線群として表示しその峰の線から位相速度の分散曲線を求める方法,ある周期帯(たとえば50~300秒)における標準地球モデルによる正規モードを足し合

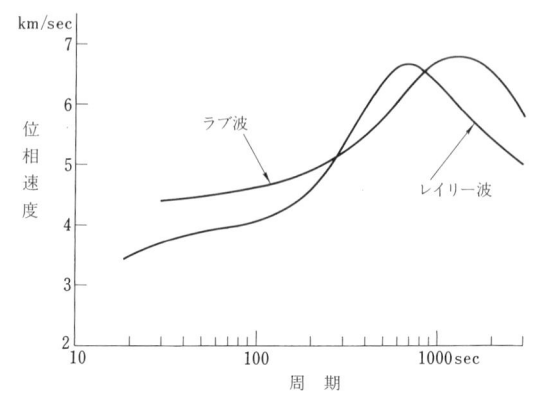

図 4.15 長周期表面波の位相速度曲線

わせて作った理論地震記象と実際の記象のスペクトルの相互相関から位相差を求める方法などが比較的初期に行われた．ほかにも多くの方法がある（次項で紹介する構造モデルの論文参照）．

d. 長周期表面波による上部マントル構造のモデル　長周期表面波による上部マントル構造の研究は 1960 年ころから軌道に乗ってきた．図 4.15 は平均的な分散曲線を示すが，地球の自由振動 $_0S_n$ および $_0T_n$ の観測周期 T から Jeans の式（1923）

$$c = \frac{2\pi r_0}{(n+1/2)T} \tag{4.45}$$

によって求めた位相速度 c のグラフでもある．図 4.16 の左の四つは初期の代表的な上部マントルの V_S 分布のモデルである．いずれも低速度層の存在が要請されているが，シールド地域（2 のカナダに対する CANSD モデル）では速度の減少がわずかである．そのほかフィリピン海，日本海に対するモデルに ARC-1（金森と阿部，1968；阿部と金森，1970）があり，低速度層が深さ 30 km から始まっているのが特徴である．

長周期表面波についても多数の経路についての観測データから上部マントルの構造のタイプによって世界をいくつかの地域に分け，各地域の平均的分散曲線が求められた（たとえば Toksöz と Anderson, 1966）．さらに位相速度あるいは群速度の分布を球関数に展開した形で求めるようになった（中西と

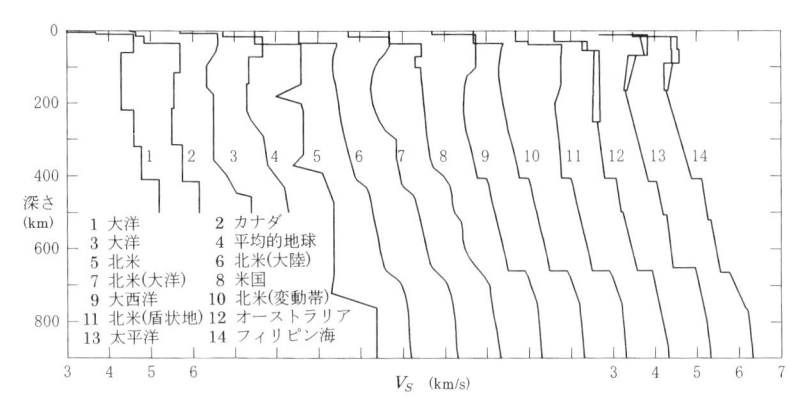

4.3 表面波による地殻および上部マントルの構造

図 4.16 上部マントルの V_S 分布のモデルの例. 左側 4 個は長周期表面波による初期のモデル, 1：Dorman ほか（1960），2：Anderson と Toksöz（1963）および Kovach（1965），3：Brune と Dorman（1963），4：Press（1970），ほかにたとえば Curtis と Woodhouse（1997）. 5 番目以降はおもに S 波走時の観測によるもので, 5：Ibrahim と Nuttli（1967），6-7：Robinson と Kovach（1971），8：Helmberger と Engen（1974），9-11：Grand と Helmberger（1984），12-13：Gaherty ほか（1999），14：加藤と Jordan（1999）. ほかに Toksöz ほか（1967），Anderson と Julian（1969），Lerner-Lam と Jordan（1987），Kennett ほか（1994），Gaherty ほか（1996），Snoke と James（1997）などの研究がある. V_S の目盛の数字は左端および右端の曲線に対するもの. 12, 13, 14 の二つに分かれている範囲は右側が水平方向, 左側が上下方向の速度を示す.

Anderson, 1982, 83；Nataf ほか, 1986 など).

近年は周期別の全地表トモグラフィーによって速度の地域的分布が調べられている．群速度については，たとえば Wu と Levshin（1994），Ritzwoller と Levshin（1998），Wu ほか（1997），位相速度については，たとえば Zhang と谷本（1993），Trampert と Woodhouse（1995），Laske と Masters（1996），Zhang と Lay（1996），Ekström ほか（1997），Curtis と Woodhouse（1997），Curtis ほか（1998）などの論文がある．比較的短い周期（たとえば 30～50 秒）による結果は大陸と大洋の違いを明瞭に示すが，中央海嶺深部の低速度はより長い周期で目立ってくる．

時間領域で表面波の波形を構造と震源過程に結びつけた波形モデリングも行われる（たとえば Woodhouse と Dziewonski, 1984；谷本, 1987, 88；Nolet, 1987, 90；原ほか, 1993；Snieder, 1993；Li と Romanowicz, 1996；van der Lee と Nolet, 1997；Megnin と Romanowicz, 2000）．さらに，実体波走時，

波形,自由振動のスペクトルなどを含め総合的に解析することも試みられている(たとえば Woodward と Masters, 1991;Su ほか, 1994).

長周期表面波によっても異方性が調べられている(たとえば Forsyth, 1975;Regan と Anderson, 1984;谷本と Anderson, 1985;Montagner, 1985;Nataf ほか,1986;末次と中西,1987;Nishimura と Forsyth, 1989;Montagner と谷本, 1990, 91;Griot ほか, 1998).

表 4.1 表面波の Q (金森, 1970)

周 期 (秒)	レイリー波の Q	ラブ波の Q
125		119±35
150		117±25
160	132±23	
175	147±47	122±29
200	171±18	111±23
225	179±22	113±21
250	189±31	112±16
275	185±32	116±21
300	183±30	110±24
325	182±61	108±30
*大　洋	67%	67%
変動帯	13	12
大　陸	20	21

*使用した表面波の経路の割合の平均

C. 表面波によるマントルの Q 構造

一つの地震について震央から同一方位にあり震央距離が $\varDelta_m$ と $\varDelta_n$ の 2 観測点での表面波の振幅スペクトルの比を $Y_m(\omega)/Y_n(\omega)$ とすれば,次の式から角周波数 ω に対する見掛けの Q が求まる.

$$Q(\omega) = \frac{\omega(\varDelta_m - \varDelta_n)}{2U \ln\{Y_m(\omega)/Y_n(\omega)\}} \tag{4.46}$$

ただし U は群速度である.上式はまた同一観測点における R_m と R_n または G_m と G_n (m と n とはともに奇数またはともに偶数)に対しても用いられる.表面波の Q は佐藤(1958)以来,いくつかの研究があるが,表 4.1 に金森(1970)が求めた値を示す.

地球内の各層では Q が ω の関数でなく一定であっても,層によって Q の値

表 4.2　モデル MM8

深さ	Q_S
0〜38 km	450
38〜60	60
60〜70	80
70〜125	100
125〜500	150
500〜600	180
600〜700	250
700〜800	450
800〜900	500
900〜1000	600

表 4.3　モデル QL6

深さ	Q_S	Q_P
3〜24.4	300 (fixed)	∞
24.4〜80	191±13.1%	
80〜220	70±2.1%	943±13.4%
220〜670	165±1.2%	
670〜2891	355±1.0%	∞
2891〜5150	0	∞
5150〜6371	104±8.1%	∞

が異なると，表面波は周期によってその関係する深さが異なるから表面波としての Q は周期によることになる．i 番目の層の Q を Q_i とし，その層中の角周波数 ω の波動エネルギーを $E_i(\omega)$ とすれば

$$Q(\omega)^{-1} = \frac{\sum_i \Delta E_i(\omega)}{2\pi \sum_i E_i(\omega)} = \frac{\sum_i \{E_i(\omega)/Q_i\}}{\sum_i E_i(\omega)} \tag{4.47}$$

であるから層の数以上の適当な ω に対する $Q(\omega)$ の値を知れば，$E_i(\omega)$ は構造を与えれば理論的に決められるので，各層の Q_i を求めることができる．表 4.2 はこの方法で求めた Q 構造のモデル MM8 (Anderson ほか, 1965) を示す．その後のモデルとしては SL8 (Anderson と Hart, 1978)，QR19 (Romanowicz, 1995)，QL6 (Durek と Ekström, 1996) などがある．QL6 (表 4.3) は自由振動のデータをも含めた全地球モデルである（§4.4A 参照）．ラブ波の Q は各層の Q_S だけで決まるが，レイリー波の Q には Q_P と Q_S が関係してくる．地殻・上部マントルの Q の地域性（三次元モデル）については Romanowicz (1990, 95)，Bussy ほか (1993)，Durek ほか (1993) などの研究を挙げておく．

D. L_g, T 相，その他

a. L_g　Press と Ewing (1952) は New York 州 Palisades における地震記録中に 2 種類の顕著な表面波（走時が震央距離に比例する波）を見いだし，これを L_g および R_g と名付けた（Lg, Rg と書くことも多い）．これらの波はそ

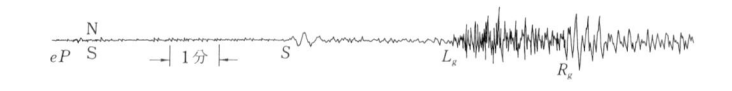

図 4.17 長崎で記録された 1958 年 1 月 5 日 Baikal 湖付近の地震記象の一部（宇津, 1958）.

の後多くの観測所で記録されていることがわかり，その性質が研究された．図 4.17 には日本における記録例を示す．これらの波は浅発地震を震央距離数度ないし数十度で観測するとき現れるが，波の経路が大陸的な地殻構造である場合に限られ，大洋性地殻構造の地域を 100 km も通ると消えてしまう．この性質を用いて日本海が大洋性構造であることが示された（宇津, 1958）．速度は L_g が 3.5〜3.6 km/s, R_g が 3.0〜3.1 km/s で，周期は L_g が 2〜10 秒, R_g が 5〜15 秒程度で普通のラブ波，レイリー波に比べてかなり短い．振幅はときに P, S, SS などの数倍に達する．大陸の観測所では地震記象の最大動になることも珍しくない．地表の振動は R_g はレイリー波と同じであるが, L_g は上下成分もかなり含まれ，単純なラブ波ともレイリー波ともいえない．これらの波が地殻中の低速度層を伝わる**チャネル波**＊（channel wave）であるという考えもあったが，低速度層がなくとも，単純に地表とモホの間を重複反射して伝わる波として説明ができる（Bouchon, 1982）．従来はある種の高次モードのラブ波とレイリー波が混ざり合ったものであるという解釈がなされていた（Oliver と Ewing, 1958; Kovach と Anderson, 1964; Knopoff ほか, 1973, 74）.

b. T 相 これは表面波ではないが便宜上ここで述べる．Linehan（1940）は New York 州の Weston における地震記象中にごく短周期の波が非常に遅れて現れることに注目していたが，その後これを T 相（第 3 番目の相の意味）と名づけた．この波は他の観測所でも記録されており，その性質として，経路の大部分が深い海であるときに限り現れること（したがって島や海岸付近の観

＊ 低速度層はその中に閉じこめられた波（捕捉波, trapped wave）を能率良く伝える導波層（wave guide）になる（光ファイバーケーブルが光信号を遠くまで伝えるのと同じ原理）．低速度層の捕捉波のことをチャネル波，導波（guided wave）ともいう．話は違うが，活断層の断層面付近は断層粘土，多数のクラックと間隙水の存在などのためある厚さ（たとえば数百 m）の低速度層になっており，その中の捕捉波が観測されたという報告がいくつかある．

図 4.18 鳥島で記録された 1952 年 7 月 18 日吉野地震の T 相 (和達と井上, 1953).

測所あるいは海底地震計で記録される),走時曲線は直線で速度は約 1.5 km/s であること (これは水中音波の速度とほぼ等しい),周期は 1 秒前後あるいはより短く,相の始まりは明瞭でなく振動は長く続くことなどがわかった.この波の成因については海底の堆積層を伝わる波という説もあったが,Ewing ほか (1952) によって海水中の **SOFAR チャネル** (sound fixing and ranging の略) を伝わる音波によるという解釈がなされ定説となった.海水中には温度と圧力の関係で深さ 1〜3 km のところに低速度層ができ,その中を音波が能率よく伝わる.図 4.18 に鳥島における T 相の記録例を示す.南大東島では T 相の記録が多数得られている (勝又と徳永, 1980).ボリビアの巨大深発地震 (1994) の際には太平洋の島々の観測所で明瞭な T 相が観測された (Okal と Talandier, 1997).

c. PL 震央距離が 25° 程度以内の長周期地震計の記象には,ときに P 波の初動付近から周期 10 秒以上の正分散性の波が大きく現れる.Somville (1930, 31) はこれを PL と名づけたが,Oliver と Major (1960) はこれをリーキングモードの波と考えて解析した.日本におけるこの種の波の研究としては吉井 (1970) などがある.

4.4 地球の自由振動と総合地球モデル

A. 自由振動の観測

§3.3 に述べたように,地球の自由振動の理論的研究は 19 世紀末に始まり,1959 年後半には実際の地球に近い成層構造のモデルに対する詳しい計算がなされていた.自由振動が実際に観測されたのはチリ地震 (1960) のときで,California 州の Isabella, ペルーの Ñaña, New Jersey 州の Ogdensburg に置かれたひずみ地震計,Pasadena の長周期地震計,Los Angeles の重力計などの記録の数十〜数百時間をスペクトル解析したところ,理論から期待されて

いる多くの伸び縮み振動およびねじれ振動のモードの周期とほとんど一致する周期にスペクトルの峰が現れた（Benioff ほか, 1961；Alsop ほか, 1961；Ness ほか, 1961 など）．なお重力計には伸び縮み振動のみ記録される．その後 Alaska 地震（1964）をはじめ，いくつかの $M8 \sim 9$ の大地震でも自由振動が観測され，現在では $M6$ クラスの地震をも含めて伸び縮み振動 $_lS_n$，ねじれ振動 $_lT_n$ の 1000 以上のモードについて，それらの周期の観測値が得られている．表 4.4 にそれらをまとめたものの一部を掲げる（Derr, 1969；Dziewonski と Gilbert, 1973；Gilbert と Dziewonski, 1975；Masters と Gilbert, 1983；Ritzwooller ほか, 1986；Masters と Widmer, 1995；Resovsky と Ritzwoller, 1998 その他）．なおスペクトルの峰に**分裂**（splitting）がみられる場合は平均周期が示されている．この分裂は地球の自転，地球が回転楕円体であること，地球内部構造の水平方向不均質性，異方性のために生じる．

表 4.4 自由振動周期の観測値（周期 600 秒以上のもののみを掲げる．文献により若干の違いがある）

モード	周期（秒）	モード	周期（秒）	モード	周期（秒）	モード	周期（秒）
$_0S_0$	1227.9	$_0S_8$	707.8	$_1S_7$	604.4	$_0T_3$	1696.1
$_0S_2$	3231.5	$_0S_9$	634.0	$_2S_3$	804.5	$_0T_4$	1304.1
	(53.9 分)	$_1S_0$	613.0	$_2S_4$	724.8	$_0T_5$	1076.9
$_0S_3$	2134.2	$_1S_2$	1470.63	$_2S_5$	659.9	$_0T_6$	926.9
$_0S_4$	1546.1	$_1S_3$	1064	$_3S_1$	1059.3	$_0T_7$	818.7
$_0S_5$	1190.3	$_1S_4$	852.7	$_3S_2$	904.0	$_0T_8$	737.1
$_0S_6$	963.8	$_1S_5$	729.9			$_0T_9$	672.4
$_0S_7$	812.4	$_1S_6$	657.0	$_0T_2$	2650.4	$_0T_{10}$	619.5

ほかにも $_2S_1$, $_2S_2$, $_3S_3$, $_4S_1$, $_1T_1$, $_1T_2$, $_1T_3$, $_1T_4$ が 600 秒を越えるが，正確な観測値が乏しい．

n の値の小さいモードの自由振動は地球の中心近くまでが関係するが，n が大きくなるほど浅い部分に限られてくる．したがってモードによって振動の減衰から求めた Q の値は異なってくる．スペクトル振幅の時間的減衰，あるいは原記象をあるモードの周波数付近の狭い帯域だけを通すフィルターをかけ，その振幅の時間的減衰から（3.158）によって決める．Dziewonski と Anderson（1981）などによれば，$_lS_0$ モード（$l=0, 1, \cdots, 6$）については 1000 近くから数千という値が得られているが，$_0S_n$（$n=2, \cdots, 23$）については $200 \sim 500$，$_0T_n$（$n=2, \cdots, 14$）については $150 \sim 370$ 程度の値である．このような観測データから Q の深さ分布が求められる（たとえば Stein ほか, 1981；須

田と深尾, 1990；須田ほか, 1991). Widmerほか (1991) によればマントルと内核の平均 Q_S はそれぞれ 250，110 になる．

大地震により励起された地球の自由振動は数日以上継続するが, 大きい地震がない期間でも, 地球は常時わずかに伸び縮み振動を続けている（須田ほか, 1998；小林と西田, 1998；谷本と Um, 1999 など). 大気の擾乱がこの地球の**常時自由振動**（background free oscillation）の原因とみられている.

B. 自由振動データのインバージョン

自由振動の各モードの周期は地球内部の V_P, V_S および密度 ρ の分布によって決まる. なお Q も周期に影響を及ぼすから精密な議論に際しては考慮する必要がある. 自由振動の観測から地球の一次元モデル（V_P, V_S, ρ を中心からの距離 r の関数として与えたもの）を決めるのに, 従来はあるモデルに対する各モードの周期を計算し, それらが観測値と観測誤差の範囲内でなるべくよく一致するようにモデルを修正してゆく方法がとられた. このモデルは各種の実体波, 表面波の観測と矛盾してはならないし, また密度分布も地球の全質量や慣性モーメントにより制約されている.

このようにして得られた地球モデルとしては Landisman ほか (1965), Pekeris (1966), Haddon と Bullen (1969), Dziewonski と Gilbert (1971, 72), Jordan と Anderson (1974), Gilbert と Dziewonski (1975) などがある. Press (1968) は V_P, V_S, ρ のある幅の中からランダムに選んだきわめて多数のモデルのうち, 実体波, 表面波および自由振動の観測データを満足するものを選び出した. そのようなモデルはすべて上部マントルに S 波の低速度層を含んでいる. 内核が V_S 3.5 km/s 前後の固体であることも自由振動のデータから推定される. Anderson と Hart (1976) は C2 というモデルを得たが, このモデルによる 400 個以上の自由振動のモードに対する周期の計算値の大部分は, 観測値と 0.1% 以内の差で一致し, 一致の良くないものでも 0.3% 程度しか異なっていない.

初期の研究では, 地球の非弾性（Q）の影響は小さいものとして考慮されなかったが, その後それは無視できないと考えられるようになった（たとえば Hart ほか, 1976；金森と Anderson, 1977). Q の影響による分散を補正するため, ある角周波数 ω の実体波, 表面波の位相速度 $C(\omega)$ は次の式によって

ある基準周波数 ω_r に対する位相速度 $C(\omega)$ に引き直すべきである．

$$\frac{C(\omega)}{C(\omega_r)} = 1 + \frac{1}{\pi Q} \ln \frac{\omega}{\omega_r} \qquad (4.48)$$

このように自由振動の観測に合う一次元地球モデルは 1980 年ころまでに行き着くところに達した（次項の PREM モデル）．以降は三次元的構造を地震波トモグラフィーと併せて追求することになる．たとえば，マントルの三次元構造を自由振動スペクトルの分裂の観測から推定することが行われている（Giardini ほか，1988；Ritzwoller と Lavely，1995 など）．内核の異方性（§4.2D）も，内核に起因するスペクトル分裂の異常から，実体波による研究より先に示唆された（Masters と Gilbert，1981；Woodhouse ほか，1986；Tromp，1993）．なお Romanowicz と Bréger（2000）による再検討がある．

C. 総合地球モデル

Dziewonski と Anderson（1981）は上部マントルの深さ 220 km までの P 波，S 波の速度に上下方向と水平方向とで 2～4% 異なる異方性を与えたモデル PREM（Preliminary Reference Earth Model）を提出した．自由振動の約 1000 個のモードと約 100 個の Q 値，約 200 万個の P 走時，約 25 万個の S 走時のデータなど用いて作ったこのモデルでは，従来のモデルにみられる上部マントルの顕著な低速度層はほとんどみられない．PREM ではマントル中の 220 km，400 km，670 km の深さに速度の不連続的増加が，80 km と 670 km に Q の不連続的減少と増加がある．24.4 km から 220 km までの間に周期 1 (200) 秒の P 波の水平方向の速度はそれぞれ 8.19 から 8.05（8.18 から 7.98）km/s，上下方向の速度は 8.02 から 7.80（8.01 から 7.73）km/s に減少し，また周期 1 (200) 秒の S 波の水平方向の速度は 4.61 から 4.43（4.60 から 4.34）km/s に減少し，上下方向の速度は 4.40 から 4.44（4.38 から 4.35）km/s に変化する．周期によって速度が違うのは（4.48）で表される Q の影響である．このモデルによると厚さ 80 km のリソスフェアの下の上部マントル（アセノスフェア）は，多少低速度ではあるがむしろ低 Q と異方性で特徴づけられるといえる．

PREM はその後基準モデルとして使われてきた．マントルのトモグラフィーの結果（三次元不均質モデル）はこのモデルからの偏差の分布として示され

4.4 地球の自由振動と総合地球モデル

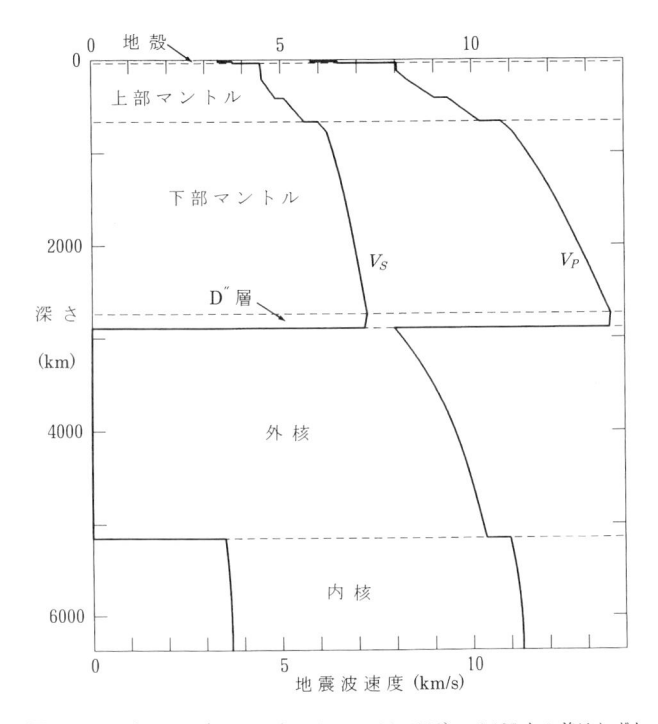

図中ラベル: 地殻, 上部マントル, 下部マントル, D″層, 外核, 内核, 深さ (km), V_S, V_P, 地震波速度 (km/s)

図 4.19 モデル SP6 (Morelli と Dziewonski, 1993). ak135 との差はわずか.

表 4.5 モデル SP6, $x=1-($深さ$/6371\text{km})$ (Morelli と Dziewonski, 1993)

深さ (km)	V_P (km/s)	V_S (km/s)
0〜20	5.80	3.36
20〜35	6.50	3.75
35〜120	$8.78541 - 0.74953x$	$6.70623 - 2.24858x$
120〜210	$25.40956 - 17.69281x$	$5.75198 - 1.27602x$
210〜410	$30.78588 - 23.25239x$	$15.24313 - 11.08653x$
410〜660	$29.39809 - 21.40010x$	$17.72032 - 13.49239x$
660〜771	$26.01542 - 17.00747x$	$17.57267 - 12.92378x$
771〜2741	$23.61837 - 35.52920x$ $+ 45.20724x^2 - 23.92870x^3$	$11.87772 - 17.43557x$ $+ 23.32985x^3 - 12.31633x^3$
2741〜2891	$12.84645 + 1.36611x$	$5.65120 + 2.78685x$
2891〜5156	$11.31616 - 7.09314x$ $+ 15.75426x^2 - 25.70488x^3$	0
5156〜6371	$11.29719 - 8.88699x^2$	$3.66780 - 4.44749x^2$

ることが多い．その後の一次元地球モデルとして SP6（Morelli と Dziewonski, 1993），ak135（Kennett ほか，1995）がある．これらも三次元不均質性を求めるときの基準モデルとして使われる．図 4.19，表 4.5 に SP6 を示す．

4.5 島弧などの異常構造

A. 島弧とは

地球上には Aleutian 列島から千島，日本を経て Mariana 諸島に至る地帯や Sunda 列島などのように，弧状列島または**島弧**（island arc）と呼ばれるほぼ円弧状に並んだ島の列があちこちにある．島弧には以下記すようないくつかの地学的現象がほぼ共通して見いだせる．（1）海溝が島列に平行して存在する．（2）島弧はふつう海溝側に凸の弧状をなし，内側には**縁海**（marginal sea）と称する海を抱いている．（3）島弧の中軸部には火山列があり，活火山を含んでいる．（4）サイスミシティが高く，やや深発地震があるほか，島弧によっては深発地震が発生する．（5）大きな重力異常が海溝，島弧に平行して存在する．（6）島弧の海溝側では**地殻熱流量**（terrestrial heat flow）すなわち地球の深部から地表に流れ出る熱の量が低く，火山列から縁海にかけては高い．

島が弧状に並んでいなくても，これらの特徴の多くを備える地域は島弧（に準ずる地域）と呼ばれる．南米や中米の太平洋岸もこの意味で島弧に含まれる（陸弧ということもある）．一方，島弧に似た島の配列がみられても，上記の特徴を備えていない地域，たとえば Hawaii 諸島は島弧とはいわない．

B. 島弧の地下構造

島弧はプレートテクトニクス（§10.7）でいう大洋プレートの沈込みの場所で，それが島弧の特徴をもたらしている．以下日本列島を対象にして説明する．

a. 地殻構造の概要　図 4.20 は東北日本の宮古-男鹿半島付近を通るほぼ東西の断面における地形，地殻構造，重力異常，地殻熱流量，震源分布を吉井（1977）が編集したもので島弧の特徴がよく現れている．なお断面の位置は日本海では大和堆を避けて北西方向に曲がり沿海州に達している．日本列島は人

4.5 島弧などの異常構造　　115

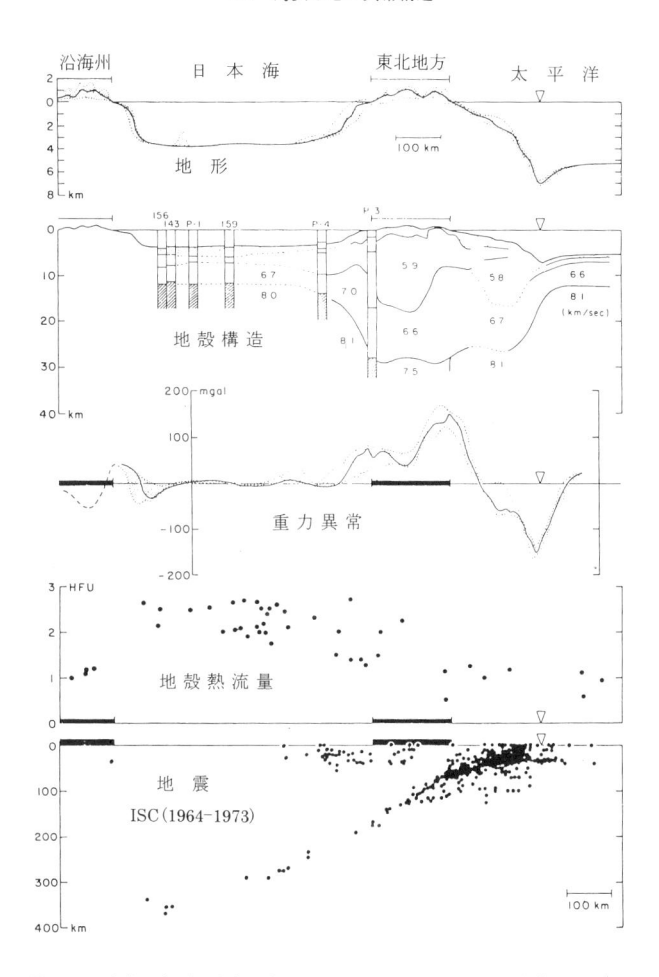

図 4.20 東北日本弧に直角な断面における地学要素の分布 (吉井, 1977).

　工地震による調査の結果, V_P 2.5～5.5km/s の表層 (厚さは通常 3km 以下) の下に V_P 5.9～7.0km/s の地殻があり, 厚さは 30～35km 前後, 最も厚い中部山岳地域でも 40km 程度とみられている. 図 4.20 のように V_P 5.9～6.1km/s の上部地殻と 6.6～7.0km/s の下部地殻を認めるなど 2～4 層に分けてモデル化することもできるが, いわゆるコンラッド面の存在は必ずしも明瞭でない. 内陸部の構造は太平洋岸沖の海溝の近くまで及んでいることが注目され

る．マントル最上部の V_p は陸地の下では 7.5〜7.7 km/s とかなり小さい．しかし太平洋と日本海の下では 8.0〜8.2 km/s と大きくなる．

図 4.20 以後，海域・陸域における人工地震による観測の解析結果は，岡田ほか（1978），浅野ほか（1981），平田ほか（1991），岩崎ほか（1994）などがあり，詳しくみるとそれぞれ特徴的で簡単にまとめて記すのはむずかしい．自然地震データのトモグラフィーの結果は上部マントルと併せて c 項に記す．

表面波の観測から求めた日本海やフィリピン海の地下構造（ARC-1，§4.3C）はこれら縁海では薄い地殻の下に V_p 8.0 km/s の上部マントルの層があり両者を合わせて厚さ 30 km 程度の薄いリソスフェアを成しているが，日本内陸部ではアセノスフェアが地殻のすぐ下から始まっているらしい．

b．スラブ効果 東北日本島弧の上部マントルの構造については，大局的にみると図 4.21 のようなモデルで表せる．この図で最も著しいことは大洋リソスフェア（プレート）の続きが海溝付近から島弧，縁海の下に斜めに沈み込んでいることである．この傾斜層はときに**スラブ**（slab）といわれるが，同じ深さの周りの部分に比べて地震波の速度が大きくかつ減衰が小さい**高速度・高 Q 層**（high-velocity, high-Q zone）である．深い地震はこの層中の上面付近に発生している（§6.2B）．このような構造を示唆する観測事実は 1930 年代から報告されていたが（たとえば森田，1936；勝又，1960），図 4.21 に近いモデルは，Oliver と Isacks（1967）が Tonga-Kermadec 地域について，宇津

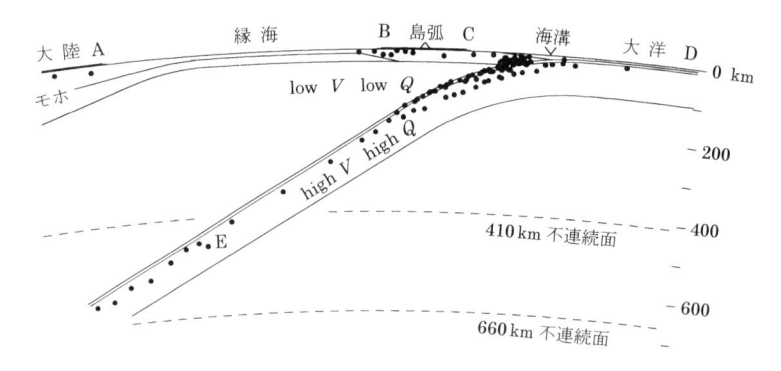

図 4.21　島弧の大局的な深部構造モデル（東北日本を想定した模式図），黒丸は震源（宇津，1971 を修正）

4.5 島弧などの異常構造

(1967) が北日本地域について提出したものが最初である．以下このようなスラブの存在によって説明される現象（**スラブ効果**，slab effect）のいくつかを挙げる．

（1）深発地震 E からの P 波，S 波の走時残差（travel-time residual）すなわち観測走時 T_o と標準走時表による計算走時 T_c の差 $T_o - T_c$ は，A，B のような島弧内側の観測点で正，C のような外側の観測点で負になる（たとえば和達，1931；飯田と神原，1934）．図 4.22 は日本付近の深い地震 53 個に関する走時残差の平均値の分布で，島弧の異常構造による震源位置決定の系統的誤差（§6.1D）がなるべくはいらないようにして再決定した震源に基づいたものである．走時残差は地殻各層の厚さなどにもよるが，大局的なパターンは上部マントルの異常構造によるものである．

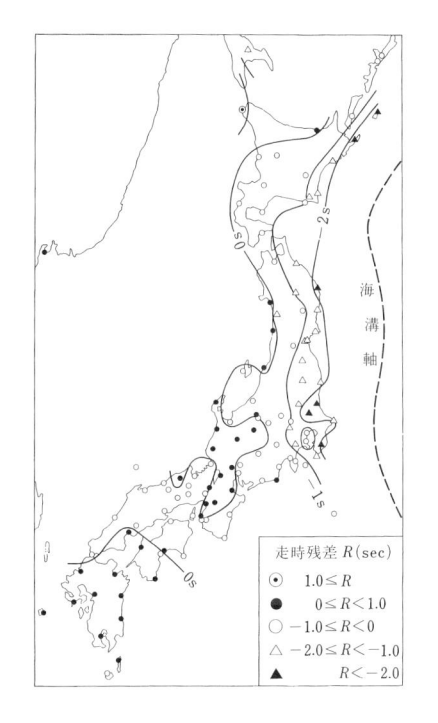

図 4.22 日本付近の深い地震からの P 波の平均的な走時残差の分布（宇津，1975）

（2）海溝側の浅発地震からの P 波，S 波の走時残差も類似の傾向を示す．たとえば八丈島東方沖あたりの地震を北海道の太平洋岸で観測すると同一震央距離の西日本の観測点に比べ，P 波で数秒，S 波で十数秒早い．このように海溝付近あるいはその外側のリソスフェアが高速度であることは，南海トラフ沿いでも，また日本以外のいくつかの島弧地域でも見いだされている．

（3）島弧の火山列よりも外側の観測点における近地深発地震および海溝側の浅発地震の記録は，火山列付近からその内側の観測点における記録に比べ短周期の P 波 S 波が卓越する．異常震域の現象（§5.1D）はこれが震度分布として現れたものである．この現象は Q の大きいスラブと Q の小さい火山列付

近からその内側の上部マントルの存在によって説明される.

　内側の低い Q 値を推定した初期の例として，宇津と岡田（1968）が南千島沖の浅い地震の浦河（外側）と稚内（内側）おける P 波のスペクトルの比から稚内への経路の平均 Q_P を 50 程度と求めたものがある．スペクトル比の対数は周波数と直線関係にあり，その係数は稚内への Q_P のみで決まる（浦河への経路の Q_P が十分大きいとき）ことを利用している．近年は地震波トモグラフィーに準ずる方法で二次元あるいは三次元の Q 構造が研究されている．これら諸研究（たとえば Roth ほか，1999）でも沈込んだスラブの Q_P は数百から 1000 以上，その上の上部マントル（火山列から縁海の下）では 100 以下，Q_S は Q_P の半分程度という結果が出ている．津村ほか（2000）は東北地方について深い地震のスペクトルを用いて求めた三次元 Q 構造を示している．

（4）島弧の地震の震源の系統的誤差（§6.1D）.

（5）スラブ上面を通過する際に S 波から P 波へ，またはその逆の変換が起こることが観測され，スラブの上面は著しい不連続面であることが判明している．岡田（1971）は近地深発地震の ScS の北海道の観測点における記象を調べ ScS の数秒～十数秒前に縦波の位相を見いだした（図 4.9 右中央）．これを上部マントル中の不連続面で S 波から P 波に変換したものと考え，その位置を求めると，深発地震が発生する層の上面と一致することがわかった．ScSp と名付けられたこの波は東北地方などで同様の結果を示し（長谷川ほか，1978, 中西ほか，1981），南米，Aleutian でも見いだされている．スラブ内の深い地震からの P 波，S 波がスラブ上面で S 波，P 波に変換した波などからもスラブ上面の位置が求められる（松沢ほか，1986, 90；海野ほか，1995；Zhao ほか，1997）.

（6）スラブの上面からの反射波と考えられる顕著な波も発見されている．琉球の浅発地震を南関東周辺で観測すると P 波の数秒～十数秒後に別の縦波が現れる．走時，振幅等からみてこの波は伊豆小笠原弧のスラブ上面で反射したものと考えらる（深尾ほか，1978）．ほかに小原と佐藤（1988）など.

（7）スラブの存在に起因する**マルチパス**（multipath）の波が観測されている．これは同一震源から異なる経路を通って同一観測点へ到着する波である．図 4.21 の D の位置にある観測点（たとえば Tonga 弧における

Rarotonga 島)で深発地震 E を観測すると,通常の S 相の後に短周期の横波が到着する(たとえば Barazangi ほか,1972).この波はスラブから大洋リソスフェアと Q の高い層を伝わってきたものとすると走時も説明できる.波線が曲がるのはスラブ上面で反射するためと考える(Snoke ほか,1974).別の例として,海溝寄りの浅発地震を島弧の観測点で観測すると P 波,S 波がマルチパスとなることがある.海溝沿いに高速度の上部マントルを伝わり観測点の近くで内側へ屈折する波と,震源から海溝内側の低速度の上部マントルを通って観測点にくる波の二つがあるという解釈がなされている(長宗,1971).

c. 上部マントルの構造 図 4.21 は大局的な構造を模式的に示したものに過ぎない.実際の島弧の深部構造は地域的にも変化しており,高速度,高 Q のスラブにも,低速度,低 Q とされている上部マントルにも局所的な構造異常があるだろう.色々な場所に起こる地震を色々な場所にある観測点において観測し,各種の地震波の走時,振幅,波形などから深部構造の詳細を探ろうとする研究は 1970 年以降多数ある(たとえば Barazangi と Isacks,1971;青木,1974;Sacks と岡田,1974;末広と Sacks,1979,83;飯高ほか,1992).たとえば,スラブ本体は高速度であるがその上面は低速度層になっていることが $ScSp$ の振幅から推測されていたが(岡田,1979),これは沈込んだ海洋地殻とみられる.他種の変換波やチャネル波とみられる後続波の観測もある(たとえば堀ほか,1985;大見と堀,2000).

地震波トモグラフィーの初期の段階で,それを日本付近に適用して,沈込んだ太平洋プレートなどに相当する P 波,S 波速度の大きいスラブの存在が確かめられた(平原,1977,80,81;平原と三雲,1980 など,さらに Q_S について海野と長谷川,1984).トモグラフィーはさらにより多量のデータを用いて詳しく行われ,これらの研究により深発地震面を含むスラブの V_P および V_S が周囲より数 % 大きいこと,Q が数倍〜数十倍高いことが確かめられ,火山帯の下にはとくに低速度,低 Q 領域の存在が認められている(小原ほか,1986;平原ほか,1989;神谷ほか,1989;Zhou と Clayton,1990;関口,1991;van der Hilst ほか,1991;深尾ほか,1992;Spakman ほか,1993;Zhao と長谷川,1993;Zhao ほか,1992,94;Deal と Nolet,1999).

長谷川ほか(1991,94)は東北地方について,地殻・上部マントル構造と震

源分布をまとめている．末広と西沢（1994），高橋ほか（2000），伊藤ほか（2000）などによる東北地方太平洋岸沖の構造と併せて見るとよい．伊豆小笠原弧の断面としては末広ほか（1996）がある．

C. 中　央　海　嶺

　大洋底に長大な海底山脈があることは前から知れていたが，その全容が明らかになったのは1950年代である．この**中央海嶺**（mid-oceanic ridge）の幅は約1000km，大洋底を延々と連なり，総延長は6.5万kmに達する．所々で海嶺を横切る**断裂帯**（fracture zone）があり，海嶺の軸が数十〜数百kmもずれている．海嶺の中軸には**リフト**（rift）という裂谷がみられる所がある．海嶺の延長が陸に近づく所ではAden湾，紅海，California湾などのような裂けた地形がみられる．アイスランドは大西洋中央海嶺が海上に姿を現した所と考えられる．中央海嶺の地下構造は人工地震および重力異常から推定されており（初期の例としてTalwaniほか，1965，解説としてSolomonとToomey，1992），低速度，低密度の異常マントルが海嶺軸を中心として広がっているとみられる．海嶺下の異常構造は表面波の分散にも現れているし，地震波トモグラフィーの結果にもみえる．Suほか（1992）によれば海嶺下の低速度領域は深さ300kmを越えている．また異常マントルのQが小さいことも観測されている．Solomon（1973）によれば，大西洋中央海嶺下の上部マントルには幅50km程度にわたってQ_Sが10以下の部分が認められる．その後の研究（たとえばSheehamとSolomon，1992；Bussyほか，1993；DingとGrand，1993）では海嶺下のかなり深いところまでQ_Sは数十程度の低い値とみられる．大洋底や大陸下で数十度の距離まで観測されるS_nが，経路が中央海嶺や島弧内側の縁海を横切ると観測されなくなるという報告は以前からあった（MolnarとOliver，1969）．

5章　地震動の強さと地震の大きさ

5.1 震　　度
A. 震　度　階

　震度はある場所での地震動の強さを，人体感覚，周囲の物体，構造物あるいは自然界に対する影響の程度などによって，いくつかの階級（**震度階**，seismic intensity scale）に分けて表示するものである．ただし，日本では1996年4月以降，震度はある規格の**震度計**（seismic intensity meter）が示す数値（計測震度）に基づくものとして定義され，それぞれの震度に対する人体感覚，人々の行動，周囲の物体，構造物あるいは自然界に対する影響が解説されている．表 5.1（中央）はそれを筆者が簡略化したもので，全文は気象庁のサイト（http://www.kishou.go.jp/）で見られる．外国および震度計導入以前の日本では震度は震度階の解説文に基づいて人が決めるもので，器械によるものではない（強震計の記録などから震度を推定することはある）．

　日本で最初に震度階を定めたのは1884年で，微震・弱震・強震・烈震の4階級であったが，その後いくつかの変遷を経て1949年からは表 5.1（左側）に示す気象庁震度階級（1949）が1996年3月まで使われた．これは福井地震（1948）の経験から，それ以前の烈震（震度6）の上に激震（震度7）を加えたもので，その部分を除き1898年までさかのぼって適用して差し支えない．

　ヨーロッパでは10階級から成る Rossi-Forel の震度階（1883），Mercalli の震度階（1902），Cancani の震度階（1931）などがあり，かつてはアメリカでも使われていたが，Wood と Neumann（1931）か発表した12階級の改正メルカリ震度階（Modified Mercalli Scale），略称 MM 震度階がアメリカを始め諸国で使われている（表 5.1 右側）．改正メルカリ震度階は Richter が説明文を書き直したものがあり，1956年版 MM スケールなどと呼ばれる（Richter, 1958*）．

　震度階を国際的に統一しようとする気運は以前からあるが，国・地域によっ

表 5.1 震度階の解説

気象庁震度階 (1949)* 括弧内は参考事項 (1978)	気象庁震度階級関連解説表 (1996) を筆者が抜粋・要約したもの**	改正メルカリ震度階 (1931) 一部を省略.
0：無感 人に感じないで地震計に記録される程度 (吊り下げ物のわずかにゆれるのが目視されたらカタカタ音が聞こえても、体にゆれを感じなければ無感)	0 (計測震度 I<0.5) 人は揺れを感じない.	1：特に感じやすい状態にあるごく少数の人が感じるのみ.
1：微震 静止している人や、特に地震に注意深い人だけに感ずる程度の地震 (静かにしている場合にゆれをわずかに感じ、その時間も長くない、立っていては感じない場合が多い)	1 (0.5≤I<1.5) 屋内にいる人の一部がわずかな揺れを感じる.	2：静止している少数の人、とくに建物の上階に居る人にのみ感じる、つり下げた物体が揺れ動くことがある.
2：軽震 大勢の人に感ずる程度のもので、戸障子がわずかに動くのがわかる程度の地震 (吊り下げ物の動くのがわかり、立っていてもゆれをわずかに感じるが、動いている場合にはほとんど感じない、眠っていても目をさますことがある)	2 (1.5≤I<2.5) 屋内にいる人の多くが揺れを感じる. 眠っている人の一部は眼をさます. 電灯などのつり下げ物はわずかに揺れる.	3：屋内の人、とくに建物の上層に居る人ははっきり感じる、多くの人は地震とは思わない、止まっている自動車がわずかに揺れている時間がわかる.
3：弱震 家屋がゆれ、戸障子が鳴動し電灯のような吊り下げ物が動き、器内の水面の動くのがわかる程度の地震 (ちょっと驚くほどに感じ、眠っている人も目をさまし、戸外に飛び出す人もでないし、恐怖感はない、歩いているかなりの人に感じる人もいる)	3 (2.5≤I<3.5) 屋内のほとんどの人が揺れを感じ、恐怖感を覚える人もいる. 棚の食器類が音を立てることがある. 電線が少し揺れる.	4：屋内の多くの人に感じるが、戸外で感じる人は少ない、眠っている人の一部は目を覚ます、皿、窓、ドアが動揺し、壁がきしむ、止まっている自動車が揺れるのが目に付く.
	4 (3.5≤I<4.5) かなりの恐怖感がある. 眠っている人のほとんどが目を覚ます. 座りの悪い置物が倒れる. 歩いている人も揺れを感じる.	5：ほとんどすべての人に感じる. 皿や窓がこわれることもある, すわりの悪いものは倒れる. 樹木が揺れ、振子時計が止まる.
4：中震 家屋の動揺が激しく、器内の水はあふれ出、歩いている人にも感じられ、多くの人々は戸外に飛び出す程度の地震 (眠っている人のほとんど全部が目をさまし、戸外に飛び出す人もあり、恐怖を感じ、多くの自動車の運転手も揺れを感ずる)	5弱 (4.5≤I<5.0) 多くの人が身の安全を図ろうとする. 棚の食器類や本が落ちることがある. 窓ガラスが割れ、弱い壁に亀裂が生じることがある. まれに水道管に被害が発生する. 落石や小さな斜面崩壊が生じることがある.	6：ほとんどすべての人に感じ、多くの人は驚いて戸外に飛び出す. 重い家具が動くこともある, 壁や煙突に被害が生じることがある. 被害はわずか.
5：強震 壁に割れ目が入り、墓石、石灯籠が倒れたり、煙突、石垣などが破損する程度の地震	5強 (5.0≤I<5.5) 非常な恐怖を感じる. テレビが台から落ち、タンスが倒れることがある. 補強されていないブロック塀の多くが崩れ落ちる.	

5.1 地震

4：中震　家屋の動揺が激しく、すわりの悪い花びんなどは倒れ、器内の水はあふれ出る。また、歩いている人にも感じられ、多くの人々は戸外に飛び出す程度の地震（眠っている人は飛び起き、恐怖感を覚える。電柱・立木などのゆれがわかる。一般の家屋の瓦などがずれるのがあっても、また被害らしいものではない、軽い目まいを覚える）

5：強震　壁に割れ目がはいり、墓石・石どうろうが倒れたり、煙突・石垣などが破損する程度の地震（立っていることはかなりむずかしい。一般家屋に軽微な被害が出始める。脆弱な地盤では地割れがおこったり、すわりの悪い家具が動く）

6：烈震　家屋の倒壊は30％以下で、山くずれが起き、地割れを生じ、多くの人々は立っていることができない程度の地震（歩行はむずかしく、はわないと動けない）

7：激震　家屋の倒壊が50％以上に及び、山くずれ地割れ、断層などを生じる。

ていないブロック塀、据え付けの悪い自動販売機、墓石の多くが転倒する。弱い家屋が破損、耐震性の高い建物でも壁に亀裂が生じることがある。ガス管、水道管に被害が生じることがある。

6弱　($5.5 \leq I < 6.0$)　立っていることが困難になる。固定していない家具の多くが移動、転倒する。かなりの建物で壁のタイルや窓ガラスが破損する。弱い住宅は倒壊するものがあり、鉄筋コンクリート造でも壁や柱などに大きな亀裂が生じるものがある。地割れ、山崩れが生じることがある。

6強　($6.0 \leq I < 6.5$)　立っていることができず、はわないと動けない。固定していない家具のほとんどが動けず、転倒する。多くの建物で窓ガラスが破損、落下する。弱い建物では倒壊するものが多く、耐震性の高い建物でも壁や柱が破壊するものがある。

7　($6.5 \leq I$)　自分の意志で行動できない。ほとんどの家具が大きく移動し、飛ぶものもある。ほとんどの建物のタイルや窓ガラスが破損、落下する。耐震性の高い建物でも、大きく破壊するものがある。大きな地割れ、地すべりや山崩れが発生し、地形が変わることもある。

7：皆が戸外に飛び出す。設計・施工の悪い建造物はかなりの被害がでる。壊れる煙突もある。自動車を運転中の人も気付く。

8：ふつうの建物にもかなりの損害があり、煙突、塀などが落ちたり倒壊する。家具が片寄りする。かなりの建物で壁のタイルや壁に亀裂がはいる。砂や泥水が移動し、井戸水が吹き出し、砂や泥水が少量吹き出し、地形が変化したりする。

9：堅ろうな建物にも損害があり、一部つぶされる。建物が仕合い合わされる。地面の亀裂が目立つ。地下埋設管が破損。

10：木造建物の大部分が破壊。石造の大部分の破壊、地面がひどく亀裂、線路が曲がったり、堤防や急斜面の地崩れが生じる。砂や泥が移動する。水が岸にはね上がる。

11：残存建物はまったく使用不能。軟弱地盤では地すべり。地面に大破壊。橋梁は破壊する。地下埋設管は使用不能。線路は大きく曲がる。

12：すべてが破壊。地表に波が見られる。視界の線がゆがむ。物が空中に投げ出される。

* 原文のまま。ここでの地震は地震動の意味。　** 注意：大規模な地震では、震度が比較的低い遠方でも、石油タンクのスロッシングと長周期の揺れにより特有な現象が発生することがある。

て構造物の強度，生活様式などが異なるので，条件を詳しく設定して説明文をつくらなければ共通性が得られない．この線に添ったものとして，MSK震度階（Medvedev, Sponheuer, Kárnik, 1963）がある．これも12階級から成りMM震度階と似ている．EMS-92, EMS-98などその改良版もある．

B. 震度と加速度

体感等による震度は物理的に測定できる量とどういう関係にあるのだろうか．人間は自分が乗っているものの変位や速度は感じないが，加速度があれば力を受けていると感じる．震度と最も関係が深いのは加速度であろうと考えられる．河角（1943）は震度Iと$I-1$の境に対応する加速度α（gal単位）として

$$\log \alpha = I/2 - 0.6 \qquad (I = 1, 2, \cdots, 6) \qquad (5.1)$$

を得た．震度Iの範囲の中央をとればこの式は

$$\log \alpha = I/2 - 0.35 \qquad (5.2)$$

になる．また，MM震度階の震度Iと加速度α（gal）の関係は，GutenbergとRichter（1942）によれば

$$\log \alpha = I/3 - 1/2 \qquad (5.3)$$

で与えられる．これらの式は，だいたいの関係を示しているだけで，震度と加速度が一対一の対応がつくわけではなく，関係も観測地点の地盤や周辺に発生する地震の性質などにもよると思われる．震度と地動の最大速度との関係についての研究もいくつかある．村松（1966）によれば，気象庁の震度Iと$I-1$の境に対応する速度v（cm/s単位）は次の式で与えられる．

$$\log v = I/2 - 1.4 \qquad (5.4)$$

その後もこの種の式は多数発表されている．たとえばWaldほか（1999）がCaliforniaのデータによって求めたMM震度階と最大加速度α，最大速度vの関係は次のようになり，従来の式とやや違う．

$$I = 3.66 \log \alpha - 1.66 \qquad 5 \leq I \leq 8 \qquad (5.5)$$

$$I = 3.47 \log v + 2.35 \qquad 5 \leq I \leq 9 \qquad (5.6)$$

石本と大塚（1933）の実験によれば，いすに座った人は周期約0.6秒以上の水平動に対しては加速度が0.9 galを越えると感覚があるが，周期0.3秒くらいで最も鋭敏になり0.6 galでも感じる．しかし0.2秒以下の短い周期になると著しく感じにくくなるという．建物に対する影響などはさらに複雑で，短周

期の強い加速度の地震動を受けて部分的に破損を生じてもすぐに止んでしまえば倒壊には至らない．しかしそれより低い加速度でも，周期がやや長い長く続く地震動によって繰り返し力を受ければ倒壊することもある．このように，震度は地震動の加速度や速度の最大値のみではなくその周期，継続時間その他にも依存するので一つの物理量で表現することは困難である．震度計は日本のみで用いられる測器で，換振器は地震動加速度に比例する出力が出るタイプであるが，震度判定用の波形はフィルターによって，周期 0.1～2 秒の間で振幅特性が $A(\omega) \propto \omega^{1.5}$ となり（加速度計と速度計の中間），これに継続時間などの補正をして計測震度を得ている（規格の正確な記述は気象庁, 1996* 参照）．

日本では 1949 年に震度 7 が導入されて以来，震度 7 の記録はなかったが，兵庫県南部地震（1995）では，地震後の現地調査により一部地区で震度 7 に達していたと認定された．神戸（気象台）の震度は 6（計測震度 6.4）である．福井地震（1948）では，福井平野の北部の町村では多くの地区で 98～100% の家屋が倒壊したので震度 7 であったとみられる．しかし重力の加速度 g を越えたという証拠はない．関東地震（1923）は一般に大地震の代表とされているが，東京での震度は下町で 6，加速度は $0.3g$ くらいと推定されている．Assam 地震（1897）では Khasia の石碑が途中に擦り跡もなく 2 m ほど飛び，多くの小石も擦り跡を残さず飛び，元あった場所のくぼみがそのまま残ったというから，g を越える加速度があったものと思われる．このように上下動加速度が g を越えたとみれる現象は，M7 前後の地震の震源域の限られた部分でみられることがある．強震計の観測からも g を越えた加速度がいくつか報告されている．このような大加速度でも短周期で瞬間的だと被害はそれほど大きくならない．

加速度計がない場所での加速度を推定する方法として，簡単な形の物体の動き，とくに墓石の転倒が調べられてきた．一般的な議論は面倒になるが，簡単に考えて高さ h，幅 w の角柱を載せた床が水平方向，上下方向にそれぞれ一定の加速度 α, β で動くとすると，$\alpha > (g-\beta)w/h$ ならば倒れるはずである．従来の日本の墓石は普通 w/h が 0.25～0.4 なので，$g \gg \beta$ とすると $(0.25～0.4)g$ で倒れることになる．滑って台から落ち倒れた墓石については上述の議論はあてはまらない．倒れた方向は大きな揺れがあった方向の推定に使える．揺れ

の方向の推定にはコンビニエンスストアなどの防犯ビデオに録画された物の動きも利用される．

C. 震度分布

一つの地震について，各地の震度を地図上に記入し**等震度線**（isoseismal）を引くと，図5.1に例示するようなものが得られる．一般に震度は震央距離とともに小さくなるので，等震度線は震央を中心とする同心円状になるはずであるが，同心円とは著しく異なることもまれではない．地元住民に対しアンケート（questionnaire）調査を実施するなどとくに詳しく調査をすれば図5.1

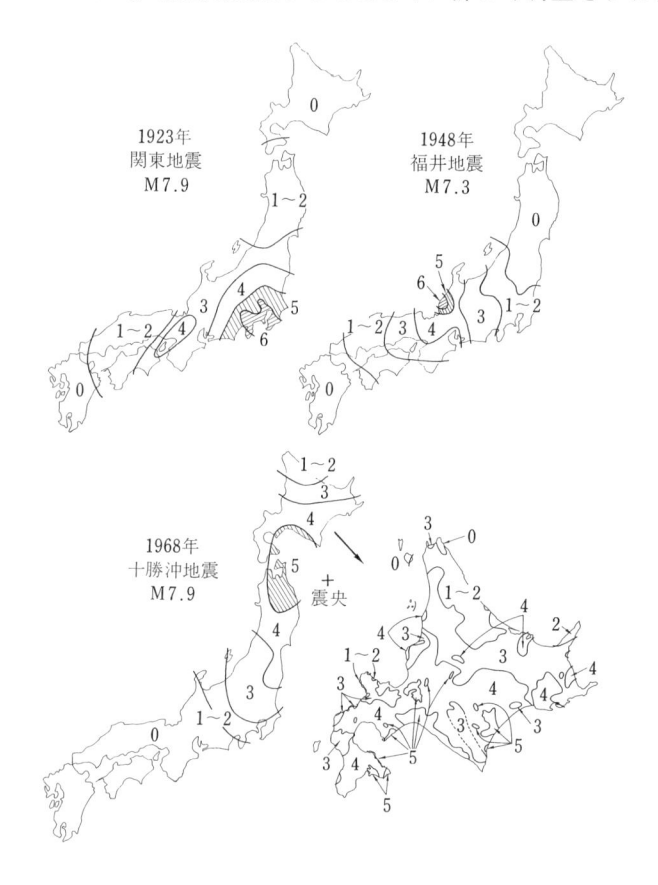

図5.1 震度分布の例

(右下)のように等震度線は複雑なパターンが得られる．最近の日本では震度計が密に設置されているので，有感地震後10分程度以内に詳しい震度分布図が作れるデータが公表されるが，大きい地震では地点が多数になり報道されるのは一部のみである．なお，日本を182の地域に分け，どこかの地点で震度3以上が観測されたときは，数分以内にその地点を含む地域名と観測された最大震度が公表される．この震度はその地域の震度を代表するものではない．地域内の大部分の地点では震度0〜3であるのに，震度4の地点が1箇所でもあればその地域に4と書き込んだ地図がテレビや新聞に出ることがあるが，このような図は従来の気象官署のみの震度を記入した図とはかなり違うので注意を要する．

ある地点の震度は地震のマグニチュードと震央距離によるだけでなく，震源から観測地点に至るまでの地震波の経路のQ，観測点付近の局地的地下構造(いわゆる地盤の条件)，地震波射出の方位特性などにも影響される．近接した2地点で震度が明らかに違う(たとえば計測震度が1.0以上違う)ことは珍しくない．これは主に地盤の違いが原因であろうが，震度計を設置した建物の状況も影響するかもしれない．

一般に震度が大きくなる地盤は，軟らかい沖積層が厚いところであり，古い地層や火成岩の堅固な地盤では震度は小さく，地震動の変位震幅も同様である．しかし例外なくそうなるとはいえない．地盤の振動は入射した地震波の周期にもよる．表層内での地震波の重複反射によって特定の周期の波が同位相で重なり強め合うことが考えられる．入射する地震波は通常色々な周期の波を含むが，震度や震害に関係が深い周期0.1〜2秒程度の範囲について地震動波形を分析してみると，堅い地盤では0.2秒以下の波が卓越し，軟らかい地盤になるほど周期は延びてゆき，振動時間も長くなる．関東地震(1923)のとき東京の山の手では木造2階建てに比べ土蔵の被害が多かったが，下町では逆であった．これは地盤と建物の固有周期の関係によると考えられる．山の手では0.3秒程度，下町では0.6秒以上の地震動が卓越するといわれる(末広，1926，石本，1932)．地盤の固有周期は常時微動の測定によってもある程度知ることができる(たとえば金井と田中，1961)．

震度，震害に関係する地盤条件には，表層の軟らかさ(地震波速度，密度)，厚さだけでなく，下層とのコントラストが利く．

D. 異常震域

地盤の相異というような局所的な現象では説明がつかない大規模な震度分布の異常がある．最初に注目されたのは 1917 年 7 月 31 日の地震である．この地震は東日本の太平洋側で有感で，当時の常識からすれば震央は三陸沖と考えられる．しかし地震計による観測からは日本海の地震と考えざるを得ない（長谷川, 1918）．図 5.2（左下）は似た例であるが，このように広い範囲にわたり震度が異常に大きい地域を**異常震域**という．1917 年の地震も後に深発地震が発見されてから再調査の結果，日本海西部の深発地震であることがわかった．異常震域現象は 1920 年代後半から 1930 年代にかけて石川らその他によって調べ

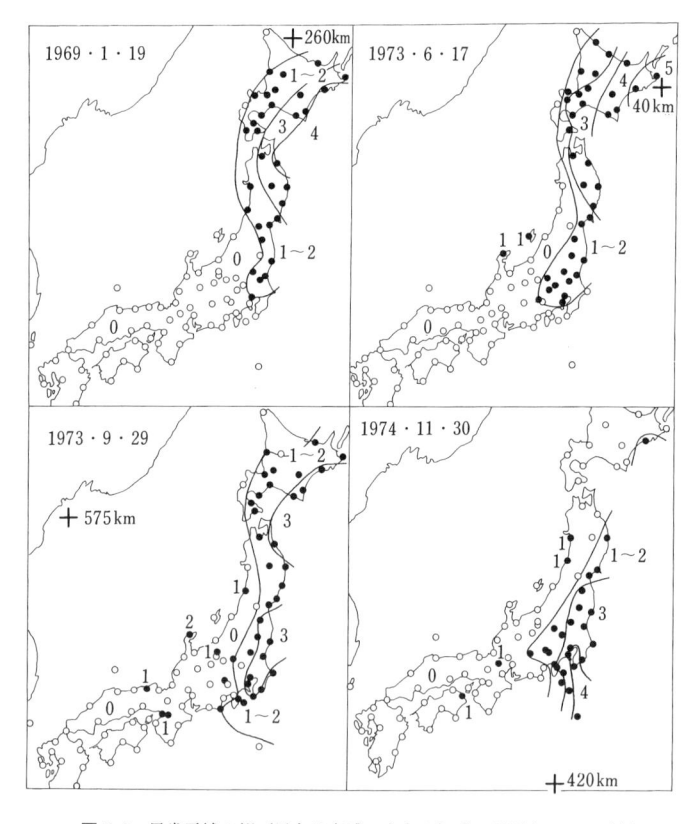

図 5.2 異常震域の例（黒丸は有感，白丸は無感の観測点，＋は震央）

られ次のことがわかった（たとえば石川，1933）．

（1）異常震域は有感の深発地震には例外なく現れる．浅い地震でもある程度現れることがある．異常震域となるのは，北海道，東北，関東地方それぞれの太平洋側である．

（2）異常震域内の観測点の地震記象はP波，S波とも短周期の波が多く含まれ，これが体感を生ぜしめている．しかし，同じ観測点の記録でも，異常震域現象を示さない地震では短周期の地震動がとくに卓越するわけではなく，震源の位置によって記録のタイプが違う．

（3）異常震域はP波の走時残差が負の地域（§4.5B）とほぼ一致し，重力，地震，火山の分布などとも関連しているようにみえる．しかし地表付近の地質とはあまり関係がない．

1950年代末ごろまでは，上部マントルには地殻のように著しい地域性があるとは思われていなかったので，異常震域もまた漠然と地殻構造の地域差によると考えられていた．そのほかにも，震源における地震波射出の方位性によるとか，地殻，上部マントル中の地震波速度の分布状況より地震波が収束するためとか，震度の高い地域は近くに別の地震が誘発されたためなどの説も出されていた．

しかし，異常震域の主な原因が図4.21に示されている島弧の上部マントル異常構造であることは疑いない．宇津（1966）は日本付近に1926年以降起こった$M≧7$のすべての地震，および$M6$級の多数の地震の震度分布を系統的に調べて，島弧の火山列あたりからその内側にかけての最上部マントルが，深発地震面に添う部分に比べ，著しく低いQ値を有しているとすれば，深い地震の異常震度分布，浅い地震の震度分布が震央位置によって正常であったり異常になったりすることが説明されることを示した．震度の決定に影響が大きい周波数範囲（0.1〜2秒程度）で震源から出る地震波のスペクトルがω^{-1}に比例すると仮定すると，同一震央距離で震度が4以上違う（図5.2）ためには，深発地震面付近に対して，その上方のQの低い領域ではQが1/10以下となる．

琉球弧でも異常震域は現れる．九州南方のやや深発地震のときは，九州の太平洋側（宮崎，延岡など）で震度2〜3になっても西側（長崎，熊本など）では無感である．外国の島弧でも同様の現象は存在するはずであるが，日本のよ

うに多くの地点の震度を記録している地域は少ない．ニュージーランドのように幅のある島では明瞭な例が報告されている（Mooney, 1970）．

震度データからトモグラフィーによって地下の三次元 Q 構造を求める研究が橋田・島崎（1985, 87）によってなされている．

5.2 地震のマグニチュード

A. 地震の大きさの表示

地震そのものの大小を表すには，震源域から地震波として放出されたエネルギー E_s を用いればよいであろうと思われる．しかし E_s の値を正確に測るのは容易ではない．

大きい地震ほど一定の震央距離での地震動の振幅あるいは震度が大きく，また，一定の振幅あるいは震度が現れる震央距離は大きいと考えて，地震の大小を表示することが試みられてきた．気象庁では最大有感距離が 300 km 以上の地震を顕著地震，200 km 以上 300 km 未満のものをやや顕著地震，100 km 以上 200 km 未満のものを小区域地震，100 km 未満の有感地震を局発地震と呼んでいた．これはある程度便利な分類であるが，震源の深さが考慮されておらず，異常震域があっては困るし，海底の地震についてはたとえば 200 km 以上沖合に起こった地震は小区域地震に相当する大きさのものでも無感地震になってしまうなどの不合理な点がある．

和達（1931）は地震動の最大振幅 A と震央距離 Δ の関係を日本の多くの地震について調べ

$$A = \frac{A_0}{\sqrt{\Delta}} e^{-\alpha \Delta} \tag{5.7}$$

という関係が近似的に成り立っていることを示した．もし α が地震の大小によらず一定ならば，A_0 は地震の大きさを表す指数になる．しかし α は小さい地震ほど大きくなる傾向がみえる．

B. Richter の定義

Richter（1935）は南 California の地震の統計的研究を行うに当って，地震の大小を示す尺度の必要を感じ，地震のマグニチュードを"震央距雄 $\Delta = 100$ km に置かれた Wood-Anderson 式地震計（$T_0 = 0.8$ s，$h = 0.8$，$V = 2800$）の

1成分の記録紙上の最大振幅 A を μm 単位で測りその常用対数をとったもの"と定義した．このマグニチュードを**ローカルマグニチュード**（local magnitude）と呼び M_L で表す．実際にはある震央距離 Δ における A を測り

$$M_L = \log A + f(\Delta) \tag{5.8}$$

の式で M_L を求める．$f(\Delta)$ は Δ の関数で表 5.2 に与えられる．これを**校正関数**（calibrating function）という．この M_L は地殻上部の地震しか起こらない南 California に対して，W-A 式という特殊な地震計により決めるもので汎用性がない．表 5.2 にも疑問点がいくつか指摘されている（たとえば Boore, 1989）．

表 5.2 M_L に対する校正関数

Δ(km)	30	50	100	150	200	250	300	400	500	600
$f(\Delta)$	−0.90	−0.37	0	0.29	0.53	0.79	1.02	1.46	1.74	1.94

C. 表面波マグニチュード

Gutenberg (1945) は当時の地震計で遠い地震の表面波を記録すると周期 20 秒前後の波が卓越することから，周期 20 秒程度の表面波の最大振幅 A（記象上の振幅を振動倍率で割って地動の振幅に直したもので水平動 2 成分の合成，$\sqrt{A_N^2 + A_E^2}$，μm 単位）を用いてマグニチュードを定める方法を提出した．式は

$$M_s = \log A + f(\Delta) \tag{5.9}$$

で $f(\Delta)$ と Δ の関係は表 5.3 に示される．$15° \leq \Delta \leq 130°$ では $f(\Delta) = 1.656 \log \Delta + 1.818$ である．この M_s を**表面波マグニチュード**（surface wave magnitude）と呼び，浅発地震に用いられる．A は上下動の振幅で代用しても差支えない．

表 5.3 M_s に対する校正関数

Δ(°)	20	30	40	50	60	70	80	90	100	120	140	160
$f(\Delta)$	3.97	4.26	4.47	4.63	4.76	4.87	4.97	5.05	5.13	5.26	5.33	5.35

D. 実体波によるマグニチュード

Gutenberg (1945) は深い地震も含めて，P 波上下動，S 波水平動などの主

要動の最大振幅 A（μm 単位）と周期 T（秒単位）の比（原論文には A/T の最大値と書いてある）からマグニチュードを求める方法を示した．用いる式は

$$m_B = \log(A/T) + q(\varDelta, h) \tag{5.10}$$

で，$q(\varDelta, h)$ は $\varDelta$ と震源の深さ h の関数で，それぞれの波について複雑なグラフによって表示されている．このグラフは後に改訂された（Gutenberg と Richter, 1956）．この m_B を **実体波マグニチュード**（body wave magntude）という．

M_s, m_B はもともと同じ地震については M_L と同じ値になるようにスケールを定めたはずであるが，後に三者は系統的にずれていることがわかってきた．Gutenberg と Richter (1956) は

$$m_B = 2.5 + 0.63 M_s \tag{5.11}$$

$$m_B = 1.7 + 0.8 M_L - 0.01 M_L^2 \tag{5.12}$$

という換算式を出している（§5.2G 参照）．

Gutenberg らが m_B を定めるとき用いた A/T のデータは，比較的周期の長い地震計によっており，T は数秒から 10 秒前後である．ISC や USGS では，短周期上下動地震計が記録した P 波の最初の数秒間における A/T から上式によって求めた値を発表している．これを m_b で表すことにするが，このときの T は 1 秒前後であり，大きい地震では m_b は m_B よりかなり小さい値となる．また地震がマルチプルショック（§10.6B）のときは，m_b は最初のショックに対する値となり，地震全体の大きさの表示とはならない．

E. 色々な方式のマグニチュード

a. Gutenberg-Richter のマグニチュード　Gutenberg と Richter (1949*, 54*) は著書 *Seismicity of the Earth* に世界の主な地震（年代により選択基準が違う）のマグニチュード M を与えている．この M が何であるかは彼等の著書にはっきり書いてないが，40 km よりも浅い地震については M_s，40 km 以上の深い地震は m_B とみられる（阿部, 1981）．70 km を越える地震は m_B に若干の補正が加えられているとのことである（阿部, 1984）．この本に載っている M は長らくマグニチュードの標準値とみなされ，この値を基準にして，それに合うようにマグニチュードを決める方法がいくつか考案されている（b および c 項）．

b. 表面波の振幅を用いる式　M が与えられている多数の地震について，一つの観測所で記録された周期20秒前後の表面波の最大振幅（μm 単位，水平2成分合成）と震央距離 $\varDelta$ (°) の資料があるときには

$$M = \alpha \log \varDelta + \log A + \gamma \tag{5.13}$$

の係数 α, γ を最小二乗法で決めることができ，これがその観測所について M を求める公式となる．たとえば松代では $\alpha = 1.31$, $\gamma = 3.05$ としている．

c. 表面波の A/T を用いる方式　表面波の最大振幅 A（μm 単位，水平2成分合成，または上下動）と周期 T（秒）の比を用いて M を求める公式がいくつかつくられている．水平動を用いた Vaněk ほか（1962）の式

$$M = \log(A/T) + 1.66 \log \varDelta + 3.30 \quad (20° \leqq \varDelta \leqq 160°) \tag{5.14}$$

は IASPEI（国際地震学地球内部物理学協会）の勧告（1967）もあり，ISC や USGS で採用され，この式による値が M_s として発表されている．しかし (5.14) に $T = 20$ s とおいて (5.9) と比べればすぐわかるように，(5.14) は (5.9) の M_s より 0.2 弱大きい値を与える．本書では M_s は原則として (5.9) によるものをさす．なお，(5.9) についても問題点が指摘され，$\log \varDelta$ の係数を 1.1 程度にした改良式がいくつか提出されている（たとえば Herak と Herak, 1993）．

d. 地震動の継続時間　ある地震記象上で振動が終わる時刻を F で表すことがある．$F-P$ 時間，すなわち地震記象上での地震動の継続時間（総振動時間）T_d はマグニチュードとともに長くなる傾向がある．T_d は地震記象が振り切れて最大振幅が読み取れないような場合でも測れるが，地震計の特性に大きく影響されるから，必ず地震計を指定しなければならない．また，地震が頻発して一つの地震動が終わらないうちに次の地震動が始まるときは困る．T_d から M を求める式は一般に

$$M = c_0 + c_1 \log T_d + c_2 \varDelta \tag{5.15}$$

という形をしているが，c_2 は小さいので $c_2 \varDelta$ の項を付けないこともある．この種の式は多数発表されているが，古いものとして河角（1956）が日本の Wiechert 式地震計に対して与えた式

$$M = 4.71 + 1.67 \log T_d \tag{5.16}$$

を挙げておこう．ただし T_d は分単位である．津村（1967）が和歌山微小地震

観測所に対して求めた式は

$$M = -2.53 + 2.85 \log T_d + 0.0014 \varDelta \tag{5.17}$$

または

$$M = -2.36 + 2.85 \log T_d \quad (\varDelta < 200 \,\mathrm{km}) \tag{5.18}$$

である，ここでは T_d を秒，$\varDelta$ を km 単位で測る．

e. 気象庁観測網の資料によるマグニチュード　坪井 (1954) は札幌，仙台，東京，名古屋，神戸，福岡における Wiechert 式地震計（一部は強震計）による最大振幅 A（最大記録振幅をその周期に対する振動倍率で割ったもの，μm 単位，水平 2 成分合成）と震央距離 $\varDelta$ (km) から *Seismicity of the Earth* 所載の日本付近の地震の M になるべく一致するような M を求める式（坪井公式という）をつくった．上記 6 観測所の資料全部を用いた場合は次の式である．

$$M = 1.73 \log \varDelta + \log A - 0.83 \tag{5.19}$$

気象庁では 1957 年以降，1926 年にさかのぼって，(5.19) を用いて深さ 60 km 以内の地震のマグニチュードを決めている．Wiechert 式地震計が廃止になった後は，それと類似の周波数特性を持つ電磁式地震計，さらに最近では加速度地震計の記録から変換した同等の変位波形によって振幅を測定している．ただし，M5.5 以下の浅い地震については短周期上下動地震計で測った速度振幅による方法（神林と市川, 1977; 竹内, 1983）を併用し，坪井公式による値と平均をとるなどの調整が行われる（『地震月報』の毎年の 1 月号参照）．

60 km よりも深い地震については，勝又 (1964) の方法によるが，これは

$$M = \log A + K(\varDelta, h) \tag{5.20}$$

を用い，A は (5.19) と同じもの，$K(\varDelta, h)$ は震央距離 $\varDelta$ と震源の深さ h の関数として表で与えられ，$h = 25$ km のとき坪井公式と一致する M が求まるようになっている．

気象庁が定めた 1926 年以降の日本付近の地震の M を *Seismicity of the Earth* の M やその他の文献による M_S, m_B（たとえば阿部, 1981）と比べてみると，なぜか浅い地震では M 約 $6^{1/2}$ 以上で気象庁の M は M_S より平均して 0.2 ほど小さく，M 約 6 以下では逆に 0.3 ほど大きくなっている．また，気象庁のマグニチュードは 1994 年の新観測網導入とともにそれ以前に比べ平均的

にみて 0.2 ほど小さく求められるようになった．

なお，気象庁では津波予報のため地震発生後 3 分程度で M を推定するため緊急用として P 波のみによる方法を採用している．S 波や表面波の主要部分が通過するまで待てないからである．

気象庁では現在 M の決定法の見直しを進めており，近い将来，新しい方式が採用され，過去の地震についても再決定した M や震源位置を載せた地震カタログが刊行される予定である．新しい方式は変位振幅による M は浅い地震（$h \leq 60\,\mathrm{km}$）では坪井公式，深い地震では勝間田（1996）による校正関数を用い，速度振幅による M は渡辺の式に準拠した方法などが検討されている．

f．微小地震のマグニチュード　前項の方法で M が求められるのは比較的大きな地震であり，微小地震に対しては別の方法を考える必要がある．(5.18) はその一例であるが，微小地震観測用の地震計の多くは速度地震計であることから，地震動の最大速度振幅 A_v を用いることが多い．A_v と震源距離 r (km) から M を求める式はいくつかあるが，たとえば渡辺（1971）の式は

$$0.85M - 2.50 = \log A_v + 1.73 \log r \quad (r < 200\,\mathrm{km}) \quad (5.21)$$

である．ただし A_v は上下動成分について cm/s 単位で測ったものである．

F．震度とマグニチュードの関係

以下の式で日本の震度は従来のデータによるもので，現在のように震度計のデータが密にある場合にそのまま適用する際には注意を要する．

a．震央における震度　深さ h (km) の地震の M と震央における震度 I_0 の関係は多数発表されている．たとえば Kárník（1965）による次の式は MM 震度階を用いている．

$$M = 0.5 I_0 + \log h + 0.35 \quad (M \geq 5) \quad (5.22)$$

気象庁震度階級についての式としては，宇津（1988）による次の式

$$I_0 = 0.83 M - \log h + 0.71 \quad (5.23)$$

などがある．なお，3 km 未満の h が与えられているときは $h = 3\,\mathrm{km}$ とする．

b．震央距離と震度　河角（1956）によれば気象庁震度階級による震度 I は

$$I = 2M - 4.605 \log \varDelta - 0.00166 \varDelta - 0.32 \quad (5.24)$$

によって震央距離 $\varDelta$ (km) と結ばれる．Esteva と Rosenhlueth（1964）によれば MM 震度階による震度 I は震源距離 r (km) と

$$I = 8.16 + 1.45 M - 2.46 \ln r \tag{5.25}$$

で表される関係にある．この種の式はほかにも多数ある．ただし，$\it\Delta$ や r が震源域の寸法と同じくらいになる距離では使えないであろう．たとえば宇津（1984）が日本の地殻内地震（東日本の太平洋岸沖合の地震を除く）について次の式を提出している．ただし，$\it\Delta$ は 50 km 以上とし震源域の中央から測る．

$$I = I_{100} - b(\it\Delta - 100)$$

$$I_{100} = 1.5 M - 6.5, \quad b = 0.0767 - 0.015 M + 0.0008 M^2 \quad (M = 5 \sim 8) \tag{5.26}$$

震源距離でなく震源断層までの距離を用いる式もいくつかある．震度ではなく最大加速度 α をマグニチュードと震源距離の関数で表す加速度の減衰式は震度の減衰式よりさらに多数発表されている（たとえば Molas と山崎, 1995）．

河角（1943）は震央距離 100 km における気象庁の震度をもって地震のマグニチュード M_k とする定義を定めた．M_k と Seismicity of the Earth の M の関係を河角（1951）は次の式で表している．

$$M = 4.85 + 0.5 M_k \tag{5.27}$$

c. 有感半径とマグニチュード　有感半径（radius of perceptibility）または最大有感距離（maximum distance of perceptibility）と M との関係式も多数あるが，たとえば Gutenberg と Richter（1956）によれば，南 California の地震について，有感半径 R（km）は

$$M_L = -3.0 + 3.8 \log R \tag{5.28}$$

で M_L と結ばれる．日本の浅発地震については，たとえば市川（1960）の式

$$M = -1.0 + 2.7 \log R \tag{5.29}$$

がある．この R は飛び離れて有感の地点を除く最大有感距離（km）である．

d. 震度 4, 5, 6 の地域の範囲　気象庁の震度で 4 以上, 5 以上, 6 以上の区域の面積（km^2）をそれぞれ S_4, S_5, S_6 とするとき，勝又と徳永（1971）は

$$\log S_4 = 0.82 M - 1.0 \tag{5.30}$$

村松（1969）は

$$\log S_5 = M - 3.2 \tag{5.31}$$

$$\log S_6 = 1.36 M - 6.66 \tag{5.32}$$

という実験式を得ている．(5.32) によれば $M = 7, 7.5, 8, 8.5$ のとき震度 6

以上の区域を円と仮定すればその直径はそれぞれ 30 km, 66 km, 145 km, 318 km となる．これはだいたい余震域の直径（§7.1A）すなわち本震の震源域の直径に相当する．(5.28)～(5.30)のような式はほかにもいくつかある．たとえば MM 震度階による震度 5 以上の区域の面積 S_{5M} (km^2) と M_L の関係として Toppozada (1975) は California と西 Nevada について次式を得た．

$$M_L = 0.86 + 1.09 \log S_{5M} \tag{5.33}$$

Bollinger ほか (1993) は米国を西部と東部に分けている．たとえば震度 7 以上についてはそれぞれ次のようになる．減衰が大きい西部で S_{7M} が小さい．

$$\log S_{7M} = -2.51 + 0.91 M_w, \quad \log S_{7M} = -1.64 + 0.90 M_w \tag{5.34}$$

G. マグニチュードの問題点とモーメントマグニチュード

a. マグニチュードの精度　同じ地震でも異なる方法によって決めたマグニチュードはかなり違う値となることがある．同じ方法によっても異なる観測所の資料によれば 0.5 程度の差異がでることはまれではない．多くの資料による値を平均しても ±0.2 程度の精度であろう．M の値を用いて統計的研究を行うときには異なる方法によって決めた値を混ぜてはいけない．

b. マグニチュードの飽和　大きい地震では，地震が大きくてもマグニチュードの値はその割に大きくならない現象，いわゆるマグニチュードの頭打ちあるいは飽和 (saturation) が起こる．これは短い周期の地震波によるマグニチュード（たとえば m_b や M_L）ほど著しい．十勝沖地震 (1968) は M_s が 8.1，気象庁の M が 7.9 であるが，CGS の m_b は 5.9，ISC の m_b は 6.1 である．m_b が 6.1 の地震といっても M_s が 6 級の中地震なのか，7 級の大地震なのか，8 級の巨大地震なのかわからない．周期約 20 秒の表面波を用いる M_s にも頭打ちは起こる．きわめて大きい地震，たとえば Alaska 地震 (1964)，チリ地震 (1960)，Kamchatka 地震 (1952) などの M_s は 8.3～8.5 程度であり，これらよりかなり小さいと思われる三陸沖地震 (1933) や十勝沖地震 (1952) などとほぼ同じ値である．ところが，さらに長周期の表面波は前 3 者のほうがずっと大きい．つまり，きわめて大きな地震では周期 20 秒程度の波の振幅も地震の大きさの尺度の用をなさない．Brune と Engen (1969) は周期約 100 秒のマントルラブ波およびマントルレイリー波の振幅を用いるマグニチュードの尺度を提案した．しかし，これでもなお飽和は完全には解消されない．

c. モーメントマグニチュード　地震モーメント M_0（§10.3B）は断層運動としての地震の大きさに対応する量であり，地震波スペクトルの長周期側の極限における強さから求められるから，頭打ちになることはない．またこれまでのマグニチュードのように便宜的なものでなく，物理的意味も明確である．ある程度大きい浅い地震の M_0 と M_s の間には，M_s が飽和しない範囲で (10.26) の関係が成り立つとすれば，M_s が飽和するような巨大地震も含めて，同じ形の式

$$\log M_0 = 1.5 M_w + 9.1 \qquad (5.35)$$

で表されるような M_w を用いることが考えられる．この M_w を金森（1977）の**モーメントマグニチュード**（moment magnitude）という．このスケールによると，20世紀最大の地震はチリ地震（1960）の M_w 9.5，次いでAlaska地震（1964）の 9.2，Aleutian地震（1957）の 9.1，Kamchatka地震（1952）の 9.0 と 1950～60年代のものが並ぶ．M_w は 6.0～8.0 程度で平均的にみて M_s と一致し，この範囲を離れるほど M_w のほうが大きくなる．

d. 各種マグニチュード間の関係　これまでに説明した M_L, M_s, m_B, m_b, 気象庁のマグニチュード M（本項では M_J と記す），M_w（あるいは $\log M_0$）

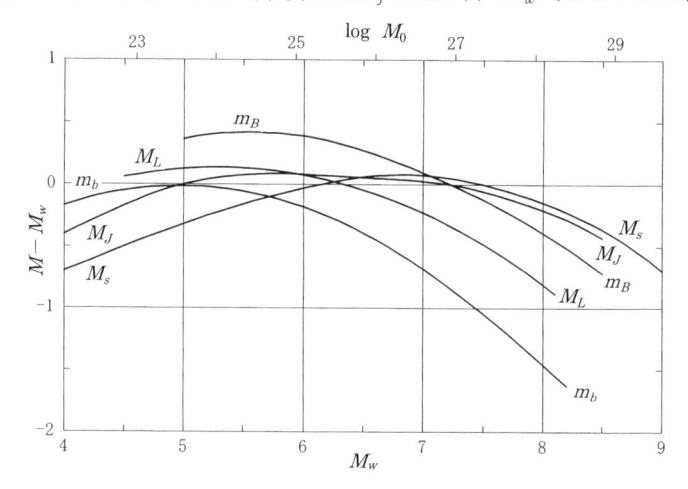

図5.3　各種マグニチュード間の平均的な関係（宇津，1982を改訂，宇津，1999*）上の $\log M_0$ は dyn•cm 単位で，7を引くと N•m 単位となる．

などの間の関係を調べた研究は (5.11), (5.12) 式以来100編を越える. 図5.3 はこれらの結果を調整して, あるマグニチュード M と M_w の差の M_w に対する変化を表す平均的な曲線を描いてある. 曲線が右下へ傾斜 -1 で下がる部分ではそのマグニチュードは完全に飽和している.

ある地震に与えられた2種類のマグニチュードが一致しないのは観測点の地盤, 経路の Q の分布, 震源における地震波の放射の方位性などによる部分もあるが, 決定に際し使う地震波の周期帯と, その地震がその周期帯の波をよく出すタイプのものか否かにもよる (次項).

e. 特殊な地震のマグニチュード 地震のなかには, 震源域から出る地震波のうち高い周波数の成分が異常に弱く, ふつうの地震に比べて低い周波数の地震波が卓越するものがある. これを**低周波地震** (low-frequency earthquake) という. この種の地震では, 短周期の地震波を用いたマグニチュード (m_b, M_l, 震度分布から推定したマグニチュードなど) は, 長周期の地震波によるマグニチュードやモーメントマグニチュードに比べて著しく小さくなる. たとえば, 色丹島沖地震 (1975) の ISC の m_b は 5.6, 震度分布から推定した M_l は 5.5 であるが, M_s は 6.8, 津波の高さ H (m) と伝搬距離 $\varDelta$ (km, $\varDelta \geqq 100$ km) から次の式 (阿部, 1981) により求めた**津波マグニチュード** (tsunami magnitude) M_t は 7.9 である.

$$M_t = \log H + \log \varDelta + 5.80 \tag{5.36}$$

低周波地震の原因については §10.5D で論ずるが, この種の地震が海底に発生すると**津波地震** (tsunami earthquake) になることがあり要注意である (§10.6G). 津波地震は単に津波を伴う地震という意味ではなく, 通常のマグニチュードの割に異常に大きな津波を伴う地震を意味する

一方, 地下核実験は短周期のP波がよく出て表面波は出にくく, m_b が M_s より大きくなる. たとえば LONGSHOT (Nevada 実験場, 1965) の M_s は 4.6, m_b は 6.1 である. このことは地下核実験と自然地震の識別に利用される.

5.3 地震のエネルギー

A. 震源域におけるエネルギーの収支

ある地震の直前に震源域の辺りに蓄えられていたひずみエネルギー E_1 が,

地震発生によって E_2 にまで減少したとする．$E=E_1-E_2$ が地震によって解放されたひずみエネルギーで，その一部は地震波のエネルギー E_s（津波のエネルギーが加わることもある）として震源域から放出され，残りは重力に逆らって地殻が隆起運動を行うためのポテンシャルエネルギー（沈降運動があればその分だけ差し引かれる），岩石の破壊や，摩擦のある断層面のすべりの際に消費されるエネルギーとなる（詳しい議論として Dahlen, 1977）．E_s と E の比

$$\eta = E_s/E \tag{5.37}$$

を**地震の効率**（seismic effciency）という．E も E_s も正確な見積りはむずかしい．η は地震ごとにかなり違うものと思われる．

B. 地震波エネルギーの推定

古くは Galitzin（1915）や Jeffreys（1923）が Pamir 地震（1911）のエネルギーを 10^{14} J* のオーダーと推定したものがある．Jeffreys はレイリー波の振幅 A と周期 T から

$$E_s = 4\pi^3 \rho r_0 H V_R \sin \varDelta \int (A/T)^2 dt \tag{5.38}$$

という式によって計算した．ただし波のエネルギーは厚さ H の層に集まっていると仮定している．河角（1933），鷺坂（1932, 54）は日本付近の二，三の深発地震のエネルギーを求めた．各地に記録された地震波の振幅を，震源を中心とする小球面上の値にひき直し，球面全体にわたって（3.56）を積分する．たとえば志摩半島沖深発地震（1929）に対して河角は P 波について毎秒 3.7×10^{12} J，S 波について毎秒 1.07×10^{13} J，全部で 10^{14} J の程度，鷺坂は P 波 S 波合わせて 3.83×10^{13} J とした．阿部（1970）は択捉島沖地震（1963）と Alaska 地震（1964）による自由振動と長周期表面波のエネルギーを求めた．周期 20〜600 秒の表面波のエネルギーはそれぞれ 3.0×10^{16} J と 4.5×10^{17} J となる．

なお，E_s/M_0（M_0 は地震モーメント）の値についての議論は §10.3C で扱う．

S 波と P 波のエネルギー比を求めるにもいくつか問題がある．Boatwright

---

* エネルギーの単位．1 J（ジュール）＝ 1 N・m ＝ 10^7 erg（エルグ）．

と Fletcher（1984）は 15～20 前後の値を出している．

C. 地殻変動から求めたひずみエネルギー

ひずみエネルギーは（3.52）または（3.53）で与えられるが，坪井（1940）は単位体積当りのひずみエネルギーは $W=\mu\xi^2/2$（ξ はひずみ量，μ はひずみの種類に対応する弾性定数）で与えられると考え，体積 V の震源域の中に蓄えられていたひずみが地震によって全部解放されるとして E を求めた．地震が起こるときの限界ひずみ ξ は地震の大小にはかかわらず一定で $(1\sim2)\times10^{-4}$ 程度，地殻の弾性定数 μ を 50～100 GPa とすると*

$$E=(2.5\times10^3\sim2\times10^4)V \tag{5.39}$$

となる．坪井は最大級の地震の V として $100\,\mathrm{km}\times100\,\mathrm{km}\times30\,\mathrm{km}$ を考えたが，そのとき $E=7.5\times10^{16}\sim6\times10^{17}$ J となる．

地震に伴う地表の水平ひずみが測量の結果わかった場合について，ひずみエネルギーを求めた例もある．このときは深さとともにひずみがどう変わってゆくかを仮定する必要がある．古くは San Francisco 地震（1906）について Reid（1911）が $E=1.75\times10^{17}$ J と求めたものがあり，また，北伊豆地震（1930）については鷺坂（1940）は 4×10^{14} J，本間（1952）は深さ 4 km まで変動があったとして 10^{16} J の値を得ている．

断層の変位によって解放されるひずみエネルギー E は（10.15）で表せるので，これを用いて E を推定することができる．安芸（1966）によれば，新潟地震（1964）は縦ずれ断層なので（10.16）の c は（10.17）で与えられるとして，$\lambda=\mu$，$\bar{\sigma}=\varDelta\sigma$ と仮定すれば

$$E=\frac{8}{3\pi}\mu U^2 L \tag{5.40}$$

となるから，断層の長さ $L=100$ km，平均変位量 $U=4$ m，$\mu=37$ GPa とおくと，$E=5\times10^{16}$ J となる．

D. マグニチュードとエネルギーの関係

マグニチュードを定義した Richter（1935）は，M_L と E_s（J）の関係として $\log E_s=-1+2M_L$ と考えたが，後に Gutenberg と Richter（1942, 49*, 56）

---
* 弾性定数の単位は圧力の単位と同じで，従来 dyn/cm² が使われたが，近年は GPa（ギガパスカル）がふつうである．1 Pa=1 N/m²=10 dyn/cm²．1 GPa=10^{10} dyn/cm².

表 5.4 M_w, E_s, M_0 の関係

M_w	E_s (J)	M_0 (N·m)
−2.0	6.3×10^1	1.26×10^6
−1.0	2.0×10^3	3.98×10^7
0.0	6.3×10^4	1.26×10^9
1.0	2.0×10^6	3.98×10^{10}
2.0	6.3×10^7	1.26×10^{12}
3.0	2.0×10^9	3.98×10^{13}
4.0	6.3×10^{10}	1.26×10^{15}
5.0	2.0×10^{12}	3.98×10^{16}
6.0	6.3×10^{13}	1.26×10^{18}
7.0	2.0×10^{15}	3.98×10^{19}
7.5	1.1×10^{16}	2.24×10^{20}
8.0	6.3×10^{16}	1.26×10^{21}
8.5	3.6×10^{17}	7.08×10^{21}
9.0	2.0×10^{18}	3.98×10^{22}
9.5	1.1×10^{19}	2.24×10^{23}

はこの形の式の係数を次々と変更し，最終的には

$$\log E_s = 4.8 + 1.5 M_s \tag{5.41}$$

に到達した．両者の関係については多くの研究があるが，そのほとんどは

$$\log E_s = \alpha + \beta M \tag{5.42}$$

の形を採用し，β は 1.4〜2.2 程度になっている．表 5.4 には（5.41）による M_s と E_s の関係（M_s は M_w で置換），（5.35）による M_w と M_0 の関係を示す．

（5.41）は次のようにして導かれたものである．深さ h の地震を考え，震央における振幅/周期を $(A/T)_0$，地震動の継続時間を t_0 する．震源を中心とする半径 h の球面を通過して t_0 時間に放出される S 波のエネルギーは，震源の方位性がないとすれば（3.56）より

$$E_s = 2\pi^3 h^2 \rho V_S (A/T)_0^2 t_0 \tag{5.43}$$

ここで $V_S = 3.4$ km/s, $\rho = 2.7$ g/cm^3 とする．南 California の地震は $h = 16$ km 程度である（当時はそう思われていた）とし，P 波のエネルギーは S 波の半分と仮定しその分を加えると結局

$$\log E_s = -1.66 + 2\log(A/T)_0 + \log t_0 \tag{5.44}$$

となる（A は cm，T，t_0 は秒単位）．さらに南 California での観測から

$$\log t_0 = -1 + 0.4 \log(A/T)_0 \tag{5.45}$$

$$\log (A/T)_0 = m_B - 2.3 \tag{5.46}$$

という実験式が得られているので，これを用いると（5.40）は

$$\log E_s = -1.2 + 2.4 m_B \tag{5.47}$$

となり（5.9）を用いて m_B を M_s に変換すると（5.41）が得られる．

1kW・h の電力が 3.6×10^6 J，普通の火薬 1kg を爆発させたときのエネルギーが 4.2×10^6 J であることを考えると，表5.4から大地震のエネルギーは実に大きいことがわかる．広島型の原爆（20kt）は 8.4×10^{13} J で M_s 6.1 に相当する．ただしこの原爆を地下で爆発させても，地震波エネルギーになるのはそのごく一部であるから発生する地震は M 5 以下であろう．20Mt の水爆は M_s 8.1 に当たるが，発生する地震は M 6 級であろう．世界の M 4 以上の地震のカタログや震央分布図には期間にもよるが多数の地下核実験が含まれている場合がある．また微小地震のカタログや震央分布図には地域にもよるが（たとえば日本では）多数の人工地震（採石や工事用爆破など）が含まれている．

5.4 地震のマグニチュードの度数分布

A. グーテンベルク・リヒターの式

大きい地震ほど発生回数が少ないことはよく知られている事実である．この性質の量的表現については，塩冶（1908）や和達（1932）などの考察もあるが，発生度数がマグニチュード M とともに指数関数的に減ることを述べたのは Gutenberg と Richter（1941）である．ついで彼ら（1944）は南 California の浅い地震（$3.5 \leq M_L \leq 6.5$）について，現在**グーテンベルク・リヒターの式**（G-R 式，Gutenberg-Richter's relation）と呼ばれている

$$\log n(M) = a \quad bM \tag{5.48}$$

という形の式をあてはめ，$b=0.88$ を得ている．（5.48）は一定の地域，期間に起こったマグニチュード M から $M+dM$ までの地震の度数を $n(M)dM$ とするとき，$n(M)$ と M の関係を表すが，もし，マグニチュード M 以上の地震の総数を $N(M)$ とすれば $N(M) = \int_M^\infty n(M)dM$ であるから

$$\log N(M) = A - bM \tag{5.49}$$

となる．ただし $A = \alpha - \log(b \ln 10)$ である．（5.49）は

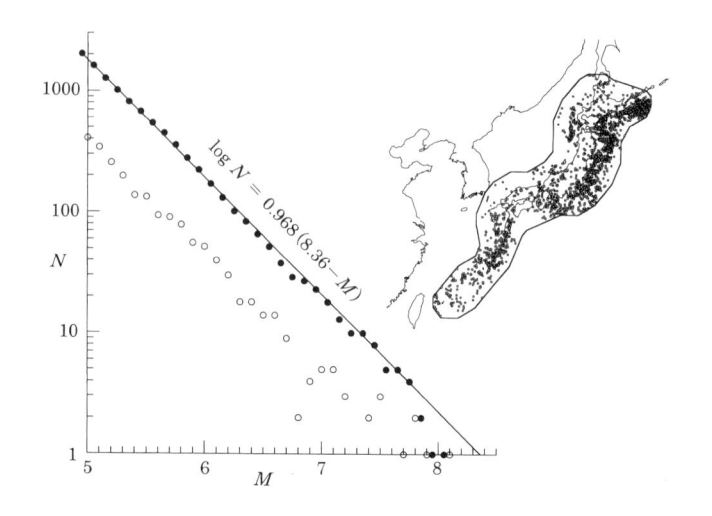

図 5.4 表 5.5 のデータのプロット，黒丸は $N(M)$，白丸は $n(M)dM$ （$dM=0.1$）

$$\log N(M) = b(M_1^* - M) \qquad (5.50)$$

と書いてもよい．このとき M_1^* は $N(M)=1$ となる M で，後に示すように最大の地震のマグニチュードのモードとなる．表 5.5 と図 5.4 に最近 35 年間に日本付近（図示の曲線で囲んだ範囲）に起こった深さ 60 km 以浅の地震のマグニチュードの分布を示す．G-R 式が成り立っていることがわかる．

$M3$ 以下の微小地震が存在し，それらの大きさ分布がやはり G-R 式（後述

表 5.5　日本付近の浅発地震の M の分布（1965〜99年）$dM=0.1$

M	$n(M)dM$	$N(M)$	M	$n(M)dM$	$N(M)$	M	$n(M)dM$	$N(M)$
8.2	0	0	7.1	5	18	6.0	52	224
8.1	1	1	7.0	5	23	5.9	56	280
8.0	0	1	6.9	4	27	5.8	79	359
7.9	1	2	6.8	2	29	5.7	91	450
7.8	2	4	6.7	9	38	5.6	94	544
7.7	1	5	6.6	14	52	5.5	134	678
7.6	0	5	6.5	14	66	5.4	138	816
7.5	3	8	6.4	18	84	5.3	199	1015
7.4	2	10	6.3	18	102	5.2	256	1271
7.3	0	10	6.2	30	132	5.1	343	1614
7.2	3	13	6.1	40	172	5.0	407	2021

の石本・飯田の式）に従っていることは，福井地震（1948）の余震などを高感度地震計で観測して明らかになった（浅田と鈴木，1949；浅田，1957）．

M の分布が (5.48)，(5.49) で表される地震の集団があるとき，最大の地震のマグニチュード M_1 の分布関数 $g(M_1)$，その累積分布関数 $G(M_1)=\int_{-\infty}^{M_1} g(M)dM$ を求めると次のようになる．

$$g(M_1) = b(\ln 10)10^{b(M_1^* - M_1)} \exp\{-10^{b(M_1^* - M_1)}\} \quad (5.51)$$

$$\log\{-\log G(M_1)\} = b(M_1^* - M_1) - \log(\ln 10) \quad (5.52)$$

(5.49) から $g(M_1)$ は $M_1=M_1^*$ のとき極大になることがわかる．また M_1 が M_1^* を越える確率は $1-e^{-1} \fallingdotseq 0.633$ である．

n 番目の大きさの地震のマグニチュードを M_n とするとき，M_n の分布，$M_l - M_n$ $(l<n)$ の分布などが求められるが長い式になる．簡単な場合，たとえば $D=M_1-M_2$ の分布は次のようになる．

$$f(D) = b(\ln 10)10^{-bD} \quad (5.53)$$

B. b 値の求め方

G-R 式は全世界の大地震についても，局地的な小地震，微小地震についてもほぼ成り立っている．係数 b の値は **b 値** (b value) 呼ばれ，地震集団の性質を表す重要なパラメーターとみられている．多くの場合 $b=0.7\sim1.1$ 程度であるが，与えられたデータ（たとえば表5.5）から b 値を求めるには**最尤法***（maximum likelihood method）によるのが簡単で精度がよい．いま，マグニチュード M_z 以上の地震の M がすべてわかっているとき，G-R 式は $M-M_z$ が $b\ln 10$ というパラメーターの指数分布をなしているということであるから，b の最尤推定値は，M の平均値を $\overline{M}$ とすれば

$$b = \frac{\log e}{\overline{M} - M_z} \quad (\log e \fallingdotseq 0.43429) \quad (5.54)$$

で与えられる．この式を用いるときの注意として，たとえば表5.5のように M

---

* x の分布が確率密度関数 $f(x)$ で与えられているが，$f(x)$ に含まれるパラメーター α，β，… の値が不明であるとする．x の観測値がもれなく得られ，それを x_1，x_2，…，x_N とするとき，α，β，… の値を尤度 $L=f(x_1)f(x_2)\cdots f(x_N)$ を最大にするものとして連立方程式 $\partial L/\partial\alpha=0$，$\partial L/\partial\beta=0$，…（または $\partial\ln L/\partial\alpha=0$，$\partial\ln L/\partial\beta=0$，…）から求めるのが最尤法である．指数分布 $f(x)=\alpha e^{-\alpha x}$ $(x\geq 0)$ の α の最尤推定値は $1/\bar{x}$ になる（$\bar{x}$ はデータの平均値）．より複雑な数理モデルでもその尤度が数式として記述できれば，最尤法を適用してデータからモデルパラメーターを推定できる．

が0.1ごとに与えられているとき，$M5.0$は実は4.95〜5.05を意味しているから，M_zは4.95とすべきであることと，Mが0.1ごとならば問題ないが，1/4ごとまたは0.5ごとに与えられているようなデータでは(5.54)はやや小さいbを与えるので補正が必要であることを述べておく．

C. b値の空間的変動

GutenbergとRichter（1949*）は世界の各地域の地震についてb値を求めた．これは各所に引用されたが，地域によっては非常に少ないデータに基づいており信頼できない．その後のいくつかの研究を総合してみると，中央海嶺の地震はbの値がやや大きく，島弧，トランスフォーム断層などの地震は普通，大陸内部の地震はやや小さい傾向がみられるが，地域性はほとんどない（あるいは地域性を議論するには色々問題がある）という指摘もいくつかある（たとえばFrohlichとDavis, 1993；Kagan, 1997）．火山性地震（§6.3C），とくにB型ではb値が大きく2を越えることがある．深さとともにb値がいかに変わるかは決定的なことはいえない．全世界をまとめて扱うと$M5$程度以上では深い地震でも浅い地震でも著しい差異はない（たとえばOkalとKirby, 1995）．末広（1960, 67）によれば，日本，Fiji諸島，南米などの地域の深い地震では，Mが4程度以下で発生数がG-R式から期待されるよりもかなり少ない．

比較的狭い領域でb値が地域的に異なるという研究もいくつかある（たとえば井元, 1987；Wyssほか, 1997）．ただし，起こりうる地震の大きさの上限M_cが違えば，$M<M_c$で$\log n(M)$対Mの曲線の傾斜は同じでも，(5.54)によるb値は違ってくる．

二つの地震の集団のb値に有意な違いがあるか否かの検定を行うのにも，(5.54)によって求めた値が扱いやすい．二つのb値b_1，b_2がそれぞれs_1，s_2個のデータから(5.54)によって求められ$b_1>b_2$とする．b_1/b_2は自由度$2s_1$，$2s_2$のF分布に従うことが証明されているから，この性質を用いて簡単にb_1とb_2の差異の有意性の検定が行える（宇津, 1966）．この種の検定はG-R式が成り立っているという仮定のもとでの議論であり，この仮定を外せば，(5.54)のb値は等しくてもMの分布はまったく違うということはありうる．

D. 石本・飯田の式

表5.6のようにある地点での有感地震動の震度別度数の統計をとると，震度

5.4 地震のマグニチュードの度数分布　　　147

表 5.6　70 年間の震度別回数*（1926〜95 年）

震度 観測所	1	2	3	4	5	計	震度 観測所	1	2	3	4	5	計
根 室	1906	811	217	37	2	2973	名古屋	512	185	52	14	1	764
札 幌	272	74	32	5	0	383	金 沢	113	38	12	2	0	165
旭 川	75	20	16	2	0	113	大 阪	417	89	35	10	0	551
秋 田	323	118	48	10	3	502	和歌山	4919	930	186	26	1	6062
盛 岡	1665	687	198	49	4	2603	広 島	292	117	21	1	0	431
福 島	1697	632	232	33	7	2601	浜 田	138	62	16	1	0	218
水 戸	3359	1315	379	58	6	5117	高 知	380	130	52	6	1	569
東 京	1803	734	245	44	5	2831	福 岡	165	62	20	3	0	250
新 潟	259	77	25	3	1	365	熊 本	595	271	96	16	0	978
高 山	194	66	33	1	0	294	宮 崎	390	165	67	24	6	652
浜 松	232	80	28	1	1	342	福 江	13	4	1	0	0	18

*本表の観測所では震度 6 以上はすべて 0 回．

I と度数 $n(I)$ の間に

$$\log n(I) = a_1 - b_1 I \tag{5.55}$$

の関係がほぼ成り立つといわれる．このことは，中村（1925）が関東地震（1923）の余震について報告したのが最初である．

ある地点で記録された地震動の最大振幅 A の度数分布に関しては，次の**石本・飯田の式**（1939）がある．

$$n(A) = kA^{-m} \tag{5.56}$$

ここで $n(A)dA$ が最大振幅が A から $A+dA$ までの地震の度数，m，k は定数である．石本と飯田は東京における観測から $m=1.74$ を得たが，その後多くの研究でも 1.7〜2.0 程度の m の値が得られている．(5.55) や (5.56) は地震のマグニチュードの分布と密接に関係しているものである．浅田ほか（1951）は石本・飯田の式と G-R 式は同じ内容であり，ある仮定のもとで

$$m = b + 1 \tag{5.57}$$

の関係があることを示した．

E. グーテンベルク・リヒターの式の解釈

a. 物の大きさの分布　地震のマグニチュードの分布がなぜ G-R 式に従うかの説明はいくつか試みられている．まず，G-R 式が成り立っているときには p，q を定数として

$$\log X = p + qM \tag{5.58}$$

という式で M と結ばれている量 X の度数分布は

$$n(X) = cX^{-r} \qquad r = b/q + 1 \tag{5.59}$$

という**べき分布**（power-law distribution）となる*．たとえば（5.42）による E_s の分布は，$q=1.5$ であるから $b=1$ のとき

$$n(E_s) = c' E_s^{-5/3} \tag{5.60}$$

である．いま E_s は震源域の体積 V に比例し，V はその一次元的な寸法 L の3乗に比例するとすれば，L の分布は次のようになる．

$$n(L) = c'' L^{-3} \tag{5.61}$$

脆性物質（たとえば岩石）を押しつぶすと，色々な寸法の破片に分かれるが，破片の寸法 L は近似的に $n(L) \propto L^{-\nu}$ で表されるべき分布をなし，ν は3に近い値であることが知られている．竹内と水谷（1968）はこのことや，月面上の石の寸法，小惑星の大きさ，月のクレーターの寸法なども同様な法則に従って分布していることに注目し，(5.61) が破壊の一般的性質に関連していることを示唆した．このほかにも，壁に生じたひび割れの長さや，地質断層の長さ，月震観測から推測される月面へ衝突する隕石の大きさの分布なども類似の性質を示す．しかし，一つの破片（あるいは割れ目，断層など）が一つ（あるいは同数）の地震に対応するという暗黙の仮定は適当であろうか．どの断層も同じ平均間隔で地震を発生しているわけではない．

b. 分枝モデル　大きな破壊ほど起こりにくく数が少なくなることを表すのに，破壊の進行がある確率 P で止められるというモデルを用いることがある．大塚の碁石モデルもその一種で，一般に**浸透理論**（percolation theory）といわれるものの一つの場合である．一般化した碁石モデル（大塚，1972）は分枝モデルと呼ぶほうがよい．斎藤ほか（1973），丸山（1978）などによれば，このモデルから次のエネルギー E の分布式が導かれる（h, E_m は定数）．

$$n(E) = hE^{-3/2} \exp(-E/E_m) \tag{5.62}$$

これを（5.42）によって M の分布式に直せば $b = \beta/2$ とおいて

---

* $r = b/q$ ではない．$n(M)$ を $n(X)$ に変換するときには dX/dM を掛ける必要があり，これが X^{-1} に比例するから1が加わる．

5.4 地震のマグニチュードの度数分布

$$\log n(M) = a - bM - c10^{bM} \tag{5.63}$$

この式によれば $\log N(M)$ 対 M のグラフは上に凸になるが自然地震でもそのような傾向がみえる場合がある．この考えによれば，大きい地震はいったん始まった破壊が運悪くなかなか止まらなかったため大きくなってしまったもので，大地震になることがあらかじめ決まっていたのではない．したがって大地震を予知することは不可能ということになる．この種のモデルでは破壊が隣へ進行する確率 P が系の挙動を支配する．P が一定なら予知はできないが，P は時間・空間的に変動すると考える方が自然ではなかろうか．大きな地震は P の大きい地域，期間に発生しやすい．P の変動を観測（できれば予測）できれば確率的に意味のある地震予知につながるかもしれない．

なお，(5.62)にさらに正の定数 k を導入して一般化し

$$n(E) = hE^{-1-k}\exp(-E/E_m) \tag{5.64}$$

としたものは Kagan (1993, 97) などが地震モーメント E の分布として好んで使っている．これはガンマ分布の形をしているが，統計学でふつうに使われるガンマ分布は $k < 0$ であり，(5.64) はそうではない点に留意する必要がある．$E_m \to \infty$，$k = b/\beta$ とすれば (5.64) は G-R 式と同等である．

c. フラクタルと SOC　べき分布をする現象は**フラクタル** (fractal) として扱われることが多い．フラクタルは1967年に Mandelbrot が導入した概念で，ある図形の一部を取り出して拡大すると，全体と見分けがつかない形をしているとき，すなわち**自己相似性** (self-similarity) を有しているとき，その図形はフラクタルであるという．自然界には（ある範囲で近似的に）フラクタルであるものがしばしば目に付く．地震を含む地学現象のフラクタルな面の解説としては Korvin (1992[*])，Goltz (1997[*])，Turcotte (1997[*]) などがある．

ある現象のフラクタルとしての性質はフラクタル次元 D によって与えられる．D の定義・求め方は対象によって異なるが[*]，なんらかのべき分布を得てその指数と関連づけることが多い．地震の大きさ分布や前記の破片，割れ目，

---

[*] フラクタル次元は求め方により容量次元，相似次元，情報次元，相関次元など色々あるが，これらを一般化した一般化フラクタル次元 D_q ($q = \cdots, -2, -1, 0, 1, 2, \cdots$) が定義されている．$D_q$ が q により異なるときこれをマルチフラクタルといい，D_q が q によってどう変わるかが対象とする現象の性質を表すものとして議論される．

断層の長さの分布など，震源の分布（§6.3E），余震の時間分布（§7.1B）など，べき分布で表せるものはフラクタルとみて色々と議論される．このような取組み方は地震以外のフラクタルな現象との共通点を探るなど有効な面はあるが，フラクタルだといえば地震現象が解明されたことになるわけではない．b 値が他のフラクタル次元とどういう関係にあるかも議論があるところである．

前記分枝モデル（浸透モデル）は確率が臨界値 $P=1/s$（s は分枝の数）のときべき分布になるが自動的にそうなるわけではない．ところが Bak ほか（1987）はある種の単純なシステムは**自己組織化臨界性**（self-organized criticality, SOC）を有し，自然に臨界状態（大きさがべき分布）になることを示した．Bak と Tang（1989）は空間的不均質性などを必要としない簡単な**セルオートマトン***（cellular automaton）モデルによって G-R 式に従う事象を発生できることから，地震も SOC であると主張した．しかし，地震はべき分布すなわちフラクタルで SOC の産物という単純な思考でことが済むとも思えない．

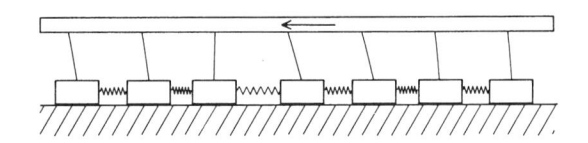

図 5.5　Burridge-Knopoff 型ばね-ブロックモデル

Burridge と Knopoff（1967）の**ばね-ブロックモデル**（spring-block model, 図 5.5）やそれを二次元に拡張しさまざまな性質を付加したもの（たとえば大塚, 1972；Carlson と Langer, 1989；Christensen と Olami, 1992；熊谷ほか, 1999）はときに SOC の挙動を示す．つながって同時にすべるブロックの数（破壊領域の大きさ）や，すべり量を考慮して求めたエネルギーがべき分布をする．

---

*　空間を格子に分け，時間も離散化して測り，各格子点におけるある変数の値の変化を定める規則（たとえば隣接点との相互作用）を設けて，その変数の空間的分布の時間的変動を調べる数理的モデル．碁石モデルでは数値が 1（白石），−1（黒石），0（石なし）のいずれかであるが，ばね-ブロックモデルでは各ブロックの位置，作用する力などが変数となる．

5.4 地震のマグニチュードの度数分布

地震の統計的性質,さらには断層すべりの時空間的発展,短周期地震波の発生などについて,ばね-ブロックモデルを含むセルオートマトンモデルによるシミュレーションによって説明しようとする論文は数十編あるが,まず G-R 式あるいはそれに準ずるある種の大きさ分布が得られることが要請され,さらに時間空間的諸性質が加味されている.これらに関連して Main (1996),Turcotte (1999) を参照されたい.三雲と宮武 (1979) の不均質摩擦断層モデル (§7.1D) も G-R 式に従う事象が発生する.

F. その他の問題

G-R 式には二つの問題点がある.一つは b の値が b_1,b_2 という二つの地震の集団があるとき,両者を合わせた集団に対しては $b_1=b_2$ でない限りもはや G-R 式が成り立たないことである.しかし G-R 式が対数スケールの法則であり,データのばらつきもあるので,この矛盾は余り目立たない.

もう一つは G-R 式が成り立つとしてもその範囲に限界があることである.G-R 式によればいかに大きい地震でも発生確率はゼロではないが,地球は有限であるから地震にも上限 M_c があるはずである.全世界を通して M_w が 9.5 を越える地震は知られていない.狭い地域について調べると M_c はさらに小さく,M_c の値はその地域の構造に関係すると思われる.この場合 $M<M_c$ の範囲で G-R 式が成り立ち,$M \geq M_c$ では $n(M)=0$ とすることもあるが,別の形の式もいくつか提案されている(宇津,1999).あるデータに対してどの式が最適かは AIC (§7.6.D) を用いて判定できるが,データによって最適の式は違っている.

固有地震モデル (§7.4D) が(近似的にでも)成り立つときは,固有地震を何個も含むような長い期間に対する M の分布は,固有地震の M に当たるところにピークがあり,固有地震とそれ以外の地震(余震や常時活動など)のうち最大のものとの間に 'マグニチュードギャップ' が生じ,固有地震を除いた小地震に対して G-R 式が成り立つ.そういう実例はほとんどないから固有地震説は誤りとする見解 (Kagan, 1993) もありうるが,そういう実例もいくつかあるから固有地震モデルは無意味ではないともいえる (Stirling ほか,1996).地震危険度推定の際などには配慮が必要である (§12.1B).なお,地域によって固有地震の大きさが異なれば,広い地域をまとめて扱うと全体として G-R

式が成り立ちマグニチュードギャップは見えなくなるだろう．

M の小さいほうにも限界があるかもしれないが，浅い地震では下限 M は 0 以下とみられている．渡辺（1973）は松代群発地震では M が -0.9 以下の地震は G-R 式から期待されるよりも明らかに数が少ないとみている．なお，もっと大きい M の範囲（たとえば $M3$ 程度以下）で $\log N(M)$ 対 M の曲線の傾斜が緩やかになるという報告（たとえば海野と Sacks, 1993）があるが，そうはいえないという観測もある（たとえば Arbercrombie, 1995）．

6章　地震の空間的分布—世界各地の地震活動

6.1　震源の求め方

A. 近地浅発地震

震央に近い少数の観測点のデータしか得られない場合，地表は平面，地下構造は一様（地震波速度が一定）と仮定した震源決定が古くから行われている．

a. 3点の $S-P$ 時間を用いる方法　ある観測点における P から S までの時間，すなわち $S-P$ 時間（初期微動継続時間）は，正確な時計が無くても記録紙の送りの速さがわかれば測定できる．$S-P$ 時間 τ は震源距離 R に比例するから

$$R = k\tau \tag{6.1}$$

と表される．この式を**大森公式**という．比例定数（大森定数）k は

$$k = \frac{V_P V_S}{V_P - V_S} \tag{6.2}$$

である．大森(1918)は最終的に $k=7.42$ km/s を得たが，k の値は場所によって異なり，4〜9km/s くらいの範囲で変わる．3点の $S-P$ 時間を知り，k の値を仮定すれば，震源は計算できるが，ここでは作図法を述べておこう（図6.1）．観測点 A, B, C を中心として(6.1)で与えられる R を半径とする円を描くと，三つの共通弦は1点 E で交わり，ここが震央である．次に，一つの弦を直径とする半円を描き，E を通りその弦に立てた垂線が半円と交わる点を H とすれば，$\overline{EH}$ の長さが震源の深さになる．

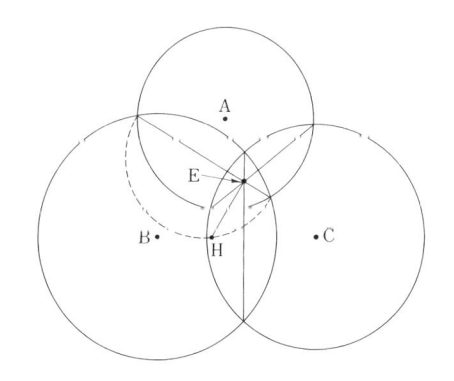

図6.1　3点の $S-P$ 時間から決めた震央 E と震源の深さ $\overline{EH}$

b. 4点の$S-P$時間を用いる方法　このときはkを未知として震源が決められる．作図による場合は，観測点A，Bにおける$S-P$時間をτ_A，τ_B，震源をXとすれば，$\overline{AX}:\overline{BX}=\tau_A:\tau_B$となるような点Xの軌跡は，線分ABを$\tau_A:\tau_B$の比に内分および外分する点P，Qを直径の両端とする球面となる．したがって$\overline{PQ}$を直径とす

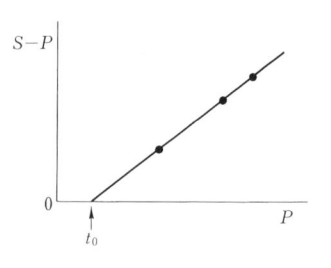

図6.2　和達ダイヤグラム

る円を描けば，これが図6.1の一つの円になる．同様にBとC，CとDの組合せから二つの円が描けるから，図6.1と同様に震源が決まる．

c. 3点の$S-P$時間とPの時刻を用いる方法　V_Pは既知とする．まず，図6.2のような$S-P$時間対P時刻のグラフ（**和達ダイヤグラム**，Wadati diagram）をつくる．地下のV_P，V_Sが場所によって異なってもV_P/V_Sが一定ならば，多数の点をプロットしても，和達ダイヤグラム上の点はすべて一直線に並ぶ．この直線が横軸を切る点から震源時t_0が決まるから，震源距離は$R=(P-t_0)V_P$となり，3点のRがわかればa節と同様に行える．

d. 4点または5点のPの時刻を用いる方法　4点の場合はV_Pは既知，5点の場合は未知とする．i番目の観測点の位置をx_i, y_i, z_i，Pの時刻をt_iとし，震源の位置をx_0, y_0, z_0，震源時をt_0とすれば，$i=1,\cdots,4$または5について

$$(x_i-x_0)^2+(y_i-y_0)^2+(z_i-z_0)^2=V_P^2(t_i-t_0)^2 \tag{6.3}$$

が得られるから，この連立方程式を解けばよい．なお，$X=2x_0$, $Y=2y_0$, $Z=2z_0$, $U=V_P^2$, $V=-2t_0^2V_P^2$, $W=t_0^2V_P^2-x_0^2-y_0^2-z_0^2$とおけば，(6.3)を一次式

$$x_iX+y_iY+z_iZ+t_i^2U+t_iV+W=r_i^2 \tag{6.4}$$

に直すことができる．ただし$r_i^2=x_i^2+y_i^2+z_i^2$である．

B. 標準走時表を用いる方法

a. 多点の$S-P$時間から作図により近地地震の震源を求める方法　色々な深さの地震に対するPおよびSの走時表が与えられていれば，震源の深さを与えれば$S-P$時間から震央距離が決まる．ある深さを仮定し，各観測点を中

心としてその $S-P$ 時間に対応する震央距離を半径とする円を描く．用いた走時表と仮定した深さが正しければすべての円は1点を通るはずで，その点が震央，仮定した深さが震源の深さである．円が1点に集まらないときは，深さを色々変えて試み，最も良く1点の近くに集まるような深さを選ぶ．

b. 多点のP時刻から走時曲線を描いて震源を求める方法　だいたいの震央を推定して，それを基準にして P の走時図をプロットする．プロットされた点がなるべくもっともらしく一つの走時曲線に乗るように震央を少しずつ変えて試み，よい走時図が得られたならば，種々の深さに対する標準走時曲線と重ねてみて，最適の深さを選ぶ．

c. 最小二乗法　Geiger（1910）に始まるもので，仮に決めた震央の経度，緯度を λ, φ, 深さを h, 震源時を t, 正しい震央，深さ，震源時を $\lambda+\delta\lambda$, $\varphi+\delta\varphi$, $h+\delta h$, $t+\delta t$ とし，$\delta\lambda$, $\delta\varphi$, δh, δt を最小二乗法で求める．仮の震源に対する i 番目の観測点の標準走時表による計算走時を C_i, 観測走時を $O_i (= t_i - t)$ とする．最小二乗法の観測方程式は

$$\frac{\partial C_i}{\partial \Delta_i}\frac{\partial \Delta_i}{\partial \lambda}\delta\lambda + \frac{\partial C_i}{\partial \Delta_i}\frac{\partial \Delta_i}{\partial \varphi}\delta\varphi + \frac{\partial C_i}{\partial h}\delta h + \delta t = O_i - C_i \tag{6.5}$$

となる．ただし Δ_i は i 番目の観測点の震央距離で，$\partial C_i/\partial \Delta_i$ と $\partial C_i/\partial h$ は標準走時表から求められる．また

$$\partial \Delta_i/\delta\lambda = -\sin\theta_i \cos\varphi \tag{6.6}$$

$$\partial \Delta_i/\delta\varphi = -\cos\theta_i \tag{6.7}$$

である．θ_i は震央からみた i 番目の観測点の方位で北から時計方向に測る．(6.5) により，観測点が4点以上あれば4未知数が決まる．P と S を用いれば3点でもよい．しかし普通は10点程度以上あることが望ましく，$\Sigma(O_i - C_i)^2$ を最小にするという条件によって得られる正規方程式を解き補正値 $\delta\lambda$, $\delta\varphi$, δh, δt を求める（**最小二乗法***, method of least squares）．次に仮の値にこ

---

* 未知数が x, y の2個でウェイトは掛けないという簡単な場合について最小二乗法を説明しておこう．観測方程式 $a_i x + b_i y = e_i$ ($i=1, 2, \cdots, N$) に対する正規方程式は

$$[aa]x + [ab]y = [ae]$$
$$[ba]x + [bb]y = [be]$$

である．ただし，$[aa] = \Sigma a_i^2$, $[ab] = [ba] = \Sigma a_i b_i$, $[bb] = \Sigma b_i^2$, $[ae] = \Sigma a_i e_i$, $[be] = \Sigma b_i e_i$, Σ は $i=1$ から N までの総和．この連立方程式を解いて x, y を得る．

れらを加えたものを新たに仮の震源要素として再び同様な計算を行う．数回繰り返せば，データが不適当でない限り，通常は補正値はほとんど0になる．

　この方法は全世界，あるいは地域的な地震観測網のデータを用いて震源を求めるのに，ふつうに使われているものである．ISC や USGS では標準走時表として Jeffreys-Bullen の表（1940*）を，気象庁では 1973 年以降は市川・望月の表（1971），1983 年 10 月からはそれを手直しした表を用いている（浜田，1984）．データにはウェイト（重み）を掛ける必要がある．通常，S に比べ P には重く，震源付近の観測データは遠地のデータに比べて重くウェイトを掛けるほか，誤差の大きいデータは排除されるようなプログラムにしなければならない．1 分違いの読取りなどは識別できるが，背景雑音や別の相を誤認していることを認めるのはかなり難しい場合がある．

C. 格子点捜査法（grid search method）

　地下構造が水平方向にも変化するなど標準走時表が作れない場合，仮定した震源から各観測点に至る走時を三次元波線追跡によって計算し，観測に最もよく適合する震源位置を捜す．通常は震源が含まれると思われる領域内にある間隔で多くの三次元格子点を想定し，その中の最適点（たとえば $\Sigma(O_i-C_i)^2$ が最小になる点）を求める．その点の周囲にさらに間隔を狭めて格子点を設定し同じ計算を繰り返す．この方法は膨大な計算を要するが，計算機の能力向上によって実用的となった．最小二乗法でもこの方法でも，実際には色々と計算手法にくふうをこらして処理しないと，解が不安定になったり，不合理な解に収斂したり，計算時間が長すぎたりする．

D. 震央・震源の推定法

　精度はともかくとして，震央または震源のおおよその位置を推定するとき（緊急の場合や古いデータを使うときなど）に有効な方法を挙げておく．

a. 等震度線の中心
内陸部あるいは海岸に近い海底地震でほぼ同心円状の等震度線が描ける場合は，その中心を震央とする．地震計による観測が行われる以前の地震はこの方法によるほかない．この方法は地盤による震度の違いの影響を受けるし，異常震域が現れる地震では使えない．

b. 等 P 線または等 $S-P$ 線の中心
多くの観測点があれば地図上に等 P 線あるいは等 $S-P$ 線が描ける．等 P 線の間隔あるいは震央における $S-P$ 時間

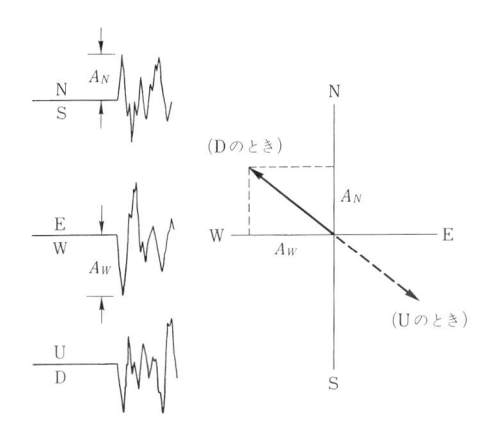

図6.3　初動の振幅による震央方位の推定

から震源の深さが推定できる．

c. 1点におけるP波初動と$S-P$時間　P波初動の南北動と東西動の振幅を図6.3のように合成する．上下動の初動が下向きのときは水平2成分の合成方向が震央の方位となり，上向きのときは合成方向と反対の方向が震央の方位となる．震源の深さを仮定すれば$S-P$時間から震源距離が決まるから震央が推定できる．

d. 多点の初動方向　多くの観測点の初動方向の延長は1点，すなわち震央に集まると考えられるが，観測誤差や，地殻構造の地域性によるP波の入射方位の偏りのため正確に震央に集まるわけではない．

e. アレーによる方法　アレー（§2.5）の記録からP波の到来方向と$S-P$時間が求められれば，c項と同様にして震央が推定される．さらに見掛けの速度が求められるから，近地地震では震源の深さをある程度推測できる．

f. 深さ決定に有用な相（デプスフェイズ，depth phase）　§4.1でふれたが$pP-P$時間，$sS-S$時間は震源の深さの決定に利用できる．そのほかScS, sP, P'P' 等を使うこともある．海野ほか（1995）は東北日本太平洋岸沖合の浅い地震の深さを近地のsPの観測から求め，プレート境界面から離れた位置に決まっていた震源の多くはプレート境界面付近のものであることを認めた．

g. 地震記象の波形またはスペクトル　震源の深さが地震記象に及ぼす影響

を分析して,震源の深さを実体波あるいは表面波の波形またはスペクトルから推定する試みもある.この場合の作業は震源過程の解析の一環となる.

E. 震源決定の諸問題

震源決定は古くからの問題で多くの研究があるが,正確にはわかっていない複雑な地下構造のもとで,各種の誤差を含む限られたデータを用いて逆問題を解くという難問である.

震源決定の誤差には,観測データの誤差によるランダム誤差と,使用した標準走時表(構造モデル)の誤差による系統誤差がある.50年ほど前までは,時計の狂いや記録紙の送りむらによる到着時の測定誤差が大きかった.現在でもSN比の悪い記録では,位相の立上りの誤認によって誤った到着時を報告することもあるし,位相のとり違え,たとえばsPをSとしたり,P_nを見逃しP_gを初動としたりすることもある.ほとんど同時刻に起こった別の地震の波が混ざり混乱することもある.観測所からの報告の中にはこういう誤りが含まれているから,震源決定プログラムはそのようなデータは排除するように作っておかないと,少数の悪いデータのため震源の精度は著しく低下してしまう.

上部マントルの構造異常が著しい島弧や中央海嶺付近では,標準走時表からのずれがPで数秒,Sで十数秒に達する水平方向の不均質性がある.このような地域の震源を普通の方法で決めると,数十kmにも及ぶ系統誤差が生じることがある.観測所直下の地下構造の差異の影響は**観測点補正**(station correction)を加えることによりかなり除けるが,広域にわたる構造の地域差の補正には複雑な手続きが必要となる(たとえば震源の位置に応じて観測点補正を変えるなど,古川と大見,1993; Richards-DingerとShearer,2000).

決定された震源の位置が真の震源の位置とどの程度違っているかの推定はむずかしい.位置がわかっている爆破,山崩れなどについて,自然地震と同じ方法で震源を決めてみると,震央距離100km程度以内のデータによる場合は数kmないし10km以内の差しか生じないが,数百km以上の遠方の観測を含めて決めると著しく狂う例がある.米国New Mexico州の核実験GNOME(1961)の位置を北米大陸100箇所の観測所のP時刻によって決めると,爆破点より東へ16kmずれてしまった.これは北米大陸の東部と西部で上部マントルP波速度がかなり異なる(西部で遅い)ためである.Aleutian列島の核

6.1 震源の求め方

実験 LONGSHOT (1965) では全世界のデータによって決めた震央は爆破点の 23 km 北になった．爆破点とその時刻を基準にして各観測所の走時残差を観測所の方位に対してプロットすると，北側の観測所では南側に比べて 3 秒前後小さい．普通の方法で震源を決めると，このような方位性が表れないような位置に決まってしまうのである (Herrin と Taggart, 1962, 68)．最近の研究としてはたとえば Lienert (1997) は NTS (米国，307 回) と Semipalatinsk (旧ソ連，75 回) 核実験の位置を ISC の P 時刻データから求めている．震央はほぼ 10 km 以内に収まるが，深さは 20 km を越えるものもある．

自然地震でも，たとえば日本付近の地震について気象庁観測網により求めた震央と，全世界の観測網により決めた震央を比べると，地域によっては数十 km に及ぶ著しい系統的な差異が認められた．これは島弧に特有の上部マントルの異常構造 (§4.5B) によってほぼ説明される (宇津, 1967)．なお Engdahl と Gubbins (1987) による Aleutian 列島についての研究もある．

震源決定の精度は震央付近にこれを取り囲むようにして多数の観測点があるとき最も良い．一般に大きい地震のほうが多数の観測点からデータが集まるから精度が良くなると思われるが，構造異常の影響を大きく受けた遠方の観測点のデータが加わるため，かえって系統誤差が大きくなる例も多い．震源の分布を他の地学的現象，とくに局地的な構造などと関連づけて考察するときには，震源の精度のことを充分考慮しないと，誤った結論を得ることがある．

震源を精度良く決めるほど震央分布図や鉛直断面上震源分布図での震源のばらつきが少なくなり分布図が引き締まってくる．近地の陸上の観測のみから沖合の海底地震の震源を決めると深さの誤差がとくに大きくなる．このとき海底地震観測が威力を発揮する (たとえば卜部ほか, 1985; 岩崎ほか, 1991; 西沢ほか, 1992)．日野ほか (2000) による 18 台の海底地震計を用いた三陸はるか沖地震 (1994) の余震震源分布をみると，その大部分は西に低角で傾く一つの面 (プレート境界) の付近に集中していることがわかる．これは陸上の観測網のみで決めた震源の分布ではわからない．

狭い領域内に多くの地震が起こっているとき，同じ観測点の組合せを用いて決めた震源は，絶対位置はともかくとして相対位置は大きくは狂わないはずである．この場合，一群の地震のうち最もデータの質のよいものを**マスターイベ**

ント（master event）に選んでていねいに震源を求め，他の地震はそれを基準にして相対位置を求めるとよい（たとえば伊藤と黒磯，1979）．

接近した地震は波形がよく似ていることがあり，波形の相関を調べて走時の差を正確に知ることができる場合がある（たとえば伊東，1985，90）．

ある地域に分布する観測点のデータからその地域の地下速度構造と発生する多数の地震の震源位置とまとめて同時に求める研究もいくつかある（Crosson, 1976; Spencer と Gubbins, 1980; Thurber, 1983; 宮町と森谷，1987; Eberhart-Phillips と Michael, 1993, 98; 宮町ほか，1994，その他多数）．

地下構造は既知として多くの震源を観測点補正と同時に定める方法は**連係震源決定**（joint hypocenter determination, JHD）として以前から使われていた（Douglas, 1967; Lilwall と Douglas, 1970; 古川と大見, 1993，その他多数）．

なお，大地震では震源（破壊開始点）と震源域（破壊領域）の違いに留意する必要がある．大地震の震源位置を×印や小丸で地図上に示すと，一般の人はそこが地震のあった場所で，そこから地震波（あるいは津波）のすべてが発生したと誤解しやすい．メディアでも震源の意味をよく理解していない報道や解説を散見する．震源の深さが 15km の地震のほうが，深さ 5km の地震より浅いところまで震源断層が達していることもあり得る．

6.2 世界の地震活動の分布

A. 概　説

現在の世界の地震観測網によれば，M 5 以上の地震ならば世界のどこに起こっても，ほとんどの震源が求まる．観測網が整備されている地域，たとえば日本，米国西部などでは M 3 以上，場所によっては M 2 程度以下でも震源が求められている．20 世紀前半では地震計の感度も低く，観測点の数も少なかったので，地域によっては M 6 近くのものでも震源が決まらないこともあった．20 世紀に全世界に起こった浅い地震（$h \leqq 70$km）は M 7.0 以上が 978 回，M 8.0 以上は 65 回，M_w 9.0 以上が 4 回あった．

震央を地図上にプロットして，地震活動の模様を表示したものを**サイスミシティマップ**（seismicity map）という．1900 年代初めまでの地震分布図は，

人間とその文化の分布状態に左右され，地学的にみればたいへん偏ったものであったが，それでも地震は世界中に一様に起こるのではなく，太平洋の周りや，東南アジアから中近東を経て地中海に抜ける地帯に多いことはわかっていた．前者が環太平洋地震帯（Circum-Pacific seismic zone），後者がユーラシア地震帯（Eurasian seismic zone）である．以後，地震観測網の整備とともに，震源が決まる地震の数も増してきたが，20世紀中頃までは$M6$以上の地震でも震央位置はときに数百kmの誤差があった．

　サイスミシティマップは，ある範囲内にある期間中に発生した一定のマグニチュード以上の地震はもれなく震央がプロット，それ以下の地震はプロットされていないこと，すなわち空間的に均質なものであることが望ましい．しかしこのような方針でつくられたものは少ない．全世界の震央分布図としてはUSCGS-NOAAのデータによってBarazangiとDorman（1969）が作製したものが一世を画するものであった．図6.4はその後のデータによる同種の図である．これらの図を以前の震央分布図，たとえばBellamy（1939）によるISSのデータをプロットした図と比べてみると，震源の精度と検知能力の向上は一目瞭然である．図6.5は阿部（1981, 84）およびISCなどのデータにより1904〜2000年に起こったM_Sまたはm_B7以上（1981年以降はM_w7以上）の大地震の震央を示す．このような全世界の地震分布をみると，地震が発生する主な地域は次のとおりである．（1）島弧およびそれに準ずる地域，環太平洋地震帯とユーラシア地震帯の大部分はこれに含まれる．（2）中央海嶺およびその内陸部への延長に当たるリフト．（3）海嶺や島弧の間を結ぶ水平ずれの断層（トランスフォーム断層，§10.8A）．（4）大陸の一部（中国，北米中東部など）．一方，地震がほとんど発生しない地域としては，大洋底の大部分（海嶺やHawaiiなどの火山島付近を除く），および大陸のシールド地域，たとえばカナダ，Greenland，北欧，アフリカ西部，アラビア，ブラジル，南極大陸などである．これらの地域も場所によっては中小地震は起こることもある．

　深さとともに地震回数がどう変わるかは地域性が著しいが，表6.1には全世界についてまとめた深さ別回数を最近20年間について示す．

　地震はすべてプレートテクトニクス（§10.7）でいうプレートの内部か二つのプレートの接触面で起こる．前者が**プレート内地震**（intraplate earthquake），

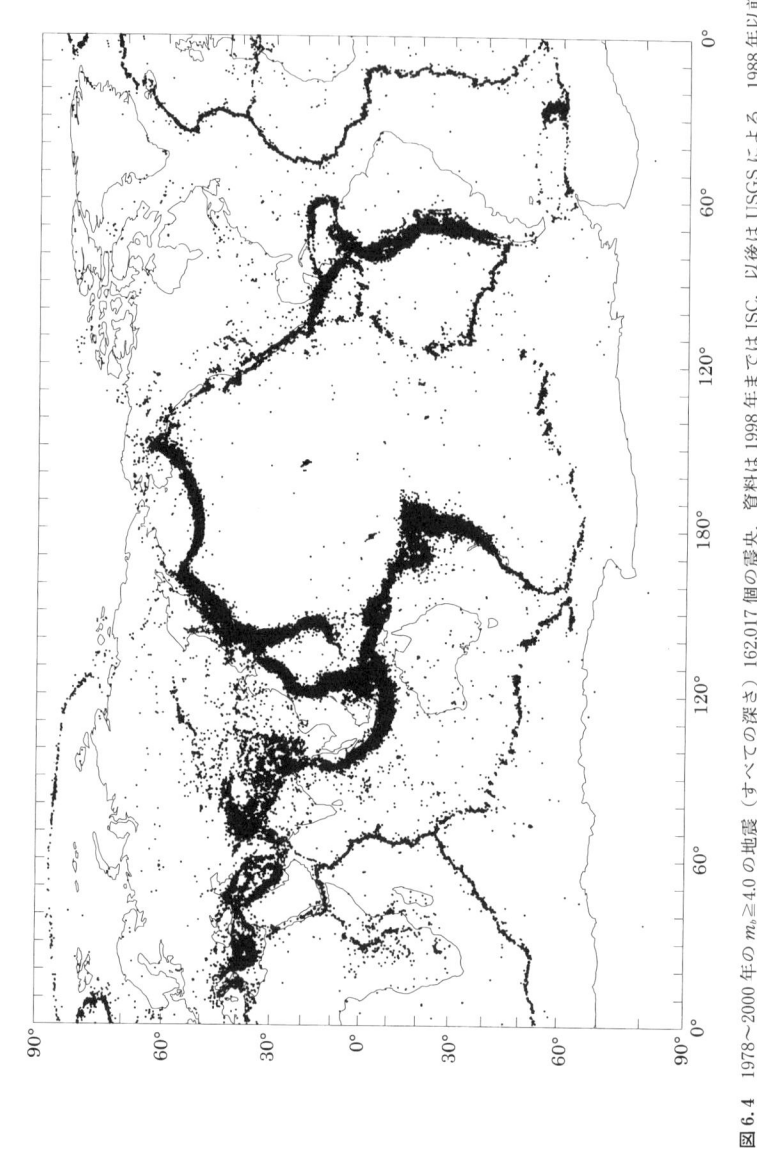

図 6.4 1978～2000 年の $m_b \geq 4.0$ の地震(すべての深さ)162,017 個の震央.資料は 1998 年までは ISC,以後は USGS による.1988 年以前に行われた旧ソ連および各地の地下核爆発(m_b 4.5～6.0)50 個以上が旧ソ連領各地に散らばっているほか,その他の国の地下核実験も若干含まれている.

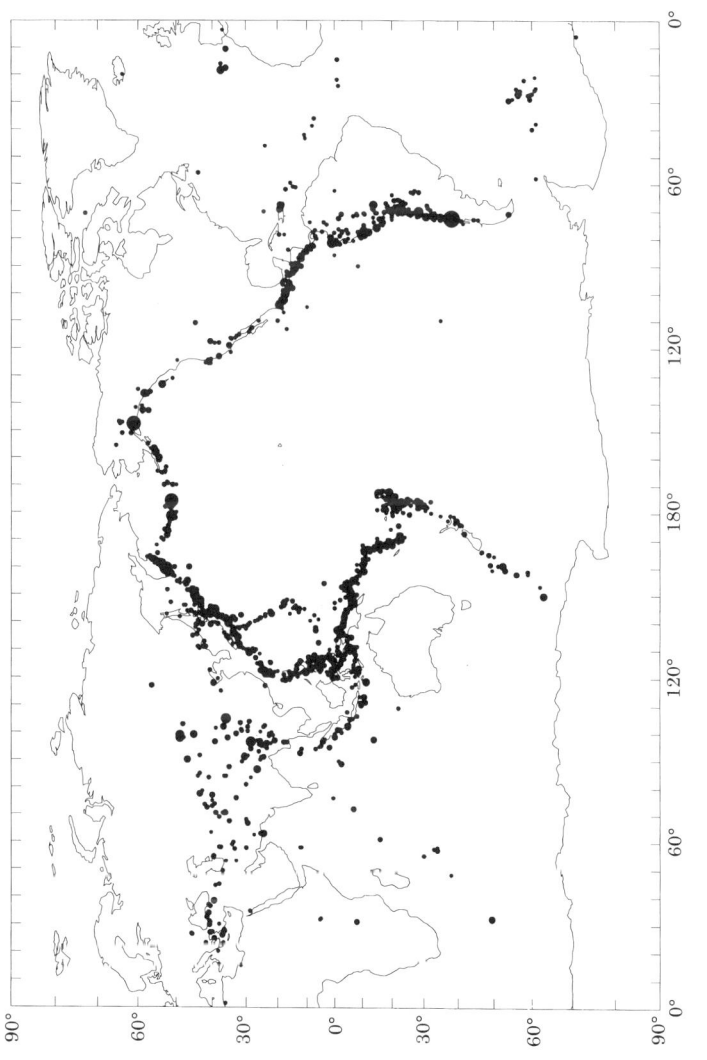

図 6.5 1901～2000年の $M \geq 7.0$ の地震（すべての深さ）1,388個の震央．円の大きさは M とともに連続的に大きくなる．M は1980年までは M_s または m_B, 1931年以降は M_w. ただし M_w 8.5以上はすべて M_w. 資料は1980年までは主として阿部 (1981, 84), 阿部と野口 (1983) に, 以後は Harvard大学グループの CMT 解カタログによる．ただし1980年以前の M_w は金森 (1977) などによる．

表 6.1 全世界の地震の深さ別, M_w 別回数, 1980〜99 年 (期間中の最大は $M_w 8.3$)

深さ h (km)	$5.5 \leq M_w < 6.0$	$6.0 \leq M_w < 7.0$	$7.0 \leq M_w < 8.0$	$8.0 \leq M_w < 9.0$	計
$0 \leq h < 100$	4364	1907	173	7	6451
$100 \leq h < 200$	438	217	29	0	684
$200 \leq h < 300$	130	75	6	0	211
$300 \leq h < 400$	52	21	3	0	76
$400 \leq h < 500$	57	30	4	0	91
$500 \leq h < 600$	155	74	10	0	239
$600 \leq h < 700$	81	34	3	1	119
計	5277	2358	228	8	7871

後者が**プレート間地震**（interplate earthquake）である．

B. 島弧と深発地震

島弧の地震活動は図 4.21 に模式的に示されているが，大きく分けて（1）海溝内側における浅発地震の高い活動，（2）海溝内側から島弧の下に斜めに沈み込んでいる面に沿う深い地震（この面を**深発地震面**という），（3）火山フロント周辺からその内側の浅発地震となる．そのほか海溝の直下からその外側，**アウターライズ**（outer rise）と呼ばれ海底がやや浅くなっている地帯の下にも浅発地震が起こることがあるが，さらに沖合の大洋底には海底地震計で観測しても地震はほとんど見いだされない（皆無ではない）．$M8$ 級の巨大地震の大部分は（1）の地域に起こるが，（2），（3）の地域にも $M8$ に近い地震が起こるところがある．また海溝直下にも $M8$ 級の地震がまれには起こる．

深さ 70 km を越えるような深い地震は島弧またはそれに準ずる構造の地域に限られる．深い地震の存在は P' が異常に早く到着する地震があることから Turner (1922) などによって示唆されていたが，これを確定したのは和達 (1927, 28) の研究である．但馬地震 (1925) とその近くに震央を有する 1927 年 1 月 15 日の地震は等 P 線，等 $S-P$ 線の間隔が著しく異なるが，これは後者の震源が深さ 420 km 程度と考えなければ説明がつかない．和達 (1935) は日本周辺の深い地震の分布を調べ，深発地震面の等深線を示した．とくに火山フロントが深さ 100〜150 km 程度の等深線と一致することは著しい．

全世界の深発地震の分布は Gutenberg と Richter (1938, 39, 49*) により詳しく調べられ，各島弧における深い地震のサイスミシティの概要が明らかになった．Benioff (1954) は Gutenberg と Richter の資料を用いて，いくつか

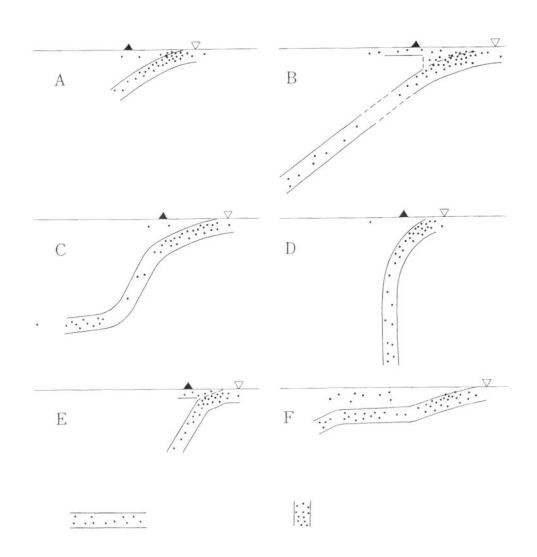

図 6.6 深い地震の分布の型を島弧に直交する断面上に模式的に示す．A：Aleutian，B：千島，北日本，C：伊豆-小笠原，インドネシア（Java 東部），D：Mariana，インドネシア（Flores 海），E：バヌアツ（New Hebrides），F：ペルー，チリ中部．黒三角は火山，白三角は海溝の位置．個々の地域の震源分布断面図については，たとえば山岡ほか（1986），Lundgren と Giardini（1994），Schöffel と Das（1999）などを参照．

の島弧の断面上の震源分布図をつくった．当時の震源決定精度では，深発地震面は厚さが 200 km を越える傾いた層のようにしか見えなかったが，Benioff はこれを大陸と大洋の境界の巨大な逆断層に当ると考えた．深発地震面(層)は従来ベニオフゾーンと呼ばれていたが，人名を冠するならば和達ゾーンというべきであろう．近年は**和達・ベニオフゾーン**（Wadati-Benioff zone）という呼び名が広く使われるようになった．精度のよい震源決定によれば，深発地震の発生する層はかなり薄く，場所によっては 20 km 以下とみられている．深発地震面の形も，地域によって図 6.6 に示すように色々なものがある．

深い地震の発生回数は深さ 200 km までは深さとともにほぼ指数関数的に減少する．Aleutian や中米のようにそのまま 200〜300 km 以深で活動がなくなってしまう地域もあるが，300〜400 km 以深で再び活発となる地域もある．千島弧南半では南端を除き深さ 200 km 台の地震がほとんど発生しないが 300 km 以深で再び増加する．南米や New Hebrides 諸島付近では深さ 300〜500

kmで活動がまったくとぎれ，深さ600km前後で再び著しく活発になる．深発地震面に沿って高速度・高Q層（スラブ）が存在することは§4.5で述べた．南千島や東北日本ではこのスラブが500km以上の深さまで連続しているが，南米やNew Hebrides諸島では地震活動の切れ目がスラブの切れ目に当っていることが地震波の観測からわかっている．島弧の深発地震面あるいはスラブは平らな板ではなく，波打っていたり，断裂，食違い，重なり合いなどがあるかもしれないが，それを確認するためには多数の精度のよい震源が必要であろう．一部の地域では深発地震面から孤立している深発地震が知られている．日本付近の顕著な例としては小笠原西北西の地震（1982, M_w7.0, h554km）がある（沖野ほか，1989）．この例もそうであるが，深発地震のあるところにはスラブがあると考えれば，スラブが著しく曲がって伸びていることが推測され，地震波トモグラフィーから得られた高速度領域の存在もこれを支持している（LundgrenとGiardini, 1994）．

　GutenbergとRichter（1954*）によれば，最深の地震はFlores海の深さ720kmのもので3回あるが，勝又（1969）が他地域の非常に深い地震をも含め再調査した結果によれば，いずれも深さ700kmに達していない．近年のデータによれば地震の深さは670〜680km程度が限度とみられている．

C. 中央海嶺，大陸内リフトおよびトランスフォーム断層の地震

　図6.4で大洋底を延々と連なる地震の列は，中央海嶺とそれを断ち切るトランスフォーム断層に沿う浅発地震である．中央海嶺はプレートテクトニクスでいう発散境界であるが，発散速度の大きい海嶺ほど地震の大きさの上限が小さくなる（HuangとSolomon, 1987, 88）．ここでの地震は群発する傾向がある．単独の地震や本震-余震系列も起こるがM7を越えるものはまれである．トランスフォーム断層ではM7級の地震はあるが，M8を越える巨大地震はSan Andreas断層など長大な断層以外では起こらない．東アフリカリフトやBaikalリフトなどの大陸内リフトではM7.5程度地震が起こった例がある．

6.3　サイスミシティの表現と性質

A. サイスミシティの量的表現

　地震活動は時とともに変動するから，時間的に平均化して地域差のみを取り

出すためにはきわめて長い年数の資料が必要である．たとえば日本内陸部では同一の活断層が動いて大地震を発生する間隔は短いものでも数百〜1000年程度である（§8.6A）から，数十年，数百年の資料からみて地震の無い地域でも永年的に地震が無いとはいえない．ある期間に限っても，ある地域のサイスミシティを数量的に適切に表現する（定義する）のは容易でない．以下のようにいくつかの提案があるが決定的なものはない．

（1）単位面積，単位時間当りの一定のマグニチュード M_z 以上の地震発生数．M_z に近い小地震に重みが強くかかり，もし b 値に地域差があると，M_z のとり方によって大勢が変わる．b 値が一定ならば（5.48）の a 値あるいは（5.50）の M_1^* 値はサイスミシティの指標になる．a/b がよいという案もあるが，実は b が 0.7〜1.5 くらいの範囲で $a/b ≒ M_1^* − 0.3$ であり M_1^* を用いるのと大差ない．

（2）単位面積，単位時間当りの地震波エネルギーの放出量．少数の大きな地震に重みが強くかかった表現になる．ある仮定のもとで，地震モーメントの積算は地震によるその地域の変形量を表すと考えられる（§10.3B）．もっともモーメントとエネルギーは比例するからエネルギーの積算と同じことではある．Benioff（1949）は各地震のエネルギーの平方根の和 $\sum \sqrt{E}$ が地震群によるひずみの解放を表すと考えたが，ひずみに対応するのは $\sum E$ であろうし，$\sum \sqrt{E}$ は小さい地震まで含めるほど急激に大きくなり安定した量ではない．しかしこれを**テクトニックフラックス**（tectonic flux）などと呼んで用いることもある．

以上のすべてに共通の問題として，震源域が数十〜数百 km に及ぶ大地震の扱い方がある．このような地震を1点（震源）に起こった現象として扱うと妙なことになる．これを避けるため一つの地震をその震源の周辺地域にふり分けて計算することなども試みられているが，適切なふり分けは容易でないだろう．

B. 地震帯・地震区

世界の震央分布図を見れば，地震の大部分は帯状の地域に起こっているから，**地震帯**（seismic zone）という用語が生まれたのは当然である．さらに

狭い地域，たとえば日本列島をみると，その中でも地震の多い所と少ない所があり，場所によっては帯状に地震が並んでいるようにみえる所もある．太平洋沖合を走る外側地震帯，日本海岸沿いに走る内側地震帯という分け方もあったが，昔いわれたような"何々川地震帯"というような細かい表現は誤解を生じやすい．しかし，狭い範囲に長年にわたりほぼ定常的に地震活動が盛んな場所もあり，**地震の巣**（earthquake nest）と呼ばれることもある．たとえば，関東地方では，茨城県南西部の深さ 50〜70 km 程度の領域，千葉県北部の深さ 70 km 前後の領域などである．もう少し大規模なものとしては，Hindu Kush（36.5°N, 70.5°E 付近）の下にもぐり込んだスラブの約 230 km 辺りにあるやや深発地震の巣では，最近 50 年間に M 5 以上の地震が約 100 回起こり，ときには M 7.5 に達するもの（1965）もあり被害を伴っている．ルーマニアの Vrancea 地方（46°N, 26.5°E 付近）の下約 100〜150 km にもやや深発地震の巣があり，1940 年と 1977 年の地震は異常震域に当たる首都 Bucharest に大被害を与え，1000 人以上の死者がでた．

地震の起こる地方に区域分けを行い，同一区域内では地震の起こり方に何らかの共通性が認められるようにしたものを**地震区**（earthquake province）という．大局的にみれば一続きの地震発生地帯とみられるところでも，地震の起こり方に地域性がみられる．たとえば一度大地震が起こるとその余震活動が続くが，それが衰えてしまうと，数十年〜百年以上後に次の大地震が起こるまでは地震活動がほとんどなくなってしまう地域もあり，また，比較的小規模な地震がときどき起こり，いつでもある程度の地震活動があるが，大きな地震は起こらない地域とか，色々な型がある．比較的短い期間の震央をプロットしたある地方のサイスミシティマップを次の四つの地域に分けて考えることが提案された（浅田，1968）．(1) 余震発生地域．発生している地震が過去の大きな地震の余震とみなせる地域．1970 年代以降に行われた微小地震の観測をみても，丹後地震（1927），鳥取地震（1943），福井地震（1948）などの断層に沿って活動が認められる．(2) 余震終息地域．かつては大きな地震がありその余震が起こっていたであろうが，充分の年月がたって余震活動がなくなってしまった地域で，たとえば阿寺断層（§8.6A）付近などはこの種の地域であろう．関東地震（1923）の震源域に当たる相模灘の大部分も現在では余震活動終息地域と考

えられる．(3)定常的地震発生地域．活動はあるがそれが特定の地震の余震とは考えられず，比較的小さい地震がかなりランダムに発生している地域．(4)先天的無地震地域．このほかに(5)非地震性断層運動が起こってひずみエネルギーが解放されているためある程度以上大きい地震は起こらない地域も考えられる．以上のうち地震活動地帯の中にある(2)，(4)，(5)の地域は地震活動の空白域をなしている．(4)は今後も地震が起こることはないが，(2)はいずれある程度大きな地震が起こり(1)に転化する．ある空白域が(2)，(4)，(5)のいずれであるかの判定は歴史的な地震資料や活断層などの知識によってある程度可能である．ほかに大地震の前兆として空白域が生じることも考えられる(§7.6A)．

微小地震の研究の初期には，地震の発生は大地震から微小地震に至るまでG-R式に従って分布しているから，短期間の微小地震活動の観測によって，大地震の起こる危険度が推定できるという考えがあった．これは(3)，(4)の地域にはある程度通用するが，(1)，(2)，(5)の地域には通用しない．

C. 地震の分布と火山の分布

島弧や中央海嶺などにみられるように，大局的にみれば地震と火山の分布はよい相関がある．しかし，地震はあっても火山はない地方は珍しくないし，島弧地域でも細かく見ると火山の近くに大地震が多いというよりもむしろ逆の傾向がある．日本では活火山から10km以内にM6以上の地震が起こった例はないといわれたが（伊藤，1993），最近，岩手山付近（1998），新島・神津島付近（2000）にM6.1〜6.4程度の地震が7〜10kmに起こった．活火山から20〜30km離れると大きな地震も少なくない．Hawaii島地震（1868, 1975）はM7を越え大津波が発生した．

火山の噴火，あるいは噴火していなくても内部の活動に関連して火山体の中やごく近くに起こる地震を**火山性地震**（volcanic earthquake）という．火山性地震は一般に一連の群発地震として起こるが，地震記象の形からA型とB型に分けられる．A型は普通の浅発地震（非火山性地震）と同様な記象形であるが，B型はPもSも立上りが不明瞭で，長周期の波が卓越する．震源の深さはA型が1〜10km程度であるのに反し，B型はきわめて浅く火口下数百m以内に起こるものが多い．一部の火山（たとえば伊豆大島）には周期がほ

ぼ一定の地震動が長く続く地震が観測されることがあり，ときに**単色地震**（monochromatic earthquake）などと呼ばれる．マグマがどのようにかかわってこのような現象を発生させているかについては多くの説がある（たとえば鵜川と大竹，1987；Chouet，1996；中野ほか，1998）．また，火山の地下 25～35 km（モホ付近）に低周波微小地震が発生している地域がある（たとえば長谷川と山本，1994）．富士山の低周波微小地震は深さ 10 km～20 km である．

火山噴火中あるいはその前後に火山付近に発生した被害地震としては，有珠山地震（1910），鹿児島地震（1914），浅間山付近の地震（1916），三宅島付近の地震（1962，1983，2000）などがある．有珠山の噴火（1944～45，1977～78，2000）のときにも多数の地震が起こったが，最大のものでも M 4.5 前後であった．

D. 地形，地質，地殻構造，重力，地殻熱流量，電磁気データなどとの関係

地図上にその分布状況を示し得るような地学要素はサイスミシティマップと重ねて両者の関連性が議論できる．しかしある地域についてある種の関連性がみえても，それを普遍的な性質として確認するのは容易でない．地震活動は多くの要素の影響を受けており，一つの要素だけを取り上げて相関を議論するには限界がある．たとえば，地震は重力の急変部に多いという説，かこう岩地域には地震は少ないという説，地殻の地震波速度が比較的低い地域の縁に大地震が起こるという説などはどの程度一般性のあるものだろうか．

沈み込む大洋プレート上の海底地形が平坦か，凹凸が多いか（海山，地塁地溝構造などがあるか）はプレート間地震の M の上限や発生パターンに関連すると考えられる．史上最大のチリ地震（1960）は平坦な海底が沈み込む地域に起こった．九州パラオ海嶺の延長が沈み込む日向灘では M 8 級の大地震は起こらない．しかし海底地形がどの程度地震発生パターンを規制しているかはむずかしい問題である．日本海溝沿いについては谷岡ほか（1997）の議論がある．

浅発地震はプレートの沈込みに関連するものを除き，通常は深さ 15～20 km 程度までの上部地殻に限られる（ただし特別な地域には深さ 30～50 km 程度の地震もある）．地殻内地震の深さの限界は地殻熱流量の高い（等温面が浅い）地域で浅くなる傾向がある（たとえば Sibson，1982，84；伊藤，1990）．地殻内

の温度分布に関連して，キュリー点深度*との関係が調べられている．東北地方では地震はキュリー点深度より数 km 深いところまで分布している（大久保と松永，1994）．長谷川ほか（2000）によれば東北地方内陸部の地殻内地震の震源は 350～400°C の等温面（地震波速度から推定，活火山の下では浅くなる）まで分布している．また，地殻内で小地震の活動が高いのは地震波速度の低い領域であるという報告がいくつかある．一方，大きい地震は地殻内地震が深い所まで分布している地域，あるいは深さの限界が急変する境界付近（限界が浅い地域の周辺）に発生する傾向があるという指摘もある（伊藤，1999；長谷川ほか，2000 など）．

断層もプレート境界をなすような顕著なものは別として，地質図上に記載されている多数の断層と地震活動との関連はそれほど明瞭でない．ある断層を境にして微小地震の活動度や深さの分布が異なるという報告はいくつかあるが，断層に沿って活発な地震活動がみられる例は少ない．内陸の浅い大地震でもたとえば長野県西部地震（1984），鳥取県西部地震（2000）のように既知の断層と関連づけられないものもある．活断層については§8.6 で扱うが，内陸の浅い M 6 以上の地震でも既知の活断層に起こるものの率はそれほど高くない．

地殻の電気抵抗は水の多い（間隙水圧の高い）部分では相対的に低くなっているとみられる．そのような領域は地震が少ないという見方がある．

E. 震源の空間的分布の統計

震源の空間的分布の統計的研究は多くはない．ある地方を一定の広さの小区域に分けて，各区域中の震源の数 n の分布を調べると，地震が空間的に一様かつランダムに起こっていればポアソン分布に従うはずである．実際には空間的集中性があるため指数分布 e^{-kn}（$k≒0.6$）（玉城，1961）またはべき分布 $n^{-\delta}$（$\delta≒1.4$）（鈴木と鈴木，1965）になるという．ある地方を一定間隔の平行線群で仕切り，それぞれの細長い地帯の中に分布する震源の間隔 s（地帯の延長方向に測る）の分布を調べると，一様かつランダムのとき期待される指数分布ではなく，べき分布 s^{-q}（$q≒1.6$）になるという研究もある（友田，1952）．

---

* 岩石はキュリー温度（岩石によるがたとえば 500°C）を越えると磁化を失う．この温度に達する深さがキュリー点深度で，地磁気分布のスペクトル解析から求められる．

平面上にランダムに点が散らばっているとすれば，任意の点からそれにもっとも近い他の点までの距離の 2 乗は指数分布に従う*．しかし実際のデータはそうなっていない．空間分布の特徴を少数のパラメーターで表し，その時間空間的変動を探るなどいくつかの研究がある（たとえば大内と上川，1986）．

上記のいくつかのべき分布は震源分布のフラクタル性の現れとみられる．Kagan と Knopoff（1978, 80）によれば，一つの震源から r の距離における単位体積当りの震源の数 $n(r)$（空間相関関数）は数 km～数百 km の範囲でほぼ $r^{-\alpha}$ に比例し α は 1.0～1.5 である．フラクタル次元は $D=3-\alpha$ である．このときある震源から r 以内の震源数 $N(r)$ は r^D に比例する．フラクタル次元 D を求めるにはこのほかにもいくつかの方法があり，震源の分布に適用した例は多い．たとえば Lei と楠瀬（1999）は日本における震央，活断層，河川の分布にフラクタル構造を認めたが約 13 km という共通の距離を境にして構造が変わるという．D の時間的，空間的変動，b 値との相関なども各地の地震について議論されているが，広く認められる規則性は確立していない．

6.4　日本とその周辺の地震活動

A.　総　　論

日本には允恭天皇 5 年（416）の大和河内地震以来，多くの地震の記録が残っている．これらは武者（1941～49）によって『増訂大日本地震史料』（3 巻）と『日本地震史料』（1 巻）にまとめられている．河角（1951）はこの史料から，主な被害地震の震央と M を推定した．これらは 1952 年版以降の『理科年表』に載っている．歴史地震の調査は 1970 年代半ば以降活発に行われるようになり，宇佐美を中心に収集された史料は『新収日本地震史料』（別巻・補遺等を含む全 23 冊，1981～1999）として刊行された．近年の『理科年表』の歴史地震の震央と M は宇佐美（1996）の書物にある値であるが，これも河角の値を訂正増補されたものである．古い時代ほど史料が少ないため被害地震の数は少なくなっているが，684～887 年と 1586～1707 年の期間は大地震が割と多

---

* 点が n 次元の空間にランダムに分布しているとき，ある点からもっとも近い点（nearest neighbor）までの距離 s の n 乗が指数分布に従う．

い．しかし地震活動に消長があると直ちにいうことはできない．

　日本付近のサイスミシティマップは数多く作られているが，それぞれ色々な種類の誤差や偏りを含んでいるから，利用には注意が必要である．図6.7は主にISC資料による最近37年間（1964〜2000）におけるm_bが4.2以上（ただし深さ100km未満は4.7以上）の地震の震央分布で，深さによって記号を変えてあるが，混んでいて識別がむずかしい地域もある．図6.8は気象庁資料による1926〜99年の74年間におけるM5.0以上の浅発地震に1965〜99年の35年間におけるM4.5〜5.0，1983〜99年の17年間におけるM4.0〜4.5の浅発地震を加えたものである．

　これらをみると，浅い地震については北海道，東北，関東地方の太平洋岸と海溝との間でとくにサイスミシティが高い．東海道から四国の沖合にかけて南海トラフの内側も歴史上M8級の大地震が多いが常時は活発でない．日本内陸部は海溝内側の海底に比べれば，浅いサイスミシティはかなり低いが，深さ20km未満の地震が大部分を占め，これらはM6級でも被害を伴うので，被害地震は多い．北海道，中国，四国，九州は東北，関東，中部，近畿に比べ活動がやや低いが，日本で地震の被害を受ける心配がないといえる地方はない．日本海岸沖にもときに大地震が起こるが日本海の中央部の浅い部分は小地震もほとんど起こらない．以上のようなサイスミシティを反映して地震動を感じる回数は地域により大幅に異なる（表5.6）．

　深い地震はたいへん規則的に分布しており，図6.9に等深線を示す．深発地震面の傾斜は東北日本弧で約30°とゆるやかで，千島弧は北部で約50°，南部で約40°，伊豆小笠原弧は南へゆくほど深さ200km以深の部分の傾斜が著しく急になり小笠原群島の西方ではほとんど垂直になる．深い地震は深発地震面上に一様に分布するのではなく，集中している所やまったく起こらない部分がある．深い地震の分布で注目すべきことは，図6.10のような断面図をつくると，深さ80〜160kmのあたりで深発地震面が30kmぐらいの間隔で2枚現れることである．この**二重地震面**（double seismic zone）は津村（1973）によって関東地方について示唆されたが，東北地方の断面ではさらに明瞭であり（海野と長谷川，1975），北海道でも認められる（鈴木ほか，1983）．この場合上の面（ある厚さがあるので上の層の上面というほうがよい）が高速度・高Q

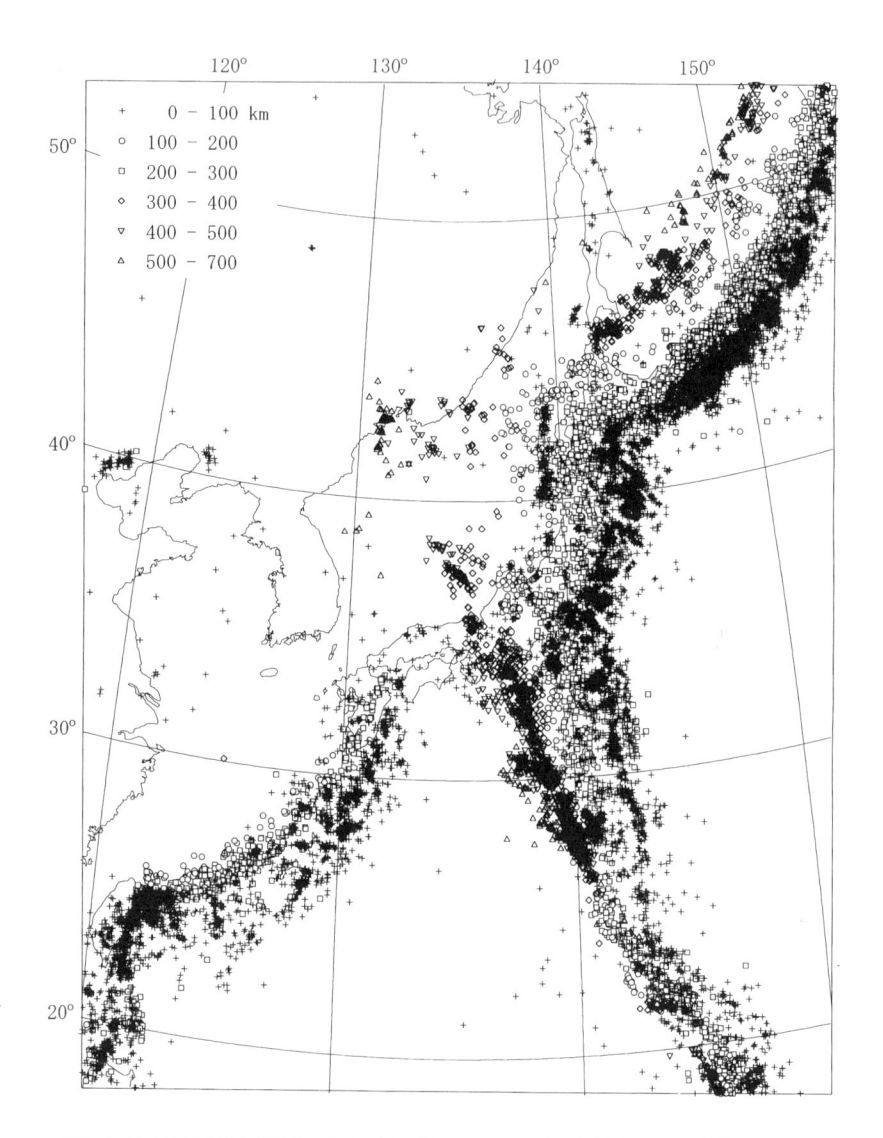

図 6.7 日本付近の震央の分布，1964〜2000 年，$m_b \geq 4.2$，ただし深さ 100 km 未満については $m_b \geq 4.7$，総数 16,736 個．資料は 1998 年までは ISC，以後は USGS による．

6.4 日本とその周辺の地震活動

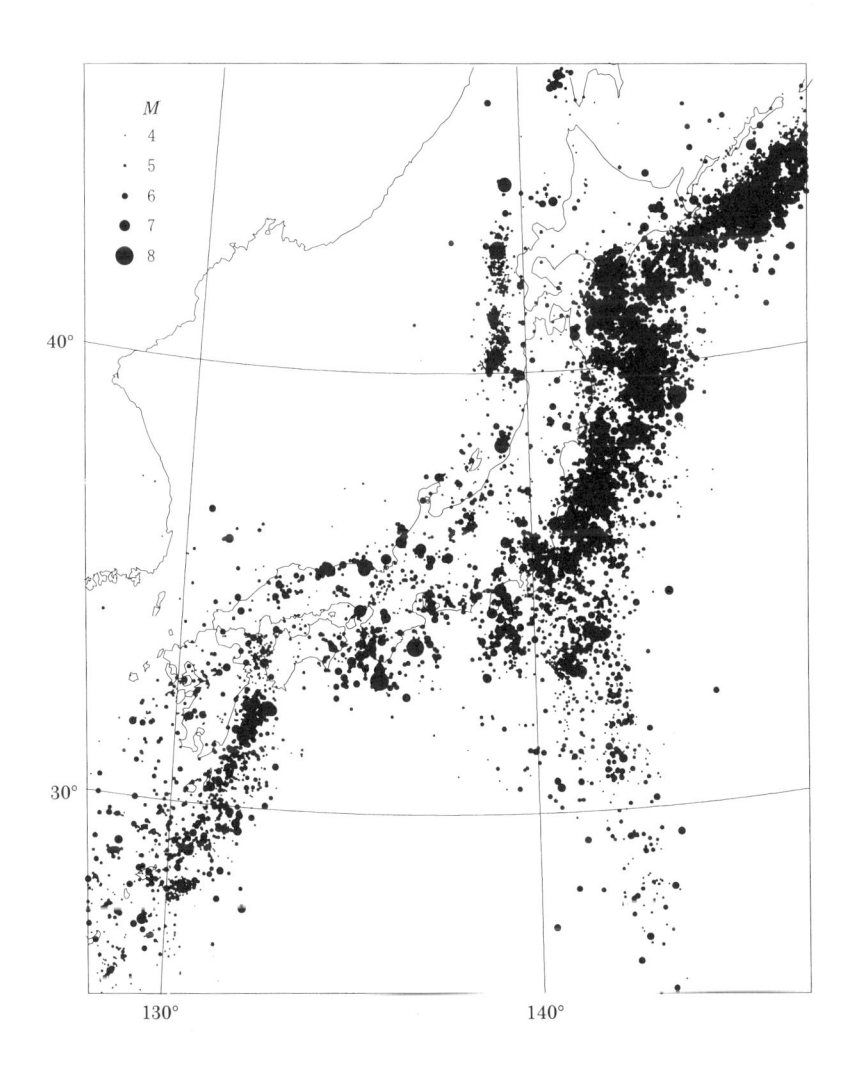

図 6.8 気象庁資料による浅発地震（$h \leqq 80$ km）の震央の分布，$M5$ 以上（1926〜1999 年），$M4.5$ 以上（1965〜1999 年），$M4.0$ 以上（1983〜1999 年）．

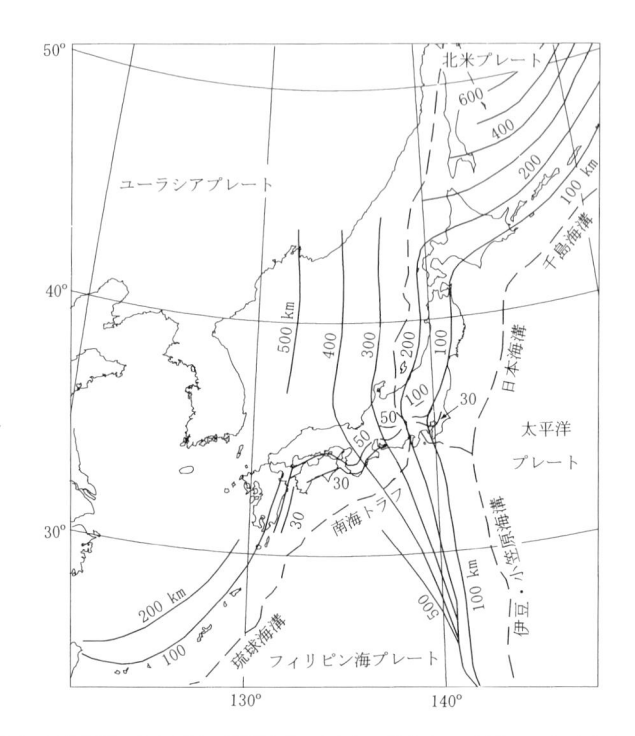

図 6.9 日本付近のやや深発・深発地震の分布から推定される沈込んだ太平洋プレートおよびフィリピン海プレート上面の等深線(100km間隔).関東から九州までの部分のフィリピン海プレートについては 30km と 50km の等深線も溝上ほか (1983),岡野ほか (1985),山崎・大井田 (1985),石田 (1992),野口 (1998) などを参考にして描いた.

のスラブの上面とほぼ一致しており(高木ほか,1977; 長谷川ほか,1978, 94; Zhao ほか,1997),沈込んだ海洋地殻に対応しているとみられる.東北地方では上面のほうが地震活動が高いが,北海道では下面のほうが高い.二重地震面はどの沈込み帯にもあるわけではない.その成因については,海溝から沈み込むとき曲がった太平洋プレートのアンベンディング(unbending,曲がりが戻ること)の現れであるとの説をはじめいくつかの議論がある.

B. 南千島・北海道

図 6.11 に示す A〜F の各領域には,十勝沖地震 (1952, B) 以降,択捉島沖地震 (1958, E),択捉島沖地震 (1963, F),十勝沖地震 (1968, A),北海道東

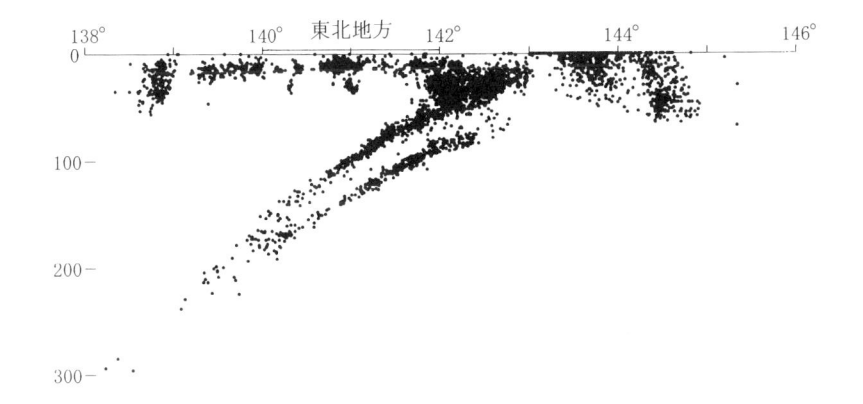

図 6.10 東北地方の島弧に直角な断面上の震源分布．二重地震面が見える．左端（138°E，40°N）と右端（146°E，39°N）を結ぶ線の両側 30 km の範囲を投影，1996 年 1 月〜2000 年 9 月．気象庁カタログによる．139° 以西および 143° 以東では震源の深さの精度が低いので，30 km より深くに決まっている震源の多くは 30 km 以内のものと思われる．

方沖地震（1969, D）の順で，$M7.8$ 以上の大地震が相次いで起こった．C 領域には根室半島沖地震（1973, $M7.4$, $M_s7.7$）が起こっているので，これを含めると 1952〜73 年の一連の活動によって海溝内側が大地震の震源域で埋め尽くされたことになる．なお，A 領域は青森県東方沖，F 領域はウルップ島沖であるが地震直後に緊急に決めた震央が落ちた海域名を地震名としたため妙な名となった．この地帯は歴史地震の資料に乏しいが，記録にある $M8$ 前後の大

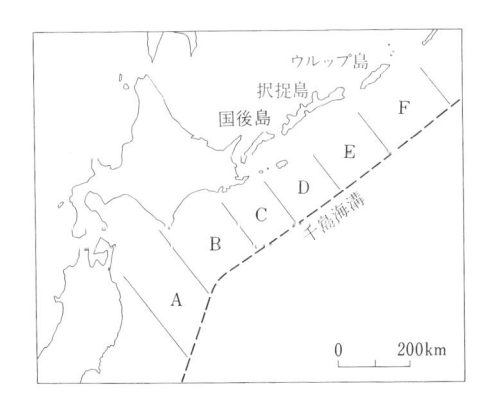

図 6.11 南千島〜北日本沖の大地震の震源域

地震は20年前後の活動期と20〜60年程度の静穏期が交互に現れるようである．これが恒久的な性質か否かはわからない．1843年の地震はFedotov (1965) によればC, D両領域にまたがる巨大地震であったらしい．この地帯では$M8$前後の大地震の間にも$M7$級の地震はときどき起こり，さらに小さい地震はかなり頻繁に起こっている．北海道東方沖地震（1969）の25年後，同じ領域に$M8.1$の地震（1994）が発生したが，前者はプレート間地震，後者は太平洋プレート内の地震である．択捉島沖地震（1958）もプレート内地震である可能性がある．

北海道内陸部は歴史が浅いせいもあろうが$M7.0$を越える浅発地震は知られていない．しかし，日本海岸沖には$M7$を越える浅発地震が起こり，積丹半島沖地震（1940），北海道南西沖地震（1993）のように大津波を伴うことがある．

C. 東 北 地 方

十勝沖地震（1968）が発生した青森県東方沖には1856年，1763年にも同程度の地震があり，1677年の地震もこの系統のものかもしれない．

岩手県沖には大津波を伴った巨大地震が869，1611，1896，1933の各年に起こっており，間隔は不規則である．1933年の地震は海溝直下に起こった正断層のプレート内地震である．1896年の地震は震度分布からみるとMは7程度であるが，津波の高さや波源域の広がり，遠地における観測記象，余震活動の高さなどから考えると$M8$級の地震で，典型的な津波地震（§5.2G，§10.6G）といえる．1611年の地震も津波地震とみられる．$M8$以下で中小津波を伴う地震は三陸沖にも多いが，金華山沖から福島県沖にかけても起こる．1938年11月の福島県沖地震は$M6.9〜7.5$のものが7回続発し全部合わせれば$M8$に近い地震に相当するものであった．

1978年宮城県沖地震の震源域あたりには1936年と1897年に同程度の地震があり，さらにさかのぼると1861*，1835，1793，1736*，1717，1678*の各年にもそれらしい地震がある（*印は津波の記録が見つからず内陸地震の可能性がある）．三陸沖のプレート境界はカップリング（§10.8D）が比較的弱く，サイレント地震（§8.5A）によってプレート相対運動のかなりの部分が受け持たれている可能性が高いが，宮城県沖のこの部分はカップリングが強いらしい．

東北地方の内陸部とくに日本海寄りおよび日本海岸沖には $M7$ を越える地震も起こり，ときに大被害を伴う．陸羽地震（1896）は三陸沖地震津波の後2月半に起こり，千屋，川舟の両地震断層（逆断層）が現れた．秋田・青森県境沖に起こった日本海中部地震（1983）は大津波を伴った．

D. 関 東 地 方

関東地方は日本列島内で火山フロントが最も海溝から離れている地域であり，それに伴い海溝内側の浅発地震の活動帯が内陸部へ大きくはいり込んでいるため，内陸部でも深さ数十 km 程度の地震活動が非常に高い．また，相模トラフに沿っては関東地震（1923，死者行方不明 14.3 万人），元禄の関東地震（1703）などの大地震が起こる（§8.2A）．さらに沖合の日本海溝，伊豆小笠原海溝，相模トラフの三重合（triple junction）の内側で房総沖地震（1953），明治の房総沖地震（1909），延宝の房総沖地震（1677）など $M8$ 弱の大地震が起こっている．しかし，鹿島灘や銚子沖には $M7$ 程度までの浅発地震はかなり頻繁に起こるが，$M8$ 級の巨大地震は歴史上知られていない．

東京は表 6.2 に示すようにかなりの頻度で震度 5 強以上の地震に見舞われている．相模トラフの大地震（1703，1923）と東海地震（1854）以外は，東京付近の比較的小規模の地震であるが，安政の江戸地震（1855）のように大災害（死者数千人）を伴ったものもある．明治 27 年の東京地震（1894）程度のものでも時刻・季節・気象などの条件によっては大災害が発生するおそれがある．

関東地方の地下では，北米プレート①の下で，相模トラフから沈込んだフィリピン海プレート②が日本海溝から沈込んだ太平洋プレート③と接触して曲げられるなど，複雑な状況が生じている．石田（1992），野口（1998）の図を参照されたい．関東地震（1923）は①と②の間の右ずれ逆断層運動であるが，②と③の間，③と①の間のプレート間地震，①，②，③それぞれのプレート内地震もある．

表 6.2 東京の主な被害地震の発生年（江戸開府以降）．太字は著しいもの，下線は大震災

| **1615** | 1628 | 1630 | 1635 | 1643 | **1647** | 1648 | **1649** | 1649 | 1697 | <u>1703</u> | 1706 | 1746 | 1782 |
| 1784 | 1812 | 1854 | <u>**1855**</u> | 1856 | 1880 | 1892 | **1894** | 1895 | 1906 | 1922 | <u>**1923**</u> | 1924 | |

E. 東海道-南海道沖

　東海道から南海道沖の南海トラフ内側（図 6.12 の A ないし E 領域）には $M8$ 級の巨大地震が繰り返し起こり，地震動と津波により甚大な被害をもたらしている（今村，1928）．巨大地震は A，B，C，D，（E）の領域に短い期間に集中して起こりその後 100 年程度あるいはそれ以上の間，静穏であるという性質がある（表 6.3）．また，1096 年と 1099 年，1854 年に 2 回（32 時間の間隔で発生），1944 年と 1946 年というように，東側 C，D から西側 A，B へ転移する傾向がみえる（次回もそうなるかはわからない）．宝永の南海-東海地震（1707）は日本史上最大規模の地震であり，関東から九州まで被害が及んだが，これは西側と東側が同時に起こったものと考えられる．安政の東海道地震（1854）は震源域が E 領域の駿河湾北端まで達していたが，東南海地震（1944）は C，D 領域のみで，E 領域には及んでいない．そのため，E 領域は現在大地震を発生する能力を持っている場所として警戒されている（たとえば石橋，1976, 81）．E 領域に予想される地震（東海地震）はその全域が一度にすべれば $M\,8.0$ 程度になる．震源断層の大部分（とくに固着域，松村，1997）は内陸部にある．なお，この地震の発生が遅れた場合，D 領域以西が同時にすべる可

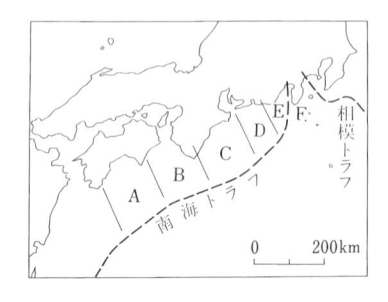

図 6.12　東海道-南海道沖における大地震の震源域（表 6.3 に対応）

表 6.3　東海道-南海道沖（図 6.12）の巨大地震発生年

年　代	A	B	C	D	E
天武天皇（白鳳）	←――	684	――→	?	
仁　　和	←――	887	――→	?	
康和・永長	←――	1099	←―	1096 ――→	?
	(1200 年代?)				
正　　平	←――	1361	――→	(1361)?*	
明　　応	?	········		1498	?
慶　　長	?	←――	1605	――→	?
宝　　永	←――		1707	――→	?
安　　政	←――	1854	―│←―	1854 ――→	
昭　　和	←――	1946	―│←―	1944 ――→	

* 南海道沖の地震の 2 日前の地震がこれに当たるという説がある．

能性が高まるだろう．

F. 西日本内陸部

中部，近畿両地方には歴史上の記録が比較的豊富なこともあって，$M7$前後の被害地震が多数知られている．信越地方も被害地震が多いが，とくに岐阜県を中心とする一帯は，745年，1586年，1891年（濃尾地震，死者約7千人）の3回，日本内陸部としては最大級の地震に見舞われている．20世紀に1千人以上の死者を出した日本の内陸地震は丹後（1927，約3千人），鳥取（1943，約1千人），三河（1945，約2千人），福井（1948，約4千人），兵庫県南部（1995，約6千人）の5地震ですべて中部地方以西である．京都付近はこの百年以上大震災はないが，1185年，1596年，1662年のものを始め歴史上の大地震は少なくない．中国，四国，瀬戸内海，九州にもかなりの数の被害地震が起こっている．沈込んだフィリピン海プレート中にも$M7.0$程度，まれにはそれ以上の地震が起こり被害を伴う（たとえば芸予地震（1905））．

兵庫県南部地震による災害は阪神・淡路大震災と呼ばれ，きわめて多数の調査・研究がなされている．得られた膨大な知識を次の大地震の防災にどう生かすかが問題である．

G. 九州-南西諸島沖

日向灘には$M7$級までの地震が比較的頻繁に起こり，ときに$M7.5$程度のものもあるが，$M8$級の巨大地震は知られていない．沈込んだプレートの傾斜も急で，プレート間カップリングが小さいとみられる．この地域では，群発性の傾向がみられる点も鹿島灘と似ている．内陸部は別府湾から島原半島に至る地帯で被害地震が比較的多い．

南海トラフは南東に行くと発達して琉球海溝になる．この海溝の内側も巨大地震は少ない．八重山諸島沖の地震（1771）は巨大な津波を伴い，石垣島の太平洋岸では30m近くに達し，住民の80〜90%が流亡し，死者の総数は1万人を越えた．この津波の原因は海底地すべりとみられ，地震そのものはそれほど大きくない．奄美大島沖地震（1911）は非常に大きく有感域は中部地方にまで及んだが，津波はそれほど大きくなく，やや深い地震とみられる．

琉球列島の大陸側の沖縄トラフは地震活動が比較的高い．宮古島北方沖地震（1938）は気象庁のMは6.7であるがM_sは7.7で津波による被害が出た．

6.5 世界のいくつかの地域における地震活動
A. 北アメリカ

Aleutian 列島を含む Alaska 州の太平洋岸は島弧型の地震活動が活発で，20 世紀にも $M\,8\sim9$ 級の巨大地震が 6 回起こっており，津波は日本にも波及した．California には San Andreas 断層という大きな右横ずれの活断層が海岸沿いに走っており，その上や近傍には多数の地震が起こる．この断層は北米プレートと，太平洋プレートの境界の一部をなすトランスフォーム断層であり，太平洋プレートが北米プレートに対し 5～6 cm/年程度の相対速度で北北西に動いている．図 6.13 に示されている San Francisco 地震（1906），Imperial Valley 地震（1940, 1979），Parkfield 地震（1966），Loma Prieta 地震

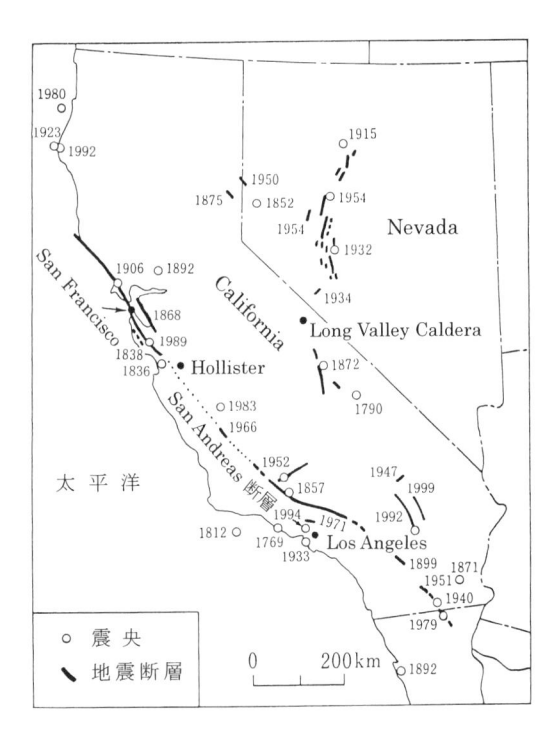

図 6.13 米国 California，Nevada 両州の主な地震（白丸）と地震断層（太線）．Ryall ほか（1966）の図を改変．

(1989) などではこの断層の右ずれによるものである．San Andreas 断層以外にも，たとえば Kern County 地震 (1952)，San Fernando 地震 (1971)，Northridge 地震 (1994) のような地震が支脈に起こっているが，これらは逆断層成分を多く含んでいる．San Francisco 地震と Parkfield 地震の間の San Andreas 断層のセグメントは断層のクリープ (§8.5A) によって相対運動の大部分が受け持たれ，大きな地震は発生しないようである．

　San Andreas 断層の北は Mendocino 岬付近から海にはいる．その先で太平洋，北米両プレート間にホアンドフーカプレートという小プレートが介在するが，その北の Alaska 南東部沿岸では両プレートは再び Fairweather 断層と呼ばれるトランスフォーム断層を境界として接している．山崩れのため Lituya 湾に 520 m の巨大波を発生させた 1958 年の地震，Yakutat 湾に局所的ではあるが 16.4 m の隆起を生ぜしめた 1899 年の地震 (このときも Lituya 湾に 60 m の大波が発生) などはこの断層の動きによるものである．ホアンドフーカプレートは Oregon, Washington 両州に下に沈み込んでおり，それによる地震が発生している．1700 年初めころここに巨大な地震があったことがいくつかの証拠からわかったが，日本の太平洋岸に襲来した津波を勘案すると，発生日時は現地時間 1 月 26 日 21 時ころで，M_w は 8.9 と推定される (佐竹ほか, 1996)．このタイプの巨大地震 (Cascadia 地震) は過去 7 千年間に 13 回あったらしいので，次の発生が心配されている．

　米国の西部の大地震については図 6.13 (§8.1B に断層の解説あり) を参照されたい．中部・東部にもまれには Missouri 州の New Madrid 地震 (1811 と 1812) や South Carolina 州の Charleston 地震 (1872) のような大地震がある．これらは千数百 km 離れた Boston でも有感であり，M は 8.0 前後と思われていたが，M 7 クラスであるという見方もある．

B. 中　南　米

　メキシコおよび中南米の太平洋岸は，海溝，深い地震，火山等があり，島弧に準ずる地域と考えられ，浅発地震活動も活発である．近年でもメキシコ地震 (1985)，グアテマラ地震 (1976) などがあり数千人ないし 3 万人に近い死者がでている．メキシコ地震はココスプレートが北米プレートの下に沈み込む境界の逆断層運動，グアテマラ地震は同国を東西に横断する Motagua 断層という

トランスフォーム断層（カリブ，北米両プレートの境界）の左ずれ運動によって起こったものである．カリブプレートの縁は West Indies，ベネズエラなどでも地震活動が活発である．

南米のペルー，チリ沖には $M\,8\sim9$ 級の島弧型巨大地震が繰り返し発生し，現地はもちろん，それに伴う大津波により，日本，Hawaii その他太平洋諸地域が被害を受けている．表 6.4 はその地震のリストである．日本は Hawaii の状況をみて，南米の津波の大きさを到着 7 時間前に知ることができる．Hawaii は南米のほか，日本，Kamchatka，Aleutian，Alaska などの巨大地震の際にも津波の被害を受けている．中南米には津波を伴わない地震による大震災もあり，チリ内陸部の Chillán 地震（1939）で約 3 万人，ペルー沿岸の Ancash 地震（1970）では氷河なだれに端を発した土石流により数万人の死者が出た．

なお，南米にはボリビア地震（1994, $h\,640\,\mathrm{km}$, $M_w\,8.2$, §10.8G）という巨大深発地震が起こっている．

表 6.4 南米の地震と Hawaii，日本への津波

年	地　震	M_w	Hawaii	日　本
1586	Lima（ペルー）		?	津波あり
1687	Callao（ペルー）		?	津波あり
1730	Concepcion（チリ）		?	津波あり
1751	Concepcion（チリ）		?	津波あり
1822	Concepcion（チリ）		津波あり	?
1837	Vladivia（チリ）		津波大被害	津波あり
1868	Arica（ペルー・チリ）		津波大被害	大津波
1877	Iquique（ペルー・チリ）		津波大被害	大津波（死者多し）
1906	Valparaiso（チリ）	8.2	津波あり	小津波
1922	Atakama（チリ）	8.5	津波あり	津波あり
1960	チリ南部	9.5	津波大被害	津波大被害（死者行方不明 142）

C. オセアニア，東南アジア

ニュージーランドから同国領 Kermadec 諸島，Tonga 諸島（トンガ），New Hebrides 諸島（バヌアツ），Solomon 諸島（ソロモン諸島）をへて New Guinia 島（パプアニューギニア）に至る地帯は，太平洋プレートとインド-オーストラリアプレートの境界に当り，島弧型の地震活動が活発で $M\,8.0$ 程度までの地震は多い．しかし死者数千人というような大震災は知られていない．

オーストラリア大陸は地震は少ないが，大陸西部の Meckering 地震（1968）では顕著な地震断層が出現した．

Tonga 弧の深発地震は Fiji 諸島（フィジー）付近に多発し，世界で最も深発地震の多い地域になっている．この地域の深発地震は余震が比較的多い．

フィリピン，インドネシア，ミャンマーは地震国である．20世紀に $M 8.0$ 以上の地震が台湾付近に1回，フィリピン付近に3回，インドネシア地域に4回，ミャンマーに3回起こっている．近年の例では Mindanao 島沖地震（1976）が地震動，津波双方による大災害を伴った．Luzon 島地震（1990）は長大な活断層（Philippine 断層）中の空白域として注目されていた部分に発生した．

D. 中国，インドとその周辺

中国には古来大地震が多い．これらはいわゆるプレート内地震であり，インドプレートの北進に押されて発達した大きな活断層の運動によるものである．人工衛星からの写真には顕著な活断層が多数認められている．陝西省華県地震（1556）では姓名のわかった死者だけで83万人（地震後のききん，疾病等によるものを含む）という．山東省郯城地震（1668）もきわめて大きく，$M 8^{1/2}$ と推定される．今世紀のものとしては，寧夏の海原地震（1920, M_s 8.6）は死者20余万人でこの地震に伴う西北西-東南東に 200 km 以上延びる左ずれの地震断層が認められている．この地震の7年後にはこの断層の西方延長上に M_s 7.9 の大地震があり，このときは 60 km にわたる地震断層が現れたという．近年では死者8千人を出し地震予知研究開始の契機となった河北省邢台地震（1966）の後，雲南省通海地震（1970, 死者1.5万人）など 1970〜75 年に死者千人以上の地震が4回あり，次いで発生した河北省唐山地震（1976）では唐山，豊南の両市が壊滅し，死者は24万人，重傷者は16万人を越えた．

台湾中部の集集地震（1999）では顕著な地震断層（逆断層）が現れた．

Himalaya 山脈の南側にもきわめて大きな地震が起こる．インド東部の Assam 地震（1897）は Calcutta を含む Bengal 湾沿岸から，中国西蔵，ブータン，ネパール国境まで被害を与えた．Chedrang 断層という落差 10 m に達する地震断層が 20 km にわたって現れた．震源地での地震動についてはすでに述べた（§5.1B）．Assam の北方，西蔵との国境付近には 1950 年にも M_s

8.6 の巨大地震が起こっている．インドの Kangra 地震（1905，死者 2 万人），インド・ネパール国境の地震（1934，死者 1 万人），パキスタンの Quetta 地震（1935，死者 3 万人，6 万人とも），インド西部 Gujarat 州地震（2001，死者 2 万人）も大きかった．

中国とタジキスタンの国境付近，南天山山脈に沿っては 700 km にわたり落差 3000 m に達する南落ちの活断層があり，大地震が並んで起こっている．タジキスタンの Khait 地震（1949）は山崩れが多く，数千人（2 万人という報告もある）が死亡したと伝えられる．

モンゴルから Baikal 湖付近にかけても巨大地震が起こる．Gobi-Altai 地震（1957）は東西に 230 km に及ぶ地震断層を生じ，左ずれ，北落ちの変位はそれぞれ最大 9 m に及んだ．

E. 中　近　東

イランでは死者 7.7 万人といわれる Tabriz 地震（1727）を始め大震災が多く，20 世紀においても死者数千から 1 万を越えるものが 10 回起こっているが，M はいずれも 7 程度である．たとえば Dasht-e Bayāz 地震（1968）は M_s 7.1，死者 1.1～1.5 万人，ほぼ東西に走る 80 km 地震断層が現れ，左ずれ最大 4.5 m，北落ち最大 2.5 m の変位が認められた．最近では 1.8 万人の死者が出た Tabas 地震（1978），3.5 万人の死者が出た Rudbar 地震（1990）がある．2 万人が死んだトルクメニスタンの Ashkhabad 地震（1947）もイラン国境に近い．

トルコにはほぼ東西に長さ 800 km に及ぶ右ずれの北 Anatoria 断層が存在するが，Erzincan 地震（1939，M_s 7.8）のとき，その東部が 340 km にわたって最大 3.7 m 変位した．断層に沿う幅 15 km ほどの地帯でとくに被害が大きく，死者は 3 万人に達した．その後，1942，43，44，57，67 の各年に M 7 程度またはそれ以上の地震が断層上に続々と起こり，53 年のものを除くと，1939 年以後震源が断層上を東から西へ移っていったことになる．1967 年の地震の西側は次の大地震の候補地として注目されていたが 1999 年まで持ちこたえ M_w 7.5 の大地震が発生し 2 万人に近い死者がでた．なお，トルコにはこの断層以外にも大地震は起こり，近年でも Lice 地震（1975）で 3 千人，Van 地震（1976）で 4 千ないし 1 万人の死者を出している．トルコとイランに接する

アルメニアでは Spitak 地震（1988）が 2.5 万人の命を奪っている．

F. 地中海周辺

ギリシャも地震活動は活発で，やや深発地震が多く，ときに $M8$ に近いものも起こる．中小の被害地震が多いが，死者 1 千人以上の大震災は少ない．

イタリアのサイスミシティは日本に比べればかなり低いが，古来，大震災は多く Catania 地震（1693）は 6～10 万人，Calabria 地震（1783）は 3～6 万人，Napoli 南東の地震（1857）は 1～2 万人の死者を出した．1857 年の地震はイギリスの土木技師 Mallet が現地調査を行った．その報告書（1862）は地震現象を初めて物理学的な目で調べたという意味で有名である．Messina 地震（1908）では Sicilia 島の Messina 市の人口 15 万人中 7.5 万人が，対岸の Reggio 市の人口 4 万人中 2.5 万人が死亡し，両市の沿岸は 0.5 m ほど隆起したという．大森（1909）の現地調査によれば，地震動の加速度は 200 gal 程度であった．次いで Avezzano 地震（1915）で 3.3 万人の死者が出てからは，大震災はなかったが，北部の Friuri 地震（1976）で約 1 千人，南部の Irpinia 地震（1980）で 2500 人以上の死者が出た．アルジェリア北部やモロッコも被害地震が起こる．Agadir 地震（1960）は，$M5.8$ という小さい地震でも条件が悪いと 1 万人を越える死者が出る例としてよく引用される．その後 El Asnam 地震（1980）が 3 千人の死者を出した．Gibraltar 海峡から西方へ大西洋の Azores 諸島にかけてのユーラシアプレートとアフリカプレートの境界には $M8$ 級の大地震も起こる．ヨーロッパ最大とみられる Lisbon 地震（1755，推定 $M8.5$，死者 6 万人）はこの系統のものであろう．

7章　地震の群と時間的分布・地震活動のパターン

7.1　余　　震

A．余震の空間的分布

　浅い大地震が起こるとその直後から震源の周辺には多数の余震が発生する．余震の震源は本震の震源を含むある領域内に分布する．余震の発生する領域を**余震域**（aftershock region）という．図7.1は南海地震（1946）の後6カ月間に起こった浅発地震で，紀伊半島西部から四国東部およびその沖合にかけて密集している地震は余震と考えられる．京都方面や大分・熊本方面の地震群も南海地震の影響によって起こったと考えられる（とくに後者は南海地震の15分後から始まった）が，このように飛び離れたものは余震とはいわない．しかし，**広義の余震**ということはある．福井地震（1948）を南海地震の広義の余震とみることもある．図7.2の伊豆半島沖地震の余震域は南海地震に比べれば著しく狭いが，北西-南東に延びる線に添って分布している．伊豆半島中央部の活動は本震の2日後から始まった群発地震で広義の余震といえよう．兵庫県南部地震（1995）では図7.3の斜めの長方形内の地震が余震とみなせる．図には本震前後1月間の震央を示すが，本震直後の1日間の地震はほとんどすべてこ

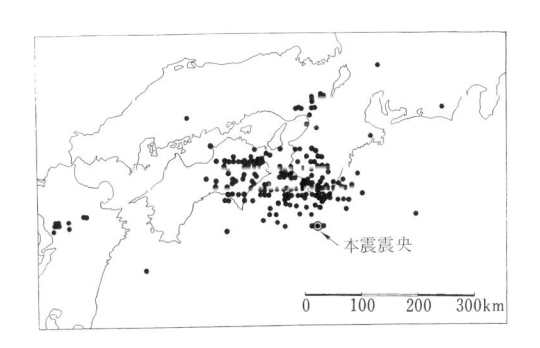

図 7.1　南海地震（$M\,8.0$）後6カ月間の地震の分布（宇津，1961）

の長方形内に入る．その外側の地震活動も常時活動より活発化しているが（とくに北東側の丹波地区），どの地震が広義の余震であるかの判別はむずかしい．

余震域は本震のマグニチュード M が大きいほど大きくなる傾向がある．日本付近の M が 5.5〜8 程度の浅発地震については，余震域の長径 L (km) と M の平均的な関係として

$$\log L = 0.5M - 1.8 \qquad (7.1)$$

が得られているが（宇津，1961），こ

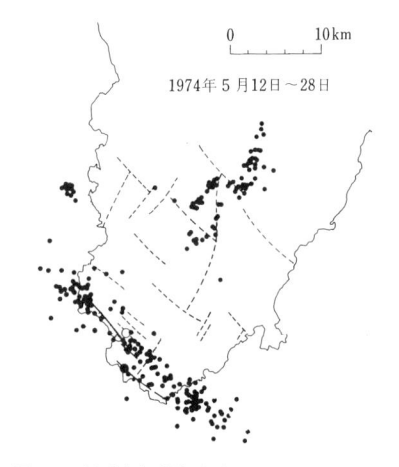

図 7.2 伊豆半島沖地震（M 6.9）の後の微小地震の分布（余震共同観測班，1975）

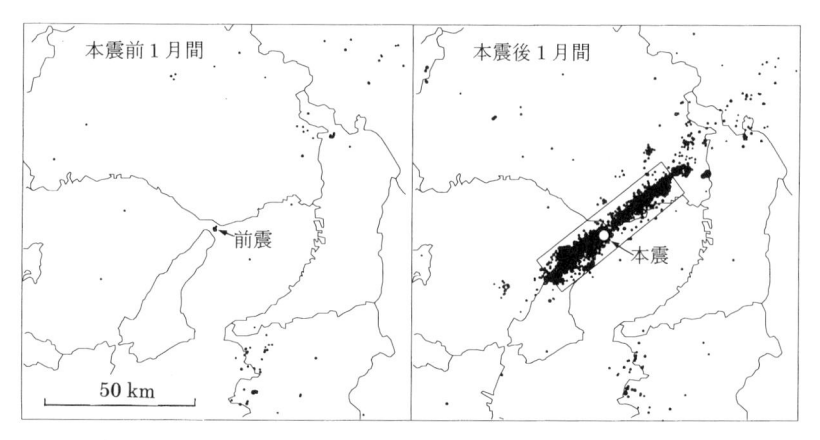

図 7.3 兵庫県南部地震（M 7.3）の前後各 1 月間の浅発地震（$M \geq 2$）の分布（気象庁カタログによる）．本震の震源の深さは 18km と求まっているが，余震の大部分は 7〜15km に分布している．

の式は余震域の面積 S (km^2) と M の関係を表す式 $\log S = 1.02M - 4.0$（宇津と関，1955）とほぼ同等である．その後の資料によれば (7.1) は M が 3〜5 程度でもほぼ成り立っている．(7.1) による M と L の関係を表 7.1 に示す．L は震源断層の長さにほぼ対応するとみてよい．

7.1 余震

坪井 (1956) は余震域の大きさと M の関係式, M と E_s の関係式 (5.41), E と震源域の体積 V ($\propto L^3 \propto S^{3/2}$) の関係式 (5.39) の三者はつじつまが合う (η は M によらないと仮定) ことを注意し, E と V が比例する (E/V は M によらず一定) という結論を得た. V を地震体積という.

地震断層が現れた場合, 多数の余震の震源を精密に決定すると, 断層付近に集中することが多い. Parkfield 地震 (1966) では San Andreas 断層が 30 km ほどにわたって右ずれの変位を行ったが, 余震は断層のその部分に沿って分布している. この地震のように鉛直に近い断層が動いた場合は, 近年の精度のよい観測によれば余震の震央は線状に分布することが多い. 図 7.2 と 7.3 もその例である. 丹後地震 (1927)

表 7.1 M と L の平均的関係

M	L (km)
2.0	0.16
2.5	0.28
3.0	0.50
3.5	0.89
4.0	1.6
4.5	2.8
5.0	5.0
5.5	8.9
6.0	16
6.5	28
7.0	50
7.5	89
8.0	160
8.5	280
9.0	500
9.5	890

は現地に臨時観測点を設けて余震の観測を本格的に行った最初の地震であった (那須, 1929, 35). 余震は郷村断層 (図 8.2) 付近からその西側, 山田断層の南側に多く発生している. この部分は本震に伴う隆起域に当っていたので, 余震は隆起域に発生するといわれたが, 当時の震源決定精度からみて確定的なことはいえないだろう.

余震は浅い地震に多く, 地震断層が現れた地震では, 深さ数 km〜15 km 程度に分布するのが普通である.

余震は余震域内で一様な密度で発生するのではなく, 多い部分と少ない部分とがある. 地震断層が現れない場合でも, 余震の震源分布を地震波や地殻変動の観測から推定した地下の震源断層と比較すると, だいたい一致している例が多い. 余震域は時間とともに拡がってゆく場合があるが, 本震から 1 日程度以内の余震域が断層の寸法とほぼ一致し, いわゆる震源域に対応するとみられる. 近年は本震の断層面上におけるすべり量の分布がある程度わかるようになった (§10.6C). このような場合, 余震は断層面上の大きくすべった部分よりもその周辺のあまりすべっていない部分に多く発生する傾向がみえる (たとえば Mendoza と Hartzell, 1988; 武尾と三上, 1990). さらに余震の分布は本震

によるクーロン破壊応力の変化 ΔCFS（§9.1C）と相関がみられる事例がある．

一部の地震の余震の中には，本震とは違う断層（たとえば共役断層や平行する断層）の運動や本震の断層をさらに広げるような断層運動の現れとみられるものがある．

B. 余震の時間的分布

余震は本震からの経過時間 t とともにその活動が次第に減衰してゆく．図7.4 は新潟地震（1964）の後，気象庁観測網で記録された1日当りの余震数を示し，かなり規則的に減少してゆく様子がうかがえる．大森（1894）は濃尾地震（1891）などの余震を調べて，次の式を提出した．

$$n(t)=K(t+c)^{-1} \tag{7.2}$$

ここで $n(t)$ は単位時間当りのある大きさ以上の余震数，K，c は定数である．これを**大森公式**という．宇津（1957；61）は多くの余震系列について

$$n(t)=K(t+c)^{-p} \tag{7.3}$$

のほうが，よりよく適合することを示し，これを**改良大森公式**（modified Omori formula）と呼んだ．この式に導入された **p 値**（p value）は余震活動の時間的減衰の程度を表すパラメーターで1よりもやや大きい値をとることが多い*（$p=0.9\sim1.4$）．大森公式は $p=1$ の場合に当る．c はふつう 0.1 日程度以下である．$t \gg c$ では（7.3）は $n(t)=Kt^{-p}$ というべき分布となるから，両対数グラフ上に示すと傾斜が $-p$ の直線となる．図7.5 に三つの例を示す．A

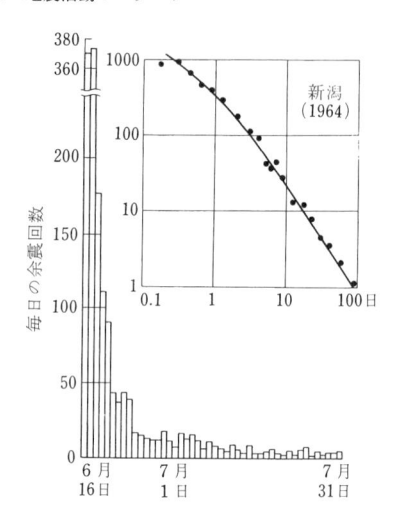

図7.4 新潟地震の1日ごとの余震数，右上は同じデータを両対数のグラフに示したもの

---

* 与えられた余震の発生時のデータから(7.3)式の K, p, c の値を求めるには最尤法を用いるとよい（尾形, 1983）．本震直後の発生率が高いときは，小さい余震は大きい余震に埋もれて観測不能になりやすい（カタログに載らない）．このようなカタログを使うと正しい値に比べ p は小さく，c は大きく求まる．また，本震から長い日数がたって発生率が著しく低くなると，余震でない地震（常時活動など）が混ざる率が増える．このときも p は小さく求まる．

7.1 余震

は濃尾地震(1891)後の岐阜の有感地震数で大森の資料にその後近年に至るまでの観測回数を追加したものである.ただし,姉川地震(1909),福井地震(1948)など岐阜に近い地域で大地震があった年はそれらの余震のいくつかが岐阜で有感となり有感回数が異常に多いので,そのような年は発生率の計算に含めない(含めても大差ない).この図からは $p=1.05$ 程度となる.B,Cなどの例をみても(7.3)が本震後10年以上にわたってよく成り立っていることがわかる.図7.4 の例では $p=1.4$ である.K の値はどの程度以上の大きさの余震を数えるかによるが,p 値は余震の大きさにはほとんどよらない.これは余震のマグニチュード分布(b 値)が時間的にほとんど変化しないことを意味する.本震があまり大きくないときには,数日たつと有感余震はほとんど起こらなくなってしまうが,これはその余震活動の減衰が急なためではない.本震のマグニチュードと p 値の間には相関はほとんどない.高感度の観測を行うと,数十年以上前の大地震の余震域に今なお極微小地震が多発している例も見いだされる.

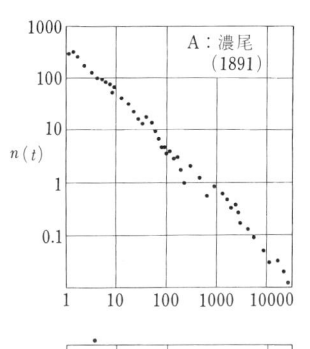

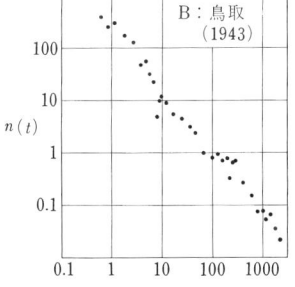

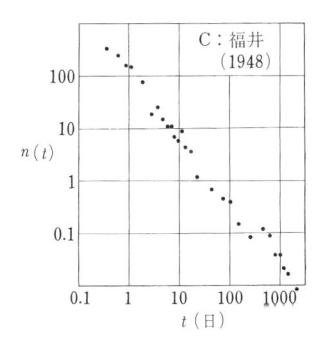

図 7.5 濃尾地震(A),鳥取地震(B),福井地震(C)の有感余震発生率(1日当り)の減衰(宇津,1961)

余震域の場所によって p 値や b 値が異なるという調査もあるが,さらにデータを揃える必要があろう(宇津,1962;Wiemer と勝俣,1999).

余震の余震,すなわち**二次余震**(secondary aftershock)は概して少ない.

しかしときには多数の二次余震を伴う余震が起こることがある．日本海中部地震（1983）の26日後に震源域の北端付近に$M7.1$の大きな余震が起こり，余震域が拡大した．多くの二次余震を伴う大余震の多くは本震断層の延長部や共役断層などの新たな動きと思われる．このような場合には，二次余震の活動による増加分とそれを除いた一次余震の分とに分けると，それぞれについて（7.3）が成り立っている．

C. 余震活動

　一般に大きい地震ほど多数の余震を伴うが，大きさが同じでも地震によって余震活動はかなり異なることも事実である．余震活動の程度を余震のエネルギーの総和E_aと本震のエネルギーE_mの比E_a/E_mで表すと，この比が1を越える地震もあるが，0.001以下のものも珍しくない．さらに大ざっぱではあるが本震と最大余震のマグニチュードの差$D_1=M_m-M_1$も余震活動の目安と考えられる．D_1は0近くから3以上まで大きくばらつくが，浅い大地震ではその平均は1強である．このことは1950年代初期に日本の研究者間ではよく知られていたことであるが，Richter（1958*）が"多くの地震でD_1は約1.2である"ことを**ボートの法則**（Båth's law）として紹介したので，その名で呼ばれることがある．日本付近の浅発地震では$M7.5$以上についてはD_1のメディアンは1.2であるが，$M6$以上をとると1.8となる．Papazachos（1974）によればギリシャの$M5$〜7.6の219個の地震についてはD_1の平均値が1.1となるという．このような研究に際し，最大余震のマグニチュードM_1がわかった例のみを扱ったのではD_1の平均は過小に評価されてしまう．余震が観測されなかった地震でも，観測にかからないような小さな余震は発生していたと考えて解析すべきだろう．

　いま，一つの本震とその余震全部を合わせた地震群のマグニチュードの分布がグーテンベルク・リヒターの式に従うとすれば，最大の地震（本震）と2番目の地震（最大余震）のマグニチュードの差D_1は（5.53）により指数分布に従い，D_1の平均値は$\overline{D}_1=(\log e)/b$，メディアンは$\tilde{D}_1=(\log 2)/b$となるから，$b=1$とすれば$\overline{D}_1=0.43$，$\tilde{D}_1=0.30$である．実際の$\overline{D}_1$，$\tilde{D}_1$はこれよりもはるかに大きい．これは本震は単に一つの群の中の最大のものに過ぎないとい

う考えを否定し，本震と余震の異質性を示しているといえよう．

　本震後，最大余震が起こるまでの時間 t_1 は数分以内から 100 日以上にわたってばらつくが，本震の M とともに長くなる傾向は認められる．p は M によらないとすれば，これは c が M とともに大きくなる傾向があることを意味する．t_1 のメディアンを $\tilde{t}_1$（日）とすれば，日本の $M>6$ の浅発地震については

$$\log \tilde{t}_1 = 0.5M - 3.5 \tag{7.4}$$

の関係が示されているが（宇津，1961），この種の式は本震からどの程度後の地震まで余震とするかにもよる．(7.4) によれば $M=7$ のとき $\tilde{t}_1 = 1$ 日，すなわち最大余震が本震から 1 日以内に起こる確率は 0.5 である．最大余震が起こるのは本震後 1 月以内のことが多いが，まれには 1 年以上後のこともある．

　余震活動は震源が深いほど弱くなる傾向があり，深発地震では $M7$ クラスでも余震が観測されないことが多い．しかし，余震が観測されるときは改良大森公式にあてはまる（Nyffenegger と Frohlich，2000）．Hindu Kush 地震（1965，$h210\,\mathrm{km}$）の際には数百回の余震が観測され $p=1.4$ という値が得られていたが（Lukk，1968），この p 値は大きすぎる（Pavlis と Hamburger，1994）．観測史上最大のボリビアの深発地震（1994，§10.8G）の余震は少なく，性質も浅い地震とはやや異なっていたが，フィジーの深発地震（1994，$M_w7.6$，$h564\,\mathrm{km}$）は多数の余震が観測された（Wiens ほか，1994）．Wiens と Gilbert（1996）によればスラブの温度が低いほどその中の地震の余震活動が高いという．

D. 余震現象の解釈

a. リザボアモデル（reservoir model）　余震現象を解明するには，その特徴的な性質である改良大森公式が成り立つ理由を説明する必要がある．まず，単純なモデルとして，本震の後，その震源域に残っているエネルギーが余震として徐々に放出されていくと考える．塩冶（1901）は，(1) 任意の時刻 t における地震の強さ ε は震源における地殻不平均の大きさ E に比例し，(2) 時刻 t における余震回数 n は E に比例し，(3) 地震があるごとに ε に比例して E は解消するという仮定をたてた．α, β, γ を定数として，$\varepsilon = \alpha E$，$n = \beta E$，$dE = -\gamma n \varepsilon dt$ とおくと

$$dE = -\alpha\beta\gamma E^2 dt \tag{7.5}$$

したがって

$$\frac{1}{E} = \alpha\beta\gamma t + \text{const} \tag{7.6}$$

すなわち大森公式 (7.2) が得られる．しかし ε や E が実際に何であるかわからない．この種のモデルはほかにもいくつかあるが，その難点の一つは，大きな余震が起これば E は大幅に減るから余震活動が急に衰えるはずであるのに，実際にはそのような状況がみられないことである．震源域（余震域）を一つのエネルギーの貯蔵所と考えるこのモデルは無理ではなかろうか．

b. 岩石のクリープ 古くから余震は岩石のクリープ (§3.4B) に結びつけて考えられていた．日下部 (1904) は，余震の頻度は本震によって応力が除かれた後の岩石のひずみ ξ の回復の速度 $d\xi/dt$ に比例すると考えた．日下部が実験から得た $\xi(t)$ の式はかなり複雑な形をしているが，それから近似的に大森公式が導かれる．もしクリープの式として (3.179)，(3.180) を採用すれば，それぞれ大森公式，改良大森公式が得られる．Benioff (1951) は，余震系列の**ひずみ解放曲線** (strain release curve) と岩石のクリープ曲線との類似性に着目し余震の説明を試みた．ひずみ解放曲線というのは，ある地震系列について，横軸に時間，縦軸にある時刻までに発生した地震によるひずみ解放量 $\Sigma\sqrt{E}$ (§6.3) をとったもので，一時たいへん流行したものである．しかしBenioff 流のひずみ解放量という考えは理解しにくいものであることは前に述べた．大地震後，震源域にクリープ状の地殻変動（余効すべり，§8.5A）が認められた例はいくつかあり，変動速度と余震発生率はほぼ比例するという観測もある．しかし，余効すべりをすべて余震に伴う地殻変動で説明するのは無理であろう．岩石の変形（クリープ），クラックの成長，AE の発生率の関係の議論を余震・前震活動と結びつけた最近の議論として Main (2000) がある．

c. 遅れ破壊 以上は本震の震源域（余震域）全体についての議論であるが，余震活動のモデルには余震域が多数の部分（小断層）に分かれていて，各領域が独立に破壊すると考えるものが多い．本震の発生に伴い，応力と破壊強度（断層の摩擦）の再配分が起こり，局所的にみると応力が増加したり，強度が低下したりする小断層があちこちに生じる．これらが遅れ破壊 (§9.1D) を起

こすのが余震であるというモデルである．いま，本震と同時に N_0 個の領域に破壊（余震）が発生する条件が生じたとする．時間 t と $t+dt$ の間に破壊する領域の数は，t までに破壊しない領域の数を $N(t)$ とすれば

$$n(t)dt = -dN(t) = N(t)\mu(t)dt \tag{7.7}$$

と表すことができる．$\mu(t)dt$ は t までは破壊が起こっていないという条件下で t から $t+dt$ までの間に破壊が起こる確率である．t までに破壊が起こらない確率（t 以後に起こる確率）$\phi(t)$ は，破壊の時間分布を確率密度で表して $\lambda(t)$ とすると，$\lambda(t)=n(t)/N_0$, $\mu(t)=\lambda(t)/\phi(t)$ であるから

$$\phi(t) = \frac{N(t)}{N_0} = \frac{\lambda(t)}{\mu(t)} \tag{7.8}$$

となる*．一方

$$\phi(t) = \int_t^\infty \lambda(t)dt \tag{7.9}$$

と書けるから

$$-d\phi(t) = \lambda(t)dt = \phi(t)\mu(t)dt \tag{7.10}$$

これを積分して

$$\phi(t) = \exp\left\{-\int_0^t \mu(t)dt\right\} \tag{7.11}$$

が得られる．もし $\mu(t)$ が t によらなければ $\mu(t)=\mu$（定数）とし

$$\lambda(t) = \mu e^{-\mu t} \tag{7.12}$$

となる．また

$$\mu(t) = (p-1)(t+c)^{-1} \tag{7.13}$$

とおけば改良大森公式に相当する次の $\lambda(t)$ が得られる．

$$\lambda(t) = (p-1)c^{p-1}(t+c)^{-p} \tag{7.14}$$

岩石の室内実験によれば，応力 σ を与えた後，遅れ破壊が起こるまでの時間間隔は指数分布 (7.12) に従い，μ は σ の指数関数 (9.6) でほぼ表せることが知られている．(7.13) が成り立つということは σ が時間的に減少してゆくことを意味する．μ が岩石のクリープによる応力の減少や，間隙水圧の変化，

---

* 信頼性理論 (reliability theory) では $\mu(t)$ は故障率関数 (failure rate, hazard function)，$\phi(t)$ は信頼度関数 (reliability function, survivor function) と呼ばれている．

断層面の固着などによって時間的に減少してゆくことはあり得ると思われる．

改良大森公式のもう一つの解釈として，各領域の μ がすべて同じではなく，それぞれ異なりある度数分布 $f(\mu)$ をもっているとする．もし

$$f(\mu) = \frac{(p-1)c^{p-1}e^{-c\mu}}{\Gamma(p)\mu^{2-p}} \tag{7.15}$$

となる分布を採用すれば，$\lambda(t) = \int_0^\infty \mu e^{-\mu t} f(\mu) d\mu$ は（7.14）に等しくなる（宇津，1962）．（7.15）のように μ の小さい領域の数が多いことも不自然ではない．

（7.13）あるいは（7.15）が完全に成り立たなくとも，$\mu(t)$ が t の減少関数あるいは $f(\mu)$ が μ の減少関数であれば，指数分布（7.12）がべき分布に近づき，近似的に改良大森公式が成り立つようになる．

d．その他のモデル 以上のほか余震活動のモデルは多数あるが，いずれも応力腐食（§9.1D），粘弾性，時間に依存する摩擦構成則，地下水の移動など何らかの緩和機構（遅れ機構）を含んでおり，結局はそれらの機構の物理的解明に帰着する．前項のモデルはすべての余震は本震に支配され余震どうしは独立であったが，一つの余震の発生がその周囲の状態を変え，別の余震発生に影響するモデルも考えられる．

初期のばね-ブロックモデルとして有名な Burridge と Knopoff（1967）のシミュレーションでも，粘弾性要素を加えることにより余震といえる挙動がみられたが，中西（1992），Hainzl ほか（1999, 2000）のばね-ブロックモデルでは余震のみならず前震も発生する．後者では余震活動は $p=1$ 前後の改良大森公式に従い，前震は平均的にみれば同式に従うが個々の系列は変化が多く，空間的に集中性があり，前震のほうが余震より b 値が小さいなど自然地震にみられるいくつかの性質を再現できた．

三雲・宮武（1979, 83）の不均質な強度と緩和時間を持つ断層面の運動を扱うモデルでは，べき分布に従って減衰する余震系列，大地震の繰り返し発生，大地震の前の静穏化，G-R 式がシミュレートできた．不均質性を強くすると p 値は増加し，b 値は減少する．

Dieterich（1994）は本震発生により生じた破壊核の種子に核形成が起こる

時間の分布を，すべり速度と状態に依存する構成則（§9.3B）を採用して計算し改良大森公式に近い式を導出した．

山下と Knopoff（1987）は応力腐食によるクラックの進行を基本とした二つのモデルによって改良大森公式を導いた．山下と Knopoff（1989）は前震のモデルも提出している．そのほか Booker（1974），Das と Scholz（1981），Shaw（1993）など（改良）大森公式を説明するモデルを提出している論文が多数あるが，モデルに採用した仮定がべき分布をもたらしているので，その仮定，条件，モデルの妥当性が完全に説明されているわけではない．

7.2 前 震

A. 前震活動の多様性

表 7.2 に前震を伴った地震の例を挙げるが，前震が観測された地震は比較的少ない．高感度地震観測網の中に起こった M 6～7 程度の浅発地震でも，微小前震すらほとんど記録されないこともある．本震と最大前震のマグニチュードの差は 0 近くから 6 以上まで幅広く分布しており，その平均値がいくつということはまず意味がない．時間的にも本震数分前に初めて起こることもあるし，数か月以上活動が続いて本震に至る例もある．本震が前震を伴う率，あるいはある地震が来るべき本震の前震である率は，時間空間的にどの範囲に発生したどの程度の大きさの地震までを前震とするかにも依存するが，通常は数％程度である（範囲を広くとれば数十％となることもある）．この二つの率はかなり地域差がある（茂木，1963；尾形ほか，1995）．これらの率が高い地域は後述の群発地震が発生しやすい地域とおおむね一致している．逆断層の地震のほうが横ずれの地震より概して前震が多いという調査もある（Reasenberg, 1999）．しかし個々の地震の前震活動が著しく違うことのほうが目立っている．

B. 前震の震源分布，時間分布，大きさ分布

前震の震源分布が詳しく求められた例は多くないが，比較的狭い範囲，とくに本震の震源付近に集中する場合が多い．しかし，択捉島沖地震(1995, 表 7.2, 古川，1998) のように前震域が 100 km 近いものもある．前震の震源分布の範囲やそのマグニチュードなどから本震の M を推定することはむずかしい．

前震の時間的分布については，余震のような著しい規則性はないが，大別し

表 7.2 前震を伴った地震の例

年 月 日	地震名	M	前震の起こり方（19世紀以前の回数はすべて有感地震）
1596・9・4	豊 後		40日前から大小多数, 当日強震1回.
1683・6・18	日 光		1月半前から地震多く, 前日強震1回を含み多数.
1810・9・25	男 鹿		3月前から鳴動, 約10日前から頻発, 5時間前に強震.
1854・7・9	伊 賀		3日前から強い地震2回を含み数十回.
1872・3・14	浜 田		4〜5日前から鳴動, 当日前震数回, 1時間前に強震.
1896・8・31	陸 羽	7.2	8日前から強い地震3回を含み数十回.
1930・11・26	北伊豆	7.3	20日前から有感約200回, うち25日に76回, 無感地震（三島）は約700回.
1941・7・15	長 野	6.1	2時間前から長野で有感2回, 無感6回.
1945・1・13	三 河	6.8	気象台の観測網では11日に有感6回無感9回, 12日に無感2回, 現地では11日から鳴動頻発.
1957・11・11	新 島	6.0	5日前から始まる. 三宅島で56回記録, うち有感8回.
1968・8・18	京都府	5.6	半年前に$M4.8$の地震, 以後微小地震活動が続き本震に至る.
1969・8・11	北海道東方沖	7.8	数日前から若干の活動があったが, 2時間ほど前から活発化し20分前から$M4$クラスを含むようになり, 1分前から$M5.7$, 5.9, 6.2, 7.1とたて続けに発生（典型的なC型）.
1975・1・23	阿蘇北部	6.1	1日半前に$M5.5$の地震あり, その後多数（阿蘇山での有感は20回）あり本震に至る.
1978・1・14	伊豆大島近海	7.0	前日から大島西方沖に微小地震多発, 当日9時ころから活発化し, $M4.9$（2回）を含む有感地震多数, 11時ころから静穏化し, 12時24分本震.
1980・6・29	伊豆半島東方沖	6.7	6月25日ころから群発活動が始まり, 27日と28日に$M4.9$各1回.
1982・3・21	浦河沖	7.1	4時間前$M4.9$の地震があり, その微小余震が若干観測された.
1982・7・23	鹿島灘	7.0	2日前から$M5.4$, $M5.0$（3回）を含む活発な活動があった.
1983・5・26	日本海中部	7.7	12日前に本震震源付近に$M5.0$があり, 以後1週間に23個の微小地震が記録された.
1995・1・17	兵庫県南部	7.3	11時間前に本震震源付近に$M3.3$があり, 以後微小地震が4個観測された.
1995・12・3	択捉島沖	7.2 (M_w 7.9)	11月24日$M6.4$, 27日に$M6.1$があったが, 30日$M6.1$（2回）以後と12月2日$M6.6$以後それらの余震とみられる活動があり, 8.5時間ほど前から7時間ほど中小地震が頻発した.

て図7.6の中段のように，本震が近づくにつれ活動が活発になる型と，次第に活動が衰えてから本震が起こる型とがある．茂木（1967）はこれをC型とD型と呼んでいる．漸増型の時間的分布を指数関数またはべき分布（改良大森公式の時間軸を逆にしたもの）で表すことがあるが例は多くない（§12.4A）．漸減型は前震系列自身が一つの本震-余震系列とみなせるような分布をしている場合もあるし，不規則な群発地震型のものもある．二つ以上の本震-余震系列

7.2 前震

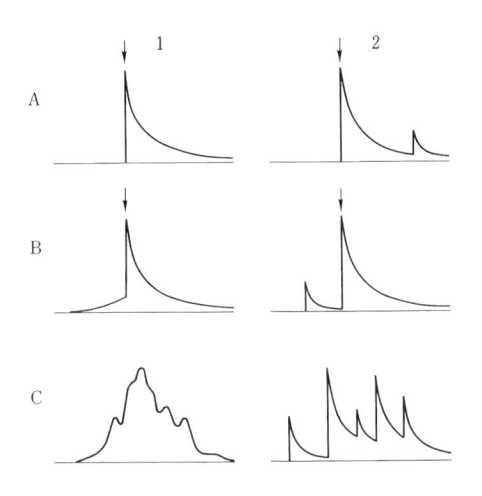

図7.6 地震系列の三つの型．A：本震-余震型，B：前震-本震-余震型，C：群発地震型．縦軸は発生率（単位時間当りの回数），横軸は時間，矢印は本震時刻を示す．

が相次いで起こったとき，最初の本震が小さければ図7.6のB-2のようになるし，最初の本震が最も大きければA-2のようになり，後の本震は二次余震を伴う大きな余震といわれるが，A-2とB-2と本質的な差異はないのかもしれない．なお，前震活動の時間的パターンの多様性については吉田（1990）の研究がある．

多数の前震-本震系列について，各本震の時刻を$t=0$としたときの各前震の発生時を重ね合せて統計をとると，改良大森公式（ただし時間が逆方向）にほぼ合うことが知れている．前震の数が少ない（たとえば1～3個程度）のものは常時地震活動を前震とみている可能性がより高いので採用しないと，改良大森公式への適合はいっそう良くなる．個々の前震系列をみると改良大森公式型（時間逆方向）に適合するものはむしろ少ないが，多数の系列を重ね合せると適合するのはなぜだろうか．

長野県北部の小地震（1964）の前震のb値が異常に小さいことを末広ほか（1964）が報告して以来，b値の小さい前震の例が多数報告されている．図7.7左はその一例である．最近の研究ではMolchanほか（1999）などがある．しかし，前震でもb値が普通の値のものもあるし，図7.7右に示すように，ある

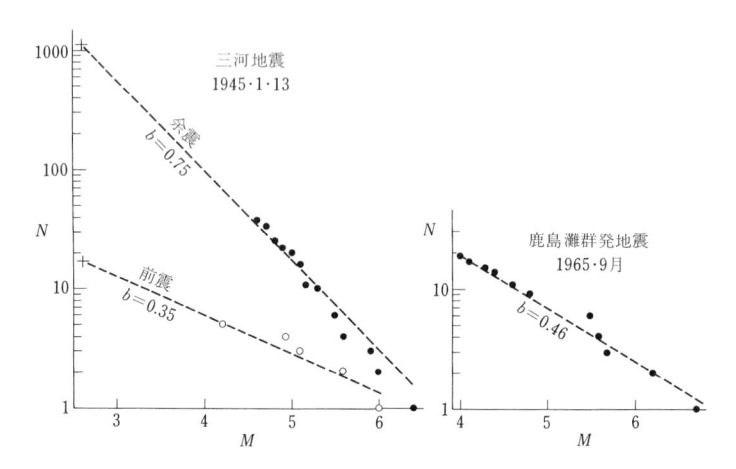

図 7.7 1945 年三河地震の前震と余震および 1965 年 9 月鹿島灘の群発地震のマグニチュード分布（宇津，1974）

種の群発地震は b 値が小さい．

C. 前震現象の解釈

前震を本震発生前に識別する問題は§12.4A で扱うが難問である．

　前震がなぜ発生するかの説明は容易でない．地震により前震活動が著しく違う理由も含めねばならない．多くの強い部分（アスペリティ，§10.6A）で支えられていた断層面が応力の増加によって比較的弱いアスペリティが壊れ，それが支えていた応力が残りの部分にかかるので次に弱いアスペリティが壊れるというようにして破壊が進行し，ついに全体が一挙に破壊するのが本震であるという見方があるが，余震と同様なんらかの遅れ機構を考えないと時間ずれが説明できない（たとえば Jones と Molnar，1979）．本震断層の先行すべり（§12.2A），破壊核形成（§9.3B，芝崎と松浦，1995），岩石破壊実験の AE（§9.2A）などとの関係はどのように考えればよいのだろうか．

7.3　群発地震・地震の続発

　1965 年 8 月から始まった松代群発地震（図 7.8）は，最盛期の 1966 年 4 月には有感地震が 600 回を越えた日もあり，1970 年末までに松代観測所で震度 5

7.3 群発地震・地震の統発

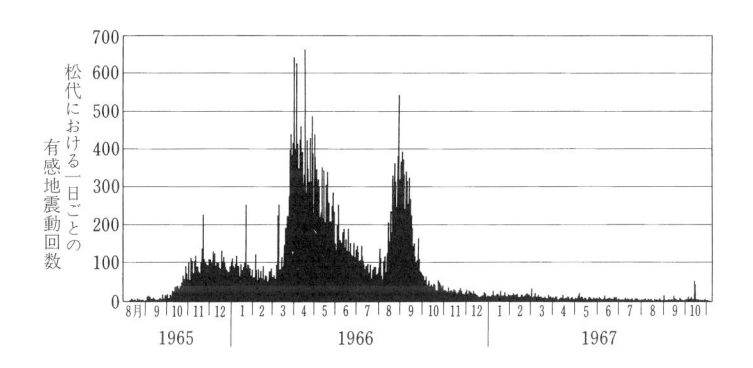

図 7.8 松代で記録された松代群発地震の1日ごとの地震回数（気象庁資料）

が9回，4が50回，3が419回，2が4,706回，1が57,627回記録され，地震記録から読取られたものは648,000回余りに達した．しかしMは最大のものでも5.4で，M4以上の回数は267回であった．最盛期を過ぎた1966年9月後半，多量の水（推定1000万m^3）の放出があり，地下水がマグマの代わりを務めた'水噴火'という見方がなされた．

1930年2月中旬に始まった伊東群発地震（図7.9）は，3月の最盛期には有感地震が1日に200回を越え，M5.9の地震も起こり小被害を伴った．

1978年から伊豆半島川奈崎沖に数カ月ないし20カ月程度の間隔で繰り返し群発地震が発生し，1カ月程度でほぼ収まっている．同時に観測された地殻変動（傾斜計，埋込式ひずみ計，GPSなどによる）の状況から，地下におけるマグマの貫入に伴う地殻の破壊によるものとみられている（たとえば岡田ほか，2000）．

2000年6月26日に始まった新島-神津島-三宅島近海の群発地震も8月下旬までに最大震度6弱の地震6回，5強7回，5弱15回を含む顕著な現象であった．この間M4.0以上の地震は500回を越えた（M5以上は42回，M6以上は5回）．6月26日夕三宅島で火山性群発地震活動が始まり27日朝同島西岸沖の海底で小噴火があったが，地震活動は西北西に移り，29日には神津島東方沖に最初の被害地震（M5.2）があり，以後，活動は1〜数日程度の間隔をおいて数〜十数時間程度の活発期が現れるようなパターンを示し，数回の被害

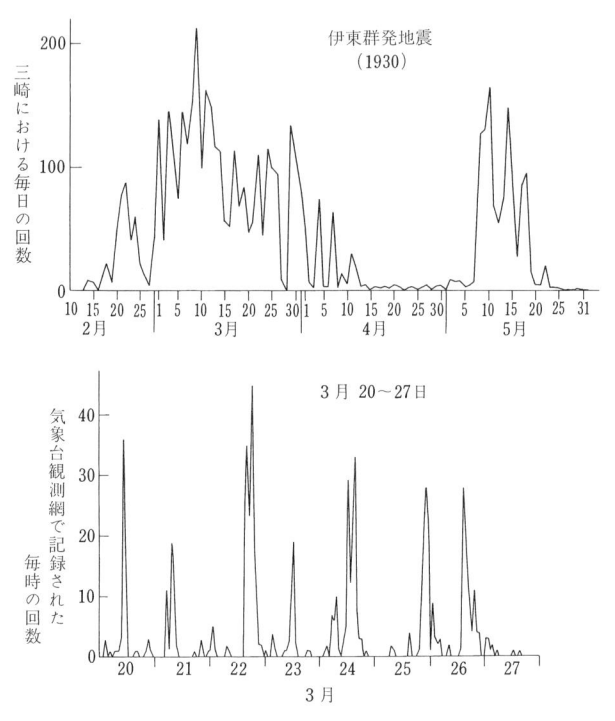

図 7.9 三崎で記録された伊東群発地震の毎日の地震回数（岸上，1930）と現地における毎時の地震回数（3月20日〜27日）．毎時の図から活動がいくつかのバーストから成ることがわかる．

地震を含んだ（最大は $M\,6.5$）．マグマの間欠的な貫入により周辺の地殻の破壊が進行したと考えられる．この間，少し離れた新島北西沖や三宅島南方沖にもそれぞれ $M\,6.3$，$M\,6.5$ の地震があり被害を伴ったが，これらは独立した前震-本震-余震系列に近い．活動域の長径は 60 km に達する．三宅島では7月8日，14-15 日に噴火があり，山頂火口の陥没を伴ったが，8月10日以降はさらに大規模な山頂噴火が断続し，9月4日までに島民全員が島外に避難した．地震活動も噴火も9月以降次第に収まりつつあるが，2000年末現在，火口からは毎日数万トンの二酸化硫黄ガスの放出が続いており，島民帰還のめどは立たない．

　小規模な群発地震は日本ではときどき起こるが，火山地帯に多く，北海道東

部，北海道南部から東北地方中軸部・関東北部を経て長野県に至る地帯，伊豆半島から伊豆諸島にかけて，また九州とくに大分から島原に至る地帯などに多い．火山地帯以外にも，近畿・中国地方その他で群発地震が起こることがある．

これらの群発地震は震源がごく浅いことが多く，震央付近では地鳴りが聞えることがある．有馬の鳴動（兵庫県）は1899年7月5日から始まり，8月上旬の最盛期には1日200回に達し，地震動を感じたものもあった．

東日本の太平洋岸沖合や日向灘などの海域にも群発地震がときどき起こる．たとえば1938年の福島県沖の活動のように$M6.9\sim7.5$の地震7回を含むような大規模なものがある．この種の群発地震は図7.6のC-2に示すように，大きさがあまり違わないいくつかの本震とその余震系列が相次いで起こる型（第二種の群発地震，宇津，1970）のものが多く，火山地帯などに起こる不規則なC-1型（第一種の群発地震）とは異質である．C-1型では$M6$を越えるものはほとんどないが，C-2型では$M7\sim8$級のものもある．日本の内陸部でも被害を伴う地震が2〜3回続いて起こった例はいくつかある（表7.3）．中国では数カ月の間に$M6$級（ときには1966年邢台地震のように$M7$級を含む）の地震が数回連発した例はいくつか知られている（たとえばZhangほか，1999）．

なお，C-1型の途中にそれらよりずっと大きい1個の地震が発生することがある．このときそれを本震としてその前の地震を前震，後の地震を余震とすると，通常の前震-本震-余震系列とはかなり性質の違ったものになる（たとえば余震に比べ前震が異常に多い；余震活動の減衰が不規則で改良大森公式に合わないなど）．これは群発地震に重なって通常の地震が発生したと解釈され，地震の時間空間分布を詳しく調べると群発地震と別系統の本震-余震系列を分離できる（たとえば1980年6〜7月伊豆半島東方沖群発地震中に発生した$M6.7$の地震，松浦，1983；石田，1984）．

群発地震は外国にも多くの例があり，中央海嶺や島弧の火山地帯に多い．California州東部Long Valleyカルデラ（図6.13）で1978年以降断続している群発地震活動もマグマが関わっているとみられている．珍しいものとしては，19世紀末から20世紀初年にかけてドイツ（チェコ国境寄り）のVogtlandに起こったものがある．数回の群に分かれているが，1908年10月から12月にかけては1,563回の有感地震が記録された．

表 7.3 強震の続発の例（日本内陸部，3日以内）* 日付はグレゴリオ暦

1683年	日 光	6月17日強震，18日さらに大，10月20日にも強震
1782	小田原	8月23日2時ころ強震，20時ころさらに大
1892	能 登	12月9日と11日に強震（M 6.3 と 6.4）
1898	福 岡	8月10日と12日に強震（M 6.0 と 5.8）
1904	宍道湖	6月6日8時間間隔で強震（M 5.4 と 5.8）
1913	鹿児島	6月29日と30日に強震（M 5.7 と 5.9）
1918	大 町	11月11日3時強震，16時さらに大（M 6.1 と 6.5）
1943	鳥取県東部	3月4日19時と5日5時強震（ともに M 6.2，ほかに M 5.7 も）
1949	今 市	12月26日強震，8分後さらに大（M 6.2 と 6.4）
1959	弟子屈	1月31日2時間半間隔で強震（M 6.3 と 6.1）
1978	青森県東岸	5月16日48分間隔で強震（ともに M 5.8）
1997	岩手秋田県境	8月11日5時間の間に3回強震（M 5.9, 5.4, 5.7）

*間隔がやや長いものとしては，1596年9月4日と翌年9月10日の豊後の地震，1710年10月3日と翌年3月19日の伯耆の地震，1821年12月13日と翌年1月26日の岩代の地震，1859年1月5日と10月4日の石見の地震，1894年8月8日と翌年8月27日の熊本県東部地震（ともに M 6.3），1997年3月26日と5月13日の鹿児島県北西部地震（M 6.5 と 6.3）などがある．

　群発地震，とくにC-1型の震源はごく浅く，深さ10km以内のことが多い．震源の分布する範囲は最大地震の M を（7.1）に入れて求めたものよりも大きいことが多く，とくにC-2型では著しく大きいことがある．C-1型でも活動の場所が時とともに移動したり，活動域が拡大したりする．またそれに応じて b 値が変動してゆくこともある．松代群発地震は初め直径10kmほどの範囲に起こっていたが，活動の後期には30kmぐらいの範囲に広がった．

　火山の噴火に伴う地震は群発的である．火山体のごく狭い範囲に限られるもののほか，火山からやや離れた場所に群発地震あるいは単発的な地震が起こることもある．正確な震源決定結果からマグマの活動位置とその移動を推定できることもある．

7.4　地震の時系列の点過程モデル

A．ポアソン過程

　ある地域に起こった一定の大きさ以上の地震の時間的分布を議論するときには，各地震を時間軸上の1点とみて**点過程**（point process）として扱う．最も基本的な点過程は**ポアソン過程**（Poisson process）である．これは事象が時間的にまったくランダムに発生するもので，この過程を規定するパラメータ

ーは**発生率**（rate of occurrence）ν ただ1個である．長さ T の期間に平均して N 個の事象が発生するときは $\nu = N/T$ とみてよい．ポアソン過程は次のような統計的性質をもっている．

（1）一定の期間 Δt 中の事象の度数 n はポアソン分布に従う．すなわち度数が n となる確率は次式で与えられる．n の平均値，分散はともに ν である．

$$p(n) = \frac{(\nu \Delta t)^n}{n!} e^{-\nu \Delta t} \tag{7.16}$$

（2）相次ぐ事象の間隔 τ は指数分布に従う．すなわち間隔が τ から $\tau + d\tau$ の間にはいる確率を $\lambda(\tau) d\tau$ とすれば

$$\lambda(\tau) = \nu e^{-\nu \tau} \tag{7.17}$$

である．間隔が τ 以上になる確率は $e^{-\nu \tau}$ である．

（3）Δt 時間ごとの度数 n の期待値（平均値）$E(n)$ と分散 $V(n)$ はともに $\nu \Delta t$ である．その比 $L = V(n)/E(n)$ をポアソン分散指数（Poisson index of dispersion）というが，その期待値は Δt に関せず1である．

（4）点過程（発生時 $t_1, t_2, \cdots, t_N$）のパワースペクトル $S(\omega)$ を

$$S(\omega) = \left| \sum_{k=1}^{N} e^{i\omega t_k} \right|^2 / N \tag{7.18}$$

で定義すれば，ポアソン過程ではその期待値は1となる．そして $2S(\omega)$ は自由度2の χ^2 分布をする．なぜならば $S(\omega) = \{(\sum \cos \omega t_k)^2 + (\sum \sin \omega t_k)^2\}/N$ であるが，t_k がランダムな値をとれば $\cos \omega t_k$, $\sin \omega t_k$ は平均値が0，分散が $1/2$ の分布をするから，N が大きければ中心極限定理＊により $\sum \cos \omega t_k$, $\sum \sin \omega t_k$ はそれぞれ平均値が0，分散が $N/2$ の正規分布に従う．χ^2 分布の性質＊＊により $2S(\omega)$ は自由度2の χ^2 分布に従うことになり $S(\omega)$ の期待値は1となる．自由度2の χ^2 分布はパラメーターが $1/2$ の指数分布にほかならないから，$S(\omega)$ がある値 α を越える確率は $e^{-\alpha}$ であるといえる（シュスターの検定，Schuster, 1897）．

以上のような性質その他を利用して，ある地震系列がある有意水準のもとで

＊ $X_1, X_2, \cdots, X_N$ が同じ分布に従う独立な確率変数で，各変数の平均値が μ, 分散が σ^2 であれば，$\sum_{k=1}^{N} X_k$ の分布は $N \to \infty$ のとき平均値 $N\mu$, 分散 $N\sigma^2$ の正規分布に近づく．
＊＊ X_i ($i = 1, \cdots, m$) が平均値 μ_i, 分散 σ_i^2 の正規分布に従うとき，$\sum_{i=1}^{m}(X_i - \mu_i)^2/\sigma_i^2$ は自由度 m の χ^2 分布に従う．

ポアソン過程に適合するといえるか否かが調べられる．深い地震や広い地域内の大きな浅発地震を対象として調べると，ポアソン過程にほぼ適合していることが多い．しかし，これは地震の発生が本質的にランダムであることを意味しているわけではない．個々の地震の震源域では長年にわたるひずみの蓄積と地震によるその解放がかなり規則的に繰り返されているかもしれない．このような震源域を多数含む地域をまとめて扱うと，"重ね合せによるランダム化"のため見掛け上ランダムになると考えられる．

B. 発生率が時間的に変動する場合（非定常ポアソン過程）

発生率 ν が時間とともに徐々に変化してゆくが，ν が一定とみなせるような短い期間をとるとその間では事象がランダムに起こっている場合を考える．(7.18)に対応する Δt 時間中の事象の数 n の分布は

$$p(n) = \frac{\int_0^T \{\nu(t)\Delta t\}^n e^{-\nu(t)\Delta t} dt}{n!T} \tag{7.19}$$

となり，(7.19)に対応する時間間隔の分布は

$$\lambda(\tau) = \frac{\int_0^T \{\nu(t)\}^2 e^{-\nu(t)\tau} dt}{\int_0^T \nu(t) dt} \tag{7.20}$$

となる．一例として余震系列を考えよう．発生率が改良大森公式，すなわち $\nu(t) = K(t+c)^{-p}$ で与えられるとし，t を 0 から ∞ まで変化させると

$$\lambda(\tau) = K_1 \tau^{-q}, \quad \text{ただし } q = 2 - p^{-1} \tag{7.21}$$

という形となり，また

$$p(n) = \frac{K_2 \Gamma(n - p^{-1})}{\Gamma(n+1)} \tag{7.22}$$

となる．K_1, K_2 は定数である．(7.22)は $n \geq 4$ のとき近似的に

$$p(n) = K_2 n^{-r}, \quad \text{ただし } r = 1 + p^{-1} \tag{7.23}$$

と書ける．したがって τ も n もべき分布となり，指数の間には

$$r + q = 3 \tag{7.24}$$

という関係がある．

C. 更 新 過 程

一般に次の事象までの時間間隔 τ がどの事象に関しても同じ確率分布 $\lambda(\tau)$

をもっているような点過程を**更新過程**（renewal process）という．$\lambda(\tau)$ が指数分布である更新過程はポアソン過程にほかならない．更新過程では一つの事象が起こった時刻を $t=0$ とすると，次の事象が t よりも後で起こる確率 $\phi(t)$ は，§7.1D の議論と同じく $\phi(t)=\lambda(t)/\mu(t)$ で与えられる．$\mu(t)$ の一例として

$$\mu(t)=\alpha\beta t^{\beta-1} \quad (\alpha>0,\ \beta>0) \tag{7.25}$$

の場合を考えよう．このときは

$$\phi(t)=\exp(-\alpha t^{\beta}) \tag{7.26}$$

$$\lambda(t)=\alpha\beta t^{\beta-1}\exp(-\alpha t^{\beta}) \tag{7.27}$$

となる．この $\lambda(t)$ は**ワイブル分布**（Weibull distribution）といわれるもので τ の分布をモデル化するときよく使われる．τ の期待値は

$$E[\tau]=\alpha^{-1/\beta}\Gamma(1+1/\beta) \tag{7.28}$$

である．$\beta=1$ ならばポアソン過程であり，このときは前の事象からの経過時間にかかわらず，次の事象の発生確率 $\mu(t)$ は一定である．$\beta<1$ または $\beta>1$ ならば，時とともに $\mu(t)$ は減少または増大する．前者はランダムな発生に比べ続発性がある場合，後者は間欠性がある場合に対応する．なお，$\lambda(\tau)$ としては上記ワイブル分布のほか $\ln\tau$ が正規分布をする**対数正規分布**（lognormal distribution）もしばしば使われる（§12.1A）．

南海道沖の $M\,8.0$ 程度の巨大地震（表 6.3），宮城県沖の $M\,7.5$ 程度の大地震（§6.4C）のように，同一断層から似た地震がかなり規則的に繰り返し発生している例が知られている．このような繰返しについて β を求めてみると 3〜6 程度になる（たとえば宇津，1984）．このような場合，次の大地震の発生時期はある程度予測できそうだが，同じ地域で地震が繰り返しているようにみえても地震ごとに性格がかなり違うこともあり，それほど簡単ではない．過去数個の地震の間隔が非常によく揃った例がいくつかあるが，それに気づいた後，予測どおりに次の地震が起こった例は少ない．母集団の β は 3 程度でも 5 個ぐらいのサンプルの間隔は偶然よく揃う（それだけで β を推定すると 10 以上になる）ことはそれほど珍しくない．

San Andreas 断層の中部 Parkfield 付近では $M\,6$ 前後の地震が繰り返し起こっている（1881 年以降 5 回，Bakun と McEvilly，1984）．平均間隔 21 年と

いわれたが，前回の Parkfield 地震（1966）から 21 年たった 1987 年以後も現在（2000 年）まで次の地震は発生していないので平均間隔は伸びつつある．Nadeau ほか（1995）によると Parkfield の断層面では常時地震活動が小さな領域（直径 20 m 以下）の多数のクラスターに分かれ，各クラスターには数カ月ないし 1 年程度の間隔で相似地震が繰り返している．Nadeau と Johnson（1998）によるさらに詳しい調査がある．

D. 発生時期予測可能モデルなど

　ある領域（断層）からその領域全体を震源域とする地震が繰り返し起こっているとき，プレートの運動によりその領域のひずみ（応力）が一定の割合で増加し，ある限界に達すると地震が起こりひずみが解放されるというモデルが考えられる．このとき限界ひずみも解放されるひずみも地震によらず一定であれば，同じ大きさの地震が等間隔で繰り返すことになる．限界ひずみは一定だが解放されるひずみ（地震の大きさ）にはある程度ばらつきがあると考えれば，地震の大小によって次の地震までの間隔が支配されるので，過去の資料から地震の大きさ（M_w あるいは地殻変動量）と次の地震までの間隔の関係がわかっていれば，次の地震の発生時期がわかることになる（**発生時期予測可能モデル**, time-predictable model）．また，地震の大きさは発生時にたまっていたひずみの量によって決まるが，限界ひずみはある程度ばらつくとすれば，前回の地震からの経過時間を与えれば地震が今起こるとすればどのような大きさ（すべり量）になるかがわかる（**すべり量予測可能モデル**, slip-predictable model）．島崎と中田（1980）は南海トラフ沿いの巨大地震その他の資料から，これらの例では両モデルのうち前者のほうが実態に近いことを認めた．ほかにも前者を支持する報告がいくつかある．

　ある領域（断層）にはそれぞれに固有な大きさとメカニズムを持つ地震が繰り返し発生するというモデルを考え，その地震を**固有地震**（characteristic earthquake）という（Schwartz と Coppersmith, 1984）．上記の二つのモデルや間欠性を有する更新過程などは，固有地震モデルにばらつきを与えたものとみなせる．多くの地域において地震発生パターンはより不規則であるが，この種のモデルの存在意義は認めてよいだろう（§5.4F，§12.1A 参照）．

E. 分岐ポアソン過程

浅発地震のカタログを調べると，余震が多数含まれていることが多い．このような時系列を表現する簡単なモデルとしては**分岐ポアソン過程**（branching Poisson process）があり，地震学に応用したのはVere-JonesとDavies（1966）で，**トリガーモデル**（trigger model）と呼んでいる．このモデルでは事象を一次事象と二次事象に分けて考える．一次事象は本震，二次事象は余震に対応する．余震を伴わない単独の地震は一次事象と考え，前震や群発地震（最大地震を除く）は必要があれば二次事象と考えればよい．一次事象は発生率ν_mのポアソン過程とし，それぞれの一次事象にはA個の二次事象が付属する．Aは変数で，その平均値を$\overline{A}$，分散をVとする．時刻t_0に起こった一次事象に伴う二次事象の度数の時間的分布は

$$n(t)=A\lambda(t-t_0) \quad (t \geq t_0),$$
$$n(t)=0 \quad (t<t_0) \tag{7.29}$$

とする．$\lambda(t)$は$\int_0^\infty \lambda(t)dt=1$となるよう

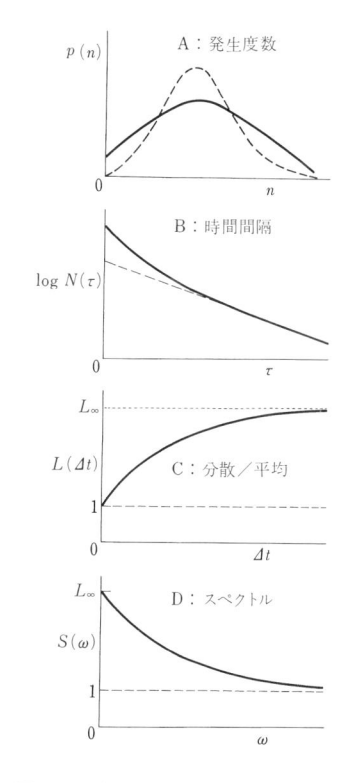

図7.10 ポアソン過程（破線）と分岐ポアソン過程（実線）の比較．実際の地震データは実線に近い分布を示すことが多い．

規格化されている．$\lambda(t)$としては，(7.14)を採用することが考えられるが，計算を簡単にするため(7.12)あるいは$\lambda(t)=\delta(t)$で近似することもある．分岐ポアソン過程の統計的性質をポアソン過程と比較すると

（1）一定時間Δt中の事象の度数nの分布は，図7.10Aの実線のようにnの小さい範囲と大きい範囲でポアソン過程（破線）に比べて高く，その中間で低い．

（2）相次ぐ事象の時間間隔τの分布は，τ以上の間隔の度数を$N(\tau)$とする

と，その片対数スケールによるグラフは図 7.10B の実線のようになる．一次事象のみの時間間隔をとれば図の破線のような直線になるはずである．T 時間に発生する一次事象の総数は $N_m = \nu_m T$ で，二次事象の総数は $N_m \overline{A}$ であるから，事象の総数 N は

$$N = N_m(1 + \overline{A}) \tag{7.30}$$

となり，発生率 ν は $\nu = \nu_m(1 + \overline{A})$ となる．図 7.10B の実線と破線が 縦軸を切る点の目盛は $N-1$ と N_m-1 となるから，これから $\overline{A}$ が求まる．

（3）ポアソン分散指数 L は Δt という期間の事象の数の分散 $V(n)$ が

$$V(n) = \nu \Delta t + 2\int_0^{\Delta t}(\Delta t - u)C(u)du \tag{7.31}$$

で与えられることから求められる．$C(u)$ は自己共分散関数でここでは

$$C(u) = \nu \delta(u) + \nu_m \overline{A} \lambda(u) + \nu_m(\overline{A^2} + V - \overline{A})\int_0^\infty \lambda(t)\lambda(t+u)du \tag{7.32}$$

となる．一般に図 7.10C に示すように $\Delta t \to 0$ のとき $L \to 1$，$\Delta t \to \infty$ のとき $L \to L_\infty$ となる．ただし

$$L_\infty = 1 + \overline{A} + \frac{V}{1 + \overline{A}} \tag{7.33}$$

である．$\lambda(t)$ として $\lambda(t) = ae^{-at}$ を用いれば L と Δt の関係は次のようになる．

$$L = 1 + (L_\infty - 1)\left(1 - \frac{1 - e^{-a\Delta t}}{a\Delta t}\right) \tag{7.34}$$

（4）パワースペクトル $S(\omega)$ は図 7.10D に示すように，$\omega \to 0$ のとき $S(\omega) \to L_\infty$，$\omega \to \infty$ のとき $S(\omega) \to 1$ となることが証明できる．一般に

$$\begin{aligned}S(\omega) &= \frac{1}{\nu}\int_{-\infty}^\infty C(u)e^{-i\omega u}du \\ &= 1 + \frac{2\overline{A}}{1+\overline{A}}\Sigma + \left(L_\infty - 1 - \frac{2\overline{A}}{1+\overline{A}}\right)|\Sigma|^2\end{aligned} \tag{7.35}$$

ただし

$$\Sigma = \int_0^\infty e^{-i\omega x}\lambda(x)dx \tag{7.36}$$

となるから，たとえば $\lambda(t) = \alpha e^{-at}$ の場合は

$$S(\omega) = 1 + (L_\infty - 1)\frac{a^2}{a^2 + \omega} \qquad (7.37)$$

となる．

F. ETASモデル

上記トリガーモデルでは，余震が付くのは一次事象のみで，各事象の大きさ（マグニチュード M）も考えていない．それでも地震活動の主な統計的性質（ポアソン過程からのずれ）をよく説明できた．実際には，余震活動は本震の M に大きく依存するし，二次事象もそれ自身の余震が付くかもしれない．**ETASモデル**（epidemic type aftershock sequence model，尾形，1988）はすべての地震がその大きさに応じた余震活動を伴うとするモデルで，ある領域，期間に発生するマグニチュード M_z 以上の地震の時刻 t における発生率 $\lambda(t)$ を

$$\lambda(t) = \mu + \sum_{t_i < t} K \exp[\alpha(M_i - M_z)](t - t_i + c)^{-p} \qquad (7.38)$$

で表している．ただし i 番目（時間順）の地震の発生時を t_i，マグニチュードを M_i とし，総和は $t_i < t$ となるすべての i について行う．

ある期間に発生したマグニチュード M_z 以上の地震のデータ t_i，M_i（$i = 1, 2, \ldots, N$）を与えれば，モデルの5個のパラメータ μ，K，α，c，p の最尤推定値を求めることができる．横軸に"モデルによる理論累積度数が直線になるように変換した時間"をとり，理論発生数と実際の発生数との差（変換された時間の h 単位当りの数，全期間の長さを N 単位とする）の時間的変動をプロットすると，相対的な活発化（峰），静穏化（谷）が見える（h は5〜20程度にとる．h を大きくとるほど短期的な変動は平滑化される）．峰は顕著な群発地震が発生した時期，あるいはある地震がその大きさの割に著しい余震活動を伴うときなどに対応する．一方，谷は大きな地震があったがその割に余震活動が微弱であるときのほか，対象領域の地震活動が静穏化したときにも現れる（尾形，1992）．

7.5 地震発生の周期性および他現象との相関

A. 周期性の存在

地震発生のような点過程が**周期性**（periodicity）を有するか否かを調べる

問題は古くから議論されているが，周期性の完全な定義，すなわちその定義に従えばどのようなデータでも周期性の有無が一義的に判定でき，かつ周期性という言葉の常識的意味にも反しないものを見いだすことはむずかしい．周期的に変動している量のパワースペクトルを計算すると，その周期に対する値が他に比べて大きくなる，しかし，あるデータから多くの周波数についてパワースペクトルを計算し，スペクトル曲線を描いたとき，ある周波数にピークが現れたからといって，その周波数の周期性が存在するとは必ずしもいえない．ピークがどの程度高ければ周期性があるといえるかも簡単な問題ではない．

ポアソン過程に従って長さ T という期間に分布している事象のパワースペクトル（7.18）を次の m 個の角周波数

$$\omega_k = 2\pi/T_k, \ T_k = T/k \ (k=1, 2, \ldots, m) \tag{7.39}$$

について求めたとき，その値を大きさの順に $S_1, S_2, \ldots, S_m$ とする．この m 個のうちどれか一つをランダムに選んだときその値が α を越える確率は $e^{-\alpha}$ である（§7.5A）．しかし m 個のうちの最大のもの S_1 が α を越える確率は $e^{-\alpha}$ よりはるかに大きくなる．j 番目の大きさのパワースペクトル S_j がどの程度大きければポアソン過程から期待される値よりも有意に大きいかは，次の定理により判定できる（Fisher, 1929）．ポアソン過程のとき

$$G_i = S_i / \sum_{k=1}^{m} S_k \tag{7.40}$$

が g を越える確率は，i, m, g の関数として次式で与えられる．

$$P_i(m, g) = \frac{m!}{i-1} \sum_{\nu=1}^{[1/g]} \frac{(-1)^{\nu-1}(1-\nu g)^{m-1}}{\nu(m-\nu)!(\nu-i)!} \tag{7.41}$$

ただし $[1/g]$ は $1/g$ を越えない最大の整数を意味する．（7.41）の数値を計算したものに Nowroozi (1967)，Shimshoni (1971) の表がある．

分岐ポアソン過程も $\lambda(t)$ が周期的関数でない限り周期性を有しない過程であるが，そのパワースペクトルは ω が小さい範囲ではポアソン過程の場合に比べて L_∞ 倍近くまで大きくなっている．したがって，地震が分岐ポアソン過程で代表されるとすれば，地震発生に周期性がないのにもかかわらず長い周期（たとえば1年以上）においてはポアソン過程の場合に比べてパワースペクトルの平均レベルがかなり高くなっている．このためピークの値がポアソン過程のときに期待される値より有意に大きくても，周期性が存在することの証明に

はならない．Jeffreys（1938）は Davison（1938*）などによって述べられていた地震発生のいくつかの周期は，余震が含まれているための見掛けのものであることを注意した．

松沢（1936）は特定の周期 T_k（1日とか1年とか）の存在を長さ mT_k の期間（m は1より充分大きい整数）のデータを用いて調べるのに次の方法を採用した．長さ T_k の m 個の期間のそれぞれについて周期 T_k に対するスペクトル（複素数）を求めこれを c_r（$r=1, 2, ..., m$）とする．もし周期性がなければ c_r はランダムな位相を持っているはずであるから，**ランダムウォーク**（random walk）の理論*から $|\sum c_r|^2/\sum |c_r|^2$ が α を越える確率は $e^{-\alpha}$ となるので，このことを利用して周期 T_k の存在の検定を行うものである．この方法によれば，余震の存在のためいくつかの期間で大きな $|c_r|$ が得られても，位相は揃わないであろうから $|\sum c_r|$ はあまり大きくはならないので，余震の影響を避けることができ，分岐ポアソン過程から期待されるパワースペクトルを基準にして検定するのとほぼ同等の結果が得られる．

B. 周期性の例および他現象との相関

a. 1日周期 地震は1日のうちどの時間にもほぼ同じ割合で起こる．しかし，1日周期を認めたとする報告もいくつかある．たとえば岸上（1936）によれば東京の有感地震（1924〜35）は夜間に多く，ランダムな場合にそうなる確率は 0.003 であるという．有感地震の約半数は震度1であるから，人が静かにしている夜間のほうが，感じやすいのかもしれない．Shimshoni（1971）によれば全世界の地震（1968〜1970）約 1.5 万個について調べると地方時の夜多い．これは夜間は人工的雑微動が小さいため小地震まで検出されるためかもしれない

b. 1年周期（季節性） かつて大地震は夏多く，小地震は冬多いという説（たとえば大森，1900）があった．しかし，その後の調べでは1年周期ははっきりしない場合が多い．しかし一部内陸地域では中規模以上の地震の発生率に年周変化がみられ，降雨・融雪の影響が考えられている（たとえば松村，1986）．

---

* ランダムな方向を向いた m 本のベクトル c_r（$r=1, 2, ..., m$）の和の長さ $R=|\sum c_r|$ の分布 $W(R)$ は $S^2=\sum |c_r|^2$ とすれば m が充分大きいとき $W(R)=2(R/S^2)\exp(-R^2/S^2)$ で与えられる．

茂木（1969）によれば，1920年以降の日本付近のM 7.5以上の地震について調べると，関東から東海道〜南海道沖にかけては9〜12月中に6個のすべてが，また三陸から北海道沖にかけては2〜5月に6個のすべてが起こっている．1920年以前の大地震についても同様の傾向がみえる．これは偶然と考えるのにはかなり集中性が著しい．岡田（1982）は日本をいくつかの地域に分けて大地震の年周変化を調べその原因（潮位の年変化など）について論じている．

c. 地球潮汐，潮位，月齢　地球の各部分は地球潮汐による変形のため，周期的なひずみを受けている．その振幅は大きくても0.5×10^{-7}程度，応力にして0.003 MPa程度である．海岸近くでは海の潮位変化による海水の荷重変化によるひずみが重なる．地球潮汐あるいは海洋潮汐と地震の発生の関連性については，多くの調査があり，ある種の相関が認められたという報告も否定的な報告もある．群発地震や余震など，狭い範囲の地殻が地震を起こしやすい状態にあるときは潮汐による**引金作用***（triggering）が目立ってくることも考えられる．有名な例は，伊東群発地震（1930）で，初期のころには潮位と地震度数の関連性が著しかった．しかしこの群発地震は2〜3時間の間に集中して発生し，しばらく活動が止むという起こり方をしており，いわゆる活動の**バースト**（burst）の集まりとなっている（図7.9）．一つのバーストを一つの事象と考え，バースト自体が間欠的に起こる性質をもっているとき（たとえばバーストはマグマの貫入に対応し，それが比較的間隔が揃った間欠的現象であるとき），数回のバーストが潮汐のある位相の近くに偶然起こる確率はそれほど低くない．伊豆東部では群発地震が多く，潮汐との関連が認められる時期もあるが，地震が潮汐の影響を受けているのかの判断はそれほど容易ではない．Klein（1976）は海嶺系の群発地震は半日潮とよく関連していると述べている．彼は地震1個ずつでなく，バーストを一つの事象として調べている．しかし，Vidaleほか（1998）はSan Andreas断層の1.3万個の地震について地球潮汐との関係を調べ，統計的に有意な相関はみられないと結論している．

月の深部に起こる月震の活動は顕著な13.7日周期があり，太陽の引力が原

---

* 発生の条件がほとんど整っており，わずかな刺激を与えても発生に至る場合，その刺激をもたらす作用．

因とされている（たとえば Lammlein ほか, 1974). 月は常に同じ面を地球に向けているので，地球との位置関係による月内部の応力変化は小さい．

地震の発生が月齢と関係があるという説がいくつかある．しかし日本全域の $M6$ 以上，あるいは $M7$ 以上の地震，全世界の $M7$ 以上，あるいは $M8$ 以上の地震について調べると，月齢と関係があるとはいえそうもない．

d. 気象との関係 気象と地震との関連性の話も古くからあるが，確証が得られているものは少ない．ある地域の地震活動が，その地域の気圧傾度の方向と関連があるとか，天候，気温，降雨量などとの関連が調べられた例があるが，気象が地震発生の有効な引金作用になるとは通常は考えにくい．ただし，雨や雪解けは地下水の状態を変え，地表付近のひずみの状態や岩石の間隙水圧を変えるため，浅い地震の発生に影響するのかもしれず，これを示唆するような観測もいくつか報告されている（たとえば尾池, 1977).

7.6 地震活動の時間的空間的関連性
A. 空白域と静穏化

島弧の海溝の内側に起こる $M8$ 前後の大地震は，その震源域がお互いにほとんど重ならず，近年大地震が起こっていない領域（**大地震の空白域**, seismic gap）を埋めるように次々と起こってゆく傾向がみられる（Fedotov, 1965; 茂木, 1968; Sykes, 1971). この大地震の空白域にも $M7$ 級の地震の分布に着目すればもはや空白ではないものもあるし，$M5$ 程度の地震もほとんど起こっていない空白域もある．上記の傾向は長い水平ずれの断層でもみられることがある．このような空白域は将来の大地震の震源域になることが考えられる．メキシコ地震（1985), フィリピン Luzon 島地震（1990), トルコ西部地震（1999) などはこの意味で注目されていた場所に発生した大震災である．

ある地震発生地帯のある領域で，ある期間，常時地震活動に**静穏化**（seismic quiescence）が生じ，その期間の震央分布図に**地震活動の空白域**がみられることがあり，大地震のあるものはこの種の空白域に起こるともいわれる．

茂木（1979）は，将来大地震の起こる可能性のある空白域を第一種と第二種に分けた．大地震が起こりうる場所であるが近年の大地震の震源域となっていない大地震の空白域が第一種で，大地震の前にその震源域内の小さい地震の活

動が低下して生じた地震活動の空白域が第二種である．大地震前のある期間に生じる地震活動の静穏化は，井上（1965）の指摘以来多数の例が報告されており，そのすべてが偶然であるとは思えないが，静穏化がいつも大地震に結びつくとは限らない．なお，第二種空白域の周辺はかえって地震活動が活発化することもあり，ドーナツパターンといわれているが明瞭な事例は少ない．

静穏化の原因については，応力の増加とともに小アスペリティが壊れ断層面が一様化し強度が増大すること，ダイラタンシー硬化（§9.1C），非地震性すべりの発生あるいはクラックの成長などによる応力増加の一時的停滞などが考えられているが定説はない．静穏化についてはさらに§12.4Bでふれる．

B. 地震活動の相関・移動

隣接した二つの地域，あるいはある程度離れた二つの地域の地震活動に関連性があるという報告がいくつかある．たとえば毎年の両地域の地震発生数間の相関係数を求め，それが有意に大きいというような結果である．しかし，ある年に偶然両地域に大地震があってそれぞれ多数の余震を伴ったり，両地域が一つの大地震の余震域に含まれたりすると，両地域の地震発生に関連性がなくても相関係数は著しく大きくなる．もっとも，プレートが地震を起こす応力を伝えていると考えれば，かなり離れた二つの領域での地震の発生に関係があることは，必ずしも偶然とはいえない．尾形ほか（1982）はある点過程が別の点過程の影響を受けているといえるか否かの統計的識別法を示している．

和歌山市付近には小地震が多いが，和歌山の有感地震数は1880年から1919年までは年間数回ないし20回程度であった．1920年から急増し年間100回を越え，関東地震が起こった1923年には310回に達したが，以後次第に減ってゆき，1934年を過ぎると年間100回以下となった．1944年東南海地震が発生する1年前に微増したが地震以後急に少なくなった．しかし1948年ごろから増え始め，房総沖地震（1953）のころには再び300回を越えたが，以後再び漸減して現在に至っている．和歌山市付近の小地震と相模トラフの大地震の関連性を示しているかどうか，これだけでは何ともいえない．

茂木（1973）によると，島弧，とくに二つの島弧の接合部付近では，$M\,8$前後の浅発大地震とその内側の$M\,7$級の深発大地震の間に関連性がみられる．三重県沖の深発地震（1906, $M\,7.6$, $m_B\,7.5$）と房総沖地震（1909），沿海州の

7.6 地震活動の時間的空間的関連性

深発地震（1931, $M\,7.5$, $m_B\,7.4$）と三陸沖地震（1933），Sakhalin 南岸の深発地震（1950, $M\,7.8$, $m_B\,7.5$）と十勝沖地震（1952），Sakhalin 中部の深発地震（1990, $M\,7.8$, $m_B\,7.2$）と釧路沖地震（1993）および北海道東方沖地震（1994），日本海西部の深発地震（1994, $M\,7.6$, $m_B\,7.3$）と三陸はるか沖（1994）などはいずれも深発大地震が3年以内で先行した．しかし対応する浅発（または深発）大地震のない深発（または浅発）大地震もある．

カプリング（§10.8D）の強いサブダクション帯のプレート間大地震の前後で，その内側のやや深発地震および外側の大洋プレート内地震（アウターライズの地震）の発生状況が変わることが指摘されている（たとえば Lay ほか, 1989）．プレート間大地震の前約30年間にはやや深発地震は伸張型が多く，後約30年間にはアウターライズの地震が活発化し伸張型が多い．Dmowska ほか（1988, 96），Taylor ほか（1996）などによる解釈がある．

また，海溝沿いの巨大地震とその内側の内陸部の浅発地震活動にも関連があるようにみえる．宇津（1974）によれば，東海道から南海道沖にかけての巨大地震の前50年間と後10年間はそれ以外の期間に比べて，内側に当る西日本内陸部の被害地震の数が約4倍多い（その後の統計解析についてはたとえば堀と尾池, 1996）．これらは広義の前震および広義の余震といえるかもしれない．似たような現象は東北地方や九州でも認められる．

前章で述べたように，トルコの北 Anatolia 断層沿いや，東海道から南海道沖，あるいは北日本・南千島沖，そのほかいくつかの地域では活動期があってその間に大地震の震源域がかなり規則的に移動することが認められている．

時間差をもって相関がみられるときは，地震活動の移動（あるいは震源の移動）ともみることもある．別の地震の誘発ということがあるが，誘発地震というと通常は地震以外の現象によるもの（§7.7）をさす．震源の**移動**（migration）というときには，ある地帯に沿って一方向に次々と地震が発生していく状態をさすことが多い（北 Anatolia 断層に沿う状況は§6.5E 参照）．

そのほかにも地震活動の時間空間的パターンに何らかの特徴を認めたとする報告は少なくない（たとえば Kagan と Knopoff, 1976；大竹, 1986；浜田 1987；De Natale ほか, 1988；吉田と伊藤, 1995）．ただしそれによって高い確率で地震の中・長期予知が行えるほど再現性が高いものは少ない．

C. 地震が地震を誘発するメカニズム

　地震活動の相関，移動や余震域の拡大，広義の余震などの機構としては，上部マントル中を低速で伝わる粘弾性的変動などを考えることがある．数十km/yあるはそれ以上の速度で伝搬する地殻変動の観測例もいくつかある（たとえば石井ほか，1980）．しかし，この種の地殻変動と地震活動との関連性は明瞭でない．むしろ一つの地震の発生により同時に生じた周辺の応力状態の変化を考えるほうがよさそうである．地震の発生の準備がほとんどできていた断層面上の応力が地震の発生を促進する方向に変わった場合，少し遅れて地震が発生すると考える（遅れの時間分布は余震活動とは違うが，その機構についての定説はない）．図7.2の伊豆半島中部の地震群は一例である（山科，1978）．そのほか山科（1979），DasとScholz（1981），加藤ほか（1987），岡田と笠原（1990）などの研究があったが，この効果はその後Landers地震（1992）の発生によって大きく注目されるようになる．この地震はCalifornia州としてはSan Francisco地震（1906）年以来の大地震（M_s 7.6，M_w 7.3）であったが，その3時間後のBig Bear地震（M_w 6.5）は本震によるクーロンの破壊応力（§9.1C）の変化ΔCFSが大きい場所に起こった（Kingほか，1994）．このほか本震の直後から主に北方のいくつかの地域（たとえば450km離れたLong Valleyカルデラ）で地震活動の活発化がみられた（Hillほか，1995）．Landers地震自身もそれ以前の周辺のM5〜6級のいくつかの地震の発生により促進されたとみられている．

　ある地震によって生じた周辺地域のΔCFSを計算すると，それが大きいところで地震活動が増加した例がいくつか指摘されている．ΔCFSは特定の方向（その地域に卓越する断層の方向など），あるいはそれが最大になる方向の面について求める．兵庫県南部地震（1995）の直後から現れた丹波山地一帯の常時微小地震活動レベルの上昇は顕著なもので活動は1年ほど経ってようやく減少の兆しがみえるようになった．この地域はΔCFSの増加域（たとえば遠田，1998）に当たる．

　ΔCFSによる地震誘発（あるいは抑制）効果は地震活動を考える上で無視できないが（たとえばReasenbergとSimpson，1992；Steinほか，1994；DengとSykes，1997；Harris，1998），地震発生がそれによって大きく規制されてい

るとみるのは行き過ぎであろう．上記 Landers 地震のほかにも，大地震を境にしてかなり離れた地域での微小地震の発生率が増加または減少した例がいくつか報告されているが，これらをみな ΔCFS の効果で説明するのは無理である．地震波の通過時の動的な応力変化（たとえば Gomberg と Bodin, 1994），さらには間隙水圧変化の影響などを考えることもある．ΔCFS は階段状の変化であるが，断層の摩擦強度が徐々に変化する効果（それを含む構成則）も考えられる（たとえば Gomberg ほか，1998；Harris と Simpson，1998）．

D. 統計的有意性など

これまでに扱った特徴的な地震活動パターンは，紹介してない多数の事例を含め，物理的にも納得でき再現性もよいので確かに存在すると思われるものがある一方，単に偶然の事象を見ているものもあるだろう．それを統計的検定でチェックすることは意外と難しい．現象を取り上げたときの選択効果*の組み込みが難しいこと，通常の検定はランダム発生を帰無仮説として行うが，検定によってランダムではないと言えても，直ちに問題のパターンの存在証明にはならないこと，地震活動にはもともと種々のノンランダムな性質が含まれるが，それを検定にどう取り入れるかデータも理論も充分でない等々がある．物理的に意味があっても，一過性の現象で再現性の乏しいものは予測には役立たない．ある程度環境（たとえば周辺応力場）が変っても再現性が保たれるものが望ましい．なお，いま有意性が証明されなくとも，将来データが蓄積されれば証明される可能性がある現象は注目し続けたいものである．

地震のノンランダムな性質のうちもっとも顕著なものは前震，余震，群発地震のように時間空間的に群をなすこと（**クラスタリング**，clustering）である．これらの群の性質を研究するときには，ある一つの群にどの地震が属するかを判断しなければならないし，地震活動全体のある性質（たとえば周期性）を調べるには，一つの群を一つの事象として扱うほうがよい場合が多い．地震カタログからクラスターを認識してクラスターを除いたカタログを作る作業を

---

* 複雑な現象では，条件を色々変えて選ぶと，"それだけをみると偶然生じたとは思われないような珍しい状態"（実際には偶然生じたもの）が比較的容易に見つかるという効果．地震はさまざまな属性を有しているため，ある現象が際立つように条件を選んでデータを選び出すと，偶然生じた現象を有意な現象とみてしまう危険性が高い．

デクラスタリング（declustering）という．クラスターを認識する方法には色々あるが完全なものはない（たとえば Frohlich と Davies, 1990）．できればデクラスタリングが不要な解析法を使いたい．トリガーモデル，ETAS モデル，尾形ほかの方法（B項）などはこのようなものである．

尤度が数式で与えられるモデルでは（トリガーモデルはそれができない），データが与えられたとき，それに対応するモデルパラメーターの値が最尤法で求められる．このとき最大尤度を L_m，パラメーターの個数を N_p とすれば

$$\mathrm{AIC} = -2 \ln L_m + 2N_p \tag{7.42}$$

で与えられる AIC（Akaike information criterion）を用い複数のモデルの優劣が判断できる．AIC が小さいほどよいモデルである．AIC の使用例を含む地震活動の解析については尾形（1993），宇津（1999*）の解説がある．

7.7 誘発地震

A. ダムと地震

大きなダムをつくって水を蓄えると，その付近に地震が多発し，まれには被害を伴うような大地震が起こった例もある．これらのうちにはダムとは無関係に偶然起こったものもあるかもしれないし，また，地震を誘発しないダムも多いが，以下の例その他をみるとすべてが偶然とは思えない．地震が起こるのはダム貯水の初期から最高水位近くに達するまでが多く，何年かたてば落着くのが普通であるが，満水後数年たって地震が起こった例もある．貯水量よりもダムの高さ（水深）と関係があり，約 100 m を越えると地震が起こりやすくなるとも，高いダムほど大きな地震が起こりやすいともいわれる．地震の時間的分布は群発地震型が多いが，大きな本震を含む前震-本震-余震型もある．

ダム誘発地震の詳細については Gupta（1992*）がある．日本の事例の研究としては寺島（1983），大竹（1986），寺島・神谷（1988）などがある．

a. Hoover ダム（米国 Nevada-Arizona 州境） このダムによる Mead 湖の貯水は 1935 年から始まり，41 年に満水になった．周辺には 35 年には有感地震はなかったが，36 年 21 回，37 年 116 回とふえ，以後数年間も数十ないし 100 回程度の割で地震が起こった．ダムと地震の関係が注目され，組織的に研究された最初の例である（Carder, 1945）．

b. **Kariba ダム**（ローデシア・ザンビア国境）　ダムの高さ 125 m, 1958 年より貯水を始め世界最大の人造湖となった．61 年地震が記録され，63 年 8〜11 月に $M\,5.1〜6.1$ のものが 9 回起こった．

c. **Kremasta 湖**（ギリシャ）　1965 年 7 月より貯水開始，8 月より地震を感じ，11 月より急増，66 年 2 月 5 日 $M\,6.0$ が起こり被害を生じた．

d. **Koyna ダム**（インド）　インド半島西岸に近い Decan 玄武岩台地につくられた高さ 103 m のダムで，1962 年より貯水を始めたところ，地震が起こり，64 年には地震計を 3 箇所に置いて観測を始めた．地震は湖（南北に細長く長さ約 50 km，ダムは南端にある）の西半に沿う長さ 15 km，幅 6〜8 km の地帯に起こり，深さは 6〜8 km であった．67 年 9 月 12 日と 13 日に $M\,5〜5\,1/2$ の地震があり，局地的に被害を生じたが，12 月 10 日に至り $M\,6.3$ の地震が発生，死者 180 人の大災害となった．

e. **新豊江ダム**（中国広東省）　高さ 105 m のダムに貯水が始まった直後の 1959 年 10 月から地震活動が増大し，1962 年 3 月に $M\,6.1$ 地震があり被害を生じた．この地震は多数の前震と余震を伴った．最大の余震は $M\,5.3$ で 1964 年 9 月に起こったが，以後も活動は続き，10 年間で約 25 万回の地震が記録された．

f. **Nurek ダム**（タジキスタン）　この世界最高（315 m）のダムでは 1971 年水位が約 60 m に達すると付近の地震活動が活発となり，72 年秋 100 m を越えたころ $M\,4.6$ のものが起こった．以降の活動は水位の昇降およびその速度と関係している（Simpson と Negmatullaev, 1981；Keith ほか, 1982）．

B. 水 の 注 入

深井戸に圧力をかけて水を注入すると地震が起こることがある．最初の例は 1962 年米国 Colorado 州 Denver 付近の軍需工場が廃液を処理するため 3800 m の井戸に注入したところ小地震が群発したもので，中にはかなり強い地震もあり住民を驚かせた．注入量は 1 月当り 2〜3 万 t であったが，63 年 10 月注入を止めると地震は減り，64 年注入を再開すると地震活動も再増したので 65 年 9 月に至って注入をやめた．同様の現象は米国 Colorado 州 Rangely 油田での注入実験でも認められ，水圧がある値を越えると地震数が急増した．このような例はほかにもいくつかあり，地震の発生が水圧の影響を受けることが

わかる．岩盤の割れ目を伝わって浸み込んだ水により間隙水圧が上昇し，実効封圧が低下し破壊強度（断層の摩擦）が低下するためと思われる（§9.1C）．

C. その他の誘発地震

a. 地下核実験に伴う地震　地下での核爆発はそれ自身相当の地震波を発生するが（§5.3D），同時に付近の既存の断層が動いて地殻の応力を解放することがある．たとえば米国 NTS（Nevada Test Site）における BOXCAR（1968, 1.2 Mt），BENHAM（1968, 1.1 Mt）その他の核実験では爆破点から数 km 離れたいくつかの断層に変位が認められ，長いものは 10 km 近くに及んだ．観測から推定した震源のメカニズムは単純な爆発ではなく，断層のずれを含んでいた．

地下核実験には多数の余震を伴うものがある．NTS では約 1 kt 以上のすべてについて余震が観測された．BENHAM の場合は，最初の 1 日に M 1.3 以上の余震が約 1000 回観測されたが，時とともに減少し 1 月後には 1 日 10 回程度になった．余震域は直径 17 km に達し，深さは 1〜6 km にわたっていた．

b. 山はね　山はねは鉱山・トンネル工事などで岩盤を切り開くと，その岩盤あるいは石炭層などが爆発的に破壊する現象で，ときには M 3 以上の地震に相当する地震波を発生する．北海道の美唄炭坑の山はね（1968，死者 13 人）は M 2.7 の地震に相当し，140 km の距離まで観測された．McGarr と Green（1978）は南アフリカの金鉱の深さ 3.2 km で発生した M 1.5 と 1.2 の鉱山地震とその前震・余震活動について報告している．震源から 150 m 以内の高感度地震計アレーと傾斜計で M が −3.5 のものまで記録された．山はねの予知は鉱山にとって重要課題であり，地震予知とも関係が深い．鉱山地震研究の解説としては Gibowitz（1990），Gibowicz と Kijko（1994*）などがある．近年は日本の研究グループも南アフリカで研究を続けている．

c. その他　ガス田・油田でガスや石油の採取に伴って地震が発生する例が知られている（たとえば Segall ほか，1994）．大量の採石などによる荷重除去が小地震を誘発したとみられる例もいくつかある（たとえば Pomeroy ほか，1976，Yerkes ほか，1983）．

8章　地震に関連する地殻変動

8.1　地　震　断　層

A. 断　層　と　地　震

　一つの面を境にして岩盤の相対的なずれが認められるとき，これを**断層**（fault）という．断層は両側の岩盤のずれの方向から，図8.1のように**縦ずれ**（dip-slip）と**横ずれ**（strike-slip）に分けられるが，一般には両方の成分が混ざっている．ずれの方向を表すベクトルを**スリップベクトル**（slip vector），スリップベクトルと地表の断層線とのなす角を**すべり角**（slip angle, rake）という．縦ずれ断層のすべり角は90°，横ずれ断層では0°である．縦ずれ断層は**正断層**（normal fault）と**逆断層**（reverse fault）に，横ずれ断層は**左ずれ断層**（left lateral fault, sinistral fault）と**右ずれ断層**（right lateral fault, dextral fault）に分けられる．正断層とは断層の上盤が下がる方向に，左ずれ断層とは向こう側の岩盤が手前の岩盤に対して左側へずれるものである．断層はときに数十km，数百kmという長大なものまであり，地形・地質学的に測定されるずれの量（累積変位量）も数km，数十kmに及ぶものもあ

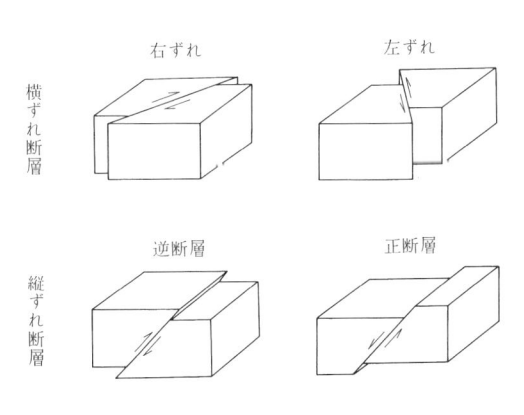

図8.1　断層の型

る．

　内陸部の浅発大地震のときには，地表に大規模な地震断層が現れることがある．地震断層は多くの場合，既存の断層が地震と同時にずれたもので，その地震によって新しく地殻に割れ目がはいったものではない．§10 に述べるように，地震は断層の急な動きによるものと考えられるので，地震断層が地表に現れない地震でも，地下には地震を起こした断層が存在しているはずである．これを**震源断層**（earthquake source fault）と呼ぶ．震源断層の位置，大きさ，ずれの量などは，地震波や地殻変動の観測から推定できる（§10.1〜3）．

B. 地震断層の例

　図 8.2 に日本のいくつかの地震断層の状況を示す．最大のものは濃尾地震（1891）のとき岐阜県南部を北西から南東に 80 km にわたって現れた根尾谷断層系である．根尾村の水鳥部落には上下変位 6 m，水平変位 4 m の断層崖が出現し特別天然記念物に指定されている．南部では断層の分岐が地下の潜在断層として岐阜市の下を通り一宮市付近まで達しているとも考えられている．丹後地震（1927）では，断層の長さ（18 km），変位量（最大 2.5 m），地震前後の三角点の移動からみて，郷村断層が主断層と考えられるが，これとほぼ直交する山田断層も動いている．北伊豆地震（1930）では丹那断層が約 30 km にわたり最大 3.3 m 変位し，工事中の丹那トンネルを 2.7 m ほど食い違わせた．姫の湯断層も 7.5 km にわたり，最大 0.8 m 変位した．鳥取地震（1943）ではほぼ平行する鹿野，吉岡両断層が現れ，それぞれ長さ 8 km と 4.5 km，最大変位量 1.5 m と 0.9 m であった．周辺の三角点の変位は両断層の近くを通り長さ 30 km 程度の東西に延びる震源断層の存在を示している．三河地震（1945）のとき現れた深溝断層は上下の食違いが 2 m に達する逆断層で，断層の南西側（上盤に当る）で震害が著しかった．水平変位は南北に走る部分で右ずれ，東西に走る部分で左ずれで，大局的にみて南西側の地殻が北東につき上げたことになる．

　このほか，地震断層としては，善光寺地震（1847），伊賀地震（1854），陸羽地震（1896），但馬地震（1925），伊豆半島沖地震（1974），兵庫県南部地震（1995）などがある．関東地震（1923）のとき房総半島や三浦半島に現れたいくつかの断層は二次的なもので，関東地震の主断層は相模トラフ沿いにあると

8.1 地震断層

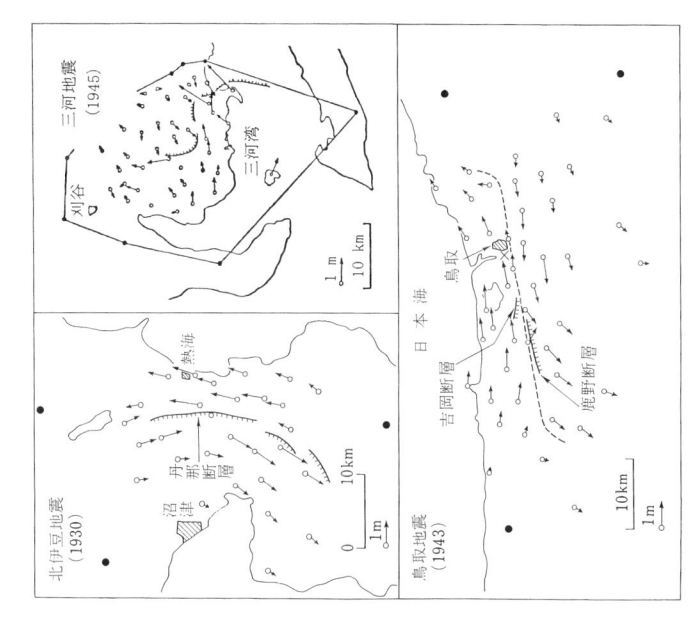

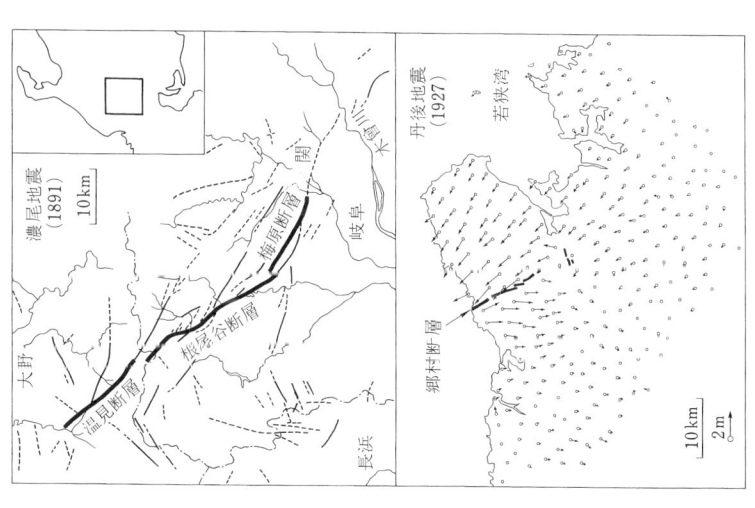

図8.2 日本における顕著な地震断層と地震に伴う三角点の水平変位の例(松田, 1974;坪井, 1933;佐藤, 1973;安藤, 1974より編集)

考えられる．福井地震（1948）のときには福井平野の東部をほぼ南北に25km ほどの線に沿って，多くの地割れが現れた．測量の結果この線の西側が東側に対し数十cm沈下し，1m弱南へ移動したことがわかり，平野の厚い沖積層の下に左ずれの断層が存在することが確かめられた．兵庫県南部地震の震源断層はその南西部は淡路島の野島断層（既知の活断層）の右ずれ（最大2m）として現れたが，神戸市の下を走る北東部は地表には姿をみせなかった．

　外国の地震断層も数多いが，いくつかを概説する（Yeatsほか，1996*）．

　図6.13に示される北米西部の地域では，Owens Valley地震（1872）のとき，南北約100kmにわたって西落ち最大3m，右ずれ最大6mの正断層が現れた．現在でもこの地域には微小地震活動がある．San Francisco地震（1906）ではSan Andreas断層が300km以上にわたって，最大6.4mの右ずれを起こした．地震前に2回と地震直後に三角測量が行われているので，断層周辺の地震前のひずみ，地震によるその解放の模様の見当がつき，Reidの弾性反発説を生んだ．San Andreas断層のこの部分には1838年にも大地震があったが，詳細は不明である．San Andreas断層の南の部分はFort Tejon地震（1857）のとき，約300kmにわたって右ずれ最大10mの変位をしたという．図6.13の範囲では以上のほか，Nevada州にPleasant Valley地震（1915）（正断層30km以上，最大上下変位5m），Fairview Peak地震（1954）（右ずれ正断層60km，最大変位上下3m，水平3.5m）など，California州にImperial Valley地震（1940）（右ずれ60km，最大変位5m），Kern County地震（1952）（左ずれ逆断層，一部正断層30km，最大変位上下1.2m），San Fernando地震（1971）（右ずれ逆断層12km，最大変位上下2m），Landers地震（1992）（右ずれ85km，最大変位水平6m，上下1.5m）など地震断層が出現した地震が多い．とくにLanders地震の断層パターンは複雑で四つの主な断層のほかその近くの多くの小断層が動いた．Northridge地震（1994）の断層は地表には現れなかった．

　中国周辺，イラン，トルコの地震断層の例は§6.5D，Eに述べた．

　ニュージーランドにもいくつかの例があるが，Hawke's Bay地震（1931）が有名である．北島の東岸に起こりNapierやHastingsなどの町が被害を受けたが，100kmにわたり海岸に対して陸側が1〜2m隆起し地下の潜在逆断層

の存在を示した．南島の Buller 地震（1929）では 10 km にわたり断層が出現し，また北島の Wellington 地震（1855）では 100 km 以上にわたり断層の変位が認められたという．

C. 地震断層の性状

地震断層は1本の直線ではなく，断続あるいは雁行するいくつかの断層の列として現れることが多い．震源断層も一つの平面ではないが，地表付近では変位が既存のいくつかの断層によって受け持たれ，より複雑になっているとも考えられる．また主断層の変位によって，それから分岐した，あるいは独立の小さい断層が動くことも考えられる．

地震断層がどのくらいの時間で生成されるかの正確な測定はないが，地震動が激しく揺れている間に動いてしまうものとみられている．地震動を感じ始めてから少し後に断層が動くのが目撃された例がいくつか報告されている．家が倒れた後に断層ができたという話もある．断層面上の破壊伝搬速度は S 波の速度よりやや小さい（§10.5C）のでこのようなこともあり得ると思われる．一般に断層付近は震害が大きいが，断層の真上の家屋が倒壊しない例もあり，断層の変位速度が著しく急激ではないことを示している．

地震断層の長さ L は地震のマグニチュード M とともに大きくなる傾向がある．L（km）と M の関係として Tocher（1958）は

$$M = 0.98 \log L + 5.65 \tag{8.1}$$

飯田（1965）は

$$M = 0.76 \log L + 6.07 \tag{8.2}$$

を得ている．これらを $\log L = \alpha + \beta M$ の形に直すと，余震域の直径を表す式（7.1）と比べ M の係数 β がかなり大きい．大塚（1965）は地震断層は震源断層が地表を切る線であるから，M の小さい地震ほど震源断層の一部しか地表に現れない場合がふえると考えた．ある M における L の観測値の上限を L_m とすると

$$\log L_m = 0.5 M - 1.8 \tag{8.3}$$

となって（7.1）と一致する．ほかに松田（1975）による

$$\log L = 0.6 M - 2.9 \quad (M: 6.2 \sim 8.4) \tag{8.4}$$

Wells と Coppersmith（1994）による

$$\log L = 0.69 M_w - 3.22 \quad (M_w : 5.2 \sim 8.1) \tag{8.5}$$

など多数ある．地震断層か震源断層かの区別が明確でない式もある．

M 対 L 関係の地域性，断層の型，固有地震的の繰返し間隔，活断層の平均変位速度などとの関連性も指摘されている（たとえば Anderson ほか，1996）．

地震断層の最大変位量 U（cm）と M の関係は飯田（1965）による

$$\log U = 0.55 M - 1.71 \tag{8.6}$$

以来いくつかの式が出されている．たとえば Wells と Coppersmith（1994）は

$$\log U = 0.82 M_w - 3.46 \quad (M_w : 5.2 \sim 8.1) \tag{8.7}$$

を得ている．U についても L と同様に小さい地震ほど地震断層と震源断層の違いが目立ってくるのではなかろうか．

8.2 地震と同時に起こる地盤の昇降

A. 海岸の昇降

海岸では海面という基準があるので，ある程度の土地の昇降があれば直ちに認知される．象潟地震（1804）のときは約 2m の隆起により八十八潟九十九島の景勝の地が泥沼になり，現在も田の中にかつての小島が散在している風景がみられる．佐渡の小木地震（1802）では小木港が 2m 隆起し干潟となった．そのほか，鯵ヶ沢地震（1793）のとき 3m の隆起，浜田地震（1872）のときは 1m 程度の隆起と沈降があった．近年の例では新潟地震（1964）のとき粟島が約 1m 隆起し西北西方向に 56″ ほど傾いた．この運動は地震波の観測から推定された逆断層と調和する．粟島は地震後徐々に沈降し 1 年間で隆起量の約 10 %を回復した（岡田と笠原，1966）．

南関東，東海道から南海道沖にかけての巨大地震のときには，房総半島南端，御前崎，潮岬，室戸岬などの岬は隆起し，内側の内陸部は沈降するのが常である．図 8.3 に南海地震（1946）に伴う地殻変動の模様を，図 8.4 に室戸岬の安芸に対する相対的昇降を示す．隆起と沈降の境界をヒンジライン（hinge line）というが，地震の前の上下変動は地震時の昇降と逆向きで，その速度は地震時の変動量とほぼ比例している．すなわちヒンジラインを軸としてシーソーのような運動がみられる．室戸岬は南海地震（1946）のとき 1.3m，安政の

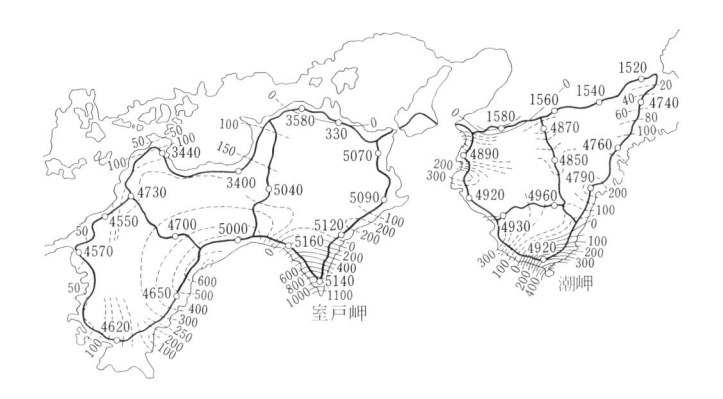

図 8.3 南海地震（1946）に伴う地殻変動，実線は隆起，破線は沈降，mm 単位（宮部，1955）

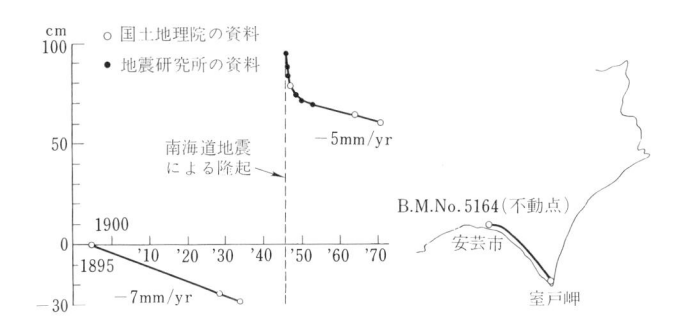

図 8.4 水準測量の繰返しにより求めた室戸岬の安芸に対する上下運動

南海地震（1854）のとき約 1.2 m，宝永の東海-南海地震（1707）のとき約 1.5 m 隆起したことが知られている．1946 年の地震後は安芸に対し相対的にやや急に沈下したが数年後からは地震前とはほぼ同様の年 5〜7 mm の一定の速度となった．いま，地震時の隆起量 D のうち，d だけが次の地震までに回復する場合，永年的にみた平均隆起速度 V は地震の間隔を R とすれば

$$V = \frac{D-d}{R} \tag{8.8}$$

となる．室戸岬については海岸段丘の調査から $V \fallingdotseq 1.5 \mathrm{mm/y}$ と求められてい

るので，$R\fallingdotseq150\,\mathrm{y}$，$D\fallingdotseq1.5\,\mathrm{m}$ とすれば逆戻り率 $d/D\fallingdotseq0.8$ となる．

房総南端は関東地震 (1923) のとき $1.8\,\mathrm{m}$，元禄の関東地震 (1703) のとき $5.5\sim6\,\mathrm{m}$ 隆起したという．$V=3.3\,\mathrm{mm/y}$ とされているが，R はわからない．元禄地震以前には同地域に巨大地震の確かな記録がない．1923 年以後の沈降速度は $2\sim3\,\mathrm{mm/y}$ であるから，これを d/R とみなし，元禄と大正の地震は独立なものではなく，二つで 1 組とみなし（松田ほか, 1978），$D=6\,\mathrm{m}$ とおけば $R\fallingdotseq1000\,\mathrm{y}$ となる．もし $D=1.8\,\mathrm{m}$ とすれば $R\fallingdotseq300\,\mathrm{y}$ である．

海溝内側の巨大地震に伴って海岸が隆起した例は，Alaska 地震 (1964)，チリ地震 (1960) その他があり，Alaska 地震のときの隆起量は $10\,\mathrm{m}$ に達した．震源域がやや沖合の地震は隆起域はすべて海底となり，陸側では沈降のみが観測される．

B. 水準測量など

内陸部の地震では地震断層が生じた場合は別として，地盤の隆起，沈降は測量を行わないとわからない．ある地点の高さは**水準測量**（leveling）によって求める．道路に沿って設けられた水準点（bench mark）の相対的な高さが水準儀と標尺を用いて測定される．地震前後の水準測量と比較すると，震央付近がドーム状に隆起した例がいくつかある．松代群発地震は 1966 年春最盛期を迎えたが，皆神山付近を中心として著しい隆起が起こり，9 月ごろまでに約 $70\,\mathrm{cm}$ に達したが，以後徐々に沈下に転じ 3 年で $30\,\mathrm{cm}$ ほど戻った．伊東群発地震 (1930) のときも最大 $35\,\mathrm{cm}$ の隆起が認められた．そのほか，大町地震 (1918)，姉川地震 (1909)，島原地震 (1922)，須坂地震 (1897)，今市地震 (1949)，長岡地震 (1961) などのときも数 cm ないし $20\,\mathrm{cm}$ 程度の隆起が見いだされている．地震断層を生じた地震はすべて上下変動も認められているが，地震断層が見られなかった内陸の地震，たとえば宮城県北部地震 (1962)，二ッ井地震 (1955) などでも数 cm の隆起または沈降が認められている．

合成開口レーダー*（synthetic aperture radar, SAR）を用いて Landers 地震 (1992) に伴う地殻変動のイメージが示された（Massonnet ほか, 1993）．

---

* 人工衛星に搭載したレーダーの地表反射信号による二つの時期の画像を干渉処理して地表の高度を求める装置．地表に変化のなかった地震前の画像対と地震前後の画像対を比べると，地震に伴う地表の変動のパターンを面的に捉えることができる（微分干渉 SAR 法，ただし上下方向と水平方向の分離はできない）．

以後,いくつかの大地震についての結果がある(たとえば兵庫県南部地震について小沢ほか,1997;総合報告としてMassonnetとFeigl,1998).

8.3 地震と同時に起こる地盤の水平変動

A. 三角網の解析

土地の水平方向の変動は**三角測量**(triangulation),**三辺測量**(trilateration)により検出されてきた.三角測量の歴史は古い.三角形は1辺とその両側の内角がわかれば決まるので,長さが精密に測定された1本の基線から出発して,適当な間隔で設けられている三角点の位置を,経緯儀による角度の測定のみによって次々と決めてゆくのが三角測量である.三角形は3辺の長さを求めても決まるので,三角点間の距離を**光波測距儀**(electro-optical distance meter)を用いて測るのが三辺測量で,1960年代から実用化された.いずれも実際には球面三角法を用い,また色々な角度,または距離の測定によって,各三角点の位置を決めるのに必要な数以上のデータが得られるので,最小二乗法を用いて計算処理がなされる.光波測距儀は30~40kmまでの距離を10^{-6}の精度で測定できるので,普通の三角測量の精度5×10^{-6}よりもかなり良い.1990年代からは**GPS***(global positioning system)が普及した.これによる2点間の距離測定の誤差は数mmなので,数十kmの距離に対しての精度は10^{-8}程度となる.

水平面(x_1-x_2面)上でのひずみは,面積の**膨張**(dilatation)

$$\Theta = e_{11} + e_{22} = \frac{\partial u_1}{\partial x_1} + \frac{\partial u_2}{\partial x_2} \tag{8.9}$$

せん断ひずみ,または**ずりひずみ**(shear)2σ,ただし

$$\sigma = e_{12} = e_{21} = \frac{1}{2}\left(\frac{\partial u_1}{\partial x_2} + \frac{\partial u_2}{\partial x_1}\right) \tag{8.10}$$

回転(rotation)

$$\omega = \xi_{12} = -\xi_{21} = \frac{1}{2}\left(\frac{\partial u_2}{\partial x_1} - \frac{\partial u_1}{\partial x_2}\right) \tag{8.11}$$

---

* GPSは米国が航空機・船舶などの航法支援のため作った24個以上のGPS衛星と管制局からなるシステムで,受信機の位置を同時に4個以上GPS衛星からの距離を測って求める.GPSを測地測量に使うと水平方向で数mm,高さで1cm強程度の地殻変動を検出できる.

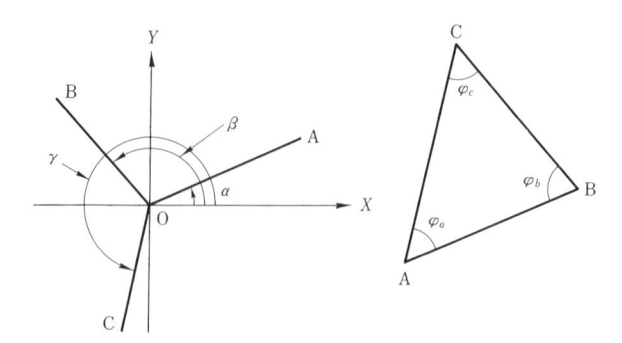

図 8.5 三角形の解析

最大せん断ひずみ，または**最大ずりひずみ**（maximum shear）

$$\Sigma = 2\sqrt{\varphi^2 + \sigma^2} \tag{8.12}$$

ただし

$$\varphi = \frac{1}{2}\left(\frac{\partial u_1}{\partial x_1} - \frac{\partial u_2}{\partial x_2}\right) \tag{8.13}$$

によって表される．主ひずみ ε_1, ε_2 およびその方向 θ_1, θ_2 は次のようになる．

$$\varepsilon_1 = \frac{\Theta + \Sigma}{2}, \quad \varepsilon_2 = \frac{\Theta - \Sigma}{2} \tag{8.14}$$

$$\tan\theta_1 = \frac{-\varphi + \Sigma/2}{\sigma}, \quad \tan\theta_2 = \frac{-\varphi - \Sigma/2}{\sigma} \tag{8.15}$$

2回の三角測量または三辺測量の結果から一つの三角形 ABC についてその間のひずみの諸量を求めることができる．三辺測量の場合について記すと，図 8.5 の X, Y 軸をひずみの主軸の方向とすれば，辺 AB の方向，すなわち OA の方向の伸び ε_a は

$$\begin{aligned}\varepsilon_a &= \varepsilon_1 \cos^2\alpha + \varepsilon_2 \sin^2\alpha \\ &= \frac{\varepsilon_1 + \varepsilon_2}{2} + \frac{(\varepsilon_1 - \varepsilon_2)\cos 2\alpha}{2}\end{aligned} \tag{8.16}$$

ε_b, ε_c についても同様の式が成り立ち，角 β と γ は α と φ_b, φ_c で表されるから，この式を解いて ε_1, ε_2, α を求めることができる．Θ および Σ は

$$\Theta = \varepsilon_1 + \varepsilon_2 \qquad (8.17)$$
$$\Sigma = \varepsilon_1 - \varepsilon_2 \qquad (8.18)$$

となる．以上の式は3方向に設置された伸縮計の観測から ε_1, ε_2, Θ, Σ を求めるのにも用いられる．

国土地理院は約1000点の観測点（電子基準点と呼んでいる）から成るGPS連続観測網（GEONET）を運営している（観測結果は http://www.gsi.go.jp/）．主にプレートの運動によって生じる日本列島各地の定常的変位のパターンが1年間程度のデータによりかなり正確に求められる（§10.8D）．また，大きな地震や火山活動に伴う地殻変動，余効変動をほぼ連続的（たとえば1時間ごと）に捉えることができる．

B. 地震に伴う水平変動

日本全国の最初の三角測量は1883年から始められ1910年に完了した．その後，いくつかの大地震の後，震源周辺での改測が行われ，地震に伴う水平変動が明らかになった．第2回の全国測量は1947〜67年，第3回（三辺測量）は1973〜85年に行われ，第1回の結果と比較することにより，全国的な水平ひずみの模様が明らかになった（国土地理院，1972, 87）．その間，大地震の震源付近を除くと，前項に述べた各種水平ひずみの進行率が $3 \times 10^{-7}/\mathrm{y}$ を越えた三角形はほとんどない．

図8.2と8.6に矢印のついた白丸で示す三角点の移動は，震源域からある程度離れた2点以上の三角点を不動と仮定して求めたものである．このような変位は，次節に述べるように，地下に適当な断層運動を考えることにより大局的には説明することができる．測量による水平変位が大きい地震としてはAlaska地震（1964）の約20 mがある．チリ地震（1960）ではデータの精度が悪いが30 m近くに達したものとみられる．坪井（1933）は丹後地震（1927）に対して，各種のひずみの分布を計算した．たとえば最大ずりひずみは郷村断層を含む一帯で 10^{-4} を越え，最大 8×10^{-4} に達している．このことから，ひずみが 10^{-4} を越えると地殻の破壊が起こるという考えが生まれた．力武（1975）は20個の地震について限界ひずみを推定し，平均 4.7×10^{-5}，標準偏差 1.9×10^{-5} を得ている．

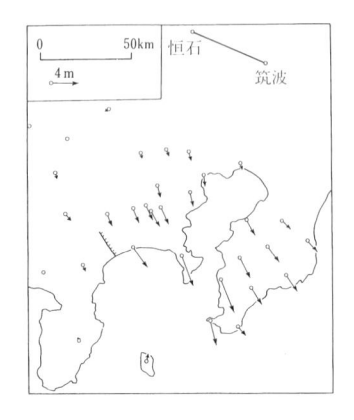

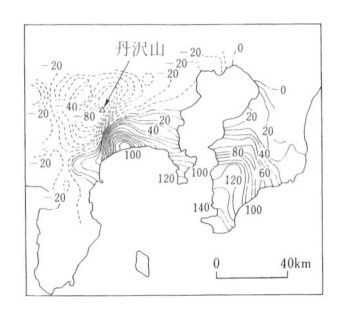

図 8.6 関東地震（1923）に伴う水平変動と上下変動（武藤，1932；宮部，1931）．
恒石－筑波を不動と仮定．

8.4 断層の変位による地殻変動の分布

A. 変位およびひずみを表す式

　地震に伴う地殻変動，すなわち上下および水平方向の変位の分布が求められている場合は，それぞれがどのような震源断層のずれによって生じたものかを推定することができる．ある単純な形の断層のずれによって，地表の各点がどのように変位するかは，弾性論によって計算することができる．理論式はたいへん長いものなので，ここでは最も簡単な場合を記載するにとどめる．半無限弾性体中の一般的な式は後述の岡田（1992）を参照されたい．なお，Cohen（1999）の解説がある．従来は断層のパラメーターを色々変えて計算し，実測値と合うものを選んだが，ある程度データが整っていればインバージョンによって断層面各部のすべりが計算できる（D 項）．

　Chinnery（1961）によれば，半無限弾性体内の深さ d から D までにわたって表面（$x_3=0$）に垂直に存在する長さ $2L$ の断層面（$x_1=0$）上で，U という量の表面に平行なずれが起こったとき，表面上の点（x_1，x_2）における変位（u_1，u_2，u_3）は，$\lambda=\mu$ の場合，次の式で与えられる．

$$\frac{u_1}{U}=\frac{1}{8\pi}\left\{x_2 z\frac{3s+4y_3}{s(s+y_3)^2}-4\tan^{-1}\frac{x_2 s}{y_3 z}\right\}\| \quad (8.19)$$

$$\frac{u_2}{U}=\frac{1}{8\pi}\left\{\ln(s+y_3)+\frac{y_3}{s+y_3}x_2^2\frac{3s+4y_3}{s(s+y_3)^2}\right\}\| \qquad(8.20)$$

$$\frac{u_3}{U}=-\frac{x_2}{4\pi}\left\{\frac{s+2y_3}{s(s+y_3)}\right\}\| \qquad(8.21)$$

ただし

$$s^2=z^2+x_2^2+y_3^2 \qquad(8.22)$$

$$z=y_1-x_1 \qquad(8.23)$$

であり ‖ は

$$f(y_1,\ y_3)\|=f(L,\ D)-f(L,\ d)-f(L,\ D)+f(-L,\ d) \qquad(8.24)$$

を意味するものとする．

上記は鉛直断層の横ずれのとき使うが，縦ずれの点震源については丸山 (1964) の式がある．また Press (1965) は変位のほか，ひずみ，傾斜の分布も求めた．Mansinha と Smylie (1971) は断層が地表に対して傾斜しており，任意の方向にずれる場合を扱った（ただし $\lambda=\mu$ としている）．佐藤と松浦 (1974) はその場合（ただし $\lambda,\ \mu$ は任意）のひずみ，傾斜の分布も求めている．

岡田 (1985) は地下にある任意の長方形断層のずれおよび伸張クラックによる地表の変位およびひずみを求めた．岡田 (1992) はこれを地中の任意の点の変動に拡張した．この結果は広く用いられている．

半無限弾性体でなく層構造を考える場合，あるいは表面が平面でなく球面である場合についてもいくつかの研究がある．

B. 計　算　例

図 8.7 は横ずれ断層および逆断層のずれに伴う地表の上下および水平変位の分布の例を示したものである．島弧の海溝内側の巨大地震のときに認められる地殻変動の特徴がよく現れている．図 8.8 は図 8.6 に示す関東地震 (1923) の地殻変動に合うように選んだ断層（相模トラフに沿う右ずれ逆断層）についての計算結果を示す．大局的にみればこの断層運動によって説明されることがわかる．細かい分布まで合わせようと，さらに複雑な断層モデルも考えられている（表 10.1 中の関東地震の文献参照）．

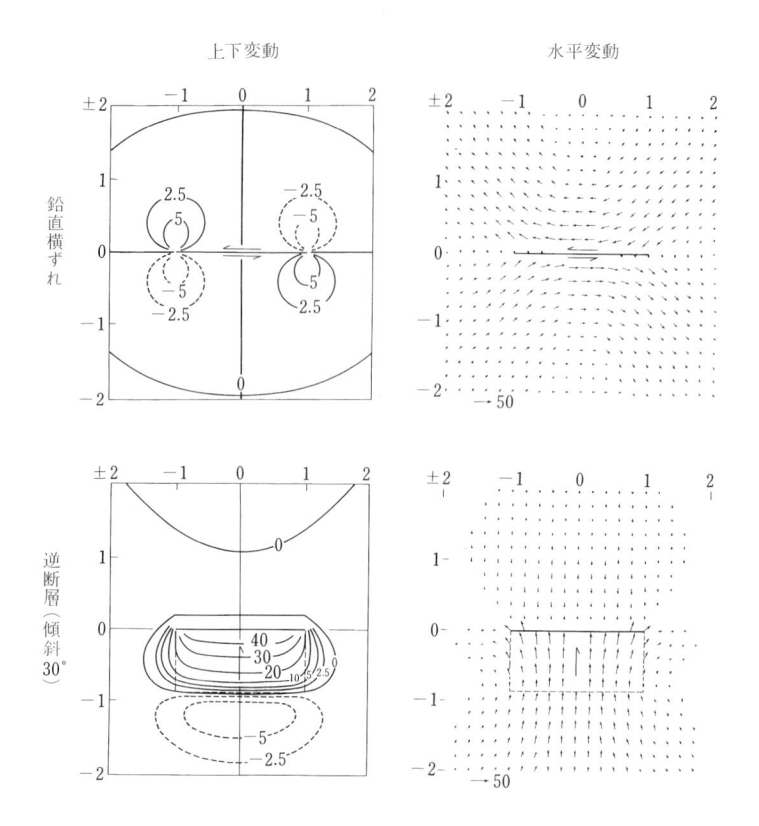

図8.7 断層運動による地表の変位の計算例.断層の長さ2,幅1,上端の深さ1/15の場合.上下,水平の変位量は断層の変位が1mのとき,cm単位の数値(松浦と佐藤,1975)

C. 地殻変動域の大きさとストレインステップ

水準測量や三辺測量などによって地震に伴う地殻変動が認められる区域の大きさは,地震のマグニチュード M とともに増大する傾向がある.檀原(1966, 79)によれば地殻変動域の平均直径 L (km) と M の関係は次式で示される.

$$\log L = 0.51M - 1.96 \tag{8.25}$$

伸縮計の連続記録をみると,上記の地殻変動域からかなり離れた地点でも,地震波の到着直後にひずみの階段的な変化,いわゆる**ストレインステップ** (strain step) が認められる.その中には地震動によって繊細な器械がずれて

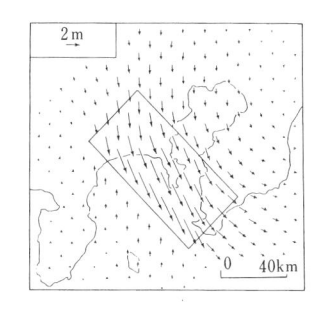

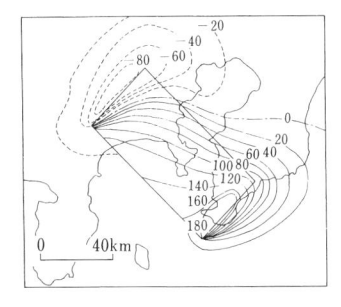

図 8.8 関東地震（1923）の断層モデルによる地殻変動の計算値（金森と安藤，1973）

しまったものもあるかもしれないが，真の現象を表示している場合も多いと考えられる．ステップ量は 10^{-7} ないし 10^{-10} 程度で，大地震の場合には 1000 km 以上離れていても観測される．Wideman と Major（1967）は 10^{-9} のステップが観測される距離 $\mathit{\Delta}$（km）と地震のマグニチュード M の間に

$$M = 1.1 + 1.7 \log \mathit{\Delta} \tag{8.26}$$

という実験式を提出している．竹本と高田（1969）によれば 10^{-8} のステップに対する式は日本の観測データでは

$$M = 0.4 + 2.2 \log \mathit{\Delta} \tag{8.27}$$

となる．岡田（1995）はマグニチュード M_w の地震が震源距離 r（km）の地点にもたらすひずみまたは傾斜の最大値 F を次の式で表した．

$$\log F = 1.5 M_w - 3 \log r - 10.7 \tag{8.28}$$

D．測地データのインバージョン

地震に伴う水平変動（三角測量，辺長測量，GPS），上下変動（水準測量，検潮，GPS）からそれを引き起こした断層運動の空間分布の計算が一部の事例についてはかなり詳しく行われるようになった．データが限られているため，地震波や津波のデータやテクトニクス上の情報などによってモデルに束縛条件を付けることもある．最近の研究例として東南海地震（1944）と南海地震（1946）をまとめて扱った鷺谷と Thatcher（1999）を挙げておく．

測地測量（最近は GPS 観測網）による日本列島のある地方のひずみの進行状況は，太平洋プレートあるいはフィリピン海プレートと陸側のプレートとの境界面を通じての相互作用によっておおむね説明される（たとえば吉岡ほか，

1993；94；鷺谷，1999；El-Fiky ほか，1999；西村ほか，2000）．このとき，観測期間中発生した大地震によるすべりや余効すべりを含める必要があるが，プレート間カップリングは通常はある範囲で100％としてよい場合が多い（§10.8D）．九州のようにプレート境界のカップリングが弱い地域もある．広域をいくつかのブロックに分けある期間における各ブロックの地殻変動データのインバージョンによってブロック境界における運動を求める研究もある（橋本とJackson, 1993；橋本ほか, 2000）．

E. 地震サイクル

　地震の繰返し発生については§7.4Dで扱ったが，ここではプレート境界の大地震に関連する地殻変動についてふれておく．地殻変動はしばしば**地震時**（coseismic），**地震後**（postseismic），**地震間**（interseismic），**地震前**（preseismic）に分けて議論される．地震時変動はプレート境界断層の地震時のすべり（副次的断層が同時にすべることもある）による変動（A〜D項）である．地震後の変動は数年あるいはそれ以上にわたるかなり大きな変動で，震源断層の余効すべり（§8.5A，通常は地震時と同方向）のほか震源断層の下方延長部のクリープや陸側のアセノスフェアの粘弾性的変形（観測地点にもよるが地震時と逆方向の変動となる場合も多い）が考えられる．地震間変動は震源断層が固着している間，プレート運動に伴う変形で，震源断層に地震時と反対方向にすべり（**バックスリップ**，back slip）を与えて計算される．時間的には地震サイクルの大部分を占め，次の地震のとき解放されるひずみが徐々に蓄積されている．地震前の変動は断片的な観測資料しかなく，地震の数年以上前から，直前（数日，数時間，数分）まで色々な時間スケールのものが議論されるが，そのような変動が常にあるという確証は得られていない．

　このようなプレート境界における大地震の繰返しに関連する地殻変動の挙動については多くの研究があるが（FitchとScholz, 1971；Scholzと加藤, 1978；Savage, 1983；ThatcherとRundle, 1984；宮下, 1987；松浦と佐藤, 1989；佐藤と松浦, 1992など），地震予知に関係する地震前変動についての議論は少ない（§10.6E，§12.3も参照）．

8.5 地震を伴わないやや急な変動

A. 断層のクリープ，サイレント地震

　断層がほとんど地震を発生することなく，徐々にずれ動いてゆく現象を**断層のクリープ**（fault creep）という．明瞭なクリープが発見されたのは，California 州の Hollister（図 6.13）の近くにあるぶどう酒庫が建築後，床，壁などに徐々にひび割れ，食違いを生じたことがきっかけである．Steinbrugge と Zacher（1960），Tocher（1960）らが 1956 年ころから測定器を置いて観測を始めたが，この建物は San Andreas 断層の真上にあり，そこでは 1 cm/y 強の速度で右ずれのクリープが起こっていることがわかった．このようなクリープは San Andreas 断層やその支脈である Hayward 断層などの各所にみられ，大きい所では 3.5 cm/年に達し，道路の亀裂，鉄道線路の屈曲，埋設管の切断など多数の現象が報告されている．San Andreas 断層も San Francisco 地震（1906）や Fort Tejon 地震（1857）のとき大きく動いた部分ではクリープは認められない．クリープが起こっている Hollister 付近やその南方の部分では微小地震は多数発生しており，ときには $M5$ 程度の地震も含まれるが，これらの震央は断層に沿って線状に並んでいる．

　San Andreas 断層上のある地点でのクリープの観測によれば，クリープは一定の速度で進行しているのではなく，**エピソード的クリープ**（episodic creep）といって数時間～数日ほどの間に比較的急にずれて，その後しばらくはわずかしか動かないというような運動を繰り返している．この急なずれの起こる部分が断層に沿って 10 km/d 以下の速度で移動して行くこともあるという．

　クリープは他の断層，たとえばトルコの北 Anatolia 断層の一部，フィリピンの Philippine 断層の一部などにも認められるが，日本では常時クリープをしている断層が認められた例はほとんどない．跡津川断層の一部は 1 mm/y 程度でずれているらしい．丹後地震（1927），伊豆半島沖地震（1974）などでは地震後数十日間に断層が数～数十 cm 変位をしたことが測定されている．このような**余効すべり**（afterslip）は GPS 観測網の導入以後，捉えやすくなった．とくに三陸はるか沖地震（1994）後の余効すべりは著しいもので，本震後

1年間の変動は本震時のすべりに匹敵する（日置ほか,1997；西村ほか,2000）.

海溝の内側の大地震を起こす低角逆断層（プレートの境界）がクリープをしているという直接的証拠はないが，地域によっては（10.12）式による変位量がプレートの相対運動速度から予想される同じ期間のプレート境界の変位量より有意に小さいので，断層の運動の一部あるいは大部分がクリープや**サイレント地震**（silent earthquake）すなわち断層がかなりの時間（たとえば数十分～数日以上）をかけてゆっくりとずれ地震波は発生しない現象によって受け持たれているのではないかと思われる．三陸沖地震（1992）のように本震より大きいサイレント地震を伴うものもある（川崎ほか,1995）.

前述の余効すべりやエピソード的クリープも一種のサイレント地震といえようが，そのほかにも GPS 連続観測網のデータ，ひずみ計，傾斜計，検潮器の記録などにサイレント地震らしい現象を観測したという報告が若干ある．たとえば1996年5月中旬の後半に千葉県九十九里浜沖に M_w 6.0 程度のサイレント地震があったことが GPS データから推定された．このときには弱い群発的地震があった．豊後水道付近で1997年 M_w 6.6 の地震に相当するプレート間の運動が1年程度かかって起こったらしいという報告もある（広瀬ほか,1999）.

B. 氷期後の隆起

Scandinavia 半島付近では，Bothnia 湾を中心として最大 20 mm/y 程度の速さで，過去数万年程度にわたって隆起が続いている．これは氷期が終り，この地域を覆っていた氷河が消え，その重さが解消したためであり，**後氷期隆起運動**（postglacial uplift）と呼ばれている．近年の検潮記録，古地図や岩に刻まれた過去の汀線の位置などから隆起の速度がわかるが，さらに海岸付近の山の中腹に見いだされる有史前の汀線の跡から，最大 285 m の隆起が認められている．同様な隆起は米国 Utah 州 Great Salt Lake の周辺でもみられる．これは1～2万年前にあった直径 200 km 以上の Lake Boneville の水が乾燥気候のため干上がってしまったためである．これらの隆起運動からマントルの粘性を推定する研究がなされている.

Scandinavia にみられる隆起速度は永年的地殻変動としては最大級のものであるが，それに伴ってとくに活発な地震活動は認められない．M 5 程度以下の地震が時折起こる程度である.

C. 地盤沈下など

ある程度広い土地がかなりの速度で沈下する現象を**地盤沈下**（ground subsidence）というが，速度は 10 cm/y に達することもある．このような現象は，地下水の大量の汲上げによって沖積層が脱水，収縮するために起こることが多いが，天然ガス，石油，石炭などの採取に伴うこともある．東京，大阪などにみられた著しい地盤沈下が地下水の汲上げによることは和達（1940）によって示された．この種の地盤沈下は地殻変動とはいわないが，地殻変動の資料を解釈するときその影響を考慮する必要がある．また，地下水汲上げを規制すると，地下水位が上昇し沈下が回復（地盤が隆起）することがある．

D. その他の非地震性の急な変動

地下で地層が重力によって地すべり状の運動をすることがある．California 州の Buena Vista Dam で 1930 年代から知られていた運動はこの種のものらしい．火山活動に伴って著しい土地の変動が起こることは，雲仙岳（1991），昭和新山（1944）や桜島（1914）の活動の例を述べるまでもないであろう．噴火や地震を伴わなくても火山の付近では大きな変動が認められることがある．

イタリアの Pozzuoli では 1969 年 10 月より半年の間に 90 cm の隆起が起こり大騒ぎとなったが小地震もほとんど起こらなかった．

原因不明の地殻変動の報告は古くからある．ニュージーランドの Gisbone 付近の Sponge Bay では 1931 年 2 月 17 日，土地が突然 2m ほど隆起したという．伊勢湾北岸で毎年行われている水準測量の結果，1971 年と 72 年の間に桑名から鈴鹿にかけて 7 cm ほどの沈下が認められた．これは普通の地盤沈下とは考えられない．四日市の検潮記録によれば 71 年 12 月 13 日に数 cm の急な沈下が起こったらしい（青木，1975）．これらの変動はサイレント地震によるものかもしれない．

8.6 活断層など

A. 活　断　層

地表に現れている断層には，第四紀後期すなわち最近数十万年くらいの間に変位を繰り返した形跡が認められるものがある．これらは今後も同様な運動を行う可能性が大きいとみられ，**活断層**（active fault）と呼ばれる．近年大地

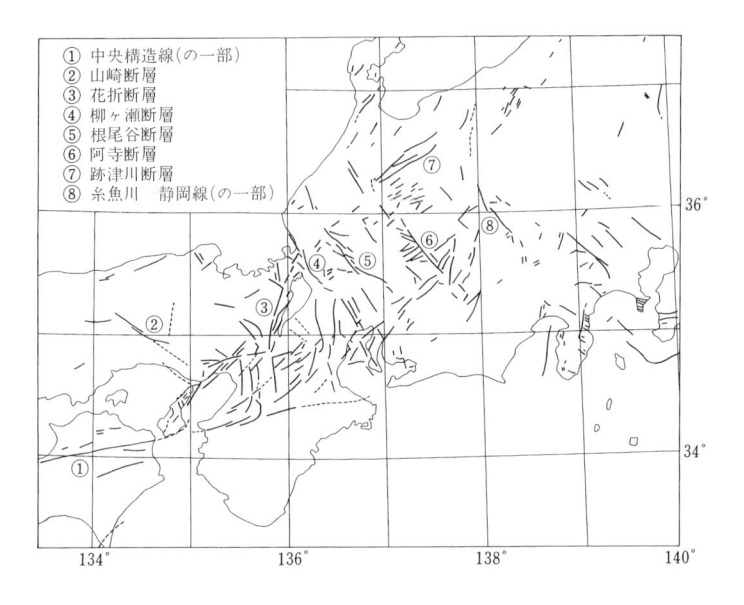

① 中央構造線(の一部)
② 山崎断層
③ 花折断層
④ 柳ヶ瀬断層
⑤ 根尾谷断層
⑥ 阿寺断層
⑦ 跡津川断層
⑧ 糸魚川-静岡線(の一部)

図 8.9 中部・近畿地方の活断層（松田ほか，1976 より編集）

震を発生して変位した断層や，現在クリープが認められる断層は当然活断層である．久野（1936）は丹那断層によっていくつもの川筋が同じ方向に 1km もずれていることなどから，左ずれの運動が洪積世初期から続いていることを示した．活断層は現地の地形・地質学的調査や空中写真の調査などによって発見，研究されている．図 8.9 には日本内陸部でも活断層のとくに多い中部近畿地方の状況を示す．東南東-西北西に走る断層は右ずれ，北北西-南南東に走るものは左ずれであり，西北西-東南東方向の圧縮応力の存在を示唆している．

活断層の永年的な平均変位速度は断層ごとに大きく異なる．松田（1975）はこれによって表 8.1 のように A 級，B 級，C 級，… と分類した．阿寺断層は 2.7 万年間の累積変位が 140m に達しているから，平均変位速度は 5mm/年で A 級になる．この断層はクリープをしていないので，もし 1 回の $M7 \sim 8$ の地震によって 5m 変位するとすれば，その平均再来期間は約 1000 年となる．

海溝内側の大地震を起こす逆断層は A 級よりもさらに平均変位速度が大きいと考えられるので，AA 級として表 8.1 に加えてある．San Andreas 断層

もこの分類に従えば AA 級となる．Sieh（1978）は San Andreas 断層の Fort Tejon 地震（1857）のとき動いた部分で断層を横切る溝を掘り，地層の変形状況と年代を調べ 575±45 年の地震から 1857 年の地震までの間に 7 回の大地震がこの断層を変位させていることを示した（この結果は後に修正，Sieh ほか，1989）．このような**発掘調査**（excavation，トレンチ調査，trenching）は，日本でも多くの活断層について行われ，歴史地震との対応や地震の発生間隔が調べられている．日本の活断層についての資料は活断層研究会（1991*）にまとめられているが，その後の調査による新資料の追加がめざましい（たとえば隈本，1998）．

阿寺断層は天正地震（1586）の際に動いたとみられている．しかし，M 8 に近いとみられるこの大地震を阿寺断層の運動のみで説明するのはかなりむずかしいと思われる．北伊豆地震（1930）の 1089 年前の北伊豆地震（841）は丹那断層の発掘調査の結果，同じ丹那断層の活動によることがわかった．一方，濃尾地震（1891）の 1146 年前の美濃地震（745）を根尾谷断層の活動とみるのは無理なようである．

表 8.1 活断層の等級

級	平均変位速度	地震の間隔*	例
AA	10〜100 mm/年	30〜300 年	南海トラフ，San Andreas（プレート境界）
A	1〜10	300〜3000	丹那，午伏寺（糸魚川-静岡線の一部），跡津川，阿寺，根尾谷**，野島**，父尾（中央構造線の一部），山崎
B	0.1〜1	3000〜3 万	千屋，石廊崎，福島，立川，柳ヶ瀬，花折
C	0.01〜0.1	3 万〜30 万	吉岡（鳥取），郷村**（北丹後），深溝（三河）

* クリープはなく，1 回の地震で 3 m 変位すると仮定した場合．1 回の変位を大きくとれば間隔は長くなる．** B 級の可能性あり．

日本では M 7 級の大地震は B 級，C 級の活断層からも A 級とほぼ同じ割合で起こっている．これは A 級の約 10 倍の数の B 級，約 100 倍の数の C 級活断層が実在することを意味する．しかし，そのように多数の B 級，C 級の活断層は見つかっていない．変位速度の小さい活断層ほど発見しにくいためだろう．大地震が起こって初めて活断層の存在が認識されるということは珍しくはない．

B. 海 岸 段 丘

　房総半島南部，潮岬，室戸岬などには太平洋側に向かって高くなるいわゆる逆傾斜をした**海岸段丘**（marine terrace）が認められる．これらは，もとは海面の位置にあり水平であった波食台が，大地震のたびに隆起，傾動を行ってできたものである．年代のわかっている段丘面の高さ，傾斜などから，平均隆起速度，傾動速度が求められ，§8.2A のような議論に使うことができる．しかし地震によっては地震時の変動が次の地震までに回復してしまい，一部の地震のみ地殻変動が残留するということがあるかもしれない．

9章　岩石の破壊とすべり

9.1　岩石の変形と破壊

　地球内で地震が発生する場所は，地表で手に入れることができる岩石と著しく異なった物質でできているとは考えにくい．岩石に限らず一般に固体の破壊は複雑な現象で，その過程の詳細を把握し理論的に説明するのは容易でない．地下の岩石は不均質なもので，多数の割れ目がはいっていることや，水が共存していることなどが考えられる．深さとともに圧力，温度は急に増加し，最も深い地震の起こる670 kmの深さでは圧力約24 GPa，温度千数百度に達している（冷いプレートの沈込みを考えれば深発地震面付近の温度は周囲よりかなり低いと思われる）．ここでは，室内実験による岩石の変形，破壊，既存の割れ目（断層）に沿うすべりなどを自然地震と対応させて考えるが，小さな試料による実験と大規模な自然現象を同一視してよいとは限らないことも注意しておきたい．

A. 応力-ひずみ曲線

　固体中の応力を三つの主応力，すなわち最大主応力 σ_1，中間主応力 σ_2，最小主応力 σ_3 で表すこととし，圧縮の方向を正にとる．差応力 $\sigma_1 - \sigma_3$ と σ_1 方向のひずみの関係を示す**応力-ひずみ曲線**（stress-strain curve）が多くの材料について求められている．図9.1に示すように，$\sigma_1 - \sigma_3$ の小さい範囲では直線であるが，ある限界を越えると図のように曲がる．曲線Bのように曲がってすぐ破壊が起こるものを**脆性的**（brittle）であるといい，曲線Dのように曲がった後に変形が大きく進むものを**延性的**

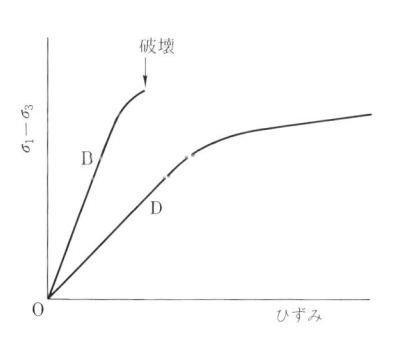

図9.1　応力-ひずみ曲線

（ductile）であるという．岩石は常温常圧では脆性的であるが，岩石試料に周囲から圧力を加える，すなわち**封圧**（confining pressure）を高める（σ_3を高める）と，あるいは試料の温度を高めると次第に延性的になる．延性的になると振動を発生するような急激な破壊は起こらなくなる．既存の断層のすべりも脆性領域では摩擦抵抗が深さとともに増加するが，延性領域に入ると強度は急激に低下する．島弧またはそれに準ずる地域を除いて，地震の起こる深さがほとんど 15～20 km 程度以浅に限られているのは，岩石が脆性的である範囲を示しているものと思われる（島弧地域の深い地震については §10.8 G 参照）．

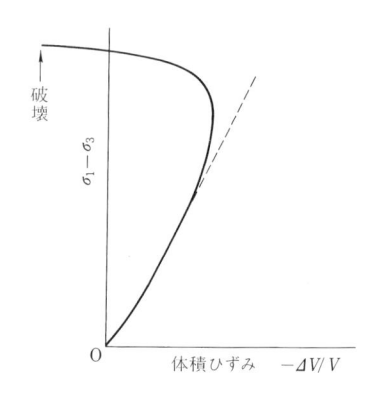

図 9.2 ダイラタンシー

B. ダイラタンシー

岩石を圧縮すると初めのうち体積は図 9.2 のように直線的に減少するが，ある限界を越えると直線からずれ膨張し始める．これは応力が破壊強度の 1/3 ないし 2/3 程度まで達したとき起こり，岩石に多数の**微小破壊**（microfracture）が発生し，空隙のある割れ目が生じるためと解釈されている．この現象を**ダイラタンシー**（dilatancy）という．封圧が高くなれば起こりにくくなるが，1 GPa 近くなるまでは認められる（Brace ほか，1966）．

C. 岩石の破壊強度

岩石が破壊するときの応力の条件は $\sigma_1 = f(\sigma_2, \sigma_3)$ という形で表されるが，σ_1, σ_2, σ_3 の関係は複雑である．破壊強度 $\sigma_1 - \sigma_3$ に及ぼす影響は σ_2 と σ_3 とでかなり異なる．いま，$\sigma_2 = \sigma_3$ として $\sigma_1 - \sigma_3$ と σ_3 の関係を調べると，破壊強度は封圧 σ_3 とともに増大する．かこう岩の破壊強度は常温常圧では 140 MPa 程度であるが，深さ 20 km くらいの圧力（約 600 MPa）ではその 10 倍程度になる．しかし，温度が上がると強度は急に低下し，かこう岩では 800°C で常温の半分以下になる．強度は変形速度にもより，速度が大きいほど強度は大きい．また，試料の寸法が大きいほど，強度は低下する．

いま σ_2 の方向にはすべての量が変化しないとして，図 9.3 のように σ_1 と σ_3 を含む面に垂直な任意の面に働く法線応力 σ とせん断応力（接線応力）τ を考える．

$$\sigma = \sigma_1 \cos^2\theta + \sigma_3 \sin^2\theta$$
$$= \frac{\sigma_1+\sigma_2}{2} + \frac{\sigma_1-\sigma_2}{2}\cos 2\theta \qquad (9.1)$$

$$\tau = (\sigma_1-\sigma_3)\sin\theta\cos\theta$$
$$= \frac{\sigma_1-\sigma_2}{2}\sin 2\theta \qquad (9.2)$$

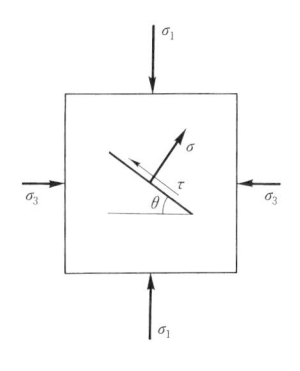

図 9.3 法線応力 σ とせん断応力 τ

となるから

$$\left(\sigma - \frac{\sigma_1+\sigma_2}{2}\right)^2 + \tau^2 = \left(\frac{\sigma_1-\sigma_2}{2}\right)^2 \qquad (9.3)$$

が得られる．これは σ-τ 平面上で，σ 軸上に中心を有する円を表す．これを**モール円**（Mohr's circle）という．Mohr (1900) は τ が σ によって決まるある値 $\tau(\sigma)$ に達すると破壊が起こると考えた．破壊が起こる応力状態に対応するモール円を多数考えたとき，$\tau(\sigma)$ の曲線はその円の包絡線になる．岩石の圧縮破壊に対する $\tau(\sigma)$ の形としては**クーロンの式**（Coulomb, 1776）

$$\tau = C + \mu_i \sigma \qquad (9.4)$$

が多くの場合かなり良く適合する．μ_i は内部摩擦係数といわれ，通常 1 以下である（この式の σ は押す向きを正にとっているが逆方向にとって $C = \tau + \mu_i \sigma$ と書くことも多い）．C は**クーロンの破壊応力**（Coulomb failure stress, CFS）あるいはクーロンの破壊関数（CFF）と呼ばれる．ある地震の発生によってその周辺部の CFS（面を指定）の変化 ΔCFS による別の地震の発生の促進・抑制が議論されている（§7.6C）．岩石中にすでに断層が存在し断層面の摩擦力が応力を支えているとき（§9.3）も，その面に対して (9.4) が適用できる．

岩石の空隙に流体（通常は水）が存在するときは，その圧力すなわち**間隙圧**（pore fluid pressure）を P とすると，強度は P が増すと低下する．これは封圧から間隙圧を引いたものが**実効封圧**（effective confining pressure）と

して強度に関係するためと解釈されている．(9.4)は

$$\tau = C + \mu_i(\sigma - P) \tag{9.5}$$

となる．空隙に水が存在すると，地下の圧力の増加によって脆性から延性に移る深さは，水が存在しない場合に比べて深くなる．また，空隙に水が存在するときダイラタンシーが生じると間隙圧の変化が起こり水が移動することが考えられる．水の量が大きく変化しなければ P が減って実効封圧が増すから強度が増大する．これを**ダイラタンシー硬化**（dilatancy hardening）という．

D. 遅れ破壊

岩石，ガラスその他の試料にある時刻から一定の応力 σ を加え続けると，ある時間 t の後に破壊が起こることがある．これを**遅れ破壊**（delayed fracture）という．同じ寸法，同じ材質の試料に，同じ応力を加えても，t は試料ごとにばらつき，その分布は多くの場合(7.12)のような指数分布に従う．これは破壊の確率 μ が時間によらず一定であることを意味する．μ は応力 σ に著しく依存し，茂木（1962）のかこう岩を用いた実験では，平均時間 $\bar{t}$（$=1/\mu$）は1分〜2時間の間において，σ に対して指数関数的に減少する．すなわち A, β を正の定数として次の式が成り立っている．

$$\mu = A e^{\beta \sigma} \tag{9.6}$$

遅れ破壊の原因の一つに**応力腐食**（stress corrosion）が挙げられる．これは割れ目が拡大し破壊に至るとき，割れ目の先端の応力集中部に流体が入り込んで化学反応を起こすことにより強度が低下し割れ目が進行する現象で，岩石以外にも金属，ガラスなどにもみられる．応力腐食あるいは別の機構による遅れ破壊は余震現象（もしかしたら前震現象その他地震活動の特徴的パターンも）を支配しているかもしれない（たとえば Das と Scholz, 1981）．

9.2 岩石の破壊前の挙動

A. 微小破壊

岩石に応力を加えてゆくと破壊に至る前に内部に多数の微小破壊が発生する．これは顕微鏡で観察することもできるが，岩石の試料に数十 kHz〜数 MHz 程度の音波・超音波を検出するピックアップを付けておくと，微小破壊

9.2 岩石の破壊前の挙動

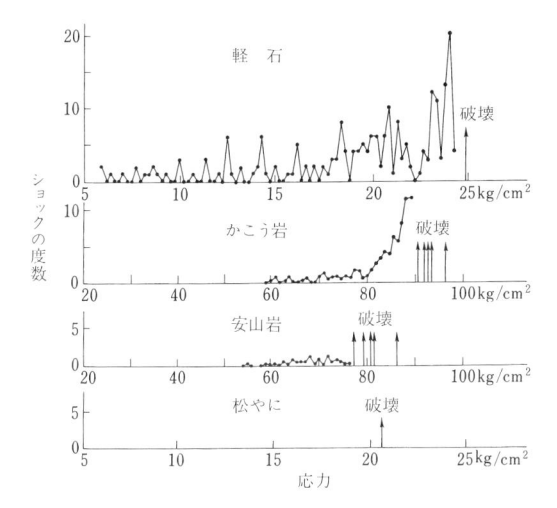

図 9.4 主破壊の前の微小破壊の時間的分布（応力を一定の割合で増しているので横軸は時間に比例する）（茂木，1962）

に伴う弾性波の放射（**アコースティックエミッション**，acoustic emission，AE）として観測され，数個のピックアップを用いて発生源の位置を求めることもできる．茂木（1962, 63）が一連の実験の結果を地震現象の解釈に用いて以来，多くの研究がなされている．

a. 時間的分布　しばらく後で主破壊が起こる程度の一定の応力を岩石試料に加え続けると，微小破壊は最初活発に起こり次第に少なくなるが，主破壊が近づくと急に増加する．この活動度は試料の変形（クリープ）の速度とよく対応する．また，一定の割合で応力を増してゆく実験でも似た現象がみられることがあるが，岩石の性質によりその模様が大きく異なる．軽石のようにきわめて不均質なものでは，低応力の状態から多数の微小破壊が起こるが，均質な岩では主破壊に近い高応力下でないと微小破壊は発生しない（図 9.4）．これら主破壊前の微小破壊を前震と対応させると，前震の起こりやすい地域は地殻が不均質な地域であろうという考えが生まれる．一方，主破壊の後にも微小破壊が続いて起こることが観測される．その時間的分布は改良大森公式に従う（たとえば Scholz, 1968）．

b. 震源の分布　Scholz（1968）は一軸圧縮下のかこう岩について微小破壊

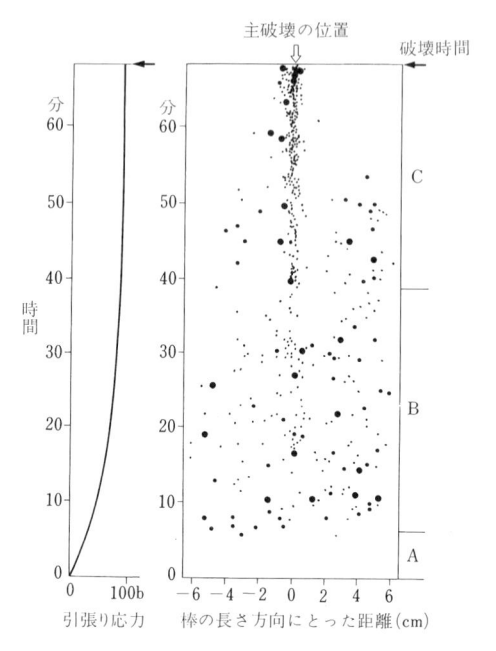

図 9.5 かこう岩の曲げに伴う微小破壊（大きさに応じた小丸で示す）の空間分布の時間的推移（茂木，1968）

の震源を決め，主破壊が近づくと主破壊の起こる面の近くに震源が集まってくることを示した．図 9.5 は茂木（1968）によるもので，かこう岩の曲げに伴う微小破壊の分布を示し，最初試料内にばらついていた震源が，主破壊の起こる場所に集中してくることを示している．これは前震の空間的分布の解釈に示唆を与える．その後の実験によれば現象はかなり複雑であり（たとえば柳谷ほか，1985；行竹，1989；Lei ほか，2000），主破壊の前に震源分布の空白域が生じるという報告もある（楠瀬・西沢，1986）．

c. 大きさの分布 AE の振幅分布は石本・飯田の式に従い指数 m の値は 2 前後になる．しかし，構造にある種の規則性のある岩石，たとえばある間隔で割れ目が分布している岩石では，m 値の異なる二つの範囲に分かれるようになる．また，同じ岩石でも強い応力下で起こる微小破壊のほうが m 値が小さくなる傾向が認められる．主破壊の前と後では前のほうが m 値が小さい傾向も認められる．これは前震と余震の b 値の違いに対応するとみるむきもある．

B. 弾性波速度の変化

岩石に力が加わって微小破壊が起こると岩石中を伝わる弾性波の速度が大きく変化する（たとえば松島, 1960）. Gupta（1973）の実験によれば石灰石中の V_P/V_S の変化は最小主応力 σ_3 の方向に大きく起こり主破壊の直前では 1.3 ぐらいまで下がるが，σ_1 の方向にはほとんど変化がない. Hadley（1975）によればかこう岩やはんれい岩の最大圧縮軸に直角な方向の V_P と V_S はひずみの増大とともに減少するが，V_P/V_S は乾いた岩では減少し，水で飽和した岩ではやや増加する．このほかにも多くの実験（たとえば行竹, 1989）がある．1970年代に地震の前にみられるとして注目された V_P/V_S の湾型変化のような現象は認められない．

C. 電気抵抗の変化その他

Brace と Orange（1968）の実験によれば，水で飽和した岩石の電気抵抗は微小破壊が生じると著しく低下する．これは新しく発生した割れ目中の間隙水によって電流の通路がつくられるためであろうといわれている．その他残留磁気，透水率などの変化も実験的に認められている．

また，岩石の破壊（主破壊の前後の微小破壊を含む）の際には，光や電磁波が放射されることが知られており，地震と関連づけて研究が進められている．

9.3 断層のすべり

A. スティックスリップと安定すべり

通常の地震の多くは未破壊の岩（intact rock）が新たに破壊するものでなく，既存の断層のすべりによるものであろうから，前記の破壊実験がそのまま適用できるかどうか自明ではない．切れ目（断層）を入れた岩石の試料に封圧をかけた上で押すと，断層面は間欠的なすべりを起こす．この現象を**スティックスリップ**（stick-slip）といい，既存の活断層のすべりによって起こる地震に対応するものと考えられる（Brace と Byerlee, 1966）．このスリップは同じ封圧のもとでは，新しい破壊が生じる際よりも低い応力で起こる．封圧を高くするとスリップは起こらず延性破壊になる．

封圧をそのままにして温度を高めると，間欠的ではなくずるずるとすべるようになる．これを**安定すべり**（stable sliding）という．断層のクリープ（§8.

5A) はこれに相当するものと思われる．浅い部分ではスティックスリップによって地震を発生している断層も，深い部分では安定すべりを行っている可能性がある．断層面の状態，たとえば断層面に粘土が介在していることなどによっても，安定すべりが起こりやすくなる．このような場合でも封圧を高くすればスティックスリップに移行する．San Andreas 断層の一部にみられるエピソード的クリープも，適当な封圧の下で実験によって再現することができる．スティックスリップの前にもダイラタンシー，弾性波速度変化，AE などが認められることもあるが，岩の新しい破壊の場合ほどはっきりしない．しかしスティックスリップの前に若干の安定すべりが認められることは珍しくない．

B. 摩擦すべりの構成則

断層面に沿うすべりを考える．すべりは面に働く法線応力 σ とせん断応力 τ および面の摩擦力によって規制される．摩擦は複雑な現象ですべりを支配する**構成則**（constitutive law）を物理学の基礎的法則から導くことはむずかしいが，実験結果に基づいて多数の経験則が提案されている．

最も簡単なものは，静摩擦係数 μ_s と動摩擦係数 μ_k を考え，τ が $\mu_s\sigma$ を越えるとすべり始め，すべっている最中は $\mu_k\sigma$ で表される摩擦力が運動を妨げる方向に働き，μ_k はすべり速度によらないというもの（**アモントンの法則**，Amontons' law）である．詳しく調べると摩擦はすべり速度，すべり量などにも関係しているし，地震の問題では断層面の状態が時間的に変化することを考える必要もあろう．すべり速度 V と状態を表す変数 θ に依存する構成則としていくつかの式が提案されている．すべり速度とともに摩擦が減るときは**速度弱化**（velocity weakening）と呼ばれる．Ruina (1983) は Dieterich (1979) の導入した式を簡略化した次の形を用いた（μ は $\tau=\mu\sigma$ で定義される摩擦係数，A, B, μ_0, V_0, L は実験により決める定数）．

$$\mu = \mu_0 + A\ln\frac{V}{V_0} + B\ln\frac{V_0\theta}{L} \tag{9.7}$$

θ の挙動が問題であるが，簡単な式としては

$$\frac{d\theta}{dt} = 1 - \frac{V\theta}{L} \tag{9.8}$$

あるいは

$$\frac{d\theta}{dt} = -\frac{V\theta}{L}\ln\frac{V\theta}{L} \tag{9.9}$$

などがある．その他の表現，関連する実験については Linker と Dieterich (1992)，Dieterich と Kilgore (1996)，Marone (1998)，大中 (1998) を参照されたい．

すべり量に依存する構成則も使われる．すべりとともに摩擦応力が減少するときは**すべり弱化**（slip weakening）と呼ばれる．大中ほか（1987）によれば τ はすべりが始まるとすぐピーク値 τ_p となり，以後すべりの進行とともにほぼ指数関数的に減少し，すべり量がある値 D_c に達すると以後は一定 τ_f になる．実験の状況からみて，すべり速度と状態による構成則は長期にわたる断層の挙動の議論に，すべり量に依存する構成則はスティックスリップ（地震）の発生過程の議論に向いているが，両者を統合した構成則を用いた議論も行われている．

断層が高速ですべり始める前にその開始点付近でゆっくりとしたすべりが起こり，ある程度成長したときすべりが加速し，弾性波を発生する高速すべりに至るという実験結果がいくつか報告されている（たとえば Dieterich, 1986；大中ほか, 1986；大中と桑原, 1990）．この前駆的な現象を**破壊核形成**（nucleation）という（地震を想定して震源核形成ということもある）．破壊核形成（成長）は適当な摩擦構成則を採用して数値シミュレーションで実現することもできる（§10.6F）．地震発生過程として破壊核生成が観測上確認されているわけではない．地震の前兆現象の一部は破壊核形成過程の現れであるという見方は推測の域を出ない（§12.6B）．

10章　地震発生のメカニズム

10.1　P波初動による発震機構

A．P波の押し引き分布

　P波初動の向きは押し，引きのいずれかである（§1.8）．上下動成分では押しは上向き，引きは下向きになる．押しをC（compression），引きをD（dilatation）で表すことが多いが，古くはA（anaseism），K（kataseism）という記号も用いられた．押し，引きの地域が**節線**（nodal line）という直交する2本の直線によって四つの象限に分かれることは，静岡県中部地震（1917）

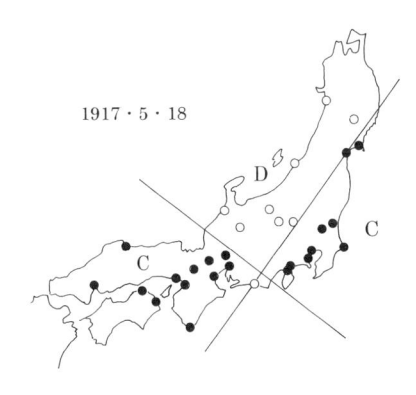

図 10.1　静岡県中部地震（1917）の初動分布．志田の書状（1917）による．

（図10.1）に続いて，三次地震（1919），島原地震（1922）などでも指摘されたが，関東地震（1923）の初動は特異な分布を示した．

　地震波の初動分布は震源においてどのような力が働いたか，あるいはどのような運動が起こったかを反映しているので，発震機構を研究する上で重要な資料となる．地表での節線が象限型でなくとも，震源においてP波初動が押しの空間と引きの空間が二つの直交する平面（節面という）で境されている場合を**象限型**（quadrant type）という．丹後地震（1927），北伊豆地震（1930）は地表の初動分布が象限型で，しかも地震断層と節線がほとんど一致し，押し引きの向きも断層の運動の方向と矛盾しなかった．

　その後，いくつかの深発地震の節線が楕円あるいは双曲線になるという報告が棚橋（1931）などからなされ，**円錐型**（cone type）の発震機構が唱えられるようになった．地下におけるマグマ貫入の衝撃を地震の原因と考えていた石

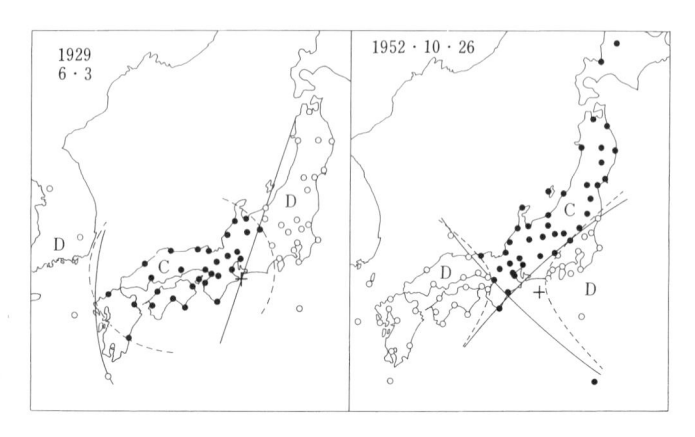

図 10.2 深発地震の初動分布の例. 実線：象限型の節線, 破線：円錐型の節線

本 (1929, 32) は円錐型を支持した. しかし, 本多 (1931～34) は象限型に基づき S 波を含めて研究を進め, 現在では, 深発地震を含めてほとんどの地震は象限型の II 型 (§10.2A) という発震機構で表せると考えられている.

　初動分布の解釈について長年にわたり議論が続いたのは, 日本のように密な観測網をもつ地域でも, 多くの地震が象限型, 円錐型のいずれを仮定しても節線が引けるからである (図 10.2). 地殻内の地震では次節に述べるように, 地殻構造の影響で節線は複雑な形となる. 深発地震では節線の形は単純であるが, 日本が狭く細長いため任意性が大きい. 全世界の観測所のデータを用いても観測所の分布が偏っているため必ずしも唯一の解が得られない. 節線の位置, 形を決めるのは少数の観測所のデータに支配されることが多いが, 観測所からの P 波初動方向の報告にはある率（数～10%）で誤りが含まれている. SN 比の悪い記象では初動をとり違えることもあるし, ある期間, 電磁式地震計の結線を間違えて押し引きが逆の報告をしていた観測所もあった.

B. 押し引きの観測から節面を求めること

　発震機構が象限型の場合について初動の押し引きの分布から節面を求めること, すなわち**断層面解**（fault plane solution, メカニズム解）を得ることを考える. 後述するように, 節面のうちの一つが断層面になるが, どちらが断層面かは初動分布からはわからない. なお, 断層面でない節面は**補助面**

(auxiliary plane) と呼ばれる．断層の相対運動を表すスリップベクトル (§8.1) は補助面に垂直となる．

断層面解は二つの節面の**走行** (strike) γ_1, γ_2 と**傾斜角** δ_1, δ_2 で示されるが，両節面が直交するという条件すなわち

$$\cos(\gamma_1-\gamma_2) = -\cot\delta_1 \cdot \cot\delta_2 \tag{10.1}$$

あるので独立なものは3個である．走向の代わりに**傾斜方向** (dip direction) $\gamma_1+90°$, $\gamma_2+90°$ を用いることもある．両節面の交線方向は地震波の振幅が0で，これを**ヌルベクトル** (null vector, null direction) または **B軸** という．B軸と直交し二つの節面と45°の角をなす方向が主圧力軸または **P軸**，および主張力軸または **T軸** である．P軸は引きの象限，T軸は押しの象限にある．

密な観測網の中に起こった地震は近地の観測だけでも節面が定められるが，ある程度大きい地震ならばできれば全世界のデータを用いたい．まず，地表の節線が震央で直交する場合は，両節面は鉛直（$\delta_1=\delta_2=90°$）で節線の方向が走向になる．しかし，節面が傾斜している場合，とくに震源が地殻内にある場合は P_n が初動として観測されるような範囲（走時曲線の交差距離より遠方）まで含めると，地表の節線は複雑な形になる．前記の関東地震 (1923) はその例である．

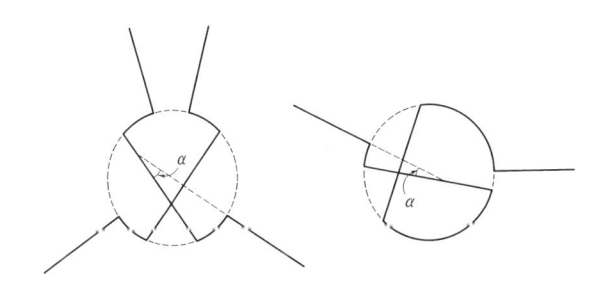

図 10.3 地殻内地震の初動分布の節線の例

図 10.3 は1層の水平成層地殻（図 4.6）の中に震源がある場合で，交差距離を半径とする円の一部が節線になっている．この円を**転向円** (inversion circle) という．交差距離を境にして初動となる波の震源における射出角が急変するからである．転向円の外では，節線は震央を通る直線となり，4本の場

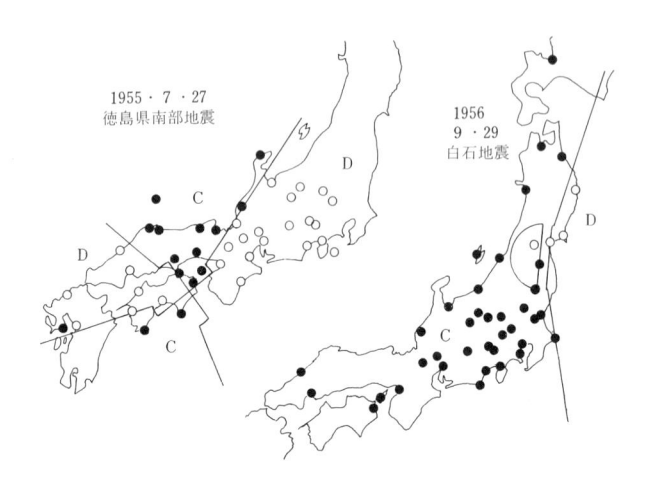

図 10.4 浅発地震の初動分布の例(市川, 1961)

合と 2 本の場合とがある.円内の節線と円外の節線のなす角を α(図 10.3)とすれば

$$\tan \alpha = \frac{\cot \delta}{\sqrt{\tan^2 i - \cot^2 \delta}} \qquad (10.2)$$

となり,震源の深さには無関係である.ただし i は $\sin i = V_1/V_2$ で与えられる角である.図 10.4 に浅発地震についての実例を示す.

実際には地震波速度は深さとともに変わるから震波線の曲がりを考えねばならない.震央距離 $\varDelta$ に到着する波の震源での射出角は,地球構造の一次元モデル(標準走時表)を与えれば $\varDelta$, h の関数として計算できる(市川と望月,1971; Pho と Behe, 1972; 牧, 1983 などの表がある).

全世界の観測から節面を求めるときには,直達の P, PKP のほかにも PP, PcP なども利用することができる.ただし,反射の際,押し引きが反転するから注意を要する.手作業で断層面解を求めていた時代には,Byerly (1926) によって始められ,Hodgson ほか (1953) によって改良された**ステレオ投影** (stereographic projection) による作図がよく用いられた.その後,**等積投影** (equal area projection) を本多・江村 (1957) が採用して以来,最も普通に用いられる方法となった.このほか**ウルフネット** (Wulff net) も用いら

10.1 P波初動による発震機構

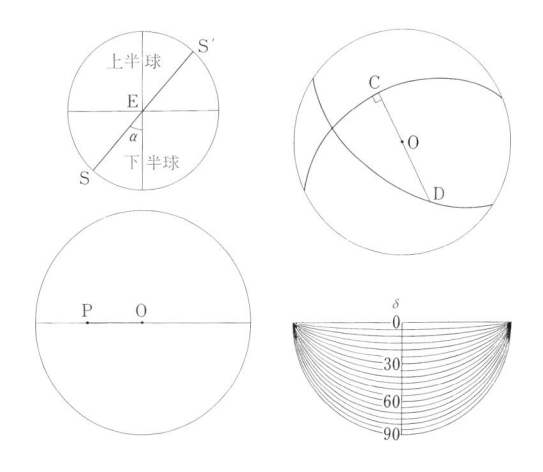

図 10.5 等積投影

れるが等積投影と似ているので大体の状況を見るときには区別しないでよい．

等積投影は震源 E を中心とする小さい球面，すなわち**震源球** (focal sphere) 上の S 点を図 10.5 の円内の P 点に投影する（押しのとき黒丸，引きのとき白丸にするのがふつう）．角 α は S 点を通過する波の到着点の $\varDelta$ と震源の深さ h からわかる．このとき $\overline{\mathrm{OP}} = \sqrt{2}\sin(\alpha/2)$ にとると，震源球上のある面積の部分は投影面上でも同一面積になるので，等積投影となる．震源球の下半球はこのように投影するが，上半球の S′ 点は E に関する対称点 S に移し，P に投影する．象限型や円錐型では震源に関する対称性が成り立っているからである．投影面上の節線は図 10.5 右下の曲線群の中から適当なものを選ぶ．選んだ曲線に対応する δ が傾斜角になる．なお，図で C が δ に対応するとすれば，他の節線は $\pi/2 - \delta$ に対応する点 D を通らねばならない．以上の説明は下半球に投影する場合であるが，以前は上半球に投影することも多かった（図10.7 もその例）．近年はほとんどが下半球投影で，とくに断りがない場合はそうみてよい．

上記の作業は 1960 年代以降，次第に計算機によって行われるようになったが，押し引きのデータには限りがあり，ときには誤りが含まれているので，唯

一の解が得られない場合が多い．データが少な過ぎたり，地域的に偏っていると全く違うタイプの複数の解がデータを満足するし，データが多いとすべてを満足する解は得られないので，なるべく矛盾するデータが少なくなるような解を採用し，スコアのようなもので解の信頼性を示すことになる．どのデータを誤りとみて捨てるかによっても解が違ってくることもある．

近年はモーメントテンソルインバージョン（§10.4B）の結果からダブルカップル成分（断層運動を表す成分）を取り出し断層面解を得るようになった．まれに非ダブルカップル成分が大きい地震があるが（§10.6H），そのような地震を無理に断層面解で表すのは避けるべきであろう．通常はモーメントテンソルから求めた断層面解は初動分布から求めた解とほぼ一致するが，前者は断層全体のすべりを，後者は断層がすべり始めた部分のすべりを表しているので，断層が完全に平面でないときには両者が一致するとは限らない．

10.2 震源を代表する力

A. I 型 と II 型

象限型の初動分布が生じるためには震源でどのような運動が起こればよいか，あるいはどのような力が働けばよいかを考える．単純に考えると図 10.6

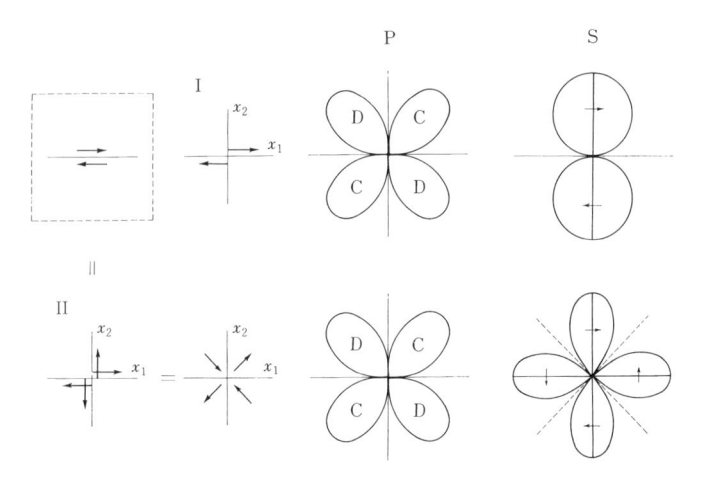

図 10.6 I 型（シングルカップル）および II 型（ダブルカップル）の震源による P 波，S 波の方位特性

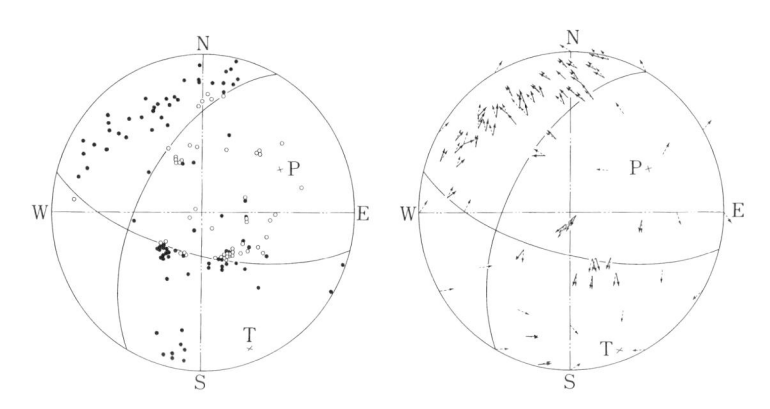

図 10.7 本州南方沖深発地震（1956/2/18, M 7.3, h 480 km）等積投影，上半球．左：P 波，黒丸が押し（C），白丸が引き（D），右：S 波，実線が観測値，点線が理論値（本多ほか，1965）

の左上のような断層運動が起こるとき，これは弾性体の中に図の I で示すような**シングルカップル**（single couple, 一対の偶力）が働く場合と同等であろうと思われる．このときの P 波，S 波の初動の方位性は図の上側のものになる．このような震源を I 型というが，実は断層運動は II のような**ダブルカップル**（double couple, 二対の偶力）が働く場合と遠方においては同等な地震波を発生することが証明される（§10.3A）．これを II 型の震源という．観測上 I 型と II 型の区別は S 波の初動分布に現れる．本多らは 1930 年代より，震源は II 型であると主張してきたが，外国では I 型を考える研究者が多く，S 波や表面波の解析から II 型が正しいと広く認められたのは 1960 年代になってからである．

II 型（ダブルカップル）は図のように節面と 45°の角をなす P 軸方向の圧力と，T 軸方向の張力の組合せと同等である．このように II 型では二つの節面は点震源を仮定する限り地震動に関しては同等であり，どちらが断層面であるかを地震波の観測からは決められない．断層面を選ぶには地震断層，地殻変動，余震の空間的分布などの情報を用いる．

B. S 波の初動分布

S 波の初動は先に到着した波による振動と重なっているため，認定がむずかしいが，深い地震では S 波初動の方向，振幅を測定できる場合も少なくない．

S波の振動方向は発震機構によって決まるある方向に偏っているが，次の角 ε を**偏波角**（polarization angle）という．

$$\tan \varepsilon = A_{SH}/A_{SV} \tag{10.3}$$

ただし，A_{SH} と A_{SV} はそれぞれ SH 成分と SV 成分の振幅である．S波の水平2成分を組み合せて震央方向に垂直な方向と平行な方向の成分 A_T と A_R を求めれば $A_{SH}/A_{SV} ≒ -(A_T/A_R)\cos i$ （i は地表への入射角）となる．A_T は震央から観測点に向かって右方を正に，A_R は震央から離れる方向を正にとる．等積投影図の上に半径方向と ε の角をなす小さな矢印を書いてS波の初動方向を示す．図 10.7 はP波およびS波の初動分布の一例で，右側のS波の図中で実線の矢印は観測された初動方向，点線はII型の発震機構から期待される初動方向で，両者はほぼ一致しており，II型が適当であることを示している．

C. 表面波による発震機構の研究

表面波には分散があるので，各地の記録波形 $u(\Delta, t)$ のスペクトル $\Phi(\Delta, \omega)$ を求め，次の式により一定の震央距離 Δ_0 における波形に引き直して比較する．これを波形の**等化**（equalization）という．

$$u(\Delta_0, t) = \sqrt{\left|\frac{\sin \Delta}{\sin \Delta_0}\right|} \int_{-\infty}^{\infty} \Phi(\Delta, \omega) \exp\left\{i\left(\omega \frac{\Delta - \Delta_0}{c(\omega)} - \frac{\pi}{2} N\right)\right\} e^{k(\Delta - \Delta_0)} e^{i\omega t} d\omega \tag{10.4}$$

ここで根号の中は波線の広がりによる振幅の変化，$c(\omega)$ は角周波数 ω の波の位相速度，$\pi N/2$ の項はポーラーフェイズシフト，k は吸収係数を表す．表面波による発震機構の研究は安芸（1960），Brune（1961）などの論文以来いくつかあり，震源が II 型であることを確定するのに貢献した．

§10.1 と 10.2 に述べた古典的発震機構論の解説としては本多（1954*, 62），Stauder（1962）がある．

10.3 地震モーメント・応力降下

A. 断層の変位と等価な力

前節では地震は震源に急に二対の偶力が作用するようなものであると述べたが，実際の震源では断層の急なずれが起こっている．このような断層運動では遠方においては二対の偶力が作用するときと同等の地震波が生じることが証明

された(丸山,1963; Burridge と Knopoff,1964).

Burridge と Knopoff によれば弾性体内のある有限な面 S 上で $[\boldsymbol{u}]$ で表される変位の不連続が生じるとき,それと同等な実質に働く力 $\boldsymbol{e}(\boldsymbol{x},t)$ の x_k 成分は

$$e_k(\boldsymbol{x},\ t)=-\int_S \sum_i \sum_j \sum_l [u_i]\nu_j A_{ijkl}\delta_l(\boldsymbol{x},\ \boldsymbol{\xi})dS \qquad (10.5)$$

で与えられる.ただし,$\boldsymbol{\nu}$ は面 S の法線,

$$\delta_l(\boldsymbol{x},\ \boldsymbol{\xi})=\frac{\partial}{\partial x_l}\delta(x_1-\xi_1)\delta(x_2-\xi_2)\delta(x_3-\xi_3) \qquad (10.6)$$

であり,面 S における法線応力は連続とする.等方弾性体のときは弾性定数 A_{ijkl} は (3.9) によりラメの定数 λ, μ を用いて表せる.

いま $x_3=0$ の面の原点付近の小さな範囲で,$x_3>0$ の部分が $x_3<0$ の部分に対し x_1 方向に時間的には階段関数 $H(t)$ で表せる変位をしたとする.この場合 $\nu_1=\nu_2=0$, $\nu_3=1$ であり

$$[u_1]=\delta(x_1)\delta(x_2)H(t),\ [u_2]=[u_3]=0 \qquad (10.7)$$

とおけるから,(10.5) を用いると

$$e_1(\boldsymbol{x},\ t)=-\mu\delta(x_1)\delta(x_2)\delta'(x_3)H(t) \qquad (10.8)$$
$$e_2(\boldsymbol{x},\ t)=0$$
$$e_3(\boldsymbol{x},\ t)=-\mu\delta'(x_1)\delta(x_2)\delta(x_3)H(t) \qquad (10.9)$$

が得られる.これは原点に働く二対の偶力を表している.

B. 地震モーメント

上の式で表される偶力のモーメント M_0 は

$$\begin{aligned}M_0&=\iiint e_1 x_3 dx_1 dx_2 dx_3 \\ &=-\mu\int [u_1]dx_1 dx_2 \int x_3\delta'(x_3)dx_3 \\ &\quad -\mu\int [u_1]dx_1 dx_3 \\ &=\mu \overline{U} S \end{aligned} \qquad (10.10)$$

となる.ただし $\overline{U}$ は断層面積 S 上の平均変位量である.安芸 (1966) はある地震を発生せしめた断層の変位と等価なダブルカップルのそれぞれのモーメント M_0 を**地震モーメント** (seismic moment) と呼んだ.M_0 は $\overline{U}$ と S を知っ

て (10.10) から求めることができるが,地震波のスペクトル振幅を用いて求めることもできる (§10.4C). これまでに求められた最大の地震モーメントはチリ地震 (1960) の 2.7×10^{23} N・m* である.

いま,ある断層帯の断面の総面積を S_0 とする.一つの地震によってその一部分 S が U だけ変位したとすれば,全断層帯の変位に対しこの U は

$$\langle U \rangle = U \frac{S}{S_0} = \frac{M_0}{\mu S_0} \tag{10.11}$$

という変位量だけ貢献したことになる.断層帯の各所に起こる多数の地震による断層帯全体の変位はすべり方向が同じならば

$$\Sigma \langle U \rangle = \frac{\Sigma M_0}{\mu S_0} \tag{10.12}$$

すなわちその断層帯に起こった地震のモーメントの和に比例すると考えられる (Brune, 1968). なお,断層の方向,すべりの方向がまちまちなときの扱いは Kostrov (1974) が示している.

C. 応 力 降 下

弾性体内の応力によって断層が急に変位する場合,その直前に断層面に働いていたせん断応力を σ_1, 変位終了後のせん断応力を σ_2 とすると

$$\Delta \sigma = \sigma_1 - \sigma_2 \tag{10.13}$$

がその断層運動 (地震) に伴う**応力降下** (stress drop) である.平均応力

$$\bar{\sigma} = \frac{\sigma_1 + \sigma_2}{2} \tag{10.14}$$

によって面積 S の部分が平均 $\bar{U}$ だけ相対的に変位したとすれば,その運動に要したエネルギーは

$$E = \bar{\sigma} S \bar{U} = \bar{\sigma} M_0 / \mu \tag{10.15}$$

となる. $\Delta\sigma$ と $\bar{U}$ の関係は,断層の幅を W とすれば

$$\Delta \sigma = c \mu \frac{\bar{U}}{W} = c \frac{M_0}{SW} \tag{10.16}$$

という形で表されることが,**転位** (dislocation) の理論から導かれている. c

---

* モーメントの単位は従来 dyn・cm が使われたが,近年は N・m (ニュートン・メートル) がふつうである. 1 N・m$=10^7$dyn・cm. チリ地震はその前後に起こった大きなスロー地震を合わせ 25 分間に 5.5×10^{23} N・m (M_w 9.8 相当) のモーメントが解放されたという (Cifuentes と Silver, 1989).

の値としては，縦ずれ断層のときは Starr (1928) により

$$c = \frac{4(\lambda+\mu)}{\pi(\lambda+2\mu)} \tag{10.17}$$

横ずれ断層のときは Knopoff (1958) により $c=2/\pi$，また円形の断層（半径 W）で $\lambda=\mu$ のときは Eshelby (1957) により $c=7\pi/16$ であるとされている．

断層面の摩擦力を σ_f とするとき，断層を動かす**実効応力** (effective stress) σ_e および**見掛け応力** (apparent stress) σ_a を次式で定義する．

$$\sigma_e = \sigma_1 - \sigma_f \tag{10.18}$$

$$\sigma_a = \eta\bar{\sigma} \tag{10.19}$$

ただし η は (5.37) で与えられる地震の効率である．

地震のエネルギー E は地震波のエネルギー E_s と断層面の摩擦により消費されるエネルギー E_f ($=\sigma_f M_0/\mu$) の和 $E = E_s + E_f$ と考える．

$$E_s = \eta E = \sigma_a S\bar{U} = \sigma_a M_0/\mu \tag{10.20}$$

であるから

$$\bar{\sigma} = \sigma_a + \sigma_f \tag{10.21}$$

$$\Delta\sigma = 2(\sigma_e - \sigma_a) \tag{10.22}$$

と書ける．もし $\sigma_2 = \sigma_f$ とすれば

$$\Delta\sigma = \sigma_e - 2\sigma_a \tag{10.23}$$

$$E_s = \frac{\Delta\sigma M_0}{2\mu} \tag{10.24}$$

となる．

金森と Anderson (1975)，阿部 (1975) は，$6 < M_s < 8.5$ で $M_0 \propto S^{3/2}$ がほぼ成り立つことを示した．(10.16) で $W \propto \sqrt{S}$ と考えると $M_0 \propto S^{3/2}$ となるから，応力降下 $\Delta\sigma$ は地震の大きさによらず一定ということになる．事実，多くの大地震について求めた $\Delta\sigma$ は海溝内側の浅発地震（プレート間地震）で 3 MPa* 前後，内陸部の浅発地震（プレート内地震）で 10 MPa 前後で M にはほとんどよらない．図 10.8 に $\log M_0$ と S の関係を示すが，プレート間地震とプレート内地震のそれぞれについて直線関係がみられ $\Delta\sigma$ の一定性を裏付け

---

* 応力の単位は従来 bar ($=10^6$ dyn/cm²) が使われたが，近年は MPa（メガパスカル $=10^6$ N/m²）がふつうである．1 MPa = 10 bar．

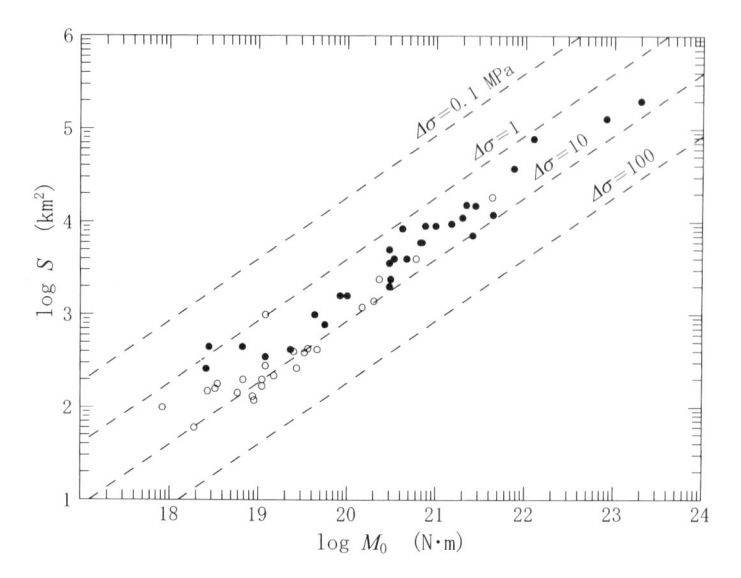

図 10.8 地震モーメント M_0 と断層面積 S の関係（斜線は $\Delta\sigma = 2.5 M_0 S^{-1.5}$ として計算した $\Delta\sigma$）．表 10.1 のデータおよび金森と Anderson（1975）掲載のデータを同論文と同様な様式でプロットした（共通の地震については前者を採用）．黒丸はプレート間地震，白丸はプレート内地震．

ている．しかし，微小地震では $\Delta\sigma$ は 0.1 MPa 以下に求まるものも少なくないので，$\Delta\sigma$ は小さい地震ではやや小さくなるという見方もある．観測データを扱うとき微小地震の地震波は短周期であり減衰の影響を受けやすいことを考慮する必要がある．たとえば Gibowicz ほか（1991）がカナダのかこう岩中の山はね（$M_w < -2$）を観測した結果では $\Delta\sigma$ は 0.1～2.5 MPa の範囲であった．

E_s と M_s の関係（5.41）を用いると

$$\log M_0 = 1.5 M_s - \log(\Delta\sigma/\mu) + 5.1 \tag{10.25}$$

が得られるから $\Delta\sigma/\mu = 1 \times 10^{-4}$（たとえば $\Delta\sigma = 5$ MPa，$\mu = 50$ GPa のとき）とおくと

$$\log M_0 = 1.5 M_s + 9.1 \tag{10.26}$$

となる．多くの地震について M_0 と M_s の関係を調べた結果をみると，$M_s 5^{1/2}$ ～8 程度の範囲でだいたいこの式が成り立っている．

（10.24）と上記の $\Delta\sigma/\mu$ の値によれば $E_s/M_0 = 5 \times 10^{-5}$ になる．E_s/M_0 の値

については，VassiliouとKanamori金森（1982）が26個の浅い地震と31個の深い地震について調べて以来いくつかの研究がある．平均して5×10^{-5}程度であるという結果から，平均して5×10^{-6}程度であるいう結果までさまざまである（たとえば菊地と深尾, 1988; SinghとOrdaz, 1994; ChoyとBoatwright; 1995）．

10.4　点震源とモーメントテンソル

本節の議論では断層運動が断層面上の場所によって異なることは考えず，地震発生源を1点で代表している．すなわち**点震源**（point source）として扱う．

A. 点震源から出る地震波

一様な弾性体内の一点に力が働いた場合の弾性体の運動の理論的研究には中野（1923）の先駆的論文などがあるが，ここでは偶力が働いた場合を扱う．図10.9のように座標系をとる．原点においてx_1-x_2面上に一つの偶力が作用したときS点における変位振幅の極座標による3成分はrが充分大きいところで

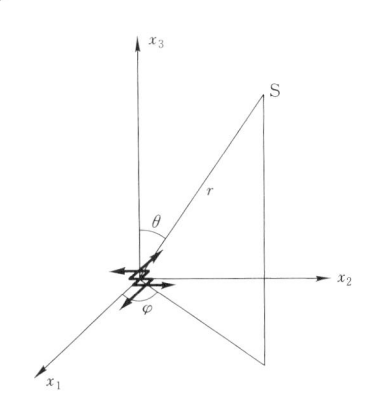

図10.9　x_1-x_2面上の原点にあるダブルカップルと遠方の点Sの極座標（r, θ, φ）

$$u_r = \frac{A_P}{2r}\sin^2\theta \sin 2\varphi \tag{10.27}$$

$$u_\theta = \frac{A_S}{4r}\sin 2\theta \sin 2\varphi \tag{10.28}$$

$$u_\varphi = \frac{A_S}{r}\sin\theta \sin^2\varphi \tag{10.29}$$

となる．ただし

$$A_P = \frac{\dot{K}(t-r/V_P)}{4\pi\rho V_P^3} \tag{10.30}$$

$$A_S = \frac{\dot{K}(t-r/V_S)}{4\pi\rho V_S^3} \tag{10.31}$$

で$K(t)$は偶力のモーメントが0から一定値M_0になるまでの状況を時間の関

数として表したもので，その時間微分 $\dot{K}(t)$ をモーメント解放率関数（moment rate function），$\dot{K}(t)=M_0\phi(t)$ と置いたときの $\phi(t)$ を**震源時間関数**（source time function）という（モーメント解放率関数を震源時間関数ということもある）．x_1-x_2 面上に二つの直交する偶力が作用するⅡ型では，u_r と u_θ は（10.27），（10.28）の 2 倍，u_φ は（10.29）の $\sin^2\varphi$ を $\cos 2\varphi$ に置き換えたものになる．

地球内部のある点 $\boldsymbol{x}_0$ に単力源 $\boldsymbol{f}(t_0, \boldsymbol{x}_0)$ が働いたとき，ある観測点 $\boldsymbol{x}$ における地震動（あるいは地震記録）$\boldsymbol{u}(t, \boldsymbol{x})$ は，入力 $f(t_0, \boldsymbol{x}_0)$ に対する地球というシステム（あるいは地球と地震計から成るシステム）の出力とみると

$$u_i(t, \boldsymbol{x}) = \sum_j G_{ij}(t, \boldsymbol{x}; t_0, \boldsymbol{x}_0) * f_j(t_0, \boldsymbol{x}_0) \qquad (10.32)$$

という形で表せる．ただし * はコンボリューションである．テンソル G_{ij} はシステムに依存する関数で**グリーン関数**（Green's function）と呼ばれている．これは $\boldsymbol{f}(t_0, \boldsymbol{x}_0)$ が x_j 方向の単位インパルスのとき，すなわち $f_j(t_0, \boldsymbol{x}_0) = \delta(t_0)$ のときの $u_i(t, \boldsymbol{x})$ である．このように震源として特定の運動（それと同等な力）を与え，さらに地球の構造（と地震計の特性）を与えたとき，ある地点の地震動（その地震記象）を計算したものを**理論地震記象**（synthetic seismogram, theoretical seismogram）という（§10.5B）．

B. モーメントテンソル

地震モーメント M_0 はダブルカップルで表される点震源の強さに対応する量であるが，これを一般化した**モーメントテンソル**（moment tensor）$\boldsymbol{M}$ が導入された（Gilbert, 1970, 73）．（10.32）の $f_j(t_0, \boldsymbol{x}_0)$ を $\boldsymbol{x}_k$ 方向に δ だけ離れた一対の力（偶力と双極子）に置き換えると

$$\begin{aligned}u_i(t, \boldsymbol{x}) = \sum_j \{&G_{ij}(t, \boldsymbol{x}; t_0, \boldsymbol{x}_0) * f_j(t_0, \boldsymbol{x}_0) \\ -&G_{ij}(t, \boldsymbol{x}; t_0, \boldsymbol{x}_0-\boldsymbol{x}_k\delta) * f_j(t_0, \boldsymbol{x}_0)\}\end{aligned} \quad (10.33)$$

となり，これは次のように書ける．M_{jk} を要素とするテンソルが $\boldsymbol{M}$ である．

$$u_i(t) = \sum_j \sum_k \frac{\partial G_{ij}}{\partial x_k} * M_{jk} \qquad (10.34)$$

$\boldsymbol{M}$ は対称テンソルで 9 個の要素のうち 6 個が独立である．$\boldsymbol{M}$ は等方成分 $\boldsymbol{M}_i$ と非等方成分 $\boldsymbol{M}_d$ に分けられる（$\boldsymbol{M}=\boldsymbol{M}_i+\boldsymbol{M}_d$）．$\boldsymbol{M}_d$ はダブルカップル成分と非ダブルカップル成分から成る．非ダブルカップル成分を Knopoff と Randall

(1970) は **CLVD**（compensated linear vector dipole）と呼んでいる．

モーメントが M_0 のダブルカップルで表される震源については，断層面および補助面に垂直な単位ベクトルをそれぞれ f および s とすれば

$$M_{jk} = M_0 (s_k f_j + s_j f_k) \tag{10.35}$$

である．断層面解の T，B，P 軸をそれぞれ x_1，x_2，x_3 軸にとれば

$$M_{11} = -M_0, \quad M_{33} = M_0 \tag{10.36}$$

で他の要素はすべて 0 となる．

自由振動，表面波，実体波のスペクトル（振幅と位相を含む複素数）は M_{jk} の線形結合で表されるので，いくつかの地点（理論的には 1 点でも可）における観測波形から一つの地震の M_{jk} を算出することができる（Gilbert, 1973）．この計算，すなわち**モーメントテンソルインバージョン**（moment tensor inversion）の初期の例としては Gilbert と Dziewonski（1975）；Dziewonski ほか（1981）；金森と Given（1981）などがある．

モーメントテンソルは座標軸を適当に選ぶと主対角線要素が λ_1，λ_2，λ_3（$\lambda_1 > \lambda_2 > \lambda_3$）で他は 0 の対角行列で表される．震源域の一様な膨張または収縮は起こらないという条件（$M_i = 0$）をつければ $\sum \lambda_i = 0$ となる．もし $\lambda_2 = 0$ ならば，その地震は一つのダブルカップルで表され，座標軸の方向から断層面解のパラメーターがわかる．$\lambda_2 \neq 0$ ならば二組の直交するダブルカップルで表されるが，一般に一方の組のモーメントは，他方に比べかなり小さい．

Dziewonski ら Harvard 大学のグループはディジタル地震計観測網による波形データを用いて，震源過程全体を時空間の一点（セントロイドという）で代表させた場合のその位置，時刻，およびモーメントテンソル（CMT, centroid moment tensor という，Dziewonski ほか, 1981）を 1977 年以降の全世界の主な地震（毎年数百個）について求めて（たとえば Dziewonski ほか, 1983）速報している（http://www.seismology.harvard.edu/）．得られたモーメントテンソルの多くはダブルカップル成分が卓越するが，ある程度の非ダブルカップル成分も含まれる．この一部は各種の誤差が原因であろうが，一部の地震には有意な非ダブルカップル成分を含むものがある（§10.6H）．CMT をダブルカップルのみで代表させたときの最適ダブルカップルのパラメーター（従来の断層面解）も示されている．CMT 解は USGS, 東大地震研

究所などもルーチンとして求めており速報される(http://wwwneic.cr.usgs.gov/と http://www.eri.u-tokyo.ac.jp/). 日本の地震については，最近 M 3.5程度の地震までCMT解が求められ（たとえば福山ほか, 1998, 2000），防災科学技術研究所から速報されるようになった (http://www.bosai.go.jp/freesia/).

C. Bruneのモデル

断層運動によって発生する地震波のスペクトルを考察したものの一つにBrune (1970) のモデルがある．これは次節で扱う断層モデルの一種であるが，円形の断層面の各点が同時にすべるとしているので点震源とみてよい．厳密なものではないが近地地震のS波のスペクトルから地震モーメント，断層の大きさ，応力降下などを求めるのに便利なのでしばしば用いられる．

断層に一定の大きさのせん断応力 σ_e が働き，$t=0$ に断層が動き始める場合を考える．断層が動いている間，S波は断層面を通じて他の側へ伝わらないとする．断層付近の点の変位 u は断層と直角に x 軸をとると $\sigma_e = \mu \partial u/\partial x$ から

$$u(x,\ t) = \frac{\sigma_e V_S}{\mu}\left(t - \frac{x}{V_S}\right) \qquad x < V_S t \qquad (10.37)$$

となるから，$x=0$ の点は初速 $\sigma_e V_S/\mu$ で動き出す．断層面の大きさが有限でその半径を R とするとこの運動はある変位 u_0 で止まる．(10.16) で $\varDelta\sigma \fallingdotseq \sigma_e$, $W \fallingdotseq R$, $c = 7\pi/16$ とすると $u_0 \fallingdotseq \sigma_e R/\mu$ となる．また，止まるまでの時間的変化は時定数が $\tau = R/V_S$ 程度の指数関数的であると考えると次の式が得られる．

$$u(0,\ t) = \frac{\sigma_e V_S}{\mu}\tau(1 - e^{-t/\tau}) \qquad (10.38)$$

r という距離にある遠方の点の変位は断層の反対側の運動による波が断層を回折してきて重なるので近似的に

$$u = R_{\theta\varphi}\frac{R\sigma_e V_S}{r\mu}t'e^{-at'} \qquad (10.39)$$

と表せるものとする．ただし $R_{\theta\varphi}$ は方位特性，α は V_S/R のオーダーの量，

$$t' = t - \frac{r}{V_S} \qquad (10.40)$$

である．この u の振幅スペクトルは

10.4 点震源とモーメントテンソル

$$\Omega(\omega) = R_{\theta\varphi} \frac{R\sigma_e V_S}{r\mu(\omega^2+\alpha^2)} \tag{10.41}$$

となる．両対数目盛で $\Omega(\omega)$ 対周波数 $f(=\omega/2\pi)$ のグラフを書くと f が充分大きい範囲では傾斜 -2 の直線，f が 0 に近い範囲では $\Omega(\omega)=\Omega_0$ （一定）となる．この 2 直線の交点に対する周波数 f_c すなわち**コーナー周波数**（corner frequency）は，次の式で表される．

$$f_c = \frac{\alpha}{2\pi} \tag{10.42}$$

II 型の震源から遠方の点での S 波の振幅は（10.31）で与えられる A_S に $R_{\theta\varphi}/r$ を掛けたものであるから，$K(t)$ が階段関数（$t>0$ で $K(t)=0$，$t\geqq 0$ で $K(t)=M_0$）であるとすれば，$\dot{K}(t)=M_0\delta(t)$ となり，したがって S 波のスペクトルは

$$\Omega_0 = R_{\theta\varphi}\frac{M_0}{4\pi r V_S^3} \tag{10.43}$$

となる．一方，これは長周期（$\omega\to 0$）における（10.41）の値

$$\Omega_0 = R_{\theta\varphi}\frac{\sigma_e V_S R}{\mu r \alpha^2} \tag{10.44}$$

に等しい．したがって（10.43），（10.44）より

$$\alpha^2 = \frac{4\pi\rho V_S^4 \sigma_e R}{M_0 \mu} \tag{10.45}$$

となるが，（10.16）に $\Delta\sigma = \sigma_e$，$W=R$，$S=\pi R^2$ を入れれば $M_0 = \pi R^3 \sigma_e/c$ となるから，$V_S = \sqrt{\mu/\rho}$，$c=7\pi/16$ を考慮すると（10.45）は

$$\alpha = 2.34 V_S/R \tag{10.46}$$

となる．以上の式を用いると S 波のスペクトルより，M_0，R，$\Delta\sigma$ の大体の値を決めることができる．以上は $\sigma_2 = \sigma_f$ を仮定しているが $\sigma_2 > \sigma_f$（$\Delta\sigma < \sigma_e$）の場合も考えられている．

断層の動く速さすなわち**すべり速度**（slip velocity）は $\dot{u}=\sigma_e V_S/\mu$ で実効応力 σ_e に比例する．$\sigma_e=10\,\mathrm{MPa}$，$V_S=3\,\mathrm{km/s}$，$\mu=50\,\mathrm{GPa}$ とすれば $\dot{u}=0.6\,\mathrm{m/s}$ となる．この速度で全変位量 u_0 を動く場合の所要時間 τ を**立上り時間**（rise time）という．$\tau = u_0/\dot{u} = R/V_S$ で，これは（10.38）で使った τ にほかならない．断層の相対変位量 $2u_0=3\,\mathrm{m}$ ならば $\dot{u}=0.6\,\mathrm{m/s}$ のとき $\tau=2.5\,\mathrm{s}$，も

し $\sigma_e=2\,\mathrm{MPa}$ すなわち $\dot{u}=12\,\mathrm{cm/s}$ ならば $\tau=12.5\,\mathrm{s}$ となる．断層付近の地動速度が観測された例は少ないが，強震計の記録から求められた最大速度は数十 cm/s 程度（たとえば Pafkield 地震（1966）では 76 cm/s）であるから，上記の値はオーダーとして合っている．

10.5 断層モデル

A. 断層運動の進行

　実際の地震は点震源ではなく，ある点（震源）で運動（断層のすべり）が始まりそれが広がってある時間かかって震源断層が形成される．このような**震源過程**（source process）を，1960 年代から**移動震源**（moving source）あるいは**断層破壊の伝搬**（propagating fault rupture）として扱うようになった．簡単なモデルとして，図 10.10 のように長さ L，幅 W の長方形の断層面の中心線ですべりが $t=0$ で始まり v という**破壊伝搬速度**（rupture velocity）で両側に広がってゆく場合，すなわち**バイラテラル断層運動**（bilateral faulting）と，一辺から始まり片方に広がってゆく場合，すなわち**ユニラテラル断層運動**（unilateral faulting）を考える．断層の変位の時間関数はたとえば

$$u(x,\ t)=UR\left(x,\ t-\frac{x}{v}\right) \qquad (10.47)$$

で近似されるとする．ここで $R(x, s)$ は $s<0$ で $R(x, s)=0$，$0\leq s\leq\tau$ で $R(x, s)=s/\tau$，$s>\tau$ で $R(x, s)=1$ となるランプ関数（ramp function, 傾斜関数）である．τ は立上り時間で，$\tau=0$ ならば階段関数（step function）になる．

　移動震源では P 波，S 波の振幅は震源に関して対称（図 10.6）にはならな

図 10.10 バイラテラルとユニラテラルの断層運動と時間関数

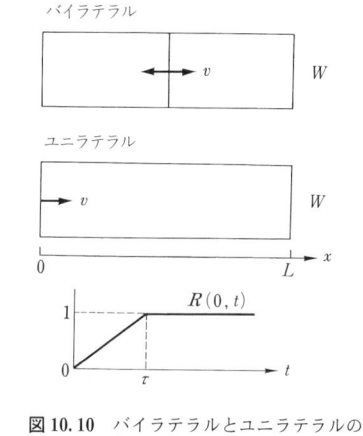

い．ユニラテラルのときには破壊の進行方向側の象限の P 波，S 波の振幅が反対側に比べて大きくなる．バイラテラルの場合にも断層の方向の象限の S 波の振幅は直角方向の象限に比べて大きくなる．このことは理論地震記象の計算をしなくても容易に推察できる．たとえば福井地震（1948）では P 波の振幅は南側の観測点が北側に比べかなり大きかったが，神村（1957）はこれを移動震源のためと考えた．

B. 理論地震記象

実際の地震記象に近い理論地震記象が得られるようになったのは 1960 年代であるが，古くは Lamb（1904）の研究にまでさかのぼることができる．これは半無限弾性体の表面にパルス状の力を与えたとき遠方の表面の点の変位波形を計算したものである．

Haskell（1964）は無限弾性体内で長方形の断層上を（10.47）のような変位が進行するときの遠方における運動速度，波のエネルギーとスペクトル密度を求めた．Haskell（1969）はさらに上記の場合について任意の点における地震動の波形を表す式を求めた．これは 2 重積分を含むたいへん長いものであるが，佐藤（1975, 76）はその 1 重積分による表現式を得た．川崎ほか（1973, 75）は半無限弾性体内での断層のずれによる表面の任意の点の運動を求めた．また，これを重ね合せて種々の移動震源について地表の運動を調べた．

全地球的な範囲での比較的長周期の理論地震記象に関しては，佐藤，宇佐美，Landisman らによる一連の研究（1962〜71，たとえば宇佐美ほか，1965；Landisman, 1970）がある．実際の地球に近い地震波速度分布，密度分布を用いて，いくつかの型の震源に対して，色々震央距離，方位における波形が計算されている．その震源によって励起される多数の基本および高次モードの自由振動を計算し，それらを加え合わせると，各種実体波，表面波の波群が然るべき時刻に出現する．

斎藤（1967）は層構造を有する地球の 1 点に各種の力が働いたときに励起される自由振動による地表の各点の運動を表す式を導いた．この式は長周期表面波の理論記象を求めるときに用いられる（竹内と斎藤，1972 参照）．

地殻構造研究には走時だけでなく地震波形が用いられるが（§4.2A, B），主にこのような場合に役に立つ理論地震記象の計算方法が色々試みられている

（解説として Clarke, 1989）．近年の理論地震記象の計算は三次元的に不均質な構造を持つ地球に対して色々な方法を開発して行われている（たとえば Chapman と Orcutt, 1985; Friederich と Dalkolmo, 1995; Geller と竹内, 1995; 竹内ほか, 2000）．

C. 移動震源モデルによる解析例

Ben-Menahem（1961）は層構造を有する半無限弾性体の中に任意の傾斜角をもつ縦ずれおよび横ずれの移動震源断層を考え，地表におけるレイリー波およびラブ波による運動を求めた．ある方向とその反対方向に出た表面波の同一震央距離における振幅スペクトルの比は震源スペクトルや層構造には関係なく次の D によって与えられる．

$$D = \frac{\left(\frac{c}{v}+\cos\theta\right)\sin\left\{\frac{\pi L}{\lambda}\left(\frac{c}{v}-\cos\theta\right)\right\}}{\left(\frac{c}{v}-\cos\theta\right)\sin\left\{\frac{\pi L}{\lambda}\left(\frac{c}{v}+\cos\theta\right)\right\}} \quad (10.48)$$

ただし L は断層の長さ，v は破壊伝搬速度，c は位相速度，λ は波長，θ は断層の走向と観測点の方位とのなす角である．R_1 と R_2, …; G_1 と G_2, … のような組合せを用いれば1点の観測でもスペクトル比（同一震央距離に等化したもの）を ω の関数として求めることができるから，これと最も良く合うように（10.48）の L, v を決めることができる．たとえばチリ地震（1960）は $L=750$ km, $v=4.5$ km/s, Kamchatka 地震（1952）は $L=700$ km, $v=3.0$ km/s, Gobi Altai 地震（1957）は $L=500$ km, $v=3.5$ km/s と求められている（Ben-Menahem と Toksöz, 1963）．

三雲（1969, 71）はランプ関数状の II 型の震源を時間空間的にずらして重ね合わせることにより，移動震源に対するP波およびS波の理論地震記象を計算し，M 6～6.8 のいくつかのやや深発地震の断層パラメーターを決定し，$L=25\sim40$ km, $W=8\sim18$ km, $M_0=(1.6\sim3.0)\times10^{19}$ N・m, $\overline{U}=80\sim140$ cm, $\Delta\sigma=5\sim9$ MPa, $\tau\fallingdotseq1$ s, $v=3.2\sim4.5$ km/s の値を得た．

金森（1970）は択捉島沖地震（1963）について，震央距離 90° に等化した各地の R_4, G_4 等の観測波形を斎藤（1967）の式を用いて求めた理論地震記象と比較し，断層のパラメーターを決定した．震源が移動する影響はスペクトルに

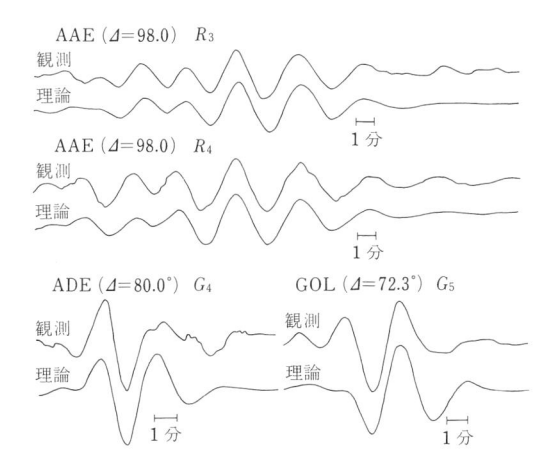

図 10.11 択捉島沖地震 (1963) のマントルレイリー波 R_3, R_4 とマントルラブ波の観測波形と断層モデルから計算された理論地震記象 (金森, 1970). AAE は Addis Abeba (エチオピア), ADE は Adelaide (オーストラリア), GOL は Golden (米国).

$e^{-ix}(\sin x)/x$ (ただし $x=L\omega(c/v-\cos\theta)/2c$ を掛けることで考慮した. その結果, 傾斜角 22°, 傾斜の方位 N47°W の逆断層が観測をよく説明し, $M_0=7.5\times10^{21}$N·m, $L=200\sim300$ km, $v=2.7\sim4.5$ km/s が得られた. 図 10.11 は観測波形と理論波形が良く一致することを示す例である.

金森 (1971) は震源に近い観測点における実体波の記録を Haskell の式 (1969) によって計算した理論地震記象と比較することにより, 断層パラメーターを求めた. 図 10.12 に鳥取地震 (1943) と三陸沖地震 (1933) の例を示す. 三陸沖地震は $L=185$ km, $W=100$ km, 傾斜角 45°, 走向方向 N90°W の正断層が北から南へ $v=3.5$ km/s でユニラテラルで伝搬し, $\tau=10$ s, $U=5$ m の変位したときの東京の長周期地震計 ($T_0=33$ s, $V=1.5$, $h=0.13$) の記録を計算し, 実際の地震記録と並べてある. 鳥取地震については阿武山の長周期地震計の記録と断層パラメーターをいくつか変えた場合の理論地震記象が示されている. 鳥取地震は右ずれの垂直な断層で $L=33$ km, $W=13$ km, 走向 N80°E, バイラテラルで $v=2.3$ km/s, $\tau=3$ s, $U=2.5$ m 程度がよい. なお $M_0=3.6\times10^{19}$N·m, $\Delta\sigma=8.3$ MPa, $\dot{u}=42$ cm/s となる. このような解析はその後多くの地震について行われ, 長周期の波を見る限りその波形をかなりよく

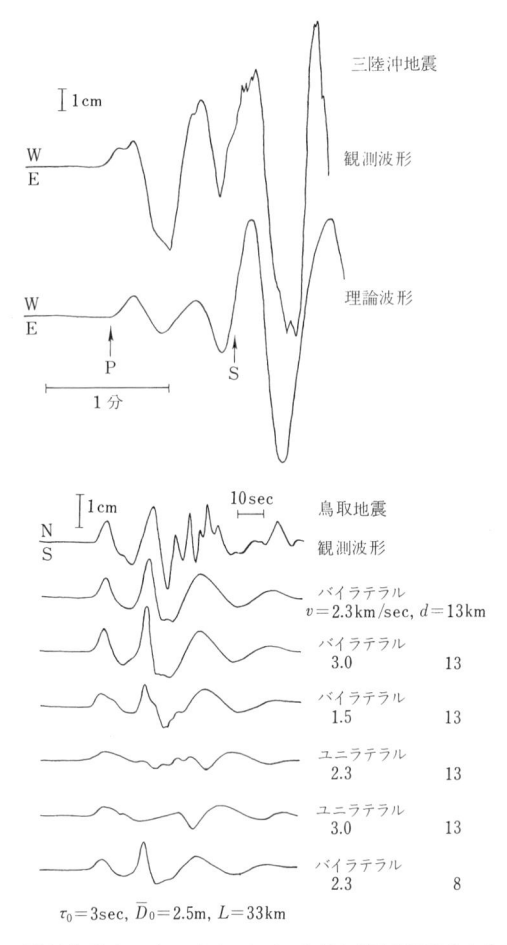

図 10.12 三陸沖地震（1933）の東京における記録と理論地震記象と鳥取地震（1943）の阿武山における記録と理論地震記象（断層パラメーターを変えた五つの場合を示す）．（金森，1971，72）

説明できる断層パラメーターが得られている（表 10.1 に掲げる文献のうち 1970 年代のもの）．

　1980 年代になると，断層面のすべりの複雑な時間経過を比較的短周期の波までを含めて波形のインバージョンにより解析するようになった（§10.6C）．表 10.1 には 1980 年以降の地震についても，従来の単純な単一断層モデルで代

表させるとどの程度になるか示したが，引用文献にはより複雑な震源過程が論じられている．

D. 標準的な地震の断層パラメーター

震源断層パラメーター S ($\fallingdotseq LW$), $\overline{U}$, $\varDelta\sigma$, $\dot{u}$ ($=\overline{U}/\tau$), τ, v, T_r ($=L/v$, ユニラテラル断層の形成時間) などのうち，ある程度より大きい浅い地震では $\varDelta\sigma$, $\dot{u}$, v は地震の大きさによらずほぼ一定とみられる．平均的な値として $\varDelta\sigma/\mu=1\times 10^{-4}$, $\dot{u}=0.6$ m/s, $v=3$ km/s を採用し，$L/W=2$*，(10.16) の c を 1 とすれば，$\overline{U}/L=5\times 10^{-5}$, $T_r/\tau=6$ となる．

一方，S, L, W, $\overline{U}$, τ, T_r は地震の大きさとともに増大する．モーメント M_0 と (5.35)，(10.26) で結ばれるマグニチュードを M で表すと，$S=L^2/2=2W^2$ と (10.16)，$\mu=50$ MPa から

$$\log S = M - 4.0 \qquad (S \text{ は km}^2/\text{s}) \qquad (10.49)$$

$$\log L = 0.5M - 1.85 \qquad (L \text{ は km 単位}) \qquad (10.50)$$

$$\log \overline{U} = 0.5M - 3.1 \qquad (\overline{U} \text{ は m 単位}) \qquad (10.51)$$

$$\log \tau = 0.5M - 3.1 \qquad (\tau \text{ は秒単位}) \qquad (10.52)$$

$$\log T_r = 0.5M - 2.3 \qquad (T_r \text{ は km 単位}) \qquad (10.53)$$

が得られる．これらは (7.1)，(8.3)，(8.25) などの実験式とほぼ一致する．また $\tau \propto T_r \propto \overline{U} \propto L \propto M_0^{1/3}$ ということになる．

地震の大きさに関係する諸量が (10.49)〜(10.53) のような式によって M と結びついていれば ($\varDelta\sigma$ など一部の量は大きさによらず一定)，大きさを表す量 (M, M_0, L など) の一つを与えればその大きさの地震のほかのパラメーター値は決まる．このような関係式 (総称して**スケーリング則**，scaling law) は，完全に成り立っているわけではないが，平均的な関係式を想定し個々の地震の各パラメーターのずれをその地震の個性を表すものと考えることは有意義であろう．

---

* 断層のステックスリップが起こり得る深さに限りがあるため，断層の幅 W には上限がある (W の上限は鉛直の断層では 15 km 程度，低角の断層でも数十〜100 km 程度以下)．この上限を越える大きい地震では W は一定，$S \propto L$ となり，以下のスケーリングの式は違ってくる (Scholz, 1986；島崎，1986)．

10章 地震発生のメカニズム

表 10.1 日本の主な地震の断層パラメーター

地震名（発生年）	M	M_0 10^{20}Nm	$S(L \times W)$ km^2	U m	$\Delta\sigma$ MPa	断層型 （傾斜°）	文献 *1〜*25は注記参照
濃 尾（1891）	8.0	1.47	80×15	4.2	4	左	三雲と安藤（1976）
関 東（1923）	7.9	7.6	130×70	2.1	1.8	右・逆（34）	金森（1971）*1
丹 後（1927）	7.3	0.46	35×13	3.0	10	左	金森（1973）
北伊豆（1930）	7.3	0.27	22×12	3.0	5.4	左	阿部（1978）
西埼玉（1931）	6.9	0.068	20×10	1.0	4.3	左	阿部（1974）
三陸沖（1933）	8.1	43	185×100	3.3	3.9	正（45）	金森（1971）*2
福島県沖（1938）	7.5	7.0	100×60	2.3	3.3	逆（10）	阿部（1977）
積丹半島沖（1940）	7.5	4.2	170×50	1.1	1.7	逆（45）	深尾と古本（1975）*3
鳥 取（1943）	7.2	0.36	33×13	2.5	8.3	右	金森（1972）
東南海（1944）	7.9	15	120×80	3.1	3.3	逆（10）	金森（1972）
三 河（1945）	6.8	0.087	12×11	2.2	12.7	右・逆（30）	安藤（1974）*4
南 海（1946）	8.0	15	120×80	3.1	3.1	逆（10）	金森（1972）*5
福 井（1948）	7.1	0.33	30×13	2	8.3	左	金森（1973）*6
択捉島沖（1958）	8.1	44	150×80	5.1	7.8	逆（30）	深尾と古本（1979）
北美濃（1961）	7.0	0.09	12×10	2.5	16	右・逆（60）	川崎（1975）*7
越前岬沖（1963）	6.9	0.033	20×8	0.6	3.2	右	阿部（1974）*8
択捉島沖（1963）	8.1	75	250×150	3	2.3	逆（22）	金森（1970）*9
男鹿半島沖（1964）	6.9	0.43	50×20	1.2	3.7	逆	深尾と古本（1975）
新 潟（1964）	7.5	3.0	100×20	4	12.6	逆（60-70）	安芸（1966）*10
十勝沖（1968）	7.9	28	100×150	4.1	3.2	左・逆	金森（1971）*11
北海道東方沖（1969）	7.8	22	180×85	2.9	2.9	逆（16）	阿部（1973）*12
岐阜県中部（1969）	6.6	0.035	18×10	0.64	1.5	左	三雲（1973）*13
根室半島沖（1973）	7.4	6.7	100×60	1.6	3.5	逆（27）	島崎（1974）*14
伊豆半島沖（1974）	6.9	0.059	18×8.	1.2	6.5	右	阿部（1978）*15
伊豆大島近海（1978）	7.0	0.11	17×10	1.9	6.5	右	島崎とSomerville（79）*16
宮城県沖（1978）	7.4	3.1	30×80	1.8	7.0	逆（30）	瀬野ほか（1980）*17
日本海中部（1983）	7.7	3.0	120×30	2.4	2.8	逆（20）	佐竹（1985）*18
長野県西部（1984）	6.8	0.027	15×10	1.4	12	右	吉田と嶺續（1990）*19
釧路沖（1993）	7.8	2.3	60×40	1.5	4.9	降斜伸張	武尾ほか（1993）*20
北海道南西沖（1993）	7.8	4.7	100×50	2.8	3.3	逆	久家ほか（1996）*21
北海道東方沖（1994）	8.2	26	120×60	5.6	11	左・逆（70）	菊地と金森（1994）*22
三陸はるか沖（1994）	7.6	3.0	100×50	2.0	2.1	逆	中山と武尾（1997）*23
兵庫県南部（1995）	7.3	0.25	40×10	2.1	8	右	菊地と金森（1995）*24
鳥取県西部（2000）	7.3	0.1	20×10	1.6	8.5	左	*25

*1) 測地データから求めた U は 6.7m（安藤，1971，74），多田と坂田（1977），松浦ほか（1980）によれば $M_0 = 8.4 \times 10^{20}$ N·m，$S = 95 \times 54$ km^2，$U = 4.8$ m，$\Delta\sigma = 4.5$ MPa，右・逆（25°），Wald と Somerville（1995）による不均質すべりモデルがある（U 平均 3.5 m，最大 7.6〜8.0 m）.
*2) 川崎と鈴木（1974），阿部（1978）．*3) 佐竹（1986）．*4) 筧と岩田（1992）．*5) 安藤（1982）が津波のデータから求めた値は，$M_0 = 47 \times 10^{20}$ N·m，断層面は東半と西半に分かれ S はともに 150×70 km^2，U はそれぞれ 6m と 3m．矢吹・松浦（1992）の測地データによる不均質すべりモデル

がある．*6) 鷺谷 (1999)，菊池ほか (1999)．*7) 武尾と三上 (1990)．*8) 三雲と宮武 (1993)．*9) 長宗 (1971)，Ruff と金森 (1983)，Beck と Ruff (1987)，菊地と深尾 (1987)，Mocquet と深尾 (1992)．*10) 阿部 (1975)，Mori と Boyd (1985)．*11) すべりの不均質性が目立つ地震で早くから研究された．長宗 (1971)，深尾と古本 (1975)，Mori と島崎 (1985)，菊地と深尾 (1985)，Schwartz と Ruff (1985)．*12) 菊地と深尾 (1987)．*13) 武尾と三上 (1990)，宮武 (1992)．*14) 菊地と深尾 (1987)．*15) 武尾 (1989)，武尾と三上 (1990)，宮武 (1992)．*16) 菊地と須藤 (1984)．*17) Tichelaar と Ruff (1988)．*18) 佐藤 (1985)，福山と入倉 (1986)，小山 (1987)，佐竹 (1989)．*19) 武尾と三上 (1987)，武尾 (1987)，宮武 (1992)．*20) 筧と入倉 (1996)，井出と武尾 (1996)．*21) 谷岡ほか (1995)，Mendoza と福山 (1996)，筧と入倉 (1997)．*22) 谷岡ほか (1995)，長ほか (1995)，佐藤ほか (1996)，笹谷 (1997)．*23) 谷岡ほか (1996)，西村ほか (1996)，佐藤ほか (1996)．*24) 長ほか (1995)，菊地と金森 (1996)，関口ほか (1996, 2000)，Wald (1996)，吉田ほか (1996)，井出ほか (1996)，筧ほか (1996)，堀川ほか (1996)，橋本ほか (1996)，Bouchon ほか (1998)，長と中西 (2000)，Bouin ほか (2000)．*25) 東大地震研 EIC 地震学ノートより．

E. 地震波のスペクトル

Brune のモデルから発生する地震波のスペクトルについては §10.4C に記した．Haskell (1964) によると断層面から充分遠い点（距離 r）における P 波または S 波のスペクトルは

$$\Omega(\omega) = \frac{R_{\theta\varphi} M_0}{4\pi r \rho V^3} \left| \frac{\sin(\omega\tau/2)}{\omega\tau/2} \right| \left| \frac{\sin(\omega T_r/2)}{\omega T_r/2} \right| \quad (10.54)$$

と書ける．ただし V は V_P または V_S を表し，$R_{\theta\varphi}$ は観測点の断層面に対する方向の関数で ω によらない．なお，この式中の T_r は $T_r\{1-(v/V)\cos\theta\}$ とすべきところ（θ は断層の長さ方向から測った観測点の方位角），平均して T_r としてある．sin 関数のためでこぼこしている曲線の包絡線をとると (10.54) は

$$f_c = \frac{1}{\pi\tau}, \text{ および } F_c = \frac{1}{\pi T_r} \quad (10.55)$$

をコーナー周波数とし，F_c より低い周波数では $\Omega(\omega)$ は ω によらず一定，F_c と f_c の間では ω^{-1} に比例し，f_c より高い周波数では ω^{-2} に比例することがわかる（**ω^2 モデル**）．もし断層の幅方向に破壊が伝搬することも考えると，(10.60) にはさらに $|\sin(\omega T_r'/2)/(\omega T_r'/2)|$ が掛かり（$T_r' = W/v$），十分高い周波数では，$\Omega(\omega)$ は ω^{-3} に比例することになる（**ω^3 モデル**）．ω^2 (ω^3) モデルは ω^{-2} (ω^{-3}) モデルと呼ぶこともあるが，ここでは安芸 (1967) に習い前者を採用した．

(10.55) が成り立ち，(10.52)，(10.53) の M の係数が 0.5，$\log M_0$ と M の関係式 (10.26) の係数が 1.5 であることが正しいとすれば，コーナー周波数 f_c と M_0 の関係は $M_0 \propto f_c^{-3}$ となる．これを支持する報告はいくつかある．

地震動は色々な周波数の波を含んでいるが，大きい地震ほど卓越する波の周期が長くなる傾向は地震観測の初期から知られていた．$M7$ 以上の地震を長周期地震計で記録すると周期 10 秒以上の波が大きく現れるが，$M2$ 以下の微小地震では周波数 10～100 Hz の波が卓越する．笠原 (1957) は P 波の周期 T（秒）と M の関係として $5<M<8.5$ の範囲で

$$\log T = 0.51M - 2.95 \tag{10.56}$$

という実験式を得た．この式は (7.1)，(8.3)，(8.25) などと同じく M の係数が約 0.5 であるので，地震波の波長あるいは周期が震源域の寸法（震源断層の長さ）に比例するという単純な考えと矛盾しない．この種の式はその後いくつか発表されており，スペクトルのピークの周波数あるいはコーナー周波数を扱ったものもあるが M の係数は 0.5 程度のものとそれより小さいものとがある（たとえば寺島，1968；山口ほか，1978）．

実体波のスペクトル，コーナー周波数などについての議論は以上のほかにも Haskell (1964) の移動震源モデル (§10.5B) から出発した Savage (1972) や，円形の断層面の中心から破壊が広がってゆくモデル（佐藤と平沢，1973；Madariaga, 1976）などがある．前項と本項の記述は安芸 (1972)，金森と Anderson (1975)，Geller (1976)，佐藤 (1979) の論文を参考にした．さらに Madariaga (1983)，Scholz (1990*)，小山 (1997*) を参照されたい．

10.6 震源過程の複雑性と多様性

A. 断層面の不均質性と短周期地震波の発生

実際の地震波のスペクトルを調べると ω^3 モデルより ω^2 モデルに近い例が多く，ほかの方法で調べても ω^2 モデルのほうがよいと思われる（たとえば安芸，1967）．震源断層の運動が単純なものでなく，不規則な断層運動によって短周期の波が増強され，ω^3 モデルに短周期の波が加わるのが主因であろう．

震源過程の複雑さに関連して，アスペリティモデル（たとえば金森と Stewart, 1978；Lay ほか，1982）やバリヤーモデル（たとえば Das と安芸，

1977；安芸，1979）がある．実際の断層面は平面ではなく凸凹や屈曲があり，岩の性質も場所によって異なるため，破壊強度（摩擦）の分布は不均等である．断層にずり応力が加わると**アスペリティ**（asperity）と呼ばれる断層面上の強度の大きい部分が支えとなりすべりを防ぐが，アスペリティが壊れるとその周辺を含めて断層のすべりが起こり，別のアスペリティを破壊し（そこでも強い地震波が出る）すべりが進行する．また強度の大きい部分は断層面上を破壊が進行する際**バリヤー**（barrier）となり，そこで破壊が止まったり，そこを飛び越して破壊が進行したりする．残ったバリヤーは後に余震として破壊するかもしれない．アスペリティもバリヤーも，一つあるいは少数の大きなものが関係したり，比較的小さな多数のものが関係したり，断層によって色々あると考える．アスペリティとバリヤーの実体は必ずしも明確でないが（**パッチ**（patch）という用語も使われる），いずれにしても，断層の破壊がなめらかでなく不規則に起これば，それに伴って短周期の地震波が発生することになる（D項）．

　三雲と宮武（1978）は破壊強度が不均質に分布する断層の破壊過程を三次元弾性体の運動方程式を差分法で解くことによって調べた．不均質性が著しい場合には，破壊の伝搬は不規則になり，破壊伝搬速度は遅くなり，すべり残るバリヤーが現れる．そして断層の動きも不規則になり，発生する地震波は高い周波数を含むようになる．三雲と宮武（1979）はさらに応力の緩和過程を導入して，余震の時間分布（改良大森公式）や大きさの分布（G-R式），大地震の繰返しなどをシミュレーションにより実現している．

　断層破壊の進行にはクラックの相互作用・合体が重要な役割を占めるとする見方もある．山下と梅田（1994）はそれによってアスペリティとバリヤー，さらに梅田（1992）がブライトスポットと呼んでいる短周期の強い地震動を発生する震源付近の領域の説明を試みた．

　観測からアスペリティの位置や大きさを求める試みは色々となされている．大地震の震源過程の複雑性を詳細に調べ，強い地震動を発生した部分（応力降下の大きい部分）をアスペリティと考えることが多いが，アスペリティには余震が多いのか少ないのか，アスペリティは断層上で常時地震活動が高い部分なのか低い部分なのか諸説がある．アスペリティにも種々あるのかもしれない．

B. マルチプルショック

地震記象を分析すると一つの地震が断層の1回のすべりでなく，時間的空間的に接近した二つ以上の断層運動に分けられるとき，これを**マルチプルショック**（multiple shock）という．これは前震や余震とは違うものと考えるが，本震に非常に接近して起こった前震や余震との区別は必ずしも明確でない．震源断層が数秒から数十秒の間に何回かに分かれて動くのであるから，地震記象は複雑になる．しかし各地の記録を分析することにより，いくつかのショックが分離され，それぞれの位置と時刻，震源パラメーターが決まることがある．金森とStewart（1978）によればグアテマラ地震（1976）は全体として $M_0 = 2.6 \times 10^{20}$ N・m，$L = 250$ km，$W = 15$ km，$\overline{U} = 2$ m，$\Delta\sigma = 3$ MPa の地震であるが，細かくみると M_0 が $1.3 \sim 5.3 \times 10^{19}$ N・m，L が10 km前後の10個ほどの地震が14～40 kmほどの間隔で次々と起こったものとみられる．深い地震でもマルチプルショックは多く，その震源は断層面解の一つの節面付近に時間順に並ぶことがある．その面を断層面とみれば補助面との識別ができる．

C. 複雑な地震波形のインバージョン

これまでの点震源を仮定した断層面解やCMT解，長周期の地震波による単純な断層モデル，あるいはそれらの重ね合せ（マルチプルショック）により，ある程度まで地震波形を説明できたが，1980年代以降，各地の記録波形を断層上に並ぶいくつかのサブイベント（点震源）の集まりとしてインバージョンにより各サブイベントの位置，時間，モーメントレート関数が求められるようになった（菊地と金森，1982, 86, 91など）．震源時間関数が1峰型の単純な地震や，複数の峰に分かれたマルチプルショックが明瞭に認識できる（図10.13）．また，震源断層をメッシュにより多くの小断層に分割し各断層のパラメーターを未知数とするインバージョンを行い，震源断層面のすべりの空間分布を時間を追って示せるようになった（たとえばHartzellとHeaton, 1983, 86; Archuleta, 1984; 武尾, 1987, 88; BerozaとSpudich, 1988; Beroza, 1991, 表10.1に示す1983年以降の地震の文献も参照）．

最近では主要な地震（地域にもよるがたとえば $M \geq 7$）があれば，通常のモーメントテンソル解に加えて，複雑性を取り入れた震源過程の解析結果が複数

10.6 震源過程の複雑性と多様性

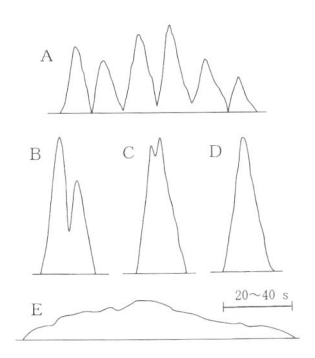

図 10.13 種々の地震に対する震源時間関数の型を模式的に示す．A：ある程度の時間空間的間隔を置いた数個のサブイベントから成る典型的なマルチプルショック，択捉沖地震 (1963)，グアテマラ地震 (1976)，北海道南西沖地震 (1993) など，B，C：少数の主なサブイベントが比較的接近して発生する場合，兵庫県南部地震 (1995)，北海道東方沖 (1994)，三陸はるか沖 (1994)，台湾集集地震 (1999) など大地震の多くはこの種の型，D：一峰型の単純な地震，釧路沖地震 (1993)，鳥取県西部地震 (2000) など，E：震源時間の異常に長い地震（スロー地震），ニカラグア地震 (1992) など．

発表される．これらの結果によれば最終の断層のすべり量，応力降下などの分布はかなり不規則な形（たとえば雲状，まだら状）になり，すべりの大きい部分が複数現れることもある．それに至る経過（**破壊経歴**，rupture history）もすべりが震源から始まり周辺に広がっていく状況は簡単ではない．たとえば兵庫県南部地震 (1995) については十数編の論文があり（表 10.1），結果は大局的には一致しているが，細部はかなり違う．図 10.14 に一例を示す．もちろんインバージョンにも限界があり，一部のパラメーターは地震波形以外の資料等によって推定した値を用い，地殻変動や津波のデータを取り入れて同時にインバージョンを行うこともある．なお，本項で扱った問題に関する解説として菊地 (1991)，古田 (1995) を挙げておく．関連して金森 (1994)，小山 (1997*) も参照されたい．

運動方程式を用いる**動力学的破壊モデル**（dynamic rupture model）による議論も行われている（たとえば三雲ほか，1987；宮武，1992；三雲と宮武，1993, 95；井出と武尾，1996 など）．このモデルでは断層面上の動的応力降下や強度の分布が求まる．強度の大きい所は破壊伝播速度が小さくなった所に当

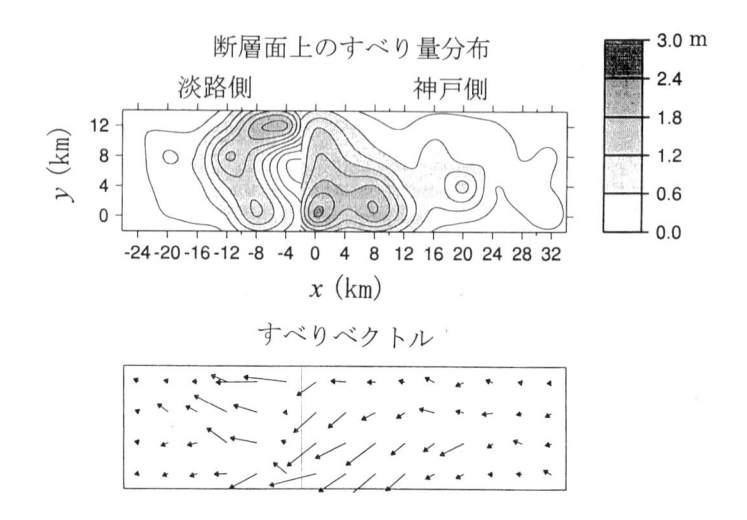

図 10.14 兵庫県南部地震（1995）の断層面上のすべり（吉田ほか，1996）．強震計記象，遠地で記録された実体波，地殻変動データ（GPS，水準測量）の同時インバージョンによる．$x=0$，$y=0$ が震源（破壊開始点）．淡路側ではすべりが地表に及んでいる．

たる．応力降下でなく応力上昇が現れる部分もありうる（Bouchon, 1997 も参照）．

D. 強震動の合成

断層運動を詳しく与えたときの震源断層近傍の地震動の計算は，構造モデルを仮定すれば原理的には可能である．災害に関係する強震動は高周波の地震波が重要な部分を占めるが，高周波の地震波は伝搬途中の減衰，散乱，観測点付近の小規模な地下構造の影響を受けやすいので，断層面上の複雑なすべり量分布が与えられていても，ある地点における高周波成分まで含んだ理論地震記象を求めるには問題が多い（安芸, 1982；Bolt, 1987*）．一つの実際的方法として本震断層面上に発生した余震の記象をグリーン関数とみなし（**経験的グリーン関数**，empirical Green's function という），震源断層近傍の強震動を合成することが Hartzell（1978）以来行われ，複雑な震源過程のもと高周波を含んだ地震記象が得られている（たとえば入倉, 1983；1994）．経験的グリーン関数は震源過程のインバージョンにも使われる．高周波が卓越する小地震に適している（たとえば Frankel ほか, 1986；Hartzell, 1989；Mori と Frankel,

1990).

E. すべりの始まりと進行

下記の先行的スロー地震より桁違いに長い期間（たとえば数年）にわたって地殻変動の加速があって大地震に至ったという報告も少数あるが，どの程度普遍的な現象かは明らかでない．また，地震記象のP波初動の直前（1秒以下～数秒）にゆっくりとした動きが見えることがある．このような先行的現象を破壊核形成（§9.3B）の現れとみることがあるが確証はない．直前のゆるやかな動きの継続時間は地震の大きさにはよらないという観測と，大きい地震ほど長くなるという観測（たとえば飯尾，1995；EllsworthとBeroza，1996；梅田ほか，1996）がある．このような初期過程については既存のクラックの相互作用・合体による説明もある（たとえば山下と梅田，1994；梅田ほか，1996）．

クラックの準静的成長や動的進行・停止についての理論的研究，シミュレーション等を扱った研究は多数ある．破壊強度などの不均質な分布，特別な分布，粘弾性などを考えることにより，種々の性質の地震，クリープ事象の説明が試みられている（山下，1981；KostrovとDas，1988*；宮武と山下，1995など）．

F. 断層面の構成則に関連する問題

岩石実験などから得られた断層面の摩擦構成則（§9.3B）を用いて震源過程や地震活動の性質を説明しようとする試みはいくつかあるが，地震の観測データから構成則そのものを研究した例はまだ少ない（井出と武尾，1997）．破壊核形成と成長の実験については§9.3Bでふれたが，適当な構成則を採用して数値シミュレーションで実現することもできる（たとえばDieterich，1992；松浦ほか，1992；芝崎と松浦，1998）．理論的研究もある（山下と大中，1991）．

一つの断層における固有地震（§7.4D）などの繰返しのシミュレーションも適当な構成則の下で行える．たとえばStuart（1988）はすべり弱化を仮定し，南海トラフの巨大地震を想定したシミュレーションを行った．加藤と平沢（1997，99）はすべり速度と状態による構成則を用い，プレート間のカップリング（§10.8D）や摩擦パラメーターの不均質な分布を入れたときの大地震のサイクル，その間の小地震や非地震性すべりの発生などについてシミュレーションを行っている．この種のシミュレーションはそのほか色々な条件の下で行

われている．San Andreas 断層を想定したと思われる Tse と Rice（1986），Rice（1993），Ben-Zion と Rice（1995；97）などでは，設定条件に応じてスティックスリップや安定すべりの分布に複雑な時空間パターンが現れている．

場所によって構成則はかなり違うかもしれないし，時間的に変わるかもしれない．地震時の断層面の溶融，水の移動なども影響するかもしれない．

G. スロー地震と津波地震

§5.2G で述べた低周波地震は，同程度の大きさの普通の地震に比べて地震波の高周波成分が弱い地震であるから，短周期の地震波を発生する理由に乏しい，つまり断層の破壊過程が単純で，いわば断層が滑らかにすべるようなものではないかと想像される．そのようなものもあり得るだろうが，著しい低周波地震の多くは断層運動がゆっくりと起こったものと考えたほうがよさそうである．つまりすべり速度 $\dot{u}$ が異常に小さく τ が長い地震，あるいは破壊伝搬速度 v が小さく T_r が長い地震である．$\dot{u}$ が著しく小さければ，もはや地震ではなく断層のクリープやサイレント地震（§8.5）になる．それほどは遅くないが，普通の地震よりは遅い断層運動は**スロー地震**（slow earthquake）と呼ばれている．

三陸沖地震（1896）や Aleutian 地震（1946）は，比較的短い周期の地震波の振幅から推定したマグニチュード（$M \fallingdotseq 7$）からは予想もできないような大津波を伴った津波地震（§5.2G，表 10.2）であったが，金森（1972）はこれらが $\tau=100\,\mathrm{s}$ に近いスロー地震であり，M_0 は $5\times 10^{21}\,\mathrm{N\cdot m}$ に達する巨大地震であろうと推論した（表 10.2 に示す文献も参照）．津波が大きかったのは，海溝内側の浅い μ の小さい部分に傾斜角の大きい縦ずれ断層運動が（二次的に）起こったことも原因として挙げられている（深尾，1979）．ニカラグア地震（1992）は典型的な津波地震で，低速度でなめらかな破壊の進行と小さいすべり速度で特徴づけられる（菊地と金森，1995）．なお，津波は海底の大規模な地すべり，火山活動などによっても起こりうるので，このようなタイプの津波地震もあり得る（Tappin ほか，1999，表 10.2）．なお，スロー地震発生の理論的考察として山下（1980, 81, 82），三雲（1981）などの研究がある．

低周波地震やスロー地震は海溝沿いのプレート境界にもあるが，全世界的に調べると大洋のトランスフォーム断層（§10.8A）に多いという（Beroza と

10.6 震源過程の複雑性と多様性

表 10.2 津波地震の例. M_t は阿部（1989 および私信）による. M_I は震度分布によるマグニチュードで筆者が推定.

地震名（年）	M_t	M_I	M_s	M_W	文　　献
慶長東海・南海地震（1605）					この3地震の地震動と津波の状況については宇佐美（1996*），渡辺（1998*）を参照.
房総沖地震（1677）					
八重山地震（沖縄県）（1771）					
三陸沖（1896）	8.6	6.7	8.2		金森（1972），谷岡と佐竹（1996）
房総沖（関東地震余震，1923）	7.5	6.5	7.7		
福島県沖地震余震（1938）	7.1	5.0	7.0		
Aleutian（1946）	9.3		7.4	8.2	金森（1972），Pelayo と Wiens（1992），Johnson と佐竹（1997）
択捉島沖地震余震（1963）	7.9	6.7	7.2	7.8	
色丹島沖（1975）	7.9	5.6	6.8	7.5	深尾（1979），Pelayo と Wiens（1992）
鳥島付近（1984）	7.3		5.4	5.6	佐竹と金森（1991），金森ほか（1993）
ニカラグア（1992）	7.9		7.2	7.6	金森と菊地（1993），菊地と金森（1995）
ペルー沖（1996）	7.8		6.6	7.4	Heinrich ほか（1999），Ihmlé ほか（1998），Polet と金森（2000）
パプアニューギニア（1998）	7.5		7.1	7.0	菊地ほか（1999），Tappin ほか（1999）

Jordan, 1990; Shearer, 1994). また，大地震に先行して（たとえば100〜1000秒程度前から）ゆっくりとした断層運動が観測されたという報告はいくつかある（たとえばIhmléとJordan, 1994). ただし，この種の観測の確実性，現象の普遍性についてはさらに検討の要がある．

火山の下に起こる低周波地震については§6.3Cで，また，超スロー地震ともいえるサイレント地震については§8.5Aでふれた．

H. 非ダブルカップル地震

モーメントテンソルに顕著な等方成分が含まれることはほとんどないとみられている（たとえば川勝, 1991). 非等方成分はダブルカップルが卓越する場合が多いが，ある程度のCLVDを含む地震も少なくない．一部の火山地帯などに非ダブルカップル成分が卓越する地震がみられる（たとえばFoulger と Julian, 1993; Miller ほか, 1998). 非ダブルカップル成分の原因としてインバージョンの際に用いた地球モデルなどの誤差，地震記象に含まれる各種ノイズ，また震源断層が単一の平面でないためなども考えられるが，震源過程自体が断層運動でなくCLVDに近いものがある．火山の爆発，山崩れなどによる地震は**単力源**（single force）で表されることがある（たとえば川勝, 1989). 金森ほか（1984）はWashington州 St. Helens火山の爆発地震（1980）を単

力源モデルで説明し力の大きさとして 2.6×10^{12} N を得た．

アイスランドや Long Valley カルデラ（California 州）などの火山地帯でみられるマグマの貫入に起因する地震には非ダブルカップル成分が顕著なものがあり，多数の研究がある．複数の断層あるいは曲がった断層に沿うすべりによって説明することが多いが（たとえば Frohlich, 1990；Ekström. 1994），佐竹と金森（1991）は鳥島近海の津波地震（1984；表 10.2）を地殻浅所における水平割れ目の開口運動と考えた（金森ほか，1993 も参照）．鳥島近海では 1996 年にも同様な地震（M_t 7.5, M_s 5.1, M_w 5.7）があった．T 相の観測を活用した杉岡ほか（2000）の研究がある．

10.7　世界各地域の地震のメカニズム

A. 断層面解の地域性

本節では断層面解で表せる範囲の地震のメカニズムを扱う．同じ地域の地震のメカニズムがよく似ていることは1930年代からいわれていた．ある観測所で記録される P 波初動が押しか引きかは地震の起こった地域によってだいたい決まることが多い．たとえば東京（気象庁）では茨城県南西部に起こる地震はほとんど押しであるのに，千葉県北部の地震はほとんどが引きになる．ほぼ同じ場所に起こった複数の地震の同一地震計による記録は，初動のみでなく全体の波形がきわめてよく似ていることがあり，**相似地震群**（earthquake family）と呼ばれる．余震は本震と似たメカニズムのものが多いといわれるが，本震とまったく異なるメカニズムの余震が多数発生した例も珍しくない．

同じ地域の地震のメカニズムが似ていることを利用して，データが少なくて個々の地震の断層面解が決まらない場合でも，多数の地震の押し引きの分布を重ね合せることにより，その地域の地震の平均的メカニズムを推定することがある．これを**重ね合せ断層面解**（composite fault plane solution）という．

各地の**地殻応力**（crustal stress）の現場測定（in situ measurement）によって得られる最大応力と最小応力の軸の方向は，測定点付近の浅い地震の P 軸，T 軸の方向とおおむね一致する場合が多い．全世界の**テクトニックな応力**（tectonic stress）についてまとめた World Stress Map Project（プレート内が主で日本の測定はほとんど含まれていない）においても応力の現場測定と

断層面解双方を取り入れており，大局的に見てプレート内の応力の方向はほぼ一様でプレートの運動を反映していると結論されている（Zoback, 1992）．しかし，断層面解の主軸の方向と震源における応力とが一致する必然性はなく，両者がある程度（たとえば 30°）ずれることも場合によってはありうる．

B. 島弧の地震のメカニズム

日本付近の地震については本多（1934），本多と正務（1940, 52），本多ほか（1957, 67）を始め多くの研究者により詳しく調べられている．その他の島弧，たとえば Tonga-Kermadec 弧，Aleutian 弧，南米，インドネシアなどについても多くの研究がある．

まず，海溝付近からそのやや外側に起こる浅発地震は島弧の走向にほぼ平行走向を有する正断層型が多い．この種の地震としては Aleutian 列島沖の Stauder（1968）の研究が有名である．図 10.15 には北海道付近の例を示すが A がこれに当る．プレートテクトニクスの考えによれば大洋プレートが曲がるため上面に張力が働いて正断層が生じるとされているが，三陸沖地震（1933），インドネシア Sumbawa 島沖地震（1977）のようにプレートの上面から下面近くまで割れたのではないかと思われるような大地震もまれにはある．

海溝内側の浅発地震は図 10.15 の B1〜B3 のように小さい傾斜角の逆断層が多い．南海地震（1946），チリ地震（1960），Alaska 地震（1964），十勝沖地震（1968）などはこの型である．これらはプレート間地震と考えられている．関東地震（1923）はプレートの境界（相模トラフ）とプレートの進行方向が平行に近いので図 8.8 のように横ずれの卓越する逆断層となった．Stauder（1968）が示した Aleutian 列島の例をみると逆断層の地震のスリップベクトルの水平成分は，島弧の走向が西部と東部で大きく違うのにもかかわらず，どの部分の地震も同じ方向（プレートの相対運動の方向）を向いている．これはプレートテクトニクスを支持する有力な証拠となった．

東日本や北日本のやや深発地震は二重面をなして分布しているが（§6.4A），上面の地震は P 軸が地震面の傾斜方向を向き，下面の地震は T 軸が傾斜方向を向く（それぞれ**降斜圧縮**, downdip compression, **降斜伸張**, downdip tension という）傾向がある．図 10.15 の D2 は上面の地震，C3, C4 は下面の地震である．深さ 500 km を越える深発地震では D1 のように降斜圧縮型が多

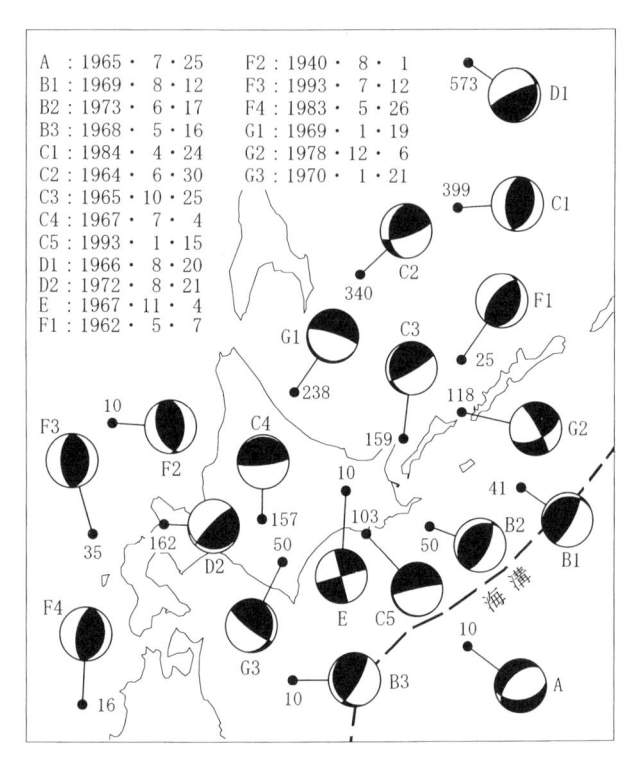

図 10.15 北海道付近の代表的な地震のメカニズム，等積投影，下半球，黒い部分が押し，数字は震源の深さ (km), 市川 (1971), Isacks と Molnar (1971), 金森 (1971), 島崎 (1972, 74), 深尾と古本 (1975), Stauder と Mualchin (1976), および Harvard 大学グループの CMT 解による.

い．深い地震の多くは図のように節面の一方が鉛直に近く他方が水平に近いようであるが，そうとはいえないものが多い地域もありそれほど単純ではない．

火山列の周辺やその内側の浅発地震のメカニズムは P 軸がほぼ水平の横ずれ断層または逆断層が多い（図 10.15 の E, F1〜F4）．P 軸の方向は必ずしも島弧の走向と直交しているとは限らない．日本の内陸部の極浅発地震の P 軸は図 10.16 に示すように東西ないし東南東・西北西を向いているものが多いが，伊豆半島付近などのように南北に近い地域もある．東海地方から紀伊半島，四国にかけては東西のものと南北のものが混ざっているが，深さ 20 km 程度以内のものは東西性，20〜50 km 程度のものは南北性という傾向がみえる（大井

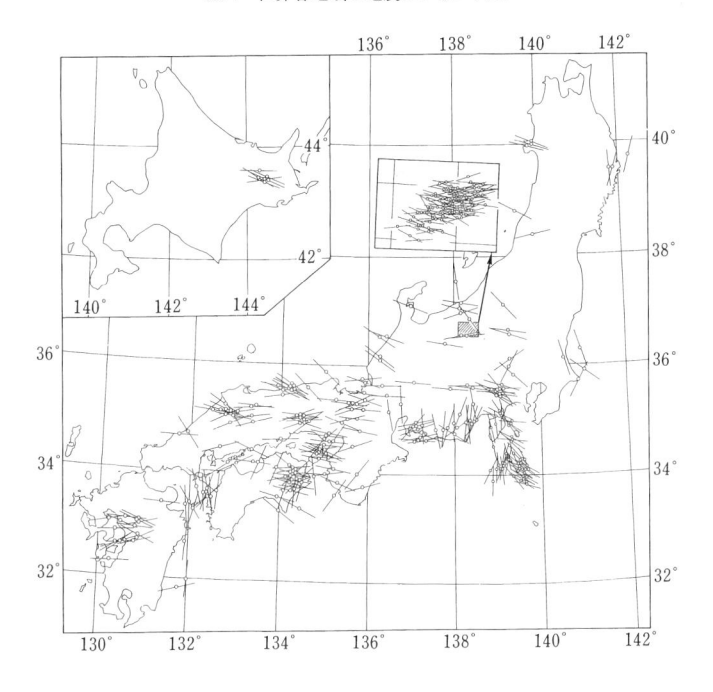

図10.16 日本の極浅発地震のP軸（市川，1971）

田と伊藤, 1974；塩野, 1973；77など）．

C. 中央海嶺およびトランスフォーム断層の地震のメカニズム

Sykes (1967) は大西洋中央海嶺の食違いの部分をつないでいるトランスフォーム断層 (§10.8A) に発生する地震のメカニズムを研究し，図10.17のようになっていることを確かめた．すなわち中央海嶺の地震は正断層型であり，海嶺と直角方向に張力が働いていることを示し，トランスフォーム断層の地震は断層面が鉛直な横ずれ型で，変位の方向は図のように海嶺が左ずれに食い違っている所では右ずれである．これは海嶺が左ずれの断層運動によってずれているという考えを否定し，海嶺軸から広がってゆく海底がトランスフォーム断層を境に擦れ違っているという考え（プレートテクトニクス）を支持する．

D. 大陸内部の地震のメカニズム

大陸の内部に起こる地震のうちには，たとえばアフリカ地溝帯の地震のように中央海嶺の地震に準ずるメカニズムで起こっているものもあるが，北米東部

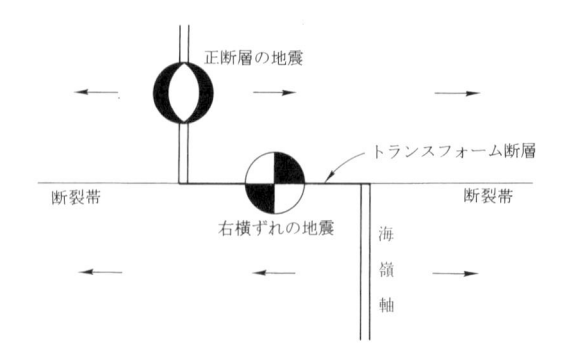

図 10.17 中央海嶺およびトランスフォーム断層に起こる地震のメカニズム

や中国の地震などのように島弧や中央海嶺などの活発な変動帯から離れた地域に起こるプレート内地震もあり midplate earthquake と呼ばれることがある．北米東部の地震は P 軸が水平でほぼ東北東・西南西（この地域のプレートの運動方向）を向いている（たとえば Sbar と Sykes, 1973）．中国とその周辺の地震のメカニズムは大局的には北進するインドプレートの衝突による圧力によって説明されている（たとえば Molnar と Tapponier, 1975）．

10.8 プレートテクトニクスと地震の原因

A. プレートテクトニクス

地殻とその下のマントル最上部から成るリソスフェアは地球の表面を覆っているが，プレートテクトニクスという学説はこのリソスフェアが**プレート**（plate）と称するいくつかの部分に分かれ（図 10.18），各部分はその内部では大きく変形をすることなく水平方向に運動していることを主張する．必然的に二つのプレートの境界では，二つのプレートの収束，あるいは発散，あるいは擦れ違いが起こる．収束境界では密度の大きいプレート（大洋プレート）が密度の小さいプレート（大陸プレート）の下に**沈込み**（subduction）を起こす．その場所が島弧-海溝系である．大陸プレート同志の収束のため沈込みができず衝突して褶曲山脈ができる境界もある．発散境界ではその隙間をマントルの岩が上昇してきて埋め，冷えて新しいプレートが生産される．この場所が

10.8 プレートテクトニクスと地震の原因

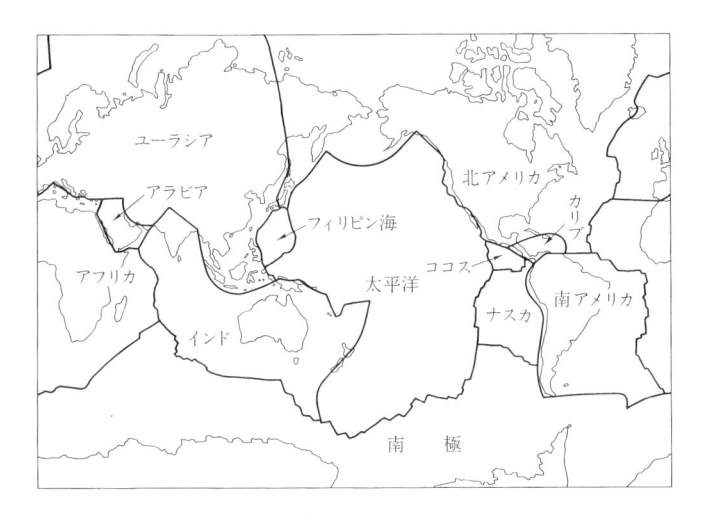

図 10.18 地球上のプレート（主要なもののみを示す）

中央海嶺-リフト系である．また二つのプレートが水平に擦れ違う境界が**トランスフォーム断層**（transform fault）である．この3種類の境界ではそれぞれ特徴的な地形，地殻と上部マントルの構造，地震活動と発震機構がみられる（§4.5，§6.2，§10.7）．

プレートテクトニクスは McKenzie と Parker（1967），Morgan（1968），Le Pichon（1968），Isacks ほか（1968）などの諸論文によって一応の完成をみたが，それに至るまでには，Wegener（1912）の**大陸移動**（continental drift）の説以来，いくつかの段階があった．ここではそれを解説する余裕はないが，Holmes（1928）の**マントル対流**（mantle convection）の説，Runcorn（1956）らによる古地磁気学的証拠による大陸移動説の復活，Hess（1962），Dietz（1961）の**海洋底拡大**（sea-floor spreading）の説，Ratt と Mason（1961）による海底の**地磁気のしま模様**（magnetic lineation）の発見と Vine と Matthews（1963）によるその解釈，Wilson（1963）の**ホットスポット**（hotspot）の仮説，Wilson（1965）によるトランスフォーム断層の提案などを挙げておく（上田，1989*；瀬野，1995*；鳥海ほか，1997*などを参照）．

B. プレートの相対運動

地形や震源の分布などから地球の表面は図10.18のように，太平洋，ユーラシア，アフリカ，南アメリカ（南米），北アメリカ（北米），インド*，南極の7大プレートといくつかの小プレートに分けられる．

球面上の二つのプレートの相対運動は地球の中心を通る一つの軸の周りの回転運動として表せる．この軸が地表を通る点を回転運動の**極**（pole）という．プレートの境界における相対運動はその極に関する子午線と直角の方向であり，極からの角距離をθとすれば，相対速度は$\sin\theta$に比例する．実際，二つのプレートの極を地図の極としてメルカトル投影の地図を描き，トランスフォーム断層，その延長に当る海底の断裂帯，プレート間地震のスリップベクトルの水平成分を記入すると，これらはみな緯度線に平行になる．また，中央海嶺の両側の地磁気のしま模様の間隔から求めた海洋底の拡大率（中央海嶺で生産され両側に広がっていくプレートの速度）は$\sin\theta$に比例している．このような極が決まるということがプレートテクトニクスの根拠であるともいえる．Morgan（1968）によれば，たとえば南アフリカプレートとアメリカプレートの極は$60°N\pm5°$，$36°W\pm2°$の地点にあり相対速度の最大値（$\theta=90°$）は1.8 cm/yであるという．Le Pichon（1968）は中央海嶺各部における拡大率から，島弧系各部における収束速度を計算した．それによるとたとえば日本付近での太平洋プレートとユーラシアプレートの相対速度は約9 cm/yである．その後MinsterとJordan（1978），DeMetsほか（1990）などの計算があるが大きな変更はない．

このようにして得られたプレートの運動の方向と速度は，（1）地形，地質，古地磁気，古生物，古気候などの資料から推定した大陸移動の方向と速度，（2）海底の岩石の年代，地磁気層序，堆積物の組成と年代などから求めた海底拡大の方向と速度，（3）Hawaii-Midway-天皇海山群などホットスポット上をプレートが通過するとき生成された火山島・海山の配列と年代から求めた

---

* インドプレートはオーストラリアプレートと称することがある．またインドプレートとオーストラリアプレートに分けることもあるが，その境界はぼんやりした境界（diffuse boundary）であり，地震はインド洋の幅の広い地帯に散らばっている．

海底の運動とも矛盾しない．近年は GPS（§8.3A）や VLBI*によりプレートの運動方向・速度を直接測定できる．これらの結果は以前から推定されていたプレート運動とかなりよく一致し，プレートの運動は疑いの余地のないものとなった．

C. 日本付近のプレート

日本付近はユーラシアプレート，太平洋プレート，北米プレート，フィリピン海プレートの四つのプレートが存在する（図6.9）．東京，仙台，札幌は北米プレートに，伊豆半島，伊豆諸島，小笠原諸島（南鳥島を除く），南大東島はフィリピン海プレートに，名古屋，大阪，福岡，沖縄島はユーラシアプレートに，南鳥島は太平洋プレートに乗っている．北米プレートの西端部をオホーツク海東縁に境界線を入れて分別し，オホーツクプレートとし（たとえば瀬野ほか，1996），またユーラシアプレートの東部（中国東部，朝鮮半島，ロシア沿海州，日本海等を含む部分）をアムールプレートとすることがある（Zenenshain と Savostin，1981）．この場合は日本付近の北米プレートはオホーツクプレートに，日本付近のユーラシアプレートはアムールプレートになる．これらのプレートを採用するか否かは，どの程度明瞭な（相対速度の大きい）地帯までをプレート境界とみなすかの方針にもよる．日本付近の北米プレートとユーラシアプレートの境界も相対速度が小さいので（1 cm/y 程度），他のプレート境界（海溝やトラフがあり，相対速度は数〜10 cm/y に達する）に比べ明瞭ではない．

D. プレートテクトニクスと地震

以下にプレートテクトニクスによって大局的には説明できる地震学的な現象を列挙する．多くの現象が統一的に説明されることはプレートトクトニクスが基本的には正しいことを示している．

（1）中央海嶺における地形の盛り上がり，火山活動，高い熱流量，低速度・低 Q・低密度の地殻・最上部マントルは高温の岩のわき出しを示している．

---

* VLBI（very long baseline interferometry）は星からの電波を地上の2点に置いたアンテナで受信し，その波形を解析して到着時差を求め，2点間の距離を求める方法．

(2) 中央海嶺の中軸のリフト地形,震源の分布,正断層型の発震機構は中央海嶺がその延長方向に垂直な水平張力の場であることを示している.

(3) トランスフォーム断層における震源の分布およびその発震機構は同断層がプレート境界の水平な擦れ違いによるものであることを示している.またその延長の断裂帯は地形的には著しい不連続であるが地震は発生せず,相対運動が存在しないことの説明もプレートテクトニクスにより可能である.

(4) 表面波の観測によれば大洋リソスフェアの厚さは海嶺からの距離とともに厚くなる傾向がみられる(吉井, 1975, その他多数).

(5) 島弧の外側における海溝の存在.その付近での低い熱流量,重力異常などはプレートの沈込みを示している.

(6) 海溝内側から島弧の下に斜めに潜り込んでいる高速度・高 Q のスラブの存在とその中での深い地震の発生,また,海溝内側の大地震の多くが低角逆断層のメカニズムを有し,そのスリップベクトルが島弧の走向とは関係なくプレートの相対運動から期待される方向と一致していることなども島弧におけるプレートの沈込みを示している.

(7) 島弧におけるプレート間地震の活動度から (10.12) などによって求められる断層の変位速度(数 cm/y)はその地域でのプレートの相対速度と同程度の場合もあるが通常は小さい(たとえば Davies と Brune, 1971).長期間の地震活動からから推定されるプレート間断層の**平均すべり速度** (mean slip rate) $\dot{U}$ とプレートの相対速度 V_c の比 $\chi = \dot{U}/V_c$ を**プレート間カップリング** (interplate coupling) という.充分長い期間をとっても χ が1よりはるかに大きいならプレートテクトニクスは虚構ということになるがそのような例は見あたらない.χ が1より有意に小さい場合はプレート境界の変位の一部分は断層のクリープ,あるいは散発するサイレント地震など非地震性断層運動によってまかなわれていると考えればよい.沈込み帯の各地で χ を推定した研究は多数あるが,100% に近い地域(たとえばチリ)から大地震の起こらない Mariana 弧のように 1% 程度の地域までさまざまである.

(8) 日本列島に進行中の地殻変動や太平洋岸沖巨大地震に伴う地殻変動は大洋プレートと陸側のプレートとの境界面の相互作用によってほぼ定量的に説明される.ただし,最近の GPS 観測によれば,プレート間カップリンッグが

100％よりかなり小さいとみられる岩手県から千葉県にいたる一帯も，プレート境界が強くカップリングしている場合に相当する地殻変動がみられ，境界が常時クリープしているのではないようである．いずれサイレント地震など非地震性のすべりが起こるのだろうか．

（9）球面の一部であるプレートがその面積を変えることなく地球内部に潜り込むための条件として次の Frank (1968) の式がある．

$$\alpha = 2R \qquad (10.57)$$

R は島弧の半径を角距離で表したもの，α は沈込んだプレート（スラブ）の傾斜角である．各島弧における深発地震面の傾きを調べると α が $2R$ にほぼ等しい島弧，大きい島弧，小さい島弧がある．α が $2R$ より大きいか小さいときには沈込んだプレートには水平方向に圧縮または伸長が起こり，重なり合いまたは断裂が生じるはずである．そのようなことを示唆する観測も若干報告されている（関連して青木, 1974；山岡ほか, 1986；Burbach と Frohlich, 1986）．

上記のカップリング χ，スラブの傾斜角 α もそうであるが，沈込み帯の特徴を表すパラメーターは多数あり（たとえばプレートの収束速度，海溝の深さ），これらの関係が議論されている（たとえば Jarrard, 1986）．Ruff と金森 (1983) は発生する最大地震の大きさ M_{max} と大洋プレートの年齢 A_g，収束速度 V_c の関係を調べた．A_g が小さく V_c が大きいほど M_{max} は大きくなる．

E. プレート運動の原動力

地球は深い部分ほど高温であるから不安定な状態にあり，もし岩石が流動できるならば熱対流が起こるはずである．氷期後の隆起（§8.5B）などにみられるように地球の岩石は非常にゆっくりではあるが流動できる程度の粘性を有している．プレートの動きも地球内部の対流的運動の一環であるといえよう．

プレートに働く力として次のようなものが考えられてきた．プレートはほぼ等速運動をしていると考えられるので，これらの力がつりあっていることになる．（1）島弧で沈込んだプレートは，周囲のマントルよりも低温で密度が大きいから，沈み込もうとする力（負の浮力）が働き，地表のプレートを引っぱる．（2）中央海嶺では，下からわき上がってきた岩により地形が盛り上がり，両側のプレートを押し広げようとする．（3）プレートの下のマントルが対流の一環として動いており，プレート下面を粘性でひきずる．以上のほか，プレ

ートの運動に抵抗する力が沈み込んだ部分や隣のプレートと擦れ違う部分，衝突する部分に働く．

　プレートの相対運動は求められているが，地球全体に対する絶対運動は不明である．しかし地球内にいくつかあるホットスポットは不動と考えられる若干の理由があるので，ホットスポットを不動と仮定して各プレートの絶対速度を決めることができる（Morgan, 1972）．このようにして求めた絶対速度は，太平洋プレート，インドプレートのように境界の相当の部分が海溝の沈込み部分となっているものでは大きく，ユーラシアプレート，南米，北米プレートのように大陸部分の占める面積が大きいものでは小さい．Forsythと上田（1975）はプレートに働く色々な力の相対的重要性を計算し，島弧で沈込んだプレートに働く負の浮力とそれに働く抵抗力が大きいことを示した．

　沈込んだプレート（スラブ）は660km不連続面を越えて下部マントルに貫入している地域と不連続面付近に滞留している地域があるが（§4.2B），滞留したスラブがまとまって下部マントルへ沈んでゆくようにもみえる．D"層の高速度域は沈込んだスラブの終着部で，D"層の低速度域（太平洋中央部の下など）からは反流として上昇流があるとの見方もある．このような上昇流はホットスポットの原因として30年以上前から考えられてきた**マントルプルーム**（mantle plume）に対応するものとみられる．その詳細はいまだ明らかでないが，多くの断片的証拠が提出されている（たとえばNetaf, 2000）．

F. 地震を起こす応力の原因

　これまでに述べたように，地震波や地震に伴う地殻変動などの観測結果は，浅発地震の直接の原因が地球内部の岩石の破壊であり，この破壊は多くの場合，既存の断層（破壊面）の急なすべり（断層運動）にほかならないことを明らかにした．Reidの弾性反発説（§1.8）は大筋として正しかったことになる．断層を動かす力の元は全地球的なプレートの運動によるとみられ，プレートの運動の原動力は上が冷たく下が熱いこと，すなわち地球内部の熱である．

　二つのプレートの接触する境界面はそれ自身が一つの断層面と考えられ，この断層のスティックスリップによる地震がプレート間地震である．プレート内部の応力によって内部にある断層がすべる（あるいは新しい断層ができる）地震がプレート内地震である．

G. 深発地震の問題

岩石実験の結果によれば，深さ20km程度以上の温度，圧力では地震波を発生するような脆性破壊や断層の不安定すべりは起こらない．沈込み帯を除き地殻内地震の深さが通常は20km程度に限られる（§6.3D）のはこのためと考えられる．震源断層のすべりは延性的となって20kmを越える深さに及んでいる可能性はあるが，深さ670kmまで発生する地震も断層のすべりなのだろうか．

深い地震の原因は岩石の破壊ではなく，岩石を構成する鉱物の急激な**相転移**（phase transtion, phase transformation）による体積の急激な縮小（爆縮，implosion）によるという考えもあった．プレートの沈込みに伴ってある深さに達した鉱物はより高密度の相に転移するはずである．しかし，地震波から求めた深い地震のメカニズムは浅発地震と同様であり，震源域では断層の急なすべりが起こっていると考えざるを得ない．大きさ分布もグーテンベルク・リヒターの式にほぼ従い，改良大森公式に従う余震活動が観測される場合もある．

沈込んだプレートは周囲のマントルに比べればかなり低温であり，またマントルを構成している岩石のほうが地殻の岩石よりも比較的高温高圧まで脆性を保つという実験結果もあるので，脆性破壊の起こり得る領域は地殻内よりは深くなるであろうが，数百kmの深さまで断層のすべりが起こるためには何か特別の機構を考えねばならない．その一つとして**クリープ的不安定**（creep instability）という考えがある．ある部分にクリープが起こると発熱するためクリープが促進され，狭い層にクリープが集中し，ついに不安定になり急なすべりを生ずるというものであるが，本当にそのようなことが起こっているという証拠は乏しい．一つの説は間隙圧の影響を考える．破壊に対する封圧の影響は間隙圧の分だけ差し引かれる．岩石は高温になると脱水が起こり間隙圧が上昇するので，かなりの高温高圧のもとでも脆性破壊が起こると考える（この方向の最近の論文としてはたとえばSilverほか，1995）．また，Kirby（1987）以後，せん断応力最大の方向に並んだ局所的な相転移部がつながるようにして不安定すべりが起こる**相転移型断層運動**（transformational faulting）を基本的には支持している研究がいくつかあるが（たとえばGreenとBurnley，1989；Kirbyほか，1991），これで決着がついたとも思えない．その他の多く

の議論を含め Frohlich（1989），Green と Houston（1995），Kirby ほか（1996）などの評論がある．

　1994 年にボリビアの地下約 640 km に巨大深発地震（M_w8.3）が起こり，南米のみでなく北米の各地で有感であった（最大有感距離，米国 Washington 州 Renton まで 8685 km）．断層はほぼ水平，面積は 60×40 km^2 程度で同規模の浅い地震に比べれば狭く（応力降下が大），破壊伝搬速度が 2 km/s 以下と小さいのが特徴である（これらは大深発地震に共通な性質とはいえない）．余震は少ないが断層面上のみならずその下方に体積的に分布しているという．金森ほか（1998）はこの地震の効率（$\eta=0.036$）からみて，地震波以外のエネルギーは断層面上で 30 cm の厚さの層を溶かせるとし，溶融による摩擦減少がすべりを促進させるという機構を考えた．そのほかにもこの地震や近年の深発地震の震源過程については多数の研究があるが，解明を要する事柄は多い．

11章　地震に伴う自然現象

11.1　地表に対する影響

　地殻変動，地震断層については8章で述べたので，ここではそれ以外の地表付近の現象を扱う．

A．地割れ，地盤の液状化

　地震断層は岩盤の食違いがかなりの深さまで及んでいるものであるが，地割れの多くは強い地震動によって表土に割れ目が生じたもので，盛土，埋立地，斜面などに現れやすい．地割れの中には地下の岩盤中の断層の変位によって地表に亀裂が生じたものもあり，潜在断層に沿って長く続くことがある．横ずれ断層のときには**雁行状割れ目**（en echelon fracture）の列として現れやすい．地下の断層運動に伴う地表の変形としてはこのほかに小地溝や**プレッシャーリッジ**（pressure ridge）と呼ばれる小さな盛り上がりを生ずることがある．場所によっては，地割れから多量の水，砂，ときにはガスを噴出することがある．このような噴水，噴砂現象は地盤の液状化に伴うもので，その上の建物などは沈下したり傾いたりすることがある．液状化は強い地震動による間隙水圧の上昇により砂粒間の摩擦が減り強度が失われるため生じる．新潟地震（1964）のときには新潟市の一部などで著しい地盤の液状化により多くの鉄筋の建物が傾き大問題となったが，液状化の現象は濃尾地震（1891），関東地震（1923）などの際にも起こっていたし，近年の大地震の際にもしばしばみられる．液状化により地下埋設物（空洞部の多いもの）が浮き上がることもある．

B．山崩れ，地すべり

　強い地震動によって斜面が崩れ落ちることがある．崩壊した土砂，岩石は谷を非常な速さで流れ下ることがある．これは土石流，ときに山津波といわれるもので，関東地震（1923）のとき神奈川県根府川に起こった山津波は4kmほど谷を下り，流路に当る根府川部落の大部分を家，人もろとも跡形なく押し流し，約400人の死者を出した．

山崩れが川をせきとめ，湖をつくり，それが決壊して下流に洪水を起こした例もいくつかある．会津地震（1611）の山崎湖（30年ほどで消失）の例もあるが，善光寺地震（1847）のときは山崩れが4万4千箇所に及び，とくに岩倉山の崩壊は犀川をせきとめ上流2ヵ村を水没せしめ，20日後決壊して下流に大水害をもたらした．飛越地震（1858）も常願寺川上流をせきとめ，半月後と2ヵ月後に決壊し富山平野を襲い溺死者140人を出した．この地震により常願寺川の河相が変わり，その後水害が頻発するようになったという．

　山崩れにより大量の土砂が海や湖に落ち込むと大きな波を発生する．Litya湾の大波についてはすでに述べたが（§6.5A），日本の例としては，島原地震（1792）による眉山の崩壊がある．5億m^3と推定される土石が有明海にはいり，局地的ではあるが10mに達する津波を発生し1万5千人が死んだ．

C. 海底の乱泥流

　地震動によって海底斜面の泥や砂が**乱泥流**（turbidity current）として海谷などに沿って遠方まで流れ出す現象がある．カナダのNewfoundland沖地震（1929, Grand Banks地震ともいう）は地震のほとんどない場所に起こった珍しい地震で，津波は最高15mに達したが，この地震後ヨーロッパと北米を結ぶ海底ケーブル21本中12本が次々と切断されていった．切断は震源に近いところから始まり，次第に海の深いほうに広がり550km離れた地点では半日後に切れた．この現象は当時なぞであったが，HeezenとEwing（1952）は地震による大規模な乱泥流が原因であると解釈した．

11.2　水圏への影響

A. 海　　震

　海震（sea shock）は海底の地震動が海水中に伝わり，船舶上の乗組員が感じるものである．海水中のP波速度は約1.5km/sと小さいので，海底で屈折した地震波はほとんど鉛直方向に進むから，上下動が主であると考えられる．海底大地震のときには震源域付近の船から海震の報告があり，ときにはかなり激しく感じることもあるが，船が損傷を受けたという例はほとんどない．

B. 津　　波

a. 津波の発生　海底地震に伴う津波の原因としては，古くは地震動によっ

て海水が揺すられ湾の固有振動が発生するとか，海底の地すべりによるなどの説があったが，通常の津波は海底の広域にわたる隆起・沈降による海水の擾乱であるという地殻変動原因説（今村，1899）が定説になっている．

島弧の海溝内側のプレート間地震は縦ずれの断層運動であるから津波を発生しやすい．一方，トランスフォーム断層に起こる横ずれの地震では津波が起こりにくい．San Francisco 地震（1906）のとき動いた San Andreas 断層は海底まで延びていたが，目立った津波はなかった．なお，火山島や海底火山の噴火，海岸の山崩れ（§11.1B），海底の地すべり（地震が原因のことが多い）によって津波が起こることもある．1883年のインドネシア Krakatoa 火山の大噴火では20mの津波により3万6千人が死亡したという．日本海の渡島大島の噴火（1741）のときの津波では1500人が溺死した．この津波は噴火が原因ではなく，同時に起こった地震による可能性があるが，地震を感じたという記録はほとんどないので，地震が原因ならば著しい津波地震（§10.6G）ということになる．

海底に色々な形の上下変動を与えたときに発生する水の波の流体力学的計算は，佐野と長谷川（1915）以来，いくつか試みられているが，その紹介は省略する．海岸で津波は引き潮で始まるという俗説があるが，海底の変動の状況によっては必ずしもそうでないことは明らかで，**検潮器**（tide gauge）による津波の際の海面変動記録を見ても，初動は押し引き両方の場合がある．

b. 津波の伝搬と波源域　外洋での津波は流体力学でいう**長波**（long wave）で，水深を h とするとその速度は次式で与えられる．

$$V=\sqrt{gh} \qquad (11.1)$$

水深を5000mとすると $V \fallingdotseq 800\,\mathrm{km/h}$ となる．

津波の伝搬の波面と波線は，ホイヘンスの原理（§3.2A）により海底地形図の上に上式を用いて作図することができる．沿岸各地での津波の到着時刻が記録されていれば，その地点に波源があったと仮定して**逆伝搬図**（inverse refraction diagram）を描き，震源時における波面の位置を求める．多くの地点からの逆伝搬図の波面がわかれば，**津波の波源域**（source area of tsunami）を求めることができる．波源域は海底に地殻変動が生じた地域に当る

から，余震域とほぼ一致し，地震のマグニチュード M と波源域の直径 L（km）または面積 S（km^2）の間には(7.1)，(8.3)，(8.25)などと類似の式が成り立つ．たとえば，飯田（1963）は日本付近の津波について

$$\log L = 0.46M - 1.82 \tag{11.2}$$

を得ている．

c. 津波の観測　津波による海面の昇降は周期数分から数十分程度であり，海岸に設置した検潮器により記録される．しかし，普通の検潮器では潮汐の最大振幅よりもかなり大きい津波がくれば振り切れてしまうし，津波の周期が短いときには，システムが海水位の変動に追随できず記録振幅が小さくなってしまう．専用の**津波計**（tsunami recorder）もいくつか考案されており，短周期の波浪や長周期の潮汐の帯域を遮断し，津波の周期帯域で適当な感度になっている．海底地震観測のためケーブルを敷設するときは，海底地震計と同時に海底水圧計も設置し，外洋における津波の観測に役立てることができる．

外洋での津波の高さはせいぜい数 m であろうが，波長は数十～数百 km のはずであるから，波として目視することはできない．しかし海岸に近づき海が浅くなると振幅は大きくなる．とくに V 字形または U 字形の小湾に短周期の津波が押し寄せるときは，湾奥では著しく高くなる．1896 年と 1933 年の三陸沖地震では三陸のリアス式海岸の湾奥では 25 m の高さに達した所があり，それぞれ 2 万 2 千人と 3 千人の死者がでた．

海底地震の断層の位置，断層モデルのパラメーター，海底地形を与えると，各地の海岸における津波の波形が計算できる．計算波形と観測波形は一般にかなり良く一致する．古い地震でも津波の目視観測の記録がいくつかあれば，それからその地震の断層モデルを推察することができる（相田，1978，81 など）．各地の津波記録が得られている場合は，津波波形データのインバージョンにより海底の変動（それをもたらした断層運動）をかなり詳しく推定することができる（たとえば佐竹，1989；佐竹と金森，1991）．

d. 津波警報　津波はふつう地震を感じてから若干の時間をおいて来襲するから，避難は可能である．津波の有無，大小は震度だけでは判断できないし，遠地津波の場合は地震動を感じなくとも津波が来る（§6.5A, B）．日本では津波予報は気象庁が担当し，必要な場合には警報，注意報を出すことになってい

る．地震発生後直ちに各地の予報中枢（気象庁本庁，管区気象台など）では地震観測資料により震源位置，マグニチュードを推定し，地震発生後数分以内に予報を発表する．予報は全国の海岸をおおむね県単位で66の予報区（1998年以前は18区）に分けて出される．

津波の大きさは，地震のマグニチュードだけでなく，海底地形，震源の深さ，地震のメカニズム，断層運動の方向・速さなどにも関係しているので予報の判断はなかなかむずかしい．予報のむずかしい津波地震（§10.6G）に関する対策も必要である．色々な断層位置・形状，震源過程を想定して行った津波の伝搬の数値シミュレーション結果を参照して精度を上げることができるが，地震波の主要部がたとえば300km離れた観測点に到着し記録されるのに2分近くかかるので，地震発生後，予報の発表まで数分かかるのはやむを得ない．

震源が近い場合は，警報発令前に津波がくることもあるから，海岸で大規模な地震（強い地震動の後，長周期のゆれが続く）を感じたときは，直ちに高台に避難するのがよい．なお，津波は数時間以上にわたって続くもので，第1波よりも，何回目かの波が最高になることもある．

C. セ イ シ ュ

大地震のときに長周期の表面波によって湖や湾の水全体がゆすられ，自由振動を起すことがあり，**セイシュ**（seiche）と呼ばれる．Lisbon地震（1755）はユーラシア，アフリカ両プレートの境界に起こった$M9$に近い大地震と思われ，ポルトガル，モロッコ等は地震動と津波による大被害を受け，Lisbon市の死者約6万人と伝えられる．震央から3000kmも離れた北欧の湖や湾でセイシュが認められ，1m近い水位の振動が観測されたものもあった．

安政の南海地震（1854）のとき中国江蘇省で揚子江や池，井戸，溝の水に動揺がみられたという．同時刻ごろ四川省にも地震があったが，マグニチュードと距離からみて南海地震が原因であろう．セイシュは気象の影響によって起こることもあるし，津波によって湾のセイシュが誘発されることもある．

D. 地下水への影響

大地震に伴って，井戸の水位や水質（化学成分など），水温が変化したという報告は多い．温泉の湧出量，温度も影響を受ける．松山の道後温泉は南海道沖の巨大地震（表6.3）のたびに湧出が止まり，数カ月後に復活している．有

馬温泉の温度は1899年の有馬の鳴動の後10℃ほど上昇した．伊豆半島沖地震（1974）のときは，下賀茂温泉を中心とし，伊豆南部の多くの温泉で温度または湧出量の増加が認められた（寺島ほか，1975）．また，南関東から東海地方の多くの井戸の水位に変化がみられたが，上昇と下降の井戸の分布は規則的で，水位が地殻のストレインステップに対応して変化したことを示唆している（脇田，1975）．しかし，兵庫県南部地震（1995）のときの井戸の水位や湧出量の変化はストレンステップと対応していない（小泉ほか，1996）．震源域に近いところでは各所で泉の湧出量が増加したが，透水性が増したためとみられる（佐藤ほか，2000）．

犬山の地殻変動観測坑内からの湧水量は1000km以上離れた地震の際でも明瞭な変化を示すことがある．松代群発地震では活動の最盛期を過ぎた1966年8～9月（第3活動期のピーク）ころ，皆神山北側の断層地帯から大量の地下水が噴出し，その量は推定1000万tに及んだ．その他，間欠泉の噴出間隔が地震の影響を受けたとみられる例もある．

井戸の水位に地球潮汐の影響がみられる場合がある．潮汐に対する応答が地震の影響を受けたという報告もある．大地震のとき，地震動を感じない遠方の一部の井戸にみられる水位の振動については§2.4Bに記した．

11.3 大気圏での現象

A. 地　鳴　り

地鳴りは地震動が空気中に音波として伝わったもので，ゴー，ザー，ドーンなどと表現される．岩盤が露出しているか表土層が薄い山寄りの地域で聞くことが多いが，大地震のときは平野部でも聞くことがある．筑波山周辺が地鳴りの名所なのは，付近に地震が多いこともあるが，地下の構造が高い Q を有しており短周期の地震動がよく伝わってくるためかもしれない．地鳴りは震源の性質にもよるようで，たとえば三陸沖地震（1933）や十勝沖地震（1952）では北海道から東北地方にわたって広い範囲で地鳴りが聞こえたが，三陸沖地震（1896）や十勝沖地震（1968）では地鳴りの報告は少ない．地鳴りの聞こえる方向は，例外もあるが，ほぼ震央の方向からであるという（佐藤，1956）．局地的な小地震のときはドーンという音だけ聞こえて，地震動を感じないことも

多い．震源の浅い局地的な群発地震や前震・余震のときはこのような地鳴りが頻発することがある．

B. 大気中の長周期波動・大気と結合したレイリー波

海水を大気に置き換えたとき，海震が地鳴りに相当するものとすれば，津波に相当する大気の振動もあるはずである．Alaska の地震（1964）のときは，北米などのいくつかの微気圧計に周期 10～20 分以下，振幅 0.1 hPa 以下の振動が記録された（三雲, 1968）．大気と結合したレイリー波（周期約 230 秒で 2 時間以上続く）はフィリピンの Pinatubo 火山の大噴火（1991）の際に観測された（金森と Mori, 1992）．

C. 発 光 現 象

夜間の大地震のときに雷のように，空が光ったという話がときおり伝えられる．電力線のスパークとも考えられるが，電力を使っていなかった昔の記録もかなりあり，山奥や海の方向に見たという報告もある．武者（1932*）は発光現象の資料をまとめたが，とくに北伊豆地震（1930）では多数の報告が収集されている．松代群発地震のときも見られたとのことで，地元の人によってカラー写真が多数とられている．発光現象が実在するとすれば，放電現象の一種であろうが，その機構はいまだ解明されていない．

11.4 地震に伴う電磁気現象

A. 地 磁 気

地球磁場の強さ，方向は場所によって異なるが，日本付近では全磁力が 45000～50000 nT である*．地磁気は 1 日周期で 20～50 nT 程度の振幅で変化しているほか，不規則な変動をしている．急激な大きな乱れを磁気あらしというが，その振幅は 500 nT に達することがある．さらに数百年という長い期間にわたる永年変化がある．大地震の前後での磁気測量の比較から，地磁気が地震に伴って変化したという報告は濃尾地震（1891）以来，多数あるが，1960 年以前の測定は誤差が大きくあまり信頼できないといわれている．かつては数百 nT に及ぶ変化が報告された例がいくつかあったが，近年の測定では 1～10

---

* nT（ナノテスラ）は以前には γ（ガンマ）と呼ばれていた．

nT 程度となっている．この程度の変化は，日本のように人工的ノイズの多い地域では，充分慎重にデータを処理しないと検出できない．伏角などの測定についても同様である．このような**地震地磁気効果**（seismomagnetic effect）は岩石の帯磁が応力によって変化するピエゾ磁気効果（piezomagnetic effect）によって説明されている（たとえば永田，1972）．

B. 地　電　流

地球内には地電流（earth current）と呼ばれる弱い電流が流れている．地電流は磁場の変化による誘導電流であるが，直流の電車や工場などから漏れているものもある．地震に伴って地電流（地中に埋めた電極間の電位差）の変化が観測された例もいくつかある．長尾ほか（2000）による日本の数箇所でいくつかの地震の際の観測によれば，地震に伴う地電位変化は地震の震源時ではなく地震波の到着とともに始まり，長時間かかって減衰する直流型の変化と，地震動とともに終わる振動型のものがあるという．

C. 電　気　抵　抗

土地の電気抵抗を連続的に記録していると，地震に伴って階段状の変化が現れることがある．電気抵抗は地殻のひずみに応じて変化するようであるが，その機構は必ずしも明確ではない．山崎（1967）によれば，油壺に設置した比抵抗変化計は，地殻のひずみの数万倍の変化率で抵抗率（比抵抗）の変化を記録している（§12.5B 参照）．

11.5　その他の現象

A. 火山活動への影響

大地震はその震源域からやや離れた地域に広義の余震（§7.1A）を誘発したり，より遠い地域の地震活動に影響を及ぼすことがある（§7.6）が，火山活動を誘発することもある．大地震に続いてやや離れた地域の火山が活動した例はかなりの数があり，地震による応力場の変化が火山活動を促進したと考えられる．以下若干の例を述べる．

宝永の東海-南海地震（1707）の 1 カ月半後，富士山が山腹噴火し宝永山をつくった．前日から地震が頻発した．慶長の南海・東海・（房総沖）地震（1605）の 9 カ月後，八丈島が噴火した．チリ地震（1960）の 3 日後，Puyehue 火山

が噴火した．国後島の爺々岳は根室半島沖地震（1973）の前から活動していたが，同地震の1月後噴火した．

B. 重力の変化

重力は高さとともに3μgal/cmの割合で減少するから，地震に伴って地盤の昇降があれば重力は当然変化する．もし地盤の昇降量と重力の変化量がこの割合でなければ，地下で密度の変化（たとえば地下水の移動）が起こったことが考えられる．松代群発地震に伴う重力変化は，1966年6月ごろまでは地盤の隆起とともに上記の割合での減少が起こり，以後10月ごろまで（地下水の噴出期，§11.2D）は2μgal/cmの割合での減少に変わった．その後は地盤は沈降に転じ，重力も3μgal/cmの割合で増加した．

C. チャンドラー章動に対する影響

地球の自転軸は地球の両極を結ぶ軸（形状軸）とごくわずか（$0.3''$以内）ずれていて，形状軸の周りを約14カ月の周期で運動している．これを**チャンドラー章動**（Chandler wobble）という．このため地球上の各点の緯度はごくわずかではあるが周期的に変動する．チャンドラー章動は時間とともに減衰してゆくが，何かの原因でときどき励起されるためある程度の振幅が保たれている．その原因が巨大地震の断層運動による質量の移動ではないかと考えて計算が行われた（SmylieとMansinha，1971など）が，原因としては小さ過ぎると結論された．巨大地震の後ゆっくりとした断層運動が続いてかなり大きな変位が起こるとすれば，原因となり得るかもしれない（金森とCipar，1974など）．

12章　地震危険度の推定と地震の予知

12.1　地震危険度の推定

A. 地震発生の確率

a. 定常ポアソン過程　ある地域の地震活動がポアソン過程で表せるとき，マグニチュード M 以上の地震の単位時間当りの数を $N(M)$ とすれば，その地域のマグニチュード M_x 以上の地震の平均時間間隔 (**再来期間**, return period) は $T_x=1/N(M_x)$ である．$N(M)$ が G-R 式 (5.50) で与えられるならば

$$T_x = 10^{-b(M_1^* - M_x)} \tag{12.1}$$

となる．ある長さ T の期間に対するマグニチュード M_x 以上の地震の発生数の期待値は $TN(M_x)$ であるから，その期間に M_x 以上の地震が1個以上起こる確率，すなわちその期間の最大地震のマグニチュードが M_x を越える確率は

$$P_T(M_x) = 1 - \exp\{-TN(M_x)\} \tag{12.2}$$

である*．G-R 式が成り立つときは次のように表せる．

$$P_T(M_x) = 1 - \exp\{T10^{b(M_1^* - M_x)}\} \tag{12.3}$$

地震危険度 (B項) を考えるときには，少数の大きな地震が重要であり，そのような大きい M に対し G-R 式が適当かどうかが問題である．地震の大きさには上限があり，その上限が比較的小さい地域もある．固有地震モデル (§7.4D) で表せるような場合は小地震のデータに当てはめた G-R 式から期待されるよりも大地震 (固有地震) の発生確率が著しく大きくなる場合もある．

b. 地震の繰返し　固有地震は理想化したモデルであるが，それに近い地震の繰返しがみられる地域もあるとして，更新過程によって次の地震の発生確率の算出が試みられている．§7.4C の記号を用いると，前回の地震 (固有地震) から t 時間経過した時点において今後 T 時間 (たとえば30年あるいは100

---

* 1個も起こらない確率はポアソン分布の式 (7.16) に $n=0$ と置いた $\exp(-\nu\Delta T)$ であるから，$\nu\Delta T$ を $TN(M_x)$ で置き換え，1からこれを引けば (12.2) になる．

年）に次の地震（固有地震）が発生する確率は

$$P_T(t) = 1 - \exp\left\{-\int_t^{t+T} \mu(u) du\right\} = 1 - \frac{\phi(t+T)}{\phi(t)} \quad (12.4)$$

である．一部地域では過去の地震の資料，さらに活断層の発掘調査などから推定された古地震の推定発生時期（誤差が大きい）を用いて更新過程のモデル（たとえば対数正規分布）のパラメーターを推定し，次の地震の発生確率の算出がなされている（たとえば宇津，1984；WGCEP，1995）．尾形（1999）はデータに誤差がある場合を扱っている．

Nishenko（1991）は環太平洋地域を96個のセグメントに分け大地震の確率予測を行った．これに対するKaganとJackson（1995）の批判がある．個々の地域の事情は複雑であり，単純な固有地震的思考とは合わない地域が多い．統計的解析に個別に事情を入れるのは客観的でないともいえるが，本来複雑な現象を単純に扱って対応できないからといって全面的に否定する必要はないだろう．日本付近の問題については石橋と佐竹（1998）の評論がある．

c. 余震の発生確率　余震活動を発生率がある法則に従って時間的に変動する非定常ポアソン過程とみて，マグニチュードM_mの本震からt時間後におけるマグニチュードM以上の余震の発生率を$n(t, M_m, M)$とする．本震からt時間後の時点において今後T時間以内にマグニチュードM以上の余震が発生する確率はその期間に期待される余震数をNとすれば

$$p(t, T, M_m, M) = 1 - \exp(-N), \quad N = \int_t^{t+T} n(u, M_m, M) du \quad (12.5)$$

である．改良大森公式（7.3）を採用するならば$p>1$のとき

$$N = K \frac{(t+c)^{1-p} - (t+T+c)^{1-p}}{p-1} \quad (12.6)$$

となり，K, p, cの数値を与えればよい．pとcはM_m, Mには依存しないが，KがM_m, Mの関数になると考えられる．余震のマグニチュードがG-R式に従って分布し，M以上の余震数は$\Delta M (= M_m - M)$で決まるとすると

$$\log K = A + b\Delta M \quad (12.7)$$

と書けるのでKはAとb（ともにM_m, Mに依存しない定数）で表される．A, b, p, cの値を与えれば確率（12.5）の値が求められるが，この4定数は

対象とする余震系列によって異なるはずである．本震直後のデータのみでは4定数を適切に求められないので，当初は標準的な値（たとえば $A=-2.2$, $b=1.0$, $p=1.15$, $c=0.05$ 日）を使うことになる．余震活動が標準に比べて高いか低いかは比較的早期にわかるので，そのことを考慮して A のみは適宜変更し，さらにデータが増えて b, p, c がある程度正確に推定できたならそれを使うとよいだろう．しかし求まる確率の値は M や T を変えれば大幅に違ってくるし，通常の余震とは異なるタイプの地震の続発もありうる．

B. 地震危険度分布図

地震予知の3要素のうち発生時期を指定しなくても，各地域にある大きさ以上の地震の起こる確率，あるいは各地点がある震度（あるいは加速度，速度）以上の地震動を受ける確率，すなわち各地の**地震危険度** (seismic hazard) が推定できれば，防災対策上の利用価値は高い．ある国や地方を地震危険度によって区域分けすることを**サイスミックゾネーション** (seismic zonation, seismic zoning) という．その結果は，たとえば一定の期間（たとえば50年）の間にある確率（たとえば10％）で期待される最大の加速度の分布で示すことが多いが，一定の期間にある加速度以上の地震動が発生する回数の期待値（あるいは確率）の分布を示すなどいくつかの違う表現法がある．この種の**地震危険度分布図** (seismic hazard map) は多数作られているが，同じ地域についても採用した仮定・資料・実験式・計算法によりかなり違ってくるし，特定の地震（たとえば既知の活断層から発生する地震）のみを対象にしたものもあるから利用には注意を要する．また，次の大地震は危険度が高い地域に起こるとは限らず，危険度の高い地域以外は安心と考えるのは行き過ぎである．危険度の低い地域のほうが面積が圧倒的に広いので，次の大地震はそのような地域のどこかに起こる確率のほうが高いかもしれない．

地震危険度には，過去の地震資料だけによる場合とその他の情報（地体構造の特性，地盤の条件など）を加えて行う場合とがある．地震計による観測データのある100年間程度の資料によっても，だいたいの傾向はわかるが，活断層からの大地震の発生間隔（§8.6）を考えると，100年は短かすぎる．日本では，河角 (1951) が歴史上の地震資料を用いてつくった75年，100年，200年に期待される最大地震動加速度の分布図（図12.1）は河角マップと呼ばれて

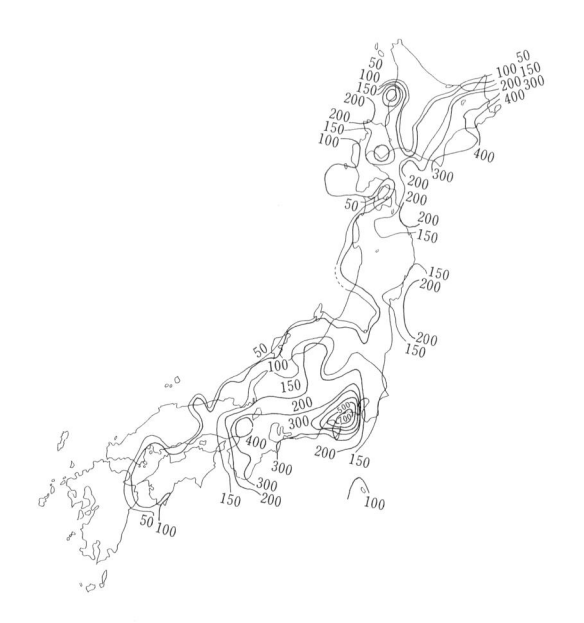

図 12.1 河角マップ (1951) の一つ．100 年間に期待される最大加速度，gal 単位．

いる．この図はある地点の Y 年間における震度別地震度数 $n(I)$ が知られているとき，震度 I を連続変数として扱い，今後 y 年間に期待される震度を

$$\int_{I_0}^{\infty} n(I) dI = \frac{Y}{y} \qquad (12.8)$$

となるような I_0 として求め，(5.2) によって加速度に変換したものである．ある地点の $n(I)$ はその地点の周辺の地震の震源位置，マグニチュード，発生回数のデータと震度の距離による減衰式（たとえば (5.24)）から推定する．この図が作られた後，期待値がとくに低い新潟-山形県境付近に新潟地震 (1964) が起こった．この種の図としては，最大速度振幅の期待値を求めた村松 (1966)，金井と鈴木 (1968) などがあり，その後も歴史地震の扱いや震度の減衰式に注意を払った研究（たとえば嶋・浅田，1988），活断層データを用いた研究（たとえば Wesnousky ほか，1984）など多数の地震危険度分布図が発表されている．世界各国につての図は枚挙にいとまがないが，服部 (1980)，McGuire (1993*)，Paz (1994*)，Giardini ほか (1999) を挙げておこう．

Giardini ほかには GSHAP (Global Seismic Hazard Assessment Program) という国際計画による成果が大きな世界地図に示されている (http://seismo.ethz.ch/GSHAP/).

一方，建造物の耐震基準や地震保険の料率に地域性をもたせるために，ゾーネーションの結果を簡略化した地域区分図が公的に使われている．

大局的にみて同じ危険度の地域でも，大地震に襲われたときの震度は地盤の条件によって場所ごとにかなり違うので，過去の地震の際の震度分布の詳細な調査や地質の調査などに基づいて，細かい地域分け，いわゆる**マイクロゾネーション** (microzonation) を行うことも大切である．

永年にわたる平均的な地震危険度よりも，現在の状況を考慮に入れて数年ないし数十年程度先までの期間に対する危険度が求められればさらに実用的である (次節の長期予知との境はない)．近年に大地震の震源域となった場所に同じ型の大地震の発生する可能性は低いが，その隣接地域 (とくに ΔCFS の増加域) は可能性がやや高いとか，A 級の活断層で数百年以上前に大地震があってその後静穏な所，有史以来大地震の記録はないが地学的にみて大地震の起こり得る所，近年の測量の結果ひずみの蓄積が進んでいる所などは大地震の可能性が相対的に高いと考えるわけである．しかし，このようなことを定量的に解析して地震危険度分布図を作るのは容易でない．内陸の浅い大地震も既知の活断層から起こるとは限らない．調査の進んでいる California でも，近年の被害地震のいくつか (たとえば San Fernando 地震 (1971), Coalinga 地震 (1983), Whittier Narrows 地震 (1987), Northridge 地震 (1994) など) は当時知られていた活断層とは関係のつかないものであった．

地震災害の予測は上記の地震危険度は参考にはするが，それとは独立に，特定の大地震の発生を想定して行われる場合が多い．通常，地域を細かいメッシュに分けて行う．結果はどのような種類の災害まで含めるかにもよるし，災害の種類によっては地震発生の季節，時間帯，気象条件などの影響が大きいものがある．同じ震度 (あるいは最大加速度) でもやや遠い大地震と直下の比較的小規模の地震では災害の様相がかなり違ってくるものと思われる．

12.2 地震予知の一般論

　発生時期を含めて地震予知を行うためには，§1.8 に述べたように前兆現象を観測して判断する必要がある．前兆現象には色々な種類のものが挙げられているが，それが実在するとしても，現れる時期は地震の直前（数分〜数日）のものもあり数年前のものもある．どの種類の前兆現象を用いるかによって，**長期予知**（long-term prediction），**中期予知**（intermediate-term prediction），**短期予知**（short-term prediction）に分けられるがその境目は明確でない．これまでに報告されている前兆のほとんどは本震発生後に前兆であったと考えられたものである．中国遼寧省の海城地震（1975）は長中期予知から直前予知までがほぼ成功し，人命の損失を大幅に軽減し得たといわれているが，それでも 1300 人の死者と 4300 人の重傷者が出たというし，次々と出された何回かの予報の一つが当たったにすぎないともいわれる．どのような予報がいつ出されたか（出されなかったか）断片的な報告はあるが全貌は明らかでない．

　地震予知はそれが当る確率すなわち**適中率**（success rate）p が高いことが望ましいが，適中率を高めることだけを考えれば，前兆にほぼ間違いないと思われる明瞭な異常現象が複数認められたときだけ予報を出すようにすればよい．しかし，そういう方針のもとではほとんどの大地震に予報は出ない．なるべく多数の大地震が予知されるようにする．すなわち**予知率**（alarm rate）q を高めようとすれば，不確実な異常現象でも予報を出せばよい．しかしそうすれば予報の適中率は下がる．このように適中率と予知率は相反的な関係にある．予報を出す基準をどう選んだらよいのかは，予報が当ることによって得る利益と，外れること，あるいは予知されずに大地震が起こることによる損失とを勘案して判断することになる．このような得失の計算は，人命や肉体的精神的苦痛などをどう評価するかをはじめ，多くの難問を含んでいる．金額で表せるものでも，短期的な損害額のみを単純に積算して済むものではない．

　地震予知の 3 要素の範囲を広くとれば適中率は高くなるが，予報の効果は薄くなる．永年的なサイスミシティから考えても当然に近いことを述べているような予報，たとえば "1 月以内に関東地方に $M\,4$ 以上の地震が起こる" という予報はほとんど確実に当たるが価値はない．3 要素の範囲は，それによって指

12.2 地震予知の一般論

定された地震が起こる確率を永年的なサイスミシティから推定したとき，その値 p_0 が充分小さくなるようなものでなければならない．

予知の効用を表す一つの指数として**確率利得**（probability gain*）p/p_0 がある．確率利得を十分大きく保ち（たとえば 100 以上），かつある程度高い確率（たとえば $p \geq 0.5$）で予知を行うことは難しいが，p が小さくても（たとえば $p \leq 0.1$）でも，確率利得が充分大きければそれに応じて防災対策を考えるのは有意義であろう．しかし，社会にこのような低確率・高確率利得予知の意義を理解してもらい，その効果的利用をはかるのはかなりむずかしい．

地震予知（短期予知）は本質的に不可能であるいう考えがある（たとえば Geller, 1997）．地殻は SOC（§5.4E）の状態にあり，地震はその現れで，発生した小さな破壊が大破壊（大地震）に発展するか否かは複雑微妙な状況に支配され，個別的に判断して予測することはとてもできない．前兆と言われているものはほとんどすべては本震の後に報告されたもので，事前に前兆を認めたという報告も有意性が疑問である．前兆を追求しても実用的予知には結びつく成果を得る見込みはほとんどないと考えている．

地震には SOC でモデル化できるような面はあるが，それがすべてであるとも思えない．破壊の成長はすべて予測不可能なカオス的挙動なのだろうか．ばね-ブロックモデルのシミュレーションでも，レオロジー的要素を加えると，前兆的静穏化や前震が生じることがある（たとえば Hainzl ほか, 2000）．

岩石の破壊実験，すべり実験では，大きな破壊やすべりの前に先行現象（変形の進行，AE の増加，弾性や電磁気的性質の変化など）が認められ，それによって大きな破壊（すべり）が切迫していることを認知できる場合がある．地

---

* この用語の提案は安芸（1981）による．いくつかの観測項目がある場合，その i 番目の項目に異常が現れたときに地震予報を出すものとし，その適中率を p_i，予知率を q_i とする．いま，N 個の独立な観測項目（$i=1, 2, \cdots, N$）のすべてに異常が現れたときに限り予報を出すとすれば，その場合の適中率を p と予知率を q は
$$(p^{-1}-1) = (p_1^{-1}-1)(p_2^{-1}-1)\cdots(p_N^{-1}-1)/(p_0^{-1}-1)^{N-1}$$
$$q = q_1 q_2 \cdots q_N$$
で表せる（宇津, 1977, 82）．p_0 はランダムに出した予報の適中率といってもよい．安芸（1981）は p, p_0, p_1, p_2, $\cdots$, p_N が小さいとき上式は $p/p_0 \simeq (p_1/p_0)(p_2/p_0)\cdots(p_N/p_0)$ となるので，総合的確率利得（p/p_0）は近似的に各項目の確率利得（p_i/p_0）の積であると考えた．多数項目の併用により適中率は著しく高まるが，予知率は著しく下がる．予知率 q の低下を防ぐために異常の認定基準をゆるめ，p_i を小さく，q_i を大きくすれば，適中率 p の上昇はそれほどではなくなる．

震にもそのような各種現象が現れるはずであると考えるのは楽観的すぎるだろうが，地震の際には観測できないと言い切ることもできない．

　ある現象の観測によって地震予知ができる（見込みがある）という報告は多数あるが，その現象の出現が偶然ではなく有意な前兆であるという証明を下すのは一般に非常にむずかしい．観測される現象も予知の対象となる地震も多くの属性を有しており，属性を選んで現象と地震との対応が付いているようにみせることは比較的容易である（簡単な選択としては，両者の対応がもっとも良くなるように現象の強さ，タイプ，地震の大きさの下限，発生地域などを選ぶ）．そのような選択が悪いわけではないが，有意性を示す際にはそのような選択効果を計算に入れなければならず，これはかなりむずかしい．また現象も地震もその発生は複雑な様式で変動しており（比較的単純な性質としては，たとえば群をなして起こりやすい，活発と静穏な期間，地域があるなど），有意性の検定にはそのような効果を考えねばならない．"現象も地震もランダムに起こっているとすれば，このような相関が現れる確率は非常に低いからこの相関は有意である"ということがあるが，これはランダムに起こっていることを否定したにすぎず，その相関に物理的意味があると証明したことにはならない．VAN法（§12.5B）に対してその認否を論じた論文が多数あるが，いまだに決着がつかないのは，この種の検定のむずかしさの現れといえよう．同じ基準を厳格に守り事前予知の成功，失敗例を多数積み重ねることがまず要請される．

12.3　地震に先行する地殻変動

A. 地盤の昇降

　今村（1928）によれば，鰺ヶ沢地震（1793），佐渡の小木地震（1802），象潟地震（1804），浜田地震（1872），丹後地震（1927）のとき，地震の数十分ないし数時間前から海岸で潮が異常に引いたことが目撃されているという．これらはいずれも日本海の海岸の地震であるが，そのいくつかについては信憑性に問題があるとといわれる．

　新潟地震（1964）の10年ほど前から新潟市北方の海岸沿いの水準点に数cm程度の異常隆起が認められた．地震の前数年間は隆起がにぶり，水準点によっ

ては多少沈下に転じてから地震発生に至った（坪川ほか，1964；檀原，1973）．このほか，関原地震（1927），長岡地震（1961），麻績地震（1967）などの前に行われた2回の水準測量をみると震央付近の数 km の範囲で 1〜2cm の隆起があったようにみえる．同様な変動があっても地震に結びつかなかった例も多い．水準測量にはある程度の誤差があり測量距離とともに累積してゆく．新潟地震の前兆とされた隆起にも疑問を挟む余地がある（茂木，1982）．東南海地震（1944）の前，掛川付近で行われていた水準測量に地震の2日ほど前から異常が現れた．数時間前には水準儀の気泡が安定しないほどであったという．

1978年ころから男鹿半島の辺りの海岸に2〜3cmの隆起がみられ，岩崎付近でも群発地震と地盤隆起があり，気にしていたところ日本海中部地震（1983）が起こった．チリ地震（1960）では15〜20分前から本震断層の下部（延長上か）で大きな先行すべりが始まったとみられる．この間大きな前震が多発した（たとえば Cifuentes と Silver, 1989; Linde と Silver, 1989）．

海面は潮汐を除いても気象（気圧，風など），海況（海流，水温など）の影響で 10cm 程度の変動は珍しくない．隣接する2箇所以上の検潮所の記録を比較することにより，これらの影響はある程度除去されるが，なお色々な変動が残る．検潮器の記録によって地震の前に海面に異常が認められたという報告はいくつかあるが確実なものは少ない（たとえば佐藤，1977）．

B. 水平ひずみ

三角測量または辺長測量の繰返しによって検出される水平ひずみが大地震の前に異常に変化したという例はほとんど報告されていない．ひずみ速度が 5×10^{-7}/年程度を越えればかなり異常と考えられる．近年，GPS（§8.3A），VLBI（§10.8B）など宇宙技術を用いた測量が実用化し，とくに GPS は従来の辺長測量に取って代わり，より精度のよい情報を連続的に提供している．GPS 観測網はプレート運動の進行に伴う地殻変動，地震や火山活動に伴う地殻変動の検出には威力を発揮しているが，地震の前兆的地殻変動をとらえた例はまだない．

C. 地殻変動の連続観測

測定器のことは§2.4に述べたが，このような装置による連続観測は1930年代から一部地域で始められ，地震の前兆とおぼしい変動がいくつか報告され

ている.ただし,それが真の前兆であることの証明はむずかしい.鳥取地震(1943)のとき震央の南東約60 kmの生野鉱山に置かれてあった水平振り子式傾斜計が6時間ほど前から0.1″ほどの異常を記録したもの,吉野地震(1952)のとき震央の北約90 kmの逢坂山観測所の伸縮計が10カ月ほど前から2.5×10^{-6}ほどの伸びを記録したものなどは初期の例である(佐々と西村,1956).その他,日本,米国,ロシア,中国などでもいくつかの報告例がある.伸縮計,傾斜計,埋込式ひずみ計の連続記録には,地球潮汐による変動のほか,不規則な乱れがかなりの振幅で記録されている.これらのうちには降雨や気圧変化の影響などもあるが,地震とは無関係な原因不明のノイズを地震の前兆現象と見誤ることはあり得る.近年は大地震の震央のかなり近く(震源断層の長さより短い距離)で高感度の観測をしていても前兆的異常はほとんどの場合見いだされていない.

伊豆半島川奈崎沖に間欠的に発生した群発地震(§7.3)では,いくつかの顕著な群発活動が始まる数時間〜半日前から川奈崎の傾斜計が前兆と見られる傾斜を記録した.群発地震が始まるのはマグマが10 km程度の深さまで上昇したときであるが,傾斜はより深いところで始まったマグマの動きに反応したとみられる(岡田ほか,2000).

12.4 地震活動などの異常

A. 前震の判定

一連の地震活動が始まったとき,それが後に起こる大地震の前震なのか,群発地震として終わってしまうものなのかの判定ができれば好都合である.前震の起こりやすい地域があるが,それは概して群発地震の起こりやすい地域でもある(§7.2A).b値は参考になるが決定的な判定材料にはならない(§7.2B).活動の時間的変動の状況も同様に決定的な判定資料にならない.やや大きい地震がありその余震活動が大森公式で表されるように規則的に減少していくときに「余震が順調に減少しているから大地震の起こる心配はない」などといわれた時代もあったが,図7.6のB-2のような場合もあるので順調だから安心とは必ずしもいえない.中国では前震系列は活動が漸増し最大になった後,比較的急に衰え,本震の起こるまでの間に若干の静穏期があるが,群発地震は活動

が最大に達した後の減衰は比較的ゆるやかであるなどという説もあったが，これが日本を含めての一般的性質であるとも思えない．辻浦（1979）によれば，群発地震は多くの相似地震の群から成るが，前震は波形がまちまちで相似地震は少ない．これは伊豆や関東地方のいくつかの地震について認められた性質であるが，他地域では違う例がいくつか報告されている．

ある地震あるいは地震群が発生すれば，それはある確率で将来起こる本震の前震である（§7.2A）．この確率は低いが，想定する本震（それ以上の地震）の永年平均的確率よりはかなり高いことが何らかの特徴から判断できれば有意義である．この確率を少しでも高くするための判断基準をさぐることは1970年代から試みられている（たとえば，尾形ほか，1995, 96；前田，1996）．

いくつかの観測項目に前兆かもしれない異常が認められている地域に，活発な群発的活動が始まれば，それが前震であり本震が切迫しているとかなりの確信をもっていえるかもしれない．海城地震（1975）や伊豆大島近海地震（1978）などにもみられたが，前震活動がいったん静まってから本震が起こることがあるので（たとえば吉田，1990），直前の静穏化にも注意する必要がある．

活動が漸増型（図7.5のC型），とくにそれが加速するときは本震の発生時を予測できる場合がある．前震活動に時間軸を逆にした改良大森公式などを当てはめた例がいくつかある（たとえばVarnes, 1989；山岡ほか，1999）．火山の地震にあてはめて噴火時期の予測を行った例もいくつかある．

B. 地震活動の静穏化など

第一種，第二種の地震空白域については§7.6Aで述べた．第二種の空白域は大地震に先行して地震活動が静穏化した地域であるが，ある時期に静穏化がみられてもとくに大地震が起こることもなく活動が回復した例も多い．また，静穏化はマグニチュードの下限の選び方による．日本海中部地震（1983）の震源域とその周辺は$M4$以上の地震は5年ほど前から発生しなくなったが，$M3$以下の微小地震の活動には静穏化はみられなかった．大竹（1980）は当時報告されていた約80例の第二種空白域のデータから，空白域の直径L（km），先行時間T（年）と本震のMの間に

$$\log LT = 0.64M - 1.63 \tag{12.9}$$

の関係がほぼ成り立つとした．

前項で述べたように前震活動が本震の直前に静穏化することがある．また，本震以来続いている余震活動が，大きな余震の前に低下することがある（松浦，1986）．伊豆大島近海地震（1978）や長野県西部地震（1984）では，本震の約1日後，余震域の西端に本震断層と直交する断層の運動による大きな余震が起こり被害を伴ったが，その数時間前から余震活動が顕著に低下し，それが回復して間もなく最大余震が起こった．

ある地域に小地震がいくつかまとまって起こり，その後静かになってからある期間を経てその付近に本震が発生した例が指摘されている（関谷，1976；Evison, 1977）．Evisonはこれを**先行群発地震**（precursory swarm）と呼んだ．これは$M\,6〜8$の本震に対しては数年以上前に起こる現象で，後で述べる前兆期間の長さと本震のMの関係（12.11）と似た実験式が得られている．たとえば伊豆半島沖地震（1974，$M\,6.9$）の震源域には1963〜64年に$M\,5.4$の地震を含む活動があり，以後静穏化し本震に至った．日本海中部地震（1983，$M\,7.7$）の震央付近には1964年に$M\,6.9$の地震を含む活動があった．鳥取県西部地震（2000，$M\,7.3$）の震央付近には1989〜90年に$M\,5$クラス5個（最大$M\,5.4$）を含む活動があった（97年にも$M\,5.1$，91年には島根県東部で$M\,5.9$）．

C. 広義の前震，地震活動の活発化など

§7.2および§7.4に述べた広義の前震や地震活動の時間空間的関連性などは，地震予知の参考資料になりうるので，それぞれの地域について特徴を調べておくとよい．静穏化とは反対に活発化がみられるという報告もいくつかあり，通常の前震とは時間的あるいは距離的に離れている場合は**広義の前震**と呼ばれることもあるが，活発化した領域と本震の震源域との関係は単純でない．大地震の前（たとえば数年以内）にその震源域周辺で群発地震が起こった例もいくつかある．数年，数十年の時間尺度で地震活動が漸増して大地震に至ったという例もあるが（たとえばSykesとJaumé, 1990），予知への有効性ははっきりしない．Keilis-Borokらは世界各地について大地震に先行する地震活動パターンに規則性を認め（余震を多く伴う地震の発生など，ある種の活発化と静穏化）大地震の長期予知を試みている．1964年の最初の論文以後現在まで

計算法を次々と修正し，近年は CN, M8 などと称する複雑な方式を用いている（関連論文は 100 編に近いが，解説はたとえば Keilis-Borok, 1990, 96；日本に関連する研究としてはたとえば Keilis-Borok と Kossobokov, 1990；Kossobokov ほか, 1999）．長期予知（3〜5 年間）で対象地域も広いので，彼らのいう適中率が一般的に通用するとしても確率利得はそれほど高くない．

D. メカニズムの変化その他

一般に同一地域の地震のメカニズムは似ていることが多い．それが大地震の発生に関連して時間的に変化した例がいくつか報告されているが，前兆現象として認知できるかは疑問である．震源域の応力状態の変化を反映して，その付近に発生する小地震の実体波スペクトルが大地震を境にして変化する．あるいは P 波と S 波の振幅比が大地震の前に減少するという報告，あるいは逆に前震のほうが余震よりこの比が大きいという報告もあるが，いずれも普遍的な現象と認めるのはためらわれる．大地震の前の小地震は応力降下が高い傾向があるという考えもあり得るが，それを支持する報告は多くない．

大地震の前にその周辺地域の付近の常時地震活動の統計的性質，たとえば b 値，時間間隔分布，震源分布のフラクタル次元などが変化するという報告もいくつかある．これがどの程度普遍的な現象かはさらに検討を要する．

12.5 その他の異常

A. 地震波速度・減衰の変化

地震の前にその震源域付近で地震波速度が変わる可能性があることは，日下部（1915）などが指摘し，1940〜50 年代にはいくつかの研究が発表されたが，精度の悪いデータのばらつきを誤認した可能性が高い．1960 年代になり，タジキスタン（当時ソ連）の Garm 地方で多くの小地震について和達ダイヤグラムの傾斜から求めた V_P/V_S を時間的に追ってゆくと，大きい地震の発生に先立ってある期間減少するという報告が Kondratenko と Nersesov (1962), Semenov (1969) などによってなされた．1970 年代になって，同様の結果が米国，中国，日本などにおいても次々と報告され，地震予知の決め手になるのではと期待したむきがある．その頃は推定震源域の 2〜3 倍も広い範囲で速度比が数〜十数％変化している例も報告された．

V_P/V_S の決定には震源位置や震源時が正確にわからなくても，2 点以上で P 波および S 波の到着時が正確に測定されていればよい．しかし S 波の時刻は，一般に精度が得にくいので，V_P/V_S の精度に疑問が持たれる．V_P の変化を知るためには震源位置と震源時が正確に知る必要がある．人工地震を用いるとこの点で有利である．伊豆大島で 1968～87 年の間，毎年 500 kg 程度の爆破を行い，南関東から伊豆方面の P 波速度の変化を調べたが，十数年間，走時に観測誤差を越える変化は認められなかった．この間，伊豆半島北東部の異常隆起や伊豆大島近海地震（1978），伊豆半島東方沖地震（1980）もあり，これらの地域を通過する地震波を観測していたのである．

1970 年後半以降になると，注意深く V_P または V_P/V_S を調べたが，地震の前に（あるいは地震と同時に）その震源域で変化が認められなかったという例がいくつも報告されるようになった．良質なデータを用いて厳密な解析を行うほど，地震波速度の変化は認めにくい．岩石の実験にみられるように破壊前に地震波速度が変化するとしても，既存の断層のスティックスリップである地震では，広い領域にわたって速度が大きく変わることは期待できそうにない．

その他，近地地震記象の尾部（コーダ）は地殻内の不均質構造による地震波散乱によるとみられる（安芸と Chouet, 1975）が，散乱が時間的変化するとコーダ波の減衰（コーダ Q）の変化となって現れるという考えがある（コーダ波，散乱波関連の解説としては，たとえば Herraiz と Espinoza, 1987；佐藤，1988；松本，1995；佐藤と Fehler, 1998*，地震に先行する変化の報告例は少ないが，たとえば Jin と安芸，1986；佃，1988 など）．震源域付近の地殻の異方性の変化を期待する考えもある（§12.6B）．

B. 電磁気的現象

a. 地磁気 地震と同時に起こる地磁気の変化は高々数十 nT 程度である（§11.4A）から，前兆としてはさらに小さいものしか期待できないのではなかろうか．地震に先行する地磁気変化の例はいくつか報告されているが確からしいものはほとんどない．

b. 地電流 地電流（自然電位）の前兆的変動についてはさらに多数の報告があるが，本当の前兆現象なのかノイズなのかの判断はむずかしいものが多い．ギリシャには地電位差の連続記録に現れる異常なパルス的信号が 100 km

程度の地域に数週間以内に発生する大地震（たとえば $M \geqq 6$）の前兆であると強く主張するグループがあり（たとえば Varotsos ほか，1993, 96），この方法（VAN 法と呼ばれる）が 1984 年以来多くの議論を呼んでいる．

c. 電気抵抗 地震に先立って土地の電気抵抗が減少した例がソ連邦，米国，中国などで 1960～70 年代までにいくつか報告された．油壺に置かれた比抵抗変化計には十勝沖地震（1968），伊豆半島沖地震（1974）などの数時間前に異常変化が現れた（山崎，1975）が，それなら現れてもよさそうな地震にも 1980 年以降は先行的変化はみえない．

d. 電磁波放射，電波伝搬の異常 地震の前（たとえば数時間前から）に異常な電波放射（雑音電波）が観測されたという報告がいくつかある．大地震前にラジオやテレビに雑音が入ったという民間人の話もあるが事例は断片的である．地震の震源時（すなわち地震波到着の直前）に雑音が入ってもよさそうであるが，そういう話は聞かない．ULF～LF 電波（あるいは VHF 電波）の雑音増加あるいは異常伝搬（電離層の異常による）のあるものを大地震の前兆とみる報告がある（たとえば Gokhberg ほか，1982, 89；早川ほか，1996）．

C. 地下水，地球化学的観測

井戸の水位，温度，水質や，温泉などの湧出量や温度が大地震と同時に変化した例は多いが（§11.2D），地震前に異常変化を認めたという報告も少なくない．住民が大地震の前に地下水や湖沼の異常（水位，濁り，気泡など）に気づいていたという話はいくつかある．南海地震（1946）の数時間～数日前から，紀伊半島，四国の沿岸の井戸の異常がかなりの数報告されている．三陸沖地震（1933）の前には三陸沿岸地方の井戸水位の低下が観測された．一部の井戸は地殻のひずみに鋭敏に反応するらしい（§2.4B, §11.2D）．

地下水中には半減期 3.8 日の放射性元素のラドン（radon）が含まれている．Tashkent 地震（1966）は M 5.5 程度のものであったが，ウズベキスタンの首都の直下に起こったため，かなりの被害を伴った．1961 年ころから，市の飲用水として 200m の深井戸から汲んでいる地下水中のラドンが増加し始め，地震の前には通常の 3 倍になったが，地震発生とともに間もなく通常値に戻った．伊豆大島近海地震（1978）のときは伊豆半島中部の深さ 350m の自噴井のラドン濃度が 1 週間ほど前からかなり著しい変化を示した（脇田ほか，

1980).ラドンの地震前の増加は中国などでも認められている.地下水のラドン濃度は時間的に不規則に変動しており,地震と同時に変化が観測されることもあるが,前兆的変化の観測例は多くはない.

D. そ の 他

伸縮計,傾斜計,あるいは重力計で観測される地球潮汐は,観測点付近の岩石の弾性が変わればその振幅が変わるであろうから,地震の前兆を見いだせる可能性が考えられているが確かな観測例はない.

大地震の前に動物(獣,鳥,魚,その他)の行動に異常がみられたという話が昔から多数ある.その多くは地震とは関係のない現象を地震と結びつけて考えたものであろう.動物が地震の前に微小前震,地下水の移動,地中ガスの放出,地電流や空中電気の変化などを感じることがあるのだろうか.

測定器を必要とせず人の五感で認識できる異常を中国語からとって**宏観異常現象**(macroscopic anomaly)という.有感前震,地鳴り,地下水の水位変化,濁り,温度変化,動物の異常行動,発光現象,気象現象などである.これらの報告例の一部は前兆として有意であるとしても,それを見分け有効に活用するのはかなりむずかしいと思われる.

12.6 地震の前兆現象の解釈

A. 前兆現象の現れる期間

坪川(1969)は地震の前兆的地殻変動が現れてから地震が起こるまでの時間 T(日)とマグニチュード M の間に

$$\log T = 0.79M - 1.88 \tag{12.10}$$

の関係がほぼ成り立つと述べた.Myachkin と Zubkov(1973)も各種前兆現象と M の関係を調べたが,期間が M とともに長くなる現象や,M とはあまり関係がない現象などさまざまであった.Scholz ほか(1973)もいくつかの項目に見られた前兆的変化の期間 T の対数を M に対してプロットし,ほぼ直線に載ることを示した.力武(1979)は多数の報告を整理し,前兆現象のうち M とともに期間の長くなるものは平均的にみて

$$\log T = 0.60M - 1.01 \tag{12.11}$$

で表されるが,一方,地震の直前(数分〜数日)に現れる前兆も多数あり,こ

12.6 地震の前兆現象の解釈

れらは期間の長さが M にほとんど関係しないとみた．

(12.10)，(12.11) に類する式は他にも発表されているが大きな違いはない．(12.11) によると T は M 3 で 6 日，M 4 で 25 日，M 5 で 98 日，M 6 で 1.1 年，M 7 で 4.2 年となる．M 7〜8 の大地震はまれであるから 10 年以上さかのぼって異常現象を調べられるが，M 3〜4 の小地震は数が多くそれほど先までさかのぼって調べられない．この種の式にはこのような効果がどの程度含まれているのだろうか．

B. 前兆現象のモデル

a. ダイラタンシーモデル Nur (1972)，Scholz ほか (1973) などは，地震の前兆現象，とくに V_P/V_S の変化を岩石の破壊実験のときみられるダイラタンシー (§9.1B) と結びつけて解釈した．Scholz らによれば，水で飽和した岩石の応力が高まると，ダイラタンシーが発生し，割れ目（空隙）が生じるので不飽和になり，V_P，V_P/V_S は減少し，間隙圧は低下し，実効封圧は増加する．しばらくして周囲からの水の流入が空隙の増加を上回ると，再び飽和状態に戻ってゆき，間隙圧の上昇がしばらく続き主破壊（本震）が発生する．

この考えによれば V_P および V_P/V_S の著しい減少と地震前における回復が説明できるほか，前震活動がダイラタンシーの初期で始まるが，ダイラタンシー硬化が起こると活動は衰え b 値は減少すること，地盤の隆起がダイラタンシーが始まるとともに急に起こること，地下水のラドン含有量が新しい間隙を通ってきた水の流入により増加することなどが説明できる．このモデルは地下水の拡散が重要な役割りを占めているので，**ダイラタンシー-拡散モデル** (dilatancy-diffusion model) ともいわれる．前兆現象の期間が M とともに増大するのは，震源域が大きいほど水の浸入に時間がかかることで説明される．しかし，地殻の岩石が地震前に広範囲にわたってダイラタンシー状態となり，上記の諸現象が起こるという証拠はないし，V_P や V_P/V_S が地震前に減少すること自体が疑わしい．このモデルは話としてはおもしろいが実在性には疑問が多い．

Brady (1974)，茂木 (1974)，Stuart (1974)，Myachkin ほか (1975) は，水の関係しないモデルを提案した．地殻の応力が高まると，広い範囲に割れ目が発生するが，これが次第にある部分（将来の本震の主断層付近）に集中して

ゆく．その部分でひずみが大きくなるので他の部分では応力が下り，割れ目は閉じ始めると考えている．Crampin（1987），Crampin と Zatsepin（1997）は既存のクラックのうち最大応力軸に直交するものが選択的に閉じる **EDA モデル**（extensive-dilatancy anisotropy model）というものを考え，異方性（S 波の分裂）や地震波速度の前兆的変化があると考えている．

b. 地震前の断層のすべり（precursory slip）　大地震の直前にかなり著しい地殻変動が観測された例が少数あることから考え，本震の前から断層がほとんど地震を起こすことなくゆっくりとすべり始めることがあるのではと考える．スティックスリップの実験でこのような現象がみられることは前に述べた（§9.3）．大地震のかなり前から始まった地盤の隆起も，本震の震源断層の一部，あるいはその延長部分ですべりが起こったためと考えられなくもない．藤井（1976）はそのような考えによって新潟地震（1964）の前にみられた地殻の上下変動（§12.3A）の解釈を試みた．Parkfield 地震（1966）の 2 週間に断層上のある地点で地割れが確認され，9 時間前に別の地点で断層を横切るパイプラインがこわれたという例もある．しかし，Imperial Valley 地震（1979）では，本震の断層上 3 箇所に設置してあったクリープメーターは前兆的なすべりをまったく記録しなかった．

加藤と平沢（1999 a, b）はすべり速度と状態に依存する構成則（§9.3B）などを用いて沈込み帯のプレート間大地震前の地殻変動（先行すべり）をシミュレートした．パラメーター値を予想される東海地震を想定して選ぶと，本震の数年ないし 20～30 年前から先行変動が現れ，数日前からそれが加速し，1 日程度前に埋込式ひずみ計でも検知可能な量に達する．東南海地震（1944）前に御前崎付近の水準測量の際認められた異常変動（茂木，1985）が説明できる．

c. その他　岩石のすべり実験の際みられる破壊核形成（§9.3C）が断層のすべりの前にも起こっているとすれば，それに伴う現象が前兆として観測される可能性があるが，破壊核形成と直接関連する観測上の証拠はほとんど得られていない（大中，1992 参照）．大地震前の静穏化や前震の発生その他の先行地震活動を断層上のアスペリティの大小や空間分布によって説明しようとする試みもある（§7.6A）．

参　考　書*

A. 地震学一般

Båth, M.: *Introduction to Seismology*, 2nd ed. (1979), 428 pp., Bikhäuser（スウェーデン語初版は 1970）.

Bullen, K. E. and B. A. Bolt: *An Introduction to the Theory of Seismology*, 4th ed. (1985), 499 pp., Cambridge Univ. Press（Bullen 著の初版は 1947）.

Dahlen, F. A. and J. Tromp: *Theoretical Global Seismology* (1998), 1025 pp., Princeton Univ. Press.

金森博雄（編）: 地震の物理, 岩波講座地球科学 8 (1978), 275 pp., 岩波書店.

Kanamori, H.（金森博雄）and E. Boschi (eds.): *Earthquakes: Observation, Theory and Interpretation* (1983), 608 pp., North-Holland.

Kasahara, K.（笠原慶一）*Earthquake Mechanics* (1981), 248 pp., Cambridge Univ. Press（和訳あり 笠原慶一: 地震の力学 (1983), 252 pp., 鹿島出版会）.

Lay, T. and T. C. Wallace: *Modern Global Seismology* (1995), 517 pp., Academic Press.

Lee, W. H. K., H. Kanamori, and P. C. Jennings (eds.): *International Handbook of Earthquake and Engineering Seismology*, IASPEI/Academic Press (2001).

松沢武雄: 地震学 (1950), 374 pp., 角川書店.

Richter, C. F.: Elementary *Seismology* (1958), 768 pp., W. H. Freeman.

Savarensky, E. F. und D. P. Kirnos: *Elemente der Seismologie und Seismometrie* (1960), 512 pp., Akademie Verlag（ロシア語版 1955）.

Shearer, P. M.: *Introduction to Seismology* (1999), 260 pp., Cambridge Univ. Press.

Udías, A.: *Principles of Seismology* (1999), 475 pp., Cambridge Univ. Press.

宇津徳治・嶋悦三・吉井敏尅・山科健一郎（編）: 地震の事典 (1987), 568 pp., 朝倉書店（第 2 版刊行予定, 2001）.

B. 地球物理学書で地震学（の一部）を含んでいるもの

Anderson, D. L.: *Theory of the Earth* (1989), 366 pp., Blackwell.

Ahrens, T. J. (ed.): *Global Earth Physics: A Handbook of Physical Constants* (1995), 376 pp., AGU.

Dziewonski, A. M. and E. Boschi (eds.): *Physics of the Earth's Interior* (1980), 716 pp., North Holland.

Fowler, C. M. R.: *The Solid Earth: An Introduction to Global Geophysics* (1990), 472 pp., Cambridge Univ. Press.

Gutenberg, B.: *Physics of the Earth's Interior* (1959), 240 pp., Academic Press.

---

* 1976 年以降に出版された書物から選んだが, 本書の執筆に当たり参考にしたもの, 本文で引用したものは 1975 年以前でも含めた.

James, D. E. (ed.): *The Encyclopedia of Solid Earth Geophysics* (1989), 1328 pp., Van Nostrand-Reinhold.

Jeffreys, H.: *The Earth,* 6th ed. (1976), 574 pp., Cambridge Univ. Press, Cambridge (初版は 1924).

Jones, E. J. W.: *Marine Geophysics* (1999), 466 pp., Wiley.

Lliboutry, L.: *Quantitative Geophysics and Geology* (2000), 480 pp., Praxis Publishing (フランス語版 1999).

Lowrie, W: *Fundamentals of Geophysics* (1997), 560 pp., Cambridge Univ. Press.

McElhinney, M. W. (ed.): *The Earth: Its Origin, Structure and Evolution* (1979), 620 pp., Academic Press.

力武常次: 固体地球科学入門―地球とその物理, 第 2 版 (1994), 267 pp., 共立出版 (初版は 1977).

Sleep, N. H. and K. Fujita: *Principles of Geophysics* (1997), 608 pp., Blackwell Science Inc.

Stacy, F. D.: *Physics of the Earth,* 3rd ed. (1992), 513 pp., John Wiley & Sons (初版は 1969).

上田誠也・水谷仁 (編): 地球, 岩波講座地球科学 1 (1978), 318 pp., 岩波書店.

C. 地震波動論・発震機構論

Aki, K. (安芸敬一) and P. G. Richards: *Quantitative Seismology, Theory and Methods* (1980), 2 Vols, 948 pp., W. H. Freeman.

Ben-Menahem, A., S. J. Singh, and A. Ben-Menashe: *Seismic Waves and Sources,* 2nd ed. (2000), 1136 pp., Dover (初版は 1981).

Ewing, M., W. S. Jardetsky, and F. Press: *Elastic Waves in Layered Media* (1957), 380 pp., McGraw Hill.

本多弘吉: 増訂地震波動 (1954), 230 pp., 岩波書店 (初版は 1942).

Kennett, B. N. L.: *Seismic Wave Propagation in Stratified Media* (1983), 342 pp., Cambridge Univ. Press.

Kostrov, B. V. and S. Das: *Principles of Earthquake Source Mechanics* (1988), 286 pp., Cambridge Univ. Press.

Pilant, W. L.: *Elastic Waves in the Earth* (1979), 494 pp., Elsevier.

Sato, H. (佐藤春夫) and M. C. Fehler: *Seismic Wave Propagation and Scattering in the Heterogeneous Earth* (1998), 308 pp., Springer.

佐藤泰夫: 弾性波動論 (1978), 454 pp., 岩波書店.

田治米鏡二: 弾性波動論の基本 (1994), 432 pp., 槙書店.

D. 地震学の一部を扱ったもの

阿部勝征・安藤雅孝・宇津徳治・金森博雄・末広重二・鈴木次郎・田中寅夫・檀原毅・浜田和郎・藤田尚美・力武常次: 地震予知 II, 地殻変動・地震・予知計画 (1985), 439 pp., 学会誌刊行センター/学会出版センター

Babuška, V. and M. Cara: *Seismic Anisotropy in the Earth* (1991), 217 pp., Kluwer

Academic.
Bolt, B. A. (ed.): *Seismic Strong Motion Synthetics*, (1987), 328 pp., Academic Press.
Båth, M.: *Mathematical Aspect of Seismology* (1968), 415 pp., Elsevier.
Båth, M.: *Spectral Analysis in Geophysics* (1974), 563 pp., Elsevier.
Boschi, E., G. Ekström, and A. Morelli (eds.): *Seismic Modelling of Earth Structure* (1996), 572 pp., Editrice Compositori.
Das, S., J. Boatwright, and C. Scholz (eds.): *Earthquake Source Mechanics* (1986), 341 pp., AGU.
Fuchs, K. (ed.): *Upper Mantle Heterogeneities From Active and Passive Seismology* (1997), 366 pp., Kluwer Academic.
Galitzin, B.: *Vorlesungen über Seismometrie* (1914), 538 pp., Teubner (ロシア語版 1912).
Gibowicz, S. J. and A. Kijko: *An Introduction to Mining Seismology* (1994), 399 pp., Academic Press.
Goltz, C.: *Fractal and Chaotic Properties of Earthquakes* (1997), 178pp., Springer.
Gurnis, M., E. Wysession, E. Knittle, and B. A. Buffett (eds.): *The Core-Mantle Boundary Region* (1998), 340 pp., AGU.
Gupta, H. K.: *Reservoir Induced Earthquakes* (1992), 364 pp., Elsevier.
Gupta, H. K. and B. K. Rastogi: *Dams and Earthquakes* (1976), 229 pp., Elsevier.
Gutenberg, B. and C. F. Richter: *Seismicity of the Earth and Associated Phenomena*, 2nd ed. (1954), 310 pp., Princeton Univ. Press (初版は 1949).
Iyer, H. and K. Hirahara (平原和朗) (eds.): *Seismic Tomography: Theory and Practice* (1993), 842 pp., Chapman and Hall.
Jacobs, J. A.: *The Earth's Core*, 2nd ed. (1987), 304 pp., Academic Press (初版は 1975).
Jeffreys, H. and K. E. Bullen: *Seismological Tables* (1940), 50 pp., Brit. Gray-Milne Trust.
地震予知連絡会（編）：地震予知連絡会10年のあゆみ（1989），252 pp., 同20年のあゆみ（1990），370 pp., 同30年のあゆみ（2000），540 pp., 国土地理院.
笠原慶一・杉村新（編）：変動する地球I－現在および第四紀，岩波講座地球科学 **10**（1978），296 pp., 岩波書店.
活断層研究会（編）：新編日本の活断層―分布図と資料（1991），437 pp., 東京大学出版会（初版は 1980）.
Kennett, B. L. N.: *IASPEI 1991 Seismological Tables*, (1991), 167 pp., Australian National Univ.
気象庁（監修）：震度を知る―基礎知識とその応用（1996），238 pp., ぎょうせい.
Korvin, G., *Fractal Models in the Earth Sciences* (1992), 396 pp., Elsevier.
Koyama, J.（小山順二）: *The Complex Faulting Process of Earthquakes* (1997), 208 pp., Kluwer Academic.
Kulhanek, O.: *Anatomy of Seismograms* (1990), 178 pp., Elsevier.
Lapwood, E. R. and T. Usami（宇佐美龍夫）: *Free Oscillations of the Earth* (1981), 243 pp., Cambridge Univ. Press.
Lay, T.: *Structure and Fate of Subducting Slabs* (1997), 185 pp., Academic Press.

Lee, W. H. K., H. Meyers, and K. Shimazaki（島崎邦彦）(eds.)：*Historical Seismograms and Earthquakes of the World* (1988), 513 pp., Academic Press.

Litehiser, J. J. (ed.)：*Observatory Seismology* (1989), 379 pp., Univ. California Press.

Lomnitz, C.：*Fundamentals of Earthquake Prediction* (1994), 326 pp., John Wiley.

Love, A. E. H.：*Some Problems in Geodynamics* (1911), 180 pp., Cambridge. Univ. Press.

松井孝典・松浦充宏・林祥介・寺沢敏夫・谷本俊郎・唐戸俊一郎：地球連続体力学, 岩波講座 地球惑星科学 6, (1996), 319 pp., 岩波書店.

McCalpin, J. P. (ed.)：*Paleoseismology* (1996), 588 pp., Academic Press.

McGuire, R. K. (ed.)：*Practice of Earthquake Hazard Assessment* (1993), 284 pp., IASPEI -ESC.

茂木清夫：日本の地震予知 (1982), 352 pp., サイエンス社（英語版あり Mogi, K.：*Earthquake Prediction* (1985), 355 pp., Academic Press).

文部省：学術用語集地震学編（増訂版）, (2000), 310 pp., 日本学術振興会（初版は 1974）.

武者金吉：地震に伴ふ発光現象の研究及び資料 (1932), 416 pp., 岩波書店.

Nolet, G. (ed.)：*Seismic Tomography: With Applications in Global Seismology and Exploration Geophysics* (1987), 386 pp., Reidel Norwell.

Parker, R. L.：*Geophysical Inverse Theory* (1994), 386 pp., Princeton Univ. Press.

Paz, M. (ed.)：*International Handbook of Earthquake Engineering—Codes, Programs, and Examples* (1994), 545 pp., Chapman & Hall.

Rikitake, T.（力武常次）：*Earthquake Prediction* (1976), 357 pp., Elsevier.

力武常次：地震予報・警報論 (1979), 371 pp., 学会誌刊行センター/学会出版センター（英語版あり, Rikitake, T.：*Earthquake Forecasting and Warning* (1982), 402 pp., Center for Academic Publications Japan).

Rikitake, T.（力武常次）(ed.)：*Current Research in Earthquake Prediction I* (1981), 383 pp., Center for Academic Publications Japan.

力武常次：地震前兆現象 (1986), 232 pp., 東京大学出版会.

理論地震動研究会（編著）：地震動 その合成と波形処理, (1994), 256 pp., 鹿島出版会.

Rothé, J. P.：*The Seismicity of the Earth, 1953-1965* (1969), 336 pp., UNESCO.

Rundle, R. B., D. L. Turcotte, and W. Klein (eds.)：*GeoComplexity and the Physics of Earthquakes* (2000), 296 pp., AGU.

Scholz, C. H.：*The Mechanics of Earthquakes and Faulting* (1990), 433 pp., Cambridge Univ. Press（邦訳あり）.

瀬野徹三：プレートテクトニクスの基礎 (1995), 190 pp., 朝倉書店.

Sheriff, R. E. and L. P. Geldart：*Exploration Seismology*, 2nd ed. (1995), 592 pp., Cambridge Univ. Press（初版は 1982）.

Simpson, D. W. and P. G. Richards (eds.)：*Earthquake Prediction: An International Review* (1981), 680 pp., AGU.

総理府地震調査研究推進本部地震調査委員会（編）：日本の地震活動－被害地震からみた地域別の特徴 追補版 (1999), 395 pp., 地震予知総合研究振興会（初版は 1997）.

Stacy, F. D., M. S. Paterson, and A. Nicholas (eds.)：*Anelasticity in the Earth* (1981), 122 pp., AGU.

平朝彦・末広潔・広井美邦・巽好幸・高橋正樹・小屋口剛博・嶋本利彦: 地殻の形成, 岩波講座地球惑星科学 8 (1997), 260 pp., 岩波書店.

平朝彦・浜野洋三・藤井敏嗣・下田陽久・末広潔・徳山英一・上田博・竹内謙介・住明正・佐野有司・蒲生俊敬・井沢英二: 地球の観測, 岩波講座地球惑星科学 4 (1996), 330 pp., 岩波書店.

Tarantola, A.: *Inverse Problem Theory: Method for Data Fitting and Model Parameter Estimation* (1987), 613 pp., Elsevier.

鳥海光弘・玉木賢策・谷本俊郎・本多了・高橋栄一・巽好幸・本蔵義守: 地球内部ダイナミクス, 岩波講座地球惑星科学 10 (1997), 268 pp., 岩波書店.

Turcotte, D. L.: *Fractals and Chaos in Geology and Geophysics,* 2nd ed. (1997), 398 pp., Cambridge Univ. Press (初版は 1992).

宇佐美龍夫: 新編 日本被害地震総覧 [増補改訂版 416-1995], (1996), 496 pp., 東京大学出版会 (初版は 1975).

宇津徳治: 地震活動総説 (1999), 876 pp., 東京大学出版会.

上田誠也: プレート・テクトニクス (1989), 268 pp., 岩波書店.

渡辺偉夫: 日本被害津波総覧 [第 2 版] (1998), 238 pp., 東京大学出版会 (初版は 1985).

Yeats, R. S., K. Sieh, and C. R. Allen: *The Geology of Earthquakes* (1996), 568 pp., Oxford Univ. Press.

学　術　誌

　地震学の研究論文が掲載される学術誌は 100 誌以上ある．次に国際的流通がよいもの 12 誌を挙げる．（ ）内は発行所．これらは投稿者に制限はないが審査は厳格であり，掲載料あるいは別刷購入が必要なものもある．〔 〕内は以下の文献のページで使う略号である．

Journal of Physics of the Earth (Center for Academic Publications Japan) 〔*JPE*〕
　1998 年より *Journal of Geomagnetism and Geoelectricity* と合併して *Earth, Planets, and Space* (Terra Scientific Publishing Company, Tokyo) となった． 〔*EPS*〕
Journal of Geophysical Research (AGU) 〔*JGR*〕
Geophysical Research Letters (AGU の 1 論文 4 ページの速報誌) 〔*GRL*〕
Bulletin of the Seismological Society of America (SSA) 〔*BSSA*〕
Geophysical Journal of the Royal Astronomical Society
　1988 年より *Geophysical Journal International* (Blackwell Science) 〔*GJ*〕
Physics of the Earth and Planetary Interiors (Elsevier) 〔*PEPI*〕
Tectonophysics (Elsevier) 〔*TP*〕
Earth and Planetary Science Letters (Elsevier) 〔*EPSL*〕
Pure and Applied Geophysics (Birkhäuser) 〔*PAG*〕
Journal of Seismology (Kluwer Academic) 〔*JS*〕
Nature (Macmillan) 〔*NAT*〕
Science (American Association for the Advancement of Science) 〔*SCI*〕
　以上のほかフランス, イタリア, ドイツ, ポーランド, チェコ, ギリシャ, ロシア, イン

ド，中国，カナダ，メキシコ，ニュージーランド，その他多くの国で，地球物理学あるいは地球科学の専門誌が刊行され地震学の論文が載るが，各自の国の著者による論文が多い．たとえば

Izvestiya, Physics of the Solid Earth（原文はロシア語，AGU から英訳刊行） 〔*IZV*〕
地震学報 *Acta Seismologica Sinica*（中国語，1989 年からは英語版も刊行） 〔*ASS*〕
Annali di Geofisica（Editrice Compositori），以前はイタリア語の論文が多かったが，Vol. 36（1993）以降の新シリーズはほとんどが英語． 〔*AGF*〕

中国，ロシアでは上記のほか数誌が刊行され，英文誌，あるいは英訳版のあるものもある．

日本では，いくつかの大学および官庁が欧文または邦文の地球科学関係の学術誌を刊行しており，地震学の論文も掲載されるが国際的流通の面で弱い．その中で歴史の古いもの（1920年代以来）としては次のものがあり，かつては多くの第一級の論文が載っており国際的に評価されていたが，近年は新しい研究成果は国際誌に投稿するのがふつうとなった．

Geophysical Magazine（気象庁欧文彙報） 〔*GM*〕
Bulletin of the Earthquake Research Institute（東京大学地震研究所彙報） 〔*BERI*〕

邦文誌としては日本地震学会の会誌「地震」が 1929 年から続いているが，国際的には流通していない．「月刊地球」およびその号外（海洋出版社）にも地震学関係の評論が載る．

その他，測地学，火山学，地質学，地球科学，地下探査学，災害科学，岩石力学，地震工学，物理学などの専門誌，あるいは前記 *Nature*, *Science* のように科学一般を扱う雑誌にも地震学の論文が載る．評論誌 *Reviews of Geophysics*（AGU），*Annual Review of Earth and Planetary Sciences*（Annual Reviews Inc., 年刊），「科学」（岩波書店）などもある．

多くの雑誌はインターネットで近年の論文のタイトルや要旨，雑誌によっては全ページをみることができる．1964～95 年の地震学の論文のタイトル等を調べるには *Bibliography of Seismology*（ISC, 年 2 回刊）がある（http://www.isc.ac.uk で検索可能，ただし，タイトルが短く改変されているものがあるので要注意）．*Geological Abstracts*（Elsevier, 月刊）は要旨集で地震学の論文をかなり含んでいる．

文　　献*

阿部勝征（Abe, K.）: *PEPI* **4**（1970）49; **7**（1973）143; *JGR* **79**（1974）4393; *BSSA* **64**（1974）1369; *JPE* **23**（1975）349; 381; *TP* **41**（1977）269; *JPE* **26**（1978）253; *PEPI* **27**（1981）72; 194; **34**（1984）17; *TP* **166**（1989）27.
―― ・金森博雄: *BERI* **48**（1970）1011.
―― ・野口伸一: *PEPI* **33**（1983）1.
阿部邦明（Abe, K.）: *JPE* **26**（1978）381.
Adams, R. D.: *BSSA* **58**（1968）1933; **61**（1971）1441.
相田勇（Aida, I.）: *JPE* **26**（1978）57; *BERI* **56**（1981）367; 713.
安芸敬一（Aki, K.）: *JGR* **65**（1960）729; 2405; *BERI* **39**（1961）255; **44**（1966）73; *JGR*

---

*　誌名がない場合は一つ前のものと同じ．同一誌の同じ巻に複数の論文がある場合，2 番目以降はページのみ示す．→はその次に示す編者による評論集で前掲の参考書中にある．

72 (1967) 1217; **73** (1968) 585; *GJ* **31** (1972) 3; *JGR* **84** (1979) 6140; →Simpson and Richards (1981*) 566; *BSSA* **72** (1982) 529.

—— and B. Chouet: *JGR* **80** (1975) 3322.

——・神沼克伊: *BERI* **41** (1963) 243.

—— and W. H. K. Lee: *JGR* **81** (1976) 4381.

——ほか: *JGR* **82** (1977) 277.

Allmendiger, R. W. ほか: *Geol.* **15** (1987) 304.

Alsop, L. E. ほか: *JGR* **66** (1961) 631.

Alterman, Z. ほか: *Proc. Roy. Soc.* **A252** (1959) 80.

Ammon, C. J. and G. Zandt: *BSSA* **83** (1993) 737.

Anderson, D. L. and R. S. Hart: *JGR* **81** (1976) 1461; **83** (1978) 5869.

—— and B. R. Julian: *JGR* **74** (1969) 3281.

—— and M. N. Toksöz: *JGR* **68** (1963) 3483.

——ほか: *JGR* **70** (1965) 1441.

Anderson, J. G. ほか: *BSSA* **86** (1996) 683.

安藤雅孝 (Ando, M.): *BERI* **49** (1971) 19; *TP* **22** (1974) 173; *JPE* **22** (1974) 263; *PEPI* **28** (1982) 320

——ほか: *JGR* **88** (1983) 5850.

青木治三 (Aoki, H.): *JPE* **22** (1974) 141; 予知連報 **13** (1975) 200.

Archambeau, C. B. ほか: *JGR* **74** (1969) 5825.

Archuleta, R. J.: *JGR* **89** (1984) 4559.

浅田敏 (Asada, T.): *JPE* **5** (1957). 83; 科学 **38** (1968) 670.

——・島村英紀: *TP* **56** (1979) 67.

——・鈴木次郎: *Geophys Notes* **2** (1949) No.16, 1.

——・高野敬: *JPE* **11** (1963) 25.

——ほか: *BERI* **24** (1951) 289.

浅野周三 (Asano, S.) ほか: *JPE* **29** (1981) 267.

Bak, P. and C. Tang: *JGR* **94** (1989) 15635.

——ほか: *Phys. Rev. Lett.* **59** (1987) 384.

Bakun, W. H. and T. V. McEvilly: *JGR* **89** (1984) 3051.

Bamford, D.: *GJ* **49** (1977) 29.

Barazangi, M. and J. Dorman: *BSSA* **59** (1969) 309.

—— and B. Isacks: *JGR* **76** (1971) 8493.

——ほか: *JGR* **77** (1972) 952.

Bateman, H.: *Phys. Zeits.* **2** (1910) 96.

Beck, S. L. and L. J. Ruff: *JGR* **92** (1987) 14123.

Bellamy, E. F.: *NAT* **143** (1939) 504.

Benioff, H.: *BSSA* **25** (1935) 283; *Geol. Soc. Am. Bull.* **60** (1949) 1837; *BSSA* **41** (1951) 31; *Geol. Soc. Am. Bull.* **66** (1954) 385.

——ほか: *JGR* **66** (1961) 605.

Ben-Menahem, A.: *BSSA* **51** (1961) 401.

―― and M. N. Toksöz: *JGR* **68** (1963) 5207; *BSSA* **53** (1963) 905.
Ben-Zion, Y. and J. R. Rice: *JGR* **100** (1995) 12959; **102** (1997) 17771.
Beroza, G. C.: *BSSA* **81** (1991) 1603.
―― and T. H. Jordan: *JGR* **95** (1990) 2485.
―― and P. Spudich: *JGR* **93** (1988) 6275.
Bhattacharyya, J. ほか: *JGR* **101** (1996) 22273.
Bijwaard, H. and W. Spakman: *GJ* **141** (2000) 71.
――ほか: *JGR* **103** (1998) 30055.
Biswas, N. M. and L. Knopoff: *BSSA* **60** (1970) 1123.
Boatwright, J. and J. B. Fletcher: *BSSA* **74** (1984) 361.
Bollinger, G. A. ほか: *BSSA* **83** (1993) 1064.
Bolt, B. A.: *BSSA* **54** (1964) 191; *GJ* **20** (1970) 367.
―― and J. Dorman: *JGR* **66** (1961) 2965.
――ほか: *GJ* **16** (1968) 475; *GJ* **19** (1970) 299.
Booker, J. R.: *JGR* **79** (1974) 2037.
Boore, D. M.: *TP* **166** (1989) 1.
Boschi, L. and A. M. Dziewonski: *JGR* **104** (1999) 25567.
Bouchon, M.: *JGR* **87** (1982) 1735; **102** (1997) 11731.
――ほか: *JGR* **103** (1998) 24271.
Bouin, M. P. ほか: *GJ* **143** (2000) 521.
Brace, W. F. and J. D. Byerlee: *SCI* **153** (1966) 990.
―― and A. S. Orange: *JGR* **73** (1968) 1433.
――ほか: *JGR* **71** (1966) 3939.
Brady, B. T.: *PAG* **112** (1974) 701.
Brune, J. N.: *Pub. Dom Obs. Ottawa* **24** (1961) 373; *JGR* **73** (1968) 777; **75** (1970) 4997; **76** (1971) 5002.
―― and J. Dorman: *BSSA* **53** (1963) 167.
―― and G. R. Engen: *BSSA* **59** (1969) 923.
――ほか: *BSSA* **51** (1961) 245.
Brunner, G. J.: *The Brunner Focal Depth Time-Distance Chart* (1935) St. Louis Univ.
Buchbinder, G. G. R.: *BSSA* **61** (1971) 429.
Burbach, G. V. and C. Frohlich, *Rev. Geophys.* **24** (1986) 833.
Burdick L. J.: *JGR* **86** (1981) 5926.
―― and D. V. Helmberger: *JGR* **83** (1978) 1699.
Burridge, R. and L. Knopoff: *BSSA* **54** (1964) 1875; **57** (1967) 341.
Bussy, M. ほか: *GRL* **20** (1993) 663.
Byerly, P.: *BSSA* **16** (1926) 209; *Proc. Nat. Acad. Sci.* **17** (1931) 91.
Carder, D. S.: *BSSA* **35** (1945) 75.
Carlson, J. M. and J. S. Langer: *Phys. Rev. Lett.* **62** (1989) 2632.
Castle, J. C. and K. C. Creager: *JGR* **103** (1998) 12511.
――ほか: *JGR* **105** (2000) 21543.

Chapman, C. and J. A. Orcutt: *Rev. Geophys.* **23** (1985) 105.
Chinnery, M. A.: *BSSA* **51** (1961) 355.
長郁夫 (Cho, I.)・中西一郎: *BSSA* **90** (2000) 450.
——ほか, *J. Nat. Disas. Sci.* **16** (3) (1995) 21; 地震 (2) **48** (1995) 353.
Chouet, B.: *NAT* **380** (1996) 309.
Choy, G. L. and J. L. Boatwright: *JGR* **100** (1995) 18205.
Christensen, K. and Z. Olami: *JGR* **97** (1992) 8729.
Christensen, N. I. and W. D. Mooney: *JGR* **100** (1995) 9761.
Cifuentes, I. L. and P. G. Silver: *JGR* **94** (1989) 643.
Clarke, T. J.: →James (ed.) (1989*) 1197,
Cleary, J. R.: *BSSA* **59** (1969) 1399.
—— and R, A. W. Haddon: *NAT* **240** (1972) 549.
Cohen, S. C.: *Adv. Geophys.* **41** (1999) 133.
Conrad, V.: *Mitt. Erdbeben Kommission Akad. Wiss. Wien, Neue Folge* **59** (1925) 1.
Cormier, V. F.: *PEPI* **24** (1981) 291.
Crampin, S.: *GJ* **91** (1987) 331.
—— and S. V. Zatsepin: *JPE* **45** (1997) 41; *GJ* **129** (1997) 495.
Creager, K. C.: *NAT* **356** (1992) 309; *SCI* **278** (1997) 1284; *JGR* **104** (1999) 23127.
—— and T. H. Jordan: *JGR* **89** (1984) 3031; **91** (1986) 3573; *GRL* **13** (1986) 1497.
Crosson, R. S.: *JGR* **81** (1976) 3036.
Curtis, A. and J. H. Woodhouse: *JGR* **102** (1997) 11789.
——ほか: *JGR* **103** (1998) 26919.
Dahlen, F. A.: *GJ* **48** (1977) 239.
檀原毅 (Dambara, T.): 測地学会誌, **12** (1966) 18; 予知連報 **9** (1973) 93; **21** (1979) 167.
Darbyshire, F. A. ほか: *GJ* **143** (2000) 163.
Das, S.・安芸敬一: *JGR* **82** (1977) 5658.
—— and C. H. Scholz: *JGR* **86** (1981) 6039; *BSSA* **71** (1981) 1669.
Davies, G. F. and J. N. Brune: *NAT* **229** (1971) 101.
De Natale, G. ほか: *GJ* **95** (1988) 285.
Deal, M. M. and G. Nolet: *JGR* **104** (1999) 28803.
DeMets, C.ほか: *GJ* **101** (1990) 425.
Deng, J. and L. R. Sykes: *JGR* **102** (1997) 9859; 24411.
Derr, J. S.: *BSSA* **59** (1969) 2079.
Deuss, A. ほか: *GJ* **142** (2000) 67.
Dey-Sarker, S. K. and R. A. Wiggins: *JGR* **81** (1976) 3619.
Dieterich, J. H.: *JGR* **84** (1979) 2161; 2169; →Das et al. (1986*) 37; *TP* **211** (1992) 115; *JGR* **99** (1994) 2601.
—— and B. Kilgore: *Proc. Nat. Acad. Sci.* **93** (1996) 3787.
Dietz, R. S.: *NAT* **190** (1961) 854.
Ding, X. Y. and S. P. Grand: *JGR* **98** (1993) 1973.
Dmowska, R. ほか: *JGR* **93** (1988) 7869; **101** (1996) 3015.

Doornbos, D. J.: *GJ* **38** (1974) 397.
Dorman, J. ほか: *BSSA* **50** (1960) 87.
Douglas, A.: *NAT* **215** (1967) 47.
Durek, J. J. and G. Ekstrom: *BSSA* **86** (1996) 144.
——ほか: *GJ* **114** (1993) 249.
Dziewonski, A. M. and D. L. Anderson: *PEPI* **25** (1981) 297.
—— and F. Gilbert: *SCI* **172** (1971) 1336; *NAT* **234** (1971) 465; *GJ* **27** (1972) 393; **35** (1973) 401.
——ほか: *BSSA* **59** (1969) 427; **62** (1972) 129; *JGR* **86** (1981) 2825; *PEPI* **33** (1983) 76.
Eaton, J. P. and K. J. Takasaki: *BSSA* **49** (1959) 227.
Eberhart-Phillips, D. and A. J. Michael: *JGR* **98** (1993) 15737; **103** (1998) 21099.
Ekström, G.: *EPSL* **128** (1994) 707.
——ほか: *JGR* **102** (1997) 8137.
El-Fiky, G. S. ほか: *TP* **314** (1999) 387.
Ellsworth, W. L. and G. C. Beroza: *SCI* **268** (1995) 851.
Engdahl, E. R. and D. Gubbins: *JGR* **92** (1987) 13855.
塩冶応太郎 (Enya, M.): 震予調報 **35** (1901) 35; **61** (1908) 71.
Erdöğan, N. and R. L. Nowack: *PAG* **141** (1993) 1.
Eshelby, J. D.: *Proc. Roy. Soc.* **A241** (1957) 376.
Espinosa, A. F. ほか: *BSSA* **52** (1962) 767.
Esteva, L. and E. Rosenblueth: *Bol. Soc. Mex. Ing. Sismica* **2** (1964) 1.
Evison, F. F.: *PEPI* **15** (1977) 19.
Ewing, J. A.: *Trans. Seism. Soc. Japan* **3** (1881) 121.
Ewing, M. and F. Press: *BSSA* **40** (1950) 271; **42** (1952) 315; **44** (1954) 471.
——ほか: *Geol. Soc. Am. Bull.* **48** (1937) 753; *BSSA* **40** (1950) 233; **42** (1952) 37.
Fedotov, S.: *Trudy Inst. Phys. Earth Acad. Sci. USSR* No. 36 (203) (1965) 66.
Fitch, T. J. and C. H. Scholz: *JGR* **76** (1971) 7260.
Fisher, R. A.: *Proc. Roy. Soc.* **A125** (1929) 54.
Flanagan, M. P. and P. M. Shearer: *JGR* **103** (1998) 2673; *GRL* **26** (1999) 549.
Fliedner, M. M. ほか: *JGR* **105** (2000) 10899.
Forsyth, D. W.: *GJ* **43** (1975) 103.
—— • 上田誠也: *GJ* **43** (1975) 163.
Foulger, G. R. and B. R. Julian: *BSSA* **83** (1993) 38.
Frank, F. C.: *NAT* **220** (1968) 363.
Frankel, A. ほか: *JGR* **91** (1986) 12633.
Friederich, W. and J. Dalkolmo: *GJ* **122** (1995) 537.
Frohlich, C.: *Ann. Rev. Earth Planet. Sci.* **17** (1989) 227; *JGR* **95** (1990) 6861.
—— and S. D. Davis: *GJ* **100** (1990) 19; *JGR* **98** (1993) 631.
Fucks, K. and G. Müller: *GJ* **23** (1971) 417.
福山英一 (Fukuyama, E.) • 入倉孝次郎: *BSSA* **76** (1986) 1623.
——ほか: 地震 (2) **51** (1998) 149; *Tech. Rep. NIED* No. 199 (2000) 1.

藤井陽一郎 (Fujii, Y.): *Bull. Geogr. Surv. Inst.* **23** (1978) 7.
深尾良夫 (Fukao, Y.): *GJ* **50** (1977) 621; *JGR* **84** (1979) 2303.
── ・ 古本宗充: *TP* **25** (1975) 247; *GJ* **57** (1979) 23.
──ほか: *NAT* **272** (1978) 606; *JGR* **97** (1992) 4809.
Gaherty, J. B. ほか: *JGR* **101** (1996) 22291; *PEPI* **110** (1999) 21.
Galitzin B.: *Comptes rendus*, **160** (1915) 810.
Garnero, E. J.: *Ann. Rev. Earth Planet. Sci.* **28** (2000) 509.
── and T. Lay: *JGR* **102** (1997) 8121.
──ほか: →Gurnis et al. (1998*) 319.
Geiger, L.: *Nachr. Köninglichen Gesell. Wiss. Göttingen Math. Phys.* 4 (1910) 331.
Geller, R.: *BSSA* **66** (1976) 1501; *GJ* **131** (1997) 425.
── ・ 竹内希: *GJ* **123** (1995) 449.
Giardini, D. ほか: *JGR* **93** (1988) 13716; *AGF* **42** (1999) 1225.
Gibowitz, S. J.: *Adv. Geophys.* **32** (1990) 1.
──ほか: *BSSA* **91** (1991) 1157.
Gilbert, F.: *GJ* **22** (1970) 223; *Phil. Trans. Roy. Soc.* **A274** (1973) 369.
── and A. M. Dziewonski: *Phil. Trans. Roy. Soc.* **A278** (1975) 187.
── and G. MacDonald: *JGR* **65** (1960) 675.
Given, J. W. and D. V. Helmberger: *JGR* **85** (1980) 7183.
Gokhberg, M. B. ほか: *JGR* **87** (1982) 7824; *PEPI* **57** (1989) 64.
Gomberg, J. and P. Bodin: *BSSA* **84** (1994) 844.
──ほか: *JGR* **103** (1998) 24411.
Grand, S. P.: *JGR* **99** (1994) 11591.
── and D. V. Helmberger: *GJ* **76** (1984) 399; *JGR* **89** (1984) 11465.
Green, H. W. and P. C. Burnley: *NAT* **341** (1989) 733.
── and H. Houston: *Ann. Rev. Earth Planet. Sci.* **23** (1995) 169.
Griggs, D.: *J. Geol.* **47** (1939) 225.
Griot, D. A. ほか: *JGR* **103** (1998) 21215.
Gupta, I. N.: *JGR* **78** (1973) 6936.
Gutenberg, B.: *Phys. Zeits.* **14** (1913) 1217; *Zeits. Geophys.* **2** (1926) 24; **3** (1927) 371; *BSSA* **35** (1945) 3; 117; **43** (1953) 223.
── and C. F. Richter: *Gerl. Beitr. Geophys.* **43** (1934) 56; *BSSA* **26** (1936) 341; **27** (1937) 157; *Geol. Soc. Am. Bull.* **49** (1938) 249; **50** (1939) 1511; *Geol. Soc. Am. Spec. Paper* **34** (1941) 1; *BSSA* **32** (1942) 163; **34** (1944) 185; *BSSA* **46** (1956) 105; *AGF* **9** (1956) 1.
Haddon, R. A. W. and K. E. Bullen: *PEPI* **2** (1969) 35.
── and J. R. Cleary: *PEPI* **8** (1974) 211.
Hadley, K.: *PAG* **113** (1975) 1.
萩原尊礼 (Hagiwara, T.): *BERI* **12** (1934) 776; **36** (1958) 139.
Hainzl, S. ほか: *JGR* **104** (1999) 7243; *GRL* **27** (2000) 597.
Hales, A. L.: *TP* **13** (1972) 447.

浜田信生（Hamada, N.）: *Pep. Met. Geophys.* **35**（1984）109;**38**（1987）77.
浜松音蔵:地震（2）**34S**（1981）73.
原辰彦（Hara, T.）ほか: *GJ* **115**（1993）667.
Harris, R. A.: *JGR* **103**（1998）24347.
—— and R. W. Simpson: *JGR* **103**（1998）24439.
Hart, R. S. ほか: *EPSL* **32**（1976）25.
Hartzell, S. H.: *GRL* **5**（1978）1; *JGR* **94**（1989）7515.
—— and T. H. Heaton: *BSSA* **73**（1983）1553;**76**（1986）649.
長谷川昭（Hasegawa, A.）・山本明: *TP* **233**（1994）233.
——ほか: *GJ* **54**（1978）281; *NAT* **352**（1991）683; *JGR* **99**（1994）22295; *TP* **319**（2000）225.
長谷川謙（Hasegawa, K.）:気象集誌 **37**（1918）203.
橋田俊彦（Hashida, T.）・島崎邦彦: *EPSL* **75**（1985）403; *JPE* **35**（1987）67;367.
橋本学（Hashimoto, M.）・D. D. Jackson: *JGR* **98**（1993）16149.
——ほか: *JPE* **44**（1996）255; *EPS* **52**（2000）1096.
Haskell, N. A. *BSSA* **43**（1953）17;**54**（1964）1811;**59**（1969）865.
服部定育（Hattori, S.）:建研報告 **88**（1980）1.
Hauksson, E.: *JGR* **105**（2000）13875.
早川正士（Hayakawa, M.）ほか: *GRL* **23**（1996）241; *JPE* **44**（1996）413..
Hedlin, M. A. H. ほか: *NAT* **387**（1997）145.
Heezen, B. C. and M. Ewing: *Am. J. Sci.* **250**（1952）849.
Heinrich, P. ほか: *GRL* **25**（1998）2687.
日置幸介（Heki, K.）ほか: *NAT* **386**（1997）595.
Helmberger, D. V.: *BSSA* **58**（1968）179.
—— and G. R. Engen: *JGR* **79**（1974）4017.
—— and R. A. Wiggins: *JGR* **76**（1971）3229.
Herak, M. and D. Herak: *BSSA* **83**（1993）1881.
Herglotz, G.: *Phys. Zeits.* **18**（1907）145.
Herraiz, M. and A. F. Espinosa: *PAG* **125**（1987）499.
Herrin, E. and J. Taggart: *BSSA* **52**（1962）1037;**58**（1968）1791.
Hess, H. H.: *Buddington Memorial Vol. Geol. Soc. Am.*（1962）599; *NAT* **203**（1964）629.
Hill, D. P. ほか: *JGR* **100**（1995）12985.
日野亮太（Hino, R.）ほか: *JGR* **105**（2000）21697.
平原和朗（Hirahara, K.）: *JPE* **25**（1977）393; *JPE* **28**（1980）221; *TP* **79**（1981）1.
——・三雲健: *PEPI* **21**（1980）109.
——ほか: *TP* **163**（1989）63; *JPE* **40**（1992）343.
平田直（Hirata, N.）ほか: *BERI* **66**（1991）37.
広瀬仁（Hirose, H.）ほか: *GRL* **26**（1999）3237.
Hodgson, J. H.: *Geol. Soc. Am. Bull.* **68**（1957）611.
—— and R. S. Storey: *BSSA* **43**（1953）49.
Holmes, A.: *Trans. Geol. Soc. Glasgow* **18**（1928）559.

本多弘吉 (Honda, H.): *GM* **4** (1931) 185; **5** (1932) 69; 301; **8** (1934) 165; 179; *JPE* **10**(2) (1962) 1.
―――・江村欣也: *Sci. Rep. Tohoku Univ. V* **9** (1957) 113.
―――・正務章: 験震時報 **11** (1940) 183; *Sci. Rep. Tohoku Univ. V* **4** (1952) 42.
―――ほか: *Sci. Rep. Tohoku Univ. V* **8** (1957) 186; *BERI* **43** (1965) 661; *GM* **33** (1967) 271.
本間正作 (Homma, S.): 験震時報 **16** (1952) 57.
堀貞喜 (Hori, S.) ほか: *GJ* **83** (1985) 169.
堀高峰 (Hori, T.)・尾池和夫: *JPE* **44** (1996) 349.
堀川春央 (Horikawa, H.) ほか: *JPE* **44** (1996) 455.
堀内茂木 (Horiuchi, S.) ほか: *JGR* **102** (1997) 18071.
Huang, P. Y. and S. C. Solomon: *JGR* **92** (1987) 1361; **93** (1988) 13445.
古川信雄 (Hurukawa, N.): *BSSA* **88** (1998) 1112.
―――・大見士朗: 地震 (2) **46** (1993) 285.
Ibrahim, A. K. and O. W. Nuttli: *BSSA* **57** (1967) 1063.
市川政治 (Ichikawa, M.): 験震時報 **25** (1960) 83; *GM* **30** (1961) 355; **35** (1971) 207; 地震 (2) **34S** (1981) 92.
―――・望月英志: *Pap. Met. Geophys.* **22** (1971) 229.
井出哲 (Ide, S.)・武尾実: *JGR* **10**1 (1996) 5661; **102** (1997) 27379.
―――ほか: *BSSA* **86** (1996) 547.
Ihmlé, P. F. and T. H. Jordan: *SCI* **266** (1994) 1547.
―――ほか: *GRL* **25** (1998) 2691.
飯田汲事 (Iida, K.): *Geophys. Papers Dedicated to Prof. K. Sassa* (1963) 115; *J. Earth Sci. Nagoya Univ.* **13** (1965) 115.
―――・神原健: 地震 **6** (1934) 301.
飯高隆 (Iidaka, T.) ほか: *JGR* **97** (1992) 15307.
飯尾能久 (Iio, Y.): *JGR* **100** (1995) 15333.
今村明恒 (Imamura, A.): 震予調報 **29** (1889) 17; *Jap. J. Astr. Geophys.* **6** (1928) 119; *Pub. Earthq. Inv. Com.* **25** (1928) 1.
井元政二郎 (Imoto, M.): *N. Z. J. Geol. Geophys.* **30** (1987) 103.
井上公 (Inoue, H.) ほか: *PEPI* **59** (1990) 294.
井上宇胤 (Inouye, W.): 験震時報 **29** (1965) 139.
入倉孝次郎 (Irikura, K.): *Bull. Disas. Prev. Res. Inst.* **33** (1983) 63; 地震 (2) **46** (1994) 495.
Isacks, B. and P. Molnar, *Rev. Geophys.* **9** (1971) 103.
―――ほか: *JGR* **73** (1968) 5855.
石橋克彦 (Ishibashi, K.): 地震学会予稿集 1 (1976) 30; →Simpson and Richards (1981*) 297.
―――・佐竹健治: 地震 (2) **50S** (1998) 1.
石田瑞穂 (Ishida, M.): *BSSA* **74** (1984) 199; *JGR* **97** (1992) 489.
石井紘 (Ishii, H.) ほか: *J. Geod. Soc. Japan* **26** (1980) 17.

石川高見（Ishikawa, T.）：験震時報 **7**（1933）37.
石本巳四雄（Ishimoto, M.）：*BERI* **2**（1927）1；**6**（1929）127；**9**（1931）316；**10**（1932）171, 449.
――・飯田汲事：*BERI* **17**（1939）443.
――・大塚実：*BERI* **11**（1933）113.
伊東明彦（Ito, A.）：*JPE* **33**（1985）279；*TP* **175**（1990）47.
伊藤潔（Ito, K.）：*JPE* **38**（1990）223；*TP* **217**（1993）11；**306**（1999）423.
――・黒磯章夫：地震（2）**32**（1979）317.
伊藤忍（Ito, S.）ほか：*TP* **319**（2000）261.
岩崎貴哉（Iwasaki, T.）ほか：*GJ* **105**（1991）693；*JGR* **99**（1994）22187；*GJ* **132**（1998）435；月刊地球号外 27（1999）48.
Jacob, K.：*JGR* **76**（1970）6675.
James, D. E.：*JGR* **76**（1971）3246.
Jarrard, R. D.：*Rev. Geophys.* **24**（1986）217.
Jeans, J. H.：*Proc. Roy. Soc.* **A102**（1923）554.
Jeffreys, H.：*Mon. Not. Roy. Astr. Soc. Geophys. Suppl.* **1**（1923）22；**1**（1925）282；**1**（1926）385；**3**（1936）401：*Gerl. Beitr. Geophys.*, **56**（1938）111；*Mon. Not. Roy. Astr. Soc. Geophys. Suppl.* **4**（1939）498；594；*GJ* **1**（1958）92.
Jin, A.・安芸敬一：*JGR* **91**（1986）665.
Jobert, N.：Comp. Rend. **245**（1957）1941.
Johnson, J. M.・佐竹健治：*JGR* **102**（1997）11765.
Johnson, L. R.：*JGR* **72**（1967）6309.
Jones, L. M. and P. Molnar：*JGR* **84**（1979）3596.
Jordan, T. H. and D. L. Anderson：*GJ* **36**（1974）411.
Kagan, Y. Y.：*BSSA* **83**（1993）7；*JGR* **102**（1997）2835.
―― and D. D. Jackson：*JGR* **100**（1995）3943.
―― and L. Knopoff：*PEPI* **12**（1976）291；*GJ* **55**（1978）67；**62**（1980）303.
筧楽麿（Kakehi, Y.）・入倉孝次郎：*GJ* **125**（1996）892；*BSSA* **87**（1997）904.
――・岩田知孝：*JPE* **40**（1992）635.
――ほか，*JPE* **44**（1996）505.
神沼克伊（Kaminuma, K.）：*BERI* **44**（1966）511.
神谷真一郎（Kamiya, S.）ほか：*BERI* **64**（1989）457.
金井清（Kanai, K.）・鈴木富三郎：*BERI* **46**（1968）663.
――・田中貞二：*BERI* **39**（1961）97.
金森博雄（Kanamori, H.）：*BERI* **45**（1967）299；657；*PEPI* **2**（1970）259；*JGR* **75**（1970）5011；*PEPI* **4**（1971）289；*TP* **12**（1971）1；*BERI* **47**（1971）13；*PEPI* **5**（1972）129；426；**6**（1972）346；*Ann. Rev. Earth Planet. Sci.* **1**（1973）213；*JGR* **82**（1977）2981；*Ann. Rev. Earth Planet. Sci.* **22**（1994）207.
――・阿部勝征：*BERI* **46**（1968）1001.
―― and D. L. Anderson：*BSSA* **65**（1975）1073；*Rev. Geophys.* **15**（1977）105.
――・安藤雅孝：関東大地震50周年論文集（1973）89.

—— and J. J. Cipar: *PEPI* **9** (1974) 128.
—— and J. W. Given: *PEPI* **27** (1981) 8.
——・菊地正幸: *NAT* **361** (1993) 714.
—— and J. Mori: *GRL* **19** (1992) 721.
—— and F. Press: *NAT* **226** (1970) 330.
—— and G. S. Stewart: *JGR* **83** (1978) 3427.
——ほか: *JGR* **89** (1984) 1856; **98** (1993) 6511; *SCI* **279** (1998) 839.
神林幸夫 (Kanbayashi, Y.)・市川政治: 験震時報, **41** (1977) 57.
金嶋聡 (Kaneshima, S.): 地震 (2) **44S** (1991) 71.
——ほか: *PEPI* **45** (1987) 45.
Kárník, V.: *Studia Geophys. Geod.* **9** (1965) 341.
笠原慶一 (Kasahara, K.): *BERI* **35** (1957) 473.
加藤護 (Kato, M.)・T. H. Jordan: *PEPI* **110** (1999) 263.
——・中西一郎: *EPS* **52** (2000) 459.
加藤尚之 (Kato, N.)・平沢朋郎: *PEPI* **102** (1997) 51; *PAG* **155** (1999) 93; *BSSA* **89** (1999) 1401.
加藤照之 (Kato, T.) ほか: *TP* **144** (1987) 181.
勝間田明男 (Katsumata, A.): *BSSA* **86** (1996) 832.
勝俣啓 (Katsumata, K.) ほか: *GJ* **120** (1995) 237.
勝又護 (Katsumata, M.): 験震時報 **25** (1960) 89; 地震 (2) **17** (1964) 158; 地震学会予稿集 2 (1969) 21.
——・徳永規一: 験震時報 **36** (1971) 89; *Pap. Met. Geophys.* **31** (1980) 191.
川勝均 (Kawakatsu, H.): *JGR* **94** (1989) 12363; *NAT* **351** (1991) 50.
川崎一朗 (Kawasaki, I.): *JPE* **23** (1975) 227; →James (1989*) 994.
——・鈴木保典: *JPE* **22** (1974) 223.
——ほか: *JPE* **21** (1973) 251; **23** (1975) 43; **43** (1995) 105.
河角広 (Kawasumi, H.): *BERI* **11** (1933) 403; 地震 **15** (1943) 6; *BERI* **29** (1951) 469; *Trav. Sci. BCIS, Ser. A,* **19** (1956) 99.
Keilis-Borok, V. I.: *Rev. Geophys.* **28** (1990) 19; *Proc. Nat. Acad. USA* **93** (1996) 3748.
—— and V. G. Kossobokov: *JGR* **95** (1990) 12413.
Keith, C. M. ほか: *JGR* **87** (1982) 4609.
Kendall, J. M. and P. M. Shearer: *JGR* **99** (1994) 11575.
Kennett, B. L. N. and E. R. Engdahl: *GJ* **105** (1991) 429.
——ほか: *PEPI* **86** (1994) 85; *GJ* **122** (1995) 108; *JGR* **103** (1998) 12469.
菊地正幸 (Kikuchi, M.): 地震 (2) **44S** (1991) 301.
——・深尾良夫: *PEPI* **37** (1985) 235; *TP* **144** (1987) 231; *BSSA* **78** (1988) 1707.
——・金森博雄: *BSSA* **72** (1982) 491; *PEPI* **43** (1986) 205; *BSSA* **81** (1991) 2335; *GRL* **22** (1994) 1025; *PAG* **144** (1995) 441; *JPE* **44** (1996) 429.
——・須藤研: *JPE* **32** (1984) 161.
——ほか: 地震 (2) **52** (1999) 121; *EPS* **51** (1999) 1319.
King, D. W. and G. Calcagnile: *GJ* **46** (1976) 407.

King, G. C. P. ほか：*BSSA* **84** (1994) 935.
Kirby, S. H.：*JGR* **92** (1987) 13789.
—— ほか：*SCI* **252** (1991) 216；*Rev. Geophys.* **34** (1996) 261.
岸本兆方 (Kishimoto, Y.)：*Mem. Col. Sci. Kyoto Univ.* **A28** (1956) 117.
岸上冬彦 (Kishinouye, F.)：地震 **2** (1930) 502；*BERI* **14** (1936) 604.
Klein, F. W.：*GJ* **45** (1976) 245.
Knopoff, L.：*GJ* **1** (1958) 44.
—— and M. J. Randall：*JGR* **75** (1970) 4957.
—— ほか：*GJ* **33** (1973) 983；**39** (1974) 41.
小林直樹 (Kobayashi, N.)・西田究：*NAT* **395** (1998) 357.
小泉尚嗣 (Koizumi, N.) ほか：*JPE* **44** (1996) 373.
纐纈一起 (Koketsu, K.)・東貞成：*BSSA* **82** (1992) 2328.
国土地理院：予知連報 **8** (1972) 99；国土地理院技術資料 F・1 (6) (1987) 1.
神村三郎 (Komura, S.)：地震 (2) **9** (1957) 174.
Kondratenko, A. M. and I. L. Nersessov：*Trudy Inst. Phys. Earth Acad. Sci. USSR* **25** (1962) 130.
Kosminskaya, I. P. ほか：*IZV* (1963) 20.
Kossobokov, V. G. ほか：*PEPI* **111** (1999) 187.
Kostrov, B. V.：*IZV* **11** (1974) 23.
小藤文次郎 (Koto, B)：*J. Coll. Sci. Imp. Univ. Tokyo* **5** (1893) 295.
Kovach R. L.：*Phys. Chem. Earth,* **6** (1965) 251.
—— and D. L. Anderson：*BSSA* **54** (1964) 161；1855.
小山順二 (Koyama. J.)：地震 (2) **40** (1987) 405.
久家慶子 (Kuge, K.) ほか：*BSSA* **86** (1996) 505.
熊谷博之 (Kumagai, H.) ほか：*PEPI* **73** (1992) 38；*GRL* **26** (1999) 2817.
隈本崇 (Kumamoto, T.)：地震 (2) **50S** (1998) 53.
熊沢峰夫 (Kumazawa, M.) ほか：*GJ* **101** (1990) 613.
久野久 (Kuno, H.)：*BERI* **14** (1936) 619.
Kuo, B. and K. Wu：*JGR* **102** (1997) 11775.
日下部四郎太 (Kusakabe, S.)：*Pub. Earthq. Inv. Com.* **14** (1903) 1；**17** (1904) 1；東京数物会誌 (2) **8** (1915) 120.
楠瀬勤一郎 (Kusunose, K.)・西沢修：*JPE* **34** (1986) S45.
Lamb, H.：*Proc. Math. Soc. London* **13** (1882) 187；*Phil. Trans. Roy. Soc. London* **A203** (1904) 1.
Lammlein, D. R. ほか：*Rev. Geophys.* **12** (1974) 1.
Landisman, M. ほか：*GJ* **9** (1965) 439；**17** (1969) 369；*Rev. Geophys.* **8** (1970) 533.
Langston, C. A.：*JGR* **84** (1979) 4749.
Laske, G. and G. Masters：*JGR* **101** (1996) 16059.
Lay, T. ほか：*Earthq. Pred. Res.* **1** (1982) 3；*PEPI* **54** (1989) 258；*JGR* **102** (1997) 9887；*NAT* **392** (1998) 461.
Lees, J. M. and C. E. Nicholson：*Geol.* **21** (1993) 387.

LeFevre, L. V. and D. V. Helmberger: *JGR* **94** (1989) 17748.
Lehmann, I.: *Pub. BCIS* **A14** (1936) 87.
Lei, X.-L.・楠瀬勤一郎: *GJ* **139** (1999) 754.
―――ほか: *JGR* **105** (2000) 6127.
Le Pichon, X.: *JGR* **73** (1968) 3661.
Lerner-Lam, A. R. and T. H. Jordan: *JGR* **92** (1987) 14007.
Li, X. D. and B. Romanowicz: *JGR* **101** (1996) 22245.
Lienert, B. R.: *BSSA* **87** (1997) 1150.
Lilwall, R. C. and A. Douglas: *GJ* **19** (1970) 165.
Linde, A. T. and P. G. Silver: *GRL* **16** (1989) 1305.
Linehan, D.: *Trans. AGU* **21** (1940) 229.
Linker, M. F. and J. H. Dieterich: *JGR* **97** (1992) 4923.
Lomnitz, C.: *J. Geol.* **64** (1956) 473.
Loper, D. E. and T. Lay: *JGR* **100** (1995) 6397.
Lukk, A. A.: *IZV* (1968) 319.
Lundgren, P. and D. Giardini: *JGR* **99** (1994) 15833.
Lyons, W. J.: *J. Appl. Phys.* **17** (1946) 472.
Macelewane, J. B.: *A Preliminary Table of Observed Travel Times of Earthquake Waves for Distances between 10° and 180° Applicable to Normal Earthquakes* (1933) St. Louis Univ.
Madariaga, R.: *BSSA* **66** (1976) 639; →Kanamori and Boschi (1983*) 1.
前田憲二 (Maeda, K.): *BSSA* **86** (1996) 242.
Main, I. G.: *Rev. Geophys.* **34** (1996) 433; *GJ* **142** (2000) 151.
牧正 (Maki, T.): *BERI* **58** (1983) 311.
Mansinha, L. and D. E. Smylie: *BSSA* **61** (1971) 1433.
Marone, C.: *Ann. Rev. Earth Planet. Sci.* **26** (1998) 643.
丸山卓男 (Maruyama, T.): *BERI* **41** (1963) 467; **42** (1964) 289; **53** (1978) 407.
Massonnet, D. and K. L. Feigl: *Rev. Geophys.* **36** (1998) 441.
―――ほか: *NAT* **364** (1993) 138.
Masters, G. and F. Gilbert: *GRL* **8** (1981) 569; *Phil. Trans. Roy. Soc.* **A308** (1983) 479.
――― and R. Widmer: →Ahrens (1995*) 104.
―――ほか: *Phil. Trans. Roy. Soc.* **A354** (1996) 1385.
松原誠 (Matsubara, M.) ほか: *EPS* **52** (2000) 143.
松村一男 (Matsumura, K): *Bull. Disas. Prev. Res. Inst.* **36** (1986) 43.
松村正三 (Matsumura, S.): *TP* **273** (1997) 271.
松田時彦 (Matsuda, T.): 震研速報 **13** (1974) 85; 地震 (2) **28** (1975) 269.
―――ほか: 地質学論集 **12** (1976) 付録; *Geol. Soc. Am. Bull.* **89** (1978) 1610.
松本聡 (Matsumoto, S.): *JPE* **43** (1995) 279.
―――・長谷川昭: *JGR* **101** (1996) 3067.
松島昭吾 (Matsushima, S.): *Bull. Disas. Prev. Res. Inst.* **32** (1960) 2.
松浦充宏 (Matsu'ura, M.): 地震 (2) **44S** (1991) 53.

―――・佐藤良輔:地震 (2) **28** (1975) 429.
―――・佐藤利典:*GJ* **96** (1989) 23.
―――ほか:*JPE* **28** (1980) 119; *TP* **211** (1992) 135.
松浦律子 (Matsu'ura, R. S.):*JPE* **31** (1983) 65; *BERI* **61** (1986) 1.
松沢暢 (Matsuzawa, T.) ほか:*GJ* **86** (1986) 767; *TP* **181** (1990) 123.
松沢武雄 (Matuzawa, T.):*BERI* **6** (1929) 213; **14** (1936) 38.
McEvilly, T. V.:*BSSA* **56** (1964) 1997.
McGarr, A. and R. W. E. Green:*BSSA* **68** (1978) 1379.
McKenzie, D. P. and R. L. Parker:*NAT* **216** (1967) 1276.
Mechie, J. ほか:*PEPI* **79** (1993) 269.
Medvedev, S. ほか:*Neue Seismische Skala* (1964) Akademie Verlag.
Megnin, C. and B. Romanowicz:*GJ* **143** (2000) 709.
Mendoza, C・福山英一:*JGR* **101** (1996) 791.
――― and S. H. Hartzell:*BSSA* **78** (1988) 1438.
Michelson, A. A.:*J. Geol.* **25** (1917) 405.
三雲健 (Mikumo, T.):*JGR* **73** (1968) 2009; *JPE* **17** (1969) 169; **19** (1971) 1; 303; **21** (1973) 191; *GJ* **65** (1981) 129.
―――・宮武隆:*GJ* **54** (1978) 417; **59** (1979) 497; **74** (1983) 559; **112** (1993) 481; *BSSA* **85** (1995) 178.
―――・安藤雅孝:*JPE* **22 24** (1976) 63.
―――ほか:*TP* **144** (1987) 19.
Miller, A. D. ほか:*Rev. Geophys.* **36** (1998) 551.
Minster, J. B. and T. Jordan:*JGR* **83** (1978) 5331.
Mitchell, B. J. and D. V. Helmberger:*JGR* **78** (1973) 6009.
Mithal, R. and J. C. Mutter:*GJ* **97** (1989) 275.
宮部直己 (Miyabe, N.):*BERI* **9** (1931) 1; *Bull. Geogr. Surv. Inst.* **4** (1955) 1.
宮町宏樹 (Miyamachi, H.) ほか:*JPE* **42** (1994) 237.
―――・森谷武男:*JPE* **35** (1987) 309.
宮下芳 (Miyashita, K.):*JPE* **35** (1987) 449.
宮武隆 (Miyatake, T.):*GRL* **19** (1992) 349; 1041.
―――・山下輝夫:*JPE* **43** (1995) 171.
溝上恵 (Mizoue, M.):*BERI* **55** (1980) 705.
―――ほか:*BERI* **57** (1982) 653; **58** (1983) 287.
Mocquet, A.・深尾良夫:*GRL* **19** (1992) 115.
茂木清夫 (Mogi, K.):*BERI* **40** (1962) 125; **41** (1963) 615; 地震 (2) **20** 特集号 (1967) 149; *JPE* **16** (1968) 30; *BERI* **46** (1968) 1103; **47** (1969) 419; *TP* **17** (1973) 1; 材料 **23** (1974) 320; *PAG* **117** (1979) 1172; 地震 (2) **35** (1982) 478; *PAG* **122** (1985) 765.
Mohorovičić, A.:*Jahrb. Meteorol. Obs. Zagreb* **9** (1910) 1.
Mohr, O.:*Zeits. Ver. dt Ing.* **44** (1900) 1524.
Molas, G. L.・山崎文雄:*BSSA* **85** (1995) 1343.
Molchan, G. M. ほか:*PEPI* **111** (1999) 229.

Molnar, P. and J. Oliver: *JGR* **74** (1969) 2468.
―― and P. Tapponnier: *SCI* **189** (1975) 419.
Montagner, J. P.: *PEPI* **38** (1985) 28; *PAG* **151** (1998) 223.
――・谷本俊郎: *JGR* **95** (1990) 4797; **96** (1991) 20337.
Mooney, H. M.: *JGR* **75** (1970) 285.
Mooney, W. D. ほか: *JGR* **103** (1998) 727.
Morelli, A. and A. M. Dziewonski: *NAT* **325** (1987) 678; *GJ* **112** (1993) 178.
――ほか: *GRL* **13** (1986) 1545.
Morgan, W. J.: *JGR* **73** (1968) 1959; *Am. Ass. Petrol. Geol.* **56** (1972) 203.
Mori, J. and T. Boyd: *JPE* **33** (1985) 227.
―― and A. Frankel: *BSSA* **80** (1990) 278.
――・島崎邦彦: *JGR* **90** (1985) 11374.
森田稔 (Morita, M.): 験震時報 **9** (1936) 231.
森谷武男 (Moriya, T.) ほか: *TP* **290** (1998) 181.
Morozov, I. B. ほか: *PAG* **153** (1998) 311.
Morozova, E. A. ほか: *JGR* **104** (1999) 20329.
村松郁栄 (Muramatu, I.): 岐阜大教育学部報告 **3** (1966) 470; **4** (1969) 168.
村内必典 (Murauchi, S.) ほか: *JGR* **73** (1968) 3143.
武藤勝彦 (Muto, K.): *BERI* **10** (1932) 384.
Myachkin, V. I. and S. I. Zubkov: *IZV* (1973) 363.
――ほか: *PAG* **113** (1975) 169.
Nadeau, R. M. ほか: *SCI* **267** (1995) 503.
―― and L. R. Johnson: *BSSA* **88** (1998) 790.
長宗留男 (Nagamune, T.): *GM* **35** (1971) 333.
長尾年恭 (Nagao, T.) ほか: *GRL* **27** (2000) 1535.
永田武 (Nagata, T.): *TP* **14** (1972) 263.
中村左衛門太郎 (Nakamura, S. T.): 震予調報 **100A** (1925) 67.
中西秀 (Nakanishi, H.): *Phys. Rev. A* **46** (1992) 4689.
中西一郎 (Nakanishi, I.): *GJ* **93** (1988) 335.
―― and D. L. Anderson: *BSSA* **72** (1982) 1185; *JGR* **88** (1983) 10267.
――ほか: *GJ* **67** (1981) 615.
中野広 (Nakano, H.): *Seism. Bull. Cent. Met. Obs.* **1** (1923) 92.
中野優 (Nakano, M.) ほか: *JGR* **103** (1998) 10031.
中山渉 (Nakayama, W.)・武尾実: *BSSA* **87** (1997) 918.
那須信治 (Nasu, N.): *BERI* **6** (1929) 245; **13** (1935) 335.
Nataf, H. C.: *Ann. Rev. Earth Planet. Sci.* **28** (2000) 391.
――ほか: *JGR* **91** (1986) 7261.
Ness, N. F. ほか: *JGR* **66** (1961) 621.
Niazi, M. and D. L. Anderson: *JGR* **70** (1965) 4633.
Nishenko, S. P.: *PAG* **135** (1991) 169.
Nishimura, C. E. and D. W. Forsyth: *GJ* **96** (1989) 203.

西村卓也 (Nishimura, T.) ほか: *TP* **323** (2000) 217.
西村太志 (Nishimura, T.) ほか: *Tohoku Geophys. J.* **34** (1996) 121.
西沢あずさ (Nishizawa, A.) ほか: *PEPI* **75** (1992) 165.
Niu, F.・川勝均: *GRL* **22** (1995) 531.
野口伸一 (Noguchi, S.): *BERI* **73** (1998) 73.
Nolet, G.: →Nolet (1987*) 1; 301; *JGR* **95** (1990) 8499.
Nowack, R. L. ほか: *GJ* **136** (1999) 171.
Nowroozi, A. A.: *GJ* **12** (1967) 517.
Nur, A.: *BSSA* **62** (1972) 1217.
Nyffenegger, P. and C. Frohlich: *GRL* **27** (2000) 1215.
小原一成 (Obara, K.)・佐藤春夫: *JGR* **93** (1988) 15037.
——ほか: 地震 (2) **39** (1986) 201.
大林政行 (Obayashi, M.)・深尾良夫: *JGR* **102** (1997) 17825.
尾形良彦 (Ogata, Y.): *JPE* **31** (1983) 115; *Jour. Am. Stat. Ass.* **83** (1988) 9; *JGR* **97** (1992) 19845; 統計学会誌 **22** (1993) 413; *JGR* **104** (1999) 17995.
——ほか: *Ann. Inst. Statist. Math.* **34B** (1982) 373; *GJ* **121** (1995) 233; **127** (1996) 17.
大見士朗 (Ohmi, S.)・堀貞喜: *GJ* **141** (2000) 136.
大中康誉 (Ohnaka, M.): *TP* **211** (1992) 149; 地震 (2) **50S** (1998) 129.
——・桑原保人: *TP* **175** (1990) 197.
——ほか: →Das et al. (1986*) 13; *TP* **144** (1987) 109.
大竹政和 (Ohtake, M.): 防災センター研究報告 **23** (1980) 65; *PEPI* **44** (1986) 87; *Earthq. Pred. Res.* **4** (1986) 165.
尾池和夫 (Oike, K.): 京大防災研年報 **20**, B-1 (1977) 35.
岡田淳 (Okada, A.)・笠原慶一: *BERI* **44** (1966) 247.
岡田弘 (Okada, H.): 地震 (2) **24** (1971) 228, *JPE* **27** (1979) S53.
岡田広 (Okada, H.): *JPE* **26** (1978) S491.
岡田正実 (Okada, M.): 地震 (2) **35** (1982) 53.
岡田義光 (Okada, Y.): *BSSA* **75** (1985) 1135; **82** (1992) 1018; *JPE* **43** (1995) 679.
——・笠原敬司: *TP* **172** (1990) 351.
——ほか: *JGR* **105** (2000) 681.
Okal, E. A. and S. H. Kirby: *PEPI* **92** (1995) 169.
—— and J. Talandier: *JGR* **102** (1997) 27421.
岡野健之助 (Okano, K.) ほか: 地震 (2) **38** (1985) 93.
沖野郷子 (Okino, K.) ほか: *GRL* **16** (1989) 1059.
大久保泰邦 (Okubo, Y.)・松永恒雄: *JGR* **99** (1994) 22363.
Oldham, R. D.: *Phil. Trans. Roy. Soc.* **A194** (1900) 135; *Quart. J. Geol. Soc.* **62** (1906) 456.
Oliver, J. and M. Ewing: *BSSA* **48** (1958) 33.
—— and B. Isacks: *JGR* **72** (1967) 4259.
—— and M. Major: *BSSA* **50** (1960) 165.
——ほか: *JGR* **88** (1983) 3329.

大森房吉 (Omori, F.): *J. Col. Sci. Imp. Univ. Tokyo* **7** (1894) 111; 震予調報 **30** (1900) 30; *Bull. Earthq. Inv. Comm.* **3** (1909) 37; **9** (1918) 33.
大井田徹 (Ooida, T.)・伊藤潔: 地震 (2) **27** (1974) 246.
大塚道男 (Otsuka, M.): 地震 (2) **18** (1965) 1; *JPE* **20** (1972) 35; *PEPI* **6** (1972) 311.
大内徹 (Ouchi, T.)・南雲昭三郎: *BERI* **50** (1975) 359.
―――・上川智美: *PEPI* **44** (1986) 211.
小沢慎三郎 (Ozawa, S.) ほか: *GRL* **24** (1997) 2327.
Papazachos, B. C.: *AGF* **27** (1974) 497.
Parsons, T. ほか: *JGR* **104** (1999) 18015.
Pavlenkova, N. I.: *Adv. Geophys.* **37** (1996) 1.
Pavlis, G. L. and M. W. Hamburger: *JGR* **96** (1991) 18107.
Pekeris, C. L.: *GJ* **11** (1966) 85.
Pelayo, A. M. and D. A. Wiens: *JGR* **97** (1992) 15321.
Phinney, R. A.: *JGR* **69** (1964) 2997.
Pho, H. T. and L. Behe: *BSSA* **62** (1972) 885.
Pino, N. A. and D. V. Helmberger: *JGR* **102** (1997) 2953.
Polet, J.・金森博雄: *GJ* **142** (2000) 684.
Pomeroy, C. D.: *NAT* **178** (1956) 279.
Pomeroy, P. W. ほか: *BSSA* **66** (1976) 685.
Poupinet, G. ほか: *NAT* **350** (1983) 204; *PEPI* **118** (2000) 77.
Press, F.: *Geol. Soc. Am. Bull.* **67** (1956) 1647; *JGR* **70** (1965) 2395; **73** (1968) 5223; *PEPI* **3** (1970) 3.
―――and M. Ewing: *BSSA* **42** (1952) 219.
Priestley, K. ほか: *GJ* **118** (1994) 369.
Pulliam, R. J. ほか: *JGR* **98** (1993) 699.
Qamar A. and A. Eisenberg: *JGR* **79** (1974) 758.
Qiu, X. ほか: *GJ* **127** (1996) 563.
Raff, A. D. and R. G. Mason: *Geol. Soc. Am. Bull.* **72** (1961) 1267.
Raitt, R. W. ほか: *JGR* **74** (1969) 3095; *TP* **12** (1971) 173.
Rayleigh, J. W. S.: *Proc. London Math. Soc.* **17** (1885) 4.
Reasenberg, P. A.: *PAG* **155** (1999) 355.
―――and R. W. Simpson: *SCI* **255** (1992) 1687.
Regan, J. and D. L. Anderson: *PEPI* **35** (1984) 227.
Reid, H. F.: *Rep. State Inv. Comm.* **2** (1910) Carnegie Inst. Washington; *Bull. Dept. Geol. Univ. Calif.* **6** (1911), 413.
Resovsky, J. S. and M. H. Ritzwoller: *JGR* **103** (1998) 783.
Rice, J. R.: *JGR* **98** (1993) 9885.
Richard-Dinger, K. B. and P. M. Shearer: *JGR* **105** (2000) 10939.
Richter, C. F.: *BSSA* **25** (1935) 1.
力武常次 (Rikitake, T.): *TP* **26** (1975) 1; **35** (1976) 335; **54** (1979) 293.
Ritzwoller, M. H. and E. M. Lavely: *Rev. Geophys.* **33** (1995) 1.

—— and A. L. Levshin: *JGR* **103** (1998) 4839.
——ほか: *JGR* **91** (1986) 10203.
Robinson, R. and R. L. Kovach: *PEPI* **5** (1971) 30.
Rodgers, A. and J. Wahr: *GJ* **115** (1993) 991.
Romanowicz, B.: *JGR* **95** (1990) 11051; **100** (1995) 12375.
—— and L. Breger: *JGR* **105** (2000) 21559.
——ほか: *BSSA* **81** (1991) 243.
Roth, E. G. ほか: *JGR* **104** (1999) 4795.
Roult, G. ほか: *PEPI* **113** (1999) 25.
Ruff, L.・金森博雄: **31** (1993) 202.
Ruina, A.: *JGR* **88** (1983) 10359.
Runcorn, S. K.: *Geol. Ass. Canada Proc.* **8** (1956) 77.
Russell, S. A. ほか: *JGR* **104** (1999) 13183.
Ryall, A. ほか: *BSSA* **56** (1966) 1105.
Ryberg, T. ほか: *BSSA* **86** (1996) 857; *JGR* **103** (1998) 811.
Sacks, S. I.: *Ann. Rep. DTM 1969-1970* (1971) 414; 416.
—— and D. W. Evertson: *Ann. Rep. DTM 1968-1969* (1970) 448.
——・岡田弘: *PEPI* **9** (1974) 211.
鷺坂清信 (Sagisaka, K.): 験震時報 **6** (1932) 15; **10** (1940) 385; *GM* **26** (1954) 53.
鷺谷威 (Sagiya, T.): 地震 (2) **52** (1999) 111; *GRL* **26** (1999) 2315.
—— and W. Thatcher: *JGR* **104** (1999) 1111.
斎藤正徳 (Saito, M.): *JGR* **72** (1967) 3689; *JPE* **26** (1978) 123.
——ほか: 地震 (2) **26** (1973) 19.
Sandvol, E. ほか: *JGR* **103** (1998) 26899.
佐野慶三 (Sano, K.)・長谷川謙: *Proc. Tokyo Math. Phys. Soc.* (2) **8** (1915) 187.
三東哲夫 (Santo, T.): *BERI* **41** (1963) 719.
——・佐藤泰夫: *BERI* **44** (1966) 939.
笹谷努 (Sasatani, T.): *J. Fac. Sci. Hokkaido Univ. VII* **10** (1997) 269.
佐々憲三 (Sassa, K.)・西村英一: *Bull. Disas. Prev. Res. Inst.* **13** (1956) 1.
佐竹健治 (Satake, K.): *PEPI* **37** (1985) 249; **43** (1986) 137; *JGR* **94** (1989) 5627.
——・金森博雄: *Nat. Hazards* **4** (1991) 193; *JGR* **96** (1991) 19933.
——ほか: *NAT* **379** (1996) 246.
佐藤春夫 (Sato, H.): *PAG* **126** (1988) 465.
佐藤裕 (Sato, H.): *Bull. Geogr. Surv. Inst.* **19** (1973) 89; *JPE* **25** (1977) S115.
佐藤良輔 (Sato, R.): *JPE* **23** (1975) 323; **24** (1976) 43; **27** (1979) 353.
——・松浦充宏: *JPE* **22** (1974) 213.
佐藤魂夫 (Sato, T.): *JPE* **33** (1985) 525.
——・平沢朋郎: *JPE* **21** (1973) 415.
——ほか: *GRL* **23** (1996) 33.
佐藤利典 (Sato, T.)・松浦充宏: *GJ* **111** (1992) 617.
佐藤努 (Sato, T.) ほか: *GRL* **27** (2000) 1219.

佐藤泰夫 (Sato, Y.) : *BERI* **33** (1955) 33 ; 地震 (2) **8** (1956) 149 ; *BSSA* **48** (1958) 231.
―― ほか : *BERI* **15** (1967) 601 ; *BSSA* **58** (1968) 133.
Savage, J. C. : *JGR* **77** (1972) 3788 ; **88** (1983) 4984.
Savage, M. K. : *Rev. Geophys.* **37** (1999) 65.
Sbar, M. and L. R. Sykes : *Geol. Soc. Am. Bull.* **84** (1973) 1861.
Scheidegger, A. E. and P. L. Willmore : *Geophysics* **22** (1957) 9.
Schöffel, H. J. and S. Das : *JGR* **104** (1999) 13101.
Scholz, C. H. : *BSSA* **58** (1968) 1117 ; *JGR* **73** (1968) 1447.
―― ・加藤照之 : *JGR* **83** (1978) 783.
―― ほか : *SCI* **181** (1973) 803 ; *BSSA* **76** (1986) 65.
Schueller, W. I. ほか : *BSSA* **87** (1997) 414.
Schuster, A. : *Proc. Roy. Soc.* **61** (1897) 455.
Schwartz, D. P. and K. J. Coppersmith : *JGR* **89** (1984) 5681.
Schwartz, S. Y. and L. J. Ruff : *JGR* **90** (1985) 8613.
Segall, P. ほか : *JGR* **99** (1994) 15423.
関口春子 (Sekiguchi, H.) ほか : *JPE* **44** (1996) 473 ; *BSSA* **90** (2000) 117.
関口渉次 (Sekiguchi, S.) : *TP* **195** (1991) 83.
関谷溥 (Sekiya, H.) : 地震 (2) **29** (1976) 299.
Semenov, A. M. : *IZV* (1969) 245.
瀬野徹三 (Seno, T.) ほか : *PEPI* **23** (1980) 39 ; *JGR* **101** (1996) 11305.
妹沢克惟 (Sezawa, K.) ・金井清 : *BERI* **13** (1935) 471.
Shaw, B. E. : *GRL* **20** (1993) 907.
Shearer, P. M. : *JGR* **96** (1991) 18147 ; **99** (1994) 13713 ; **101** (1996) 3053.
Sheeham, A. F. and S. C. Solomon : *JGR* **97** (1992) 15339.
芝崎文一郎 (Shibazaki, B.) ・松浦充宏 : *GRL* **22** (1995) 1305 ; *GJ* **132** (1998) 14.
志田順 (Shida, T.) : 東京数学物理学会口頭発表 (1917).
嶋悦三 (Shima, E.) ・浅田鉄太郎 : *BERI* **63** (1988) 87.
島村英紀 (Shimamura, H.) ・浅田敏 : *PEPI* **13** (1976) P15.
―― ほか : *PEPI* **31** (1983) 348.
島崎邦彦 (Shimazaki, K.) : *PEPI* **6** (1972) 397 ; **9** (1974) 314 ; →Das et al. (1986*) 209.
―― ・中田高 : *GRL* **7** (1980) 279.
―― and P. Somerville : *BSSA* **69** (1979) 1343.
Shimshoni, M. : *GJ* **23** (1971) 373 ; **24** (1971) 97.
塩野清治 (Shiono, K.) : *J. Geosci. Osaka City Univ.* **16** (1973) 69 ; *JPE* **25** (1977) 1.
Sibson, R. H. : *BSSA* **72** (1982) 151 ; *JGR* **89** (1984) 5791.
Sidorin, I. ほか : *EPSL* **163** (1998) 31.
Sieh, K. : *JGR* **83** (1978) 3907.
―― ほか : *JGR* **94** (1989) 603.
Silver, P. G. : *Ann. Rev. Earth Planet Sci.* **24** (1996) 385.
―― ほか : *SCI* **268** (1995) 69.
Simpson, D. W. and S. K. Negamatullaev : *BSSA* **71** (1981) 1561.

Singh S. K. and M. Ordaz: *BSSA* **84** (1994) 1533.
Sipkin S. A. and T. H. Jordan: *JGR* **80** (1975) 1474; **81** (1976) 6307; **85** (1980) 853.
Smith, G. P. and G. Ekström: *JGR* **104** (1999) 963.
Smith, T. J. ほか: *JGR* **71** (1966) 1141.
Smylie D. E. and L. Mansinha: *GJ* **23** (1971) 329.
Snieder, R.: →Iyer and Hirahara (1993*) 23.
Snoke, J. A. and D. E. James: *JGR* **102** (1997) 2939.
——ほか: *PEPI.* **9** (1974) 199.
Solomon, S. C.: *JGR* **78** (1973) 6044.
—— and D. R. Toomey: *Ann. Rev. Earth Planet. Sci.* **20** (1992) 329.
Somville, O.: *Gerl. Beitr. Geophys.* **27** (1930) 437; **29** (1931) 247.
Song, X.: *Rev. Geophys.* **35** (1997) 297.
—— and D. V. Helmberger: *GRL* **20** (1993) 2591; *JGR* **100** (1995) 9805.
Souriau, A. and P. Roudil: *GJ* **23** (1995) 572.
—— and G. Poupinet: *PEPI* **118** (2000) 13.
Spakman, W. ほか: *PEPI* **79** (1993) 3.
Spencer, C. and D. Gubbins: *GJ* **63** (1980) 95.
Starr. A. T.: *Proc. Cambridge Phil. Soc.* **24** (1928) 489.
Stauder, W.: *Adv. Geophys.* **9** (1962) 1.; *JGR* **73** (1968). 7693.
—— and L. Mualchin: *JGR* **81** (1976) 297.
Stein, S. ほか: →Stacy et al. (1981*) 39.
Stein, R. S. ほか: *SCI* **265** (1994) 1432.
Steinbrugge, K. V. and E. G. Zacher: *BSSA* **50** (1960) 389.
Stirling, M. W. ほか: *GJ* **124** (1996) 833.
Stuart, W. D.: *GRL,* **1** (1974) 261; *PAG* **126** (1988) 619.
Su, W. J. and A. M. Dziewonski: *JGR* **100** (1995) 9831; *PEPI* **100** (1997) 135.
——ほか: *NAT* **360** (1992) 149; *JGR* **99** (1994) 6945; *SCI* **274** (1996) 1883.
須田直樹 (Suda, N.)・深尾良夫: *GJ* **103** (1990) 403.
——ほか: *GRL* **18** (1991) 1119; *SCI* **279** (1998) 2089.
末次大輔 (Suetsugu, D.)・中西一郎: *PEPI* **47** (1987) 230.
杉岡裕子 (Sugioka, H.) ほか: *GJ* **142** (2000) 361.
末広潔 (Suyehiro, K.)・西沢あずさ: *JGR* **99** (1994) 22331.
—— and S. I. Sacks: *BSSA* **69** (1979) 97; *JGR* **88** (1983) 10429.
——ほか: *SCI* **272** (1996) 390.
末広恭二 (Suyehiro, K.): *BERI* **1** (1926) 59.
末広重二 (Suyehiro, S.): *Pap. Met. Geophys.* **11** (1960) 97; **15** (1964) 71; *BSSA* **57** (1967) 447.
鈴木貞臣 (Suzuki, S.) ほか: *TP* **96** (1983) 59.
鈴木次郎 (Zuzuki, Z.)・鈴木将之: *Sci. Rep. Tohoku Univ. V* **17** (1965) 9.
Sykes, L.: *JGR* **72** (1967) 2131; **76** (1971) 152; 8021.
—— and S. C. Jaumé: *NAT* **348** (1990) 595.

多田堯（Tada, T.）・坂田正治：*Bull. Geogr. Surv. Inst.* **22**（1977）103.
高木章雄（Takagi, A.）ほか：*JPE* **25**（1977）S95.
高橋博（Takahashi, H.）・浜田和郎：*PAG* **113**（1975）311.
高橋成実（Takahashi, N.）ほか：*GRL* **27**（2000）1977.
竹本修三（Takemoto, S.）・高田理夫：地震（2）**23**（1970）49.
武尾実（Takeo, M.）：*BSSA* **77**（1987）490；**78**（1988）1074；地震（2）**42**（1989）59.
──・三上直也：*TP* **144**（1987）271；*BERI* **65**（1990）541.
──ほか：*GRL* **20**（1993）2607.
竹内新（Takeuchi, H.）：験震時報 **47**（1983）112.
竹内均（Takeuchi, H.）：*GJ* **2**（1959）89.
──・水谷仁：科学 **38**（1968）622.
──・斎藤正徳：*Methods in Comp. Phys.* **11**（1972）217.
──ほか：*JGR* **73**（1968）3349.
竹内希（Tekeuchi, N.）ほか：*PEPI* **119**（2000）25.
Talwani, M. ほか：*JGR* **70**（1965）341.
玉城逸夫（Tamaki, I.）：*Mem. Osaka Inst Tech. Ser. A* **7**（1961）45.
田中聡（Tanaka, S.）・浜口博之：*JGR* **102**（1997）2925.
棚橋嘉市（Tanahashi, K.）：海と空 **11**（1931）277.
谷本俊郎（Tanimoto, T.）：*GJ* **89**（1987）713；**93**（1988）321.
── and D. L. Anderson：*JGR* **90**（1985）1842.
── and J. Um：*JGR* **104**（1999）28723.
谷岡勇市郎（Tanioka, Y.）：*GRL* **26**（1999）3393.
──・佐竹健治：*GRL* **23**（1996）1549.
──ほか：*GRL* **22**（1995）9；1661；*GRL* **23**（1996）1465；*Island Arc* **6**（1997）261.
Tappin, D. R. ほか：*EOS* **80**（1999）329.
Taylor, M. A. ほか：*JGR* **101**（1996）8363.
田治米鏡二（Tazime, K.）：*J. Fac. Sci. Hokkaido Univ. VII* **1**（1957）55.
寺島敦（Terashima, T.）：*Bull. IISEE* **5**（1968）31；地震（2）**36**（1983）373.
──・神谷郁代：地震（2）**41**（1988）591.
──ほか：地震（2）**28**（1975）239.
Thatcher, W. and J. N. Brune：*JGR* **74**（1969）6603.
──and J. B. Rundle：*JGR* **74**（1969）6603；*JGR* **89**（1984）7631.
Thomson, W. T.：*J. Appl. Phys.* **21**（1950）89.
Thurber, C.：*JGR* **88**（1983）8226.
Tichelaar, B. W. and L. J. Ruff：*GRL* **15**（1988）1219.
Tocher, D.：*BSSA* **48**（1958）147；**50**（1960）396.
遠田晋次（Toda, S.）ほか：*JGR* **103**（1998）24543.
Toksöz, M. N. and A. Ben-Menahem：*BSSA* **53**（1963）741.
── and D. L. Anderson：*JGR* **71**（1966）1649.
──ほか：*GJ* **13**（1967）31.
友田好文（Tomoda, Y.）：地震（2）**5**（1952）1.

Toppozada, T. R.: *BSSA* **65** (1975) 1223.
Trampert, J. and J. H. Woodhouse: *GJ* **122** (1995) 675.
Tromp, J.: *NAT* **366** (1993) 678.
Tse, S. T. and J. R. Rice: *JGR* **91** (1986) 9452.
坪井忠二 (Tsuboi, C.): *Jap. J. Astr. Geophys.* **10** (1933) 93; *Proc. Imp. Acad.* **16** (1940) 449; 地震 (2) **7** (1954) 185; *JPE* **4** (1956) 63.
坪川家恒 (Tsubokawa, I.): 測地学会誌 **15** (1969) 75.
——ほか: 測地学会誌 **10** (1964) 165.
佃為成 (Tsukuda, T.): *PAG* **128** (1988) 261.
辻浦賢 (Tsujiura, M.): *BERI* **54** (1979) 309; *BERI Suppl.* **5** (1988) 1.
津村建四朗 (Tsumura, K.): *BERI* **45** (1967) 7; 関東大地震50周年論文集 (1973) 63.
津村紀子 (Tsumura, N.) ほか: *TP* **319** (2000) 241.
鶴哲郎 (Tsuru, T.) ほか: *JGR* **105** (2000) 16403.
Turcotte, D. L.: *PEPI* **111** (1999) 275.
Turner, H. H.: *Mon. Not. Roy. Astr. Soc. Geophys. Supl.* **1** (1922) 1.
鵜川元雄 (Ukawa, M.)・大竹政和: *JGR* **92** (1987) 12649.
梅田康弘 (Umeda, Y.): *TP* **211** (1992) 13.
——ほか: *TP* **261** (1996) 179.
海野徳仁 (Umino, T.)・長谷川昭: 地震 (2) **27** (1975) 125; **37** (1984) 217.
—— and I. Sacks: *BSSA* **83** (1993) 1492.
——ほか: *GJ* **120** (1995) 356.
卜部卓 (Urabe, T.) ほか: *JPE* **33** (1985) 133.
宇佐美龍夫 (Usami, T.) ほか: *BERI* **43** (1965) 641.
宇津徳治 (Utsu, T.): 地震 (2) **10** (1957) 35; 測候時報 **26** (1958) 72, 118, 135; 験震時報 **23** (1958) 61; *GM* **30** (1961) 521; *BSSA* **52** (1962) 279; *JPE* **14** (1966) 37; *J. Fac. Sci. Hokkaido Univ. VII* **2** (1966) 359; **3** (1967) 1; (1970) 197; **4** (1971) 379; *Rev. Geophys.* **9** (1971) 839; *JPE* **22** (1974) 325; **23** (1975) 367; 地震 (2) **28** (1975) 303; **30** (1977) 179; *BERI* **57** (1982) 111; 465; 499; **59** (1984) 53; **63** (1988) 23; *PAG* **155** (1999) 509.
——・尾形良彦: *IASPEI Software Library* **6** (1997) 13.
——・岡田弘: *J. Fac. Sci. Hokkaido Univ. VII* **3** (1968) 65.
——・関彰: 地震 (2) **7** (1955) 233.
——ほか: *JPE* **43** (1995) 1.
van der Hilst, R. D. ほか: *NAT* **353** (1991) 37; **386** (1997) 578.
van der Lee, S. and G. Nolet: *JGR* **102** (1997) 22815.
van Eck, R. and B. Dost: *PEPI* **113** (1999) 45.
Vaněk, J. ほか: *IZV* (1962) 108.
Varnes, D. J.: *PAG* **130** (1989) 661.
Varotsos, P. ほか: *TP* **224** (1993) 1; 269; *GRL* **23** (1996) 1295.
Vasco, D. W. and L. R. Johnson: *JGR* **103** (1998) 2633.
——ほか: *JGR* **99** (1994) 13727.
Vassiliou, M. S.・金森博雄: *BSSA* **72** (1982) 371.

Vere-Jones, D. and R. B. Davies : *N. Z. J. Geol. Geophys.* **9** (1966) 251.
Vidale, J. E. and M. E. H. Hedlin : *NAT* **682** (1998) 682.
——ほか : *JGR* **103** (1998) 24567 ; *NAT* **405** (2000) 445.
Vine, F. J. and D. H. Mathews : *NAT* **199** (1963) 947.
和達清夫 (Wadati, K.) : 気象集誌 **23** (1925) 201 ; **5** (1927) 119 ; *GM* **1** (1928) 161 ; **4** (1931) 231 ; 気象集誌 2 **10** (1932) 559 ; *GM* **8** (1935) 305 ; 科学 **10** (1940) 396.
——・井上宇胤 : *Proc. Japan Acad.* **29** (1953) 47.
——・益田クニモ : *GM* **8** (1934) 187.
——・沖住雄 : *GM* **7** (1933) 139.
脇田宏 (Wakita, H.) : *SCI* **189** (1975) 553.
——ほか : *SCI* **207** (1980) 882.
Wald, D. J. : *JPE* **44** (1996) 489.
—— and P. G. Somerville : *BSSA* **85** (1995) 159.
——ほか : *Earthq. Spectra* **15** (1999) 557.
渡辺晃 (Watanabe, H.) : 地震 (2) **24** (1971) 189 ; **26** (1973) 107.
Weber, M. : *GJ* **115** (1993) 183.
Wegener, A. : *Geol. Randschau* **3** (1912) 276.
Wells, D. L. and K. J. Coppersmith : *BSSA* **84** (1994) 974.
Wesnousky, S. G. ほか : *BSSA* **74** (1984) 687.
WGCEP (Working Group on California Earthquake Probabilities) : *BSSA* **85** (1995) 379.
Wideman, C. J. and M. W. Major : *BSSA* **57** (1967) 1429.
Widiyantoro, S. ほか : *GJ* **141** (2000) 747.
Widmer, R. ほか : *GJ* **104** (1991) 541.
Wiechert, E. : *Nach. Ges. Wiss. Gottingen Math.-Phys. Kl.* (1907) 1.
—— and L. Geiger : *Phys. Zeits.* **2** (1910) 294.
Wielandt, E. and G. Streckeisen : *BSSA* **72** (1982) 2349.
Wiemer, S.・勝俣啓 : *JGR* **104** (1999) 13135.
Wiens, D. A. and H. J. Gilbert : *NAT* **384** (1996) 153.
——ほか : *NAT* **372** (1994) 540.
Wiggins, R. A. and D. V. Helmberger : *JGR* **78** (1973) 1870 ; *GJ* **37** (1974) 73.
Willmore, P. L. : *BSSA* **49** (1959) 99.
Wilson, J. T. : *NAT* **197** (1963) 536 ; **207** (1965) 343.
Wood, H. O. and F. Neumann : *BSSA* **21** (1931) 277.
Woodhouse, J. H. and A. M. Dziewonski : *JGR* **89** (1984) 5953.
——ほか, *GRL* **13** (1986) 1549.
Woodward, R. L. and G. Masters : *GJ* **109** (1991) 275.
Wu, F. T. and A. L. Levshin : *PEPI* **84** (1994) 59.
——ほか : *PAG* **149** (1997) 447.
Wysession, M. E. ほか : *JGR* **97** (1992) 8749 ; **99** (1994) 13667 ; *PEPI* **92** (1995) 67 ; *SCI* **284** (1999) 120.
Wyss, M. ほか : *JGR* **102** (1997) 20413.

矢吹哲一朗（Yabuki, T.）・松浦充宏：*GJ* **109**（1992）363.
山口直巳（Yamaguchi, N.）ほか：地震（2）**31**（1978）207.
山岡耕春（Yamaoka, K.）ほか：*Rev. Geophys.* **24**（1986）27；*PAG* **155**（1999）.
山科健一郎（Yamashina, K.）：*TP* **51**（1978）139；*PEPI* **18**（1979）153.
山下輝夫（Yamashita, T.）：*JPE* **28**（1980）169, 309；**29**（1981）283；**30**（1982）131.
―― and L. Knopoff：*GJ* **91**（1987）13；**96**（1989）389.
――・大中康誉：*JGR* **96**（1991）8351.
――・梅田康弘：*PAG* **143**（1994）89.
山崎朗（Yamazaki, A.）・平原和朗：*JPE* **44**（1996）713.
山崎文人・大井田徹：地震（2）**38**（1985）193.
山崎良雄（Yamazaki, Y.）：*BERI* **45**（1967）849；*PAG* **113**（1975）219.
柳谷俊（Yanagidani, T.）ほか：*JGR* **90**（1985）6840.
Yerkes, R. F. ほか：*Geol.* **11**（1983）287.
吉田明夫（Yoshida, A.）：*Pap. Met. Geophys.* **41**（1990）15.
――・伊藤秀美：地学雑誌 **104**（1995）544.
吉田真吾（Yoshida, S.）：*JPE* **43**（1995）183.
――・纐纈一起：*GJ* **103**（1990）355.
――ほか：*JPE* **44**（1996）437.
Young, C. J. and T. Lay：*JGR* **95**（1990）17385.
吉井敏尅（Yoshii, T.）：地震（2）**22**（1969）54；318；*J. Fac. Sci. Hokkaido Univ. VII* **3**（1970）287；*EPSL* **25**（1975）305；科学 **47**（1977）170.
――・浅野周三：*JPE* **20**（1972）47.
吉岡祥一（Yoshioka, S.）ほか：*GJ* **113**（1993）607；*TP* **229**（1994）181.
行竹英雄（Yukutake, H.）：*JGR* **94**（1989）15639.
Zenenshain. L. P. and L. A. Savostin：*TP* **76**（1981）1.
Zhang, Y.・谷本俊郎：*JGR* **98**（1993）9793.
―― and T. Lay：*JGR* **101**（1996）8415.
Zhao, D. ・長谷川昭：*JGR* **98**（1993）4333.
――・根岸弘明：*JGR* **103**（1998）9967.
――ほか：*TP* **212**（1992）289；*JGR* **97**（1992）19909；**99**（1994）22313；*PEPI* **102**（1997）89.
Zhao, L. and C. Frohlich：*GJ* **146**（1996）355.
Zhao, L. S. and D. V. Helmberger：*JGR* **98**（1993）14185.
Zhao, M. ほか：*JGR* **104**（1999）4783.
Zhou, H.：*JGR* **101**（1996）27791.
―― and R. W. Clayton：*JGR* **95**（1990）6829.
Zoback, M. L.：*JGR* **97**（1992）11703.

地　震　索　引＊（年代順）

A. 日本および周辺の地震

允恭天皇の大和河内地震（416・8・23 G/22 J）　172
天武天皇（白鳳）の南海・東海地震（684・11・29 G/26 J）［多数］　180
天正の美濃地震（745・6・5 G/1 J）　245
承和の北伊豆地震（841・春）［多数］　245
貞観の三陸沖地震（869・7・13 G/9 J）［1000］　178
仁和の南海・東海地震（887・8・26 G/22 J）［多数］　180
永長の東海地震（1096・12・17 G/11 J）　180
康和の南海地震（1099・2・22 G/16 J）　180
文治の京都地震（1185・8・13 G/6 J）［多数］　181
正平の畿内地震（東海地震の可能性あり）（1361・8・1 G/7・24 J）［多数？］　180
正平の南海地震（1361・8・3 G/7・26 J）［多数］　180
明応の東海地震（1498・9・20 G/11 J）［数万］　180
天正の飛騨美濃近江地震（1586・1・18）［数千］　1・16と二元か．　245
慶長の豊後地震（1596・9・1）［800］　200
慶長の京都地震（1596・9・5）［数千］　181
慶長の南海-房総沖地震（1605・2・3）［数千］　180, 289, 310
慶長の会津地震（1611・9・27）［3700 余］　304
慶長の三陸沖地震（1611・12・2）［2000〜5000］　178
寛文の琵琶湖西岸地震（1662・6・16）［800］　181
延宝の三陸沖地震（1677・4・13）　178
延宝の房総沖地震（1677・11・4）［540］　179, 289
天和の日光地震（1683・6・17と18）　200, 206
元禄の関東地震（1703・12・31）［1万］　179, 232
宝永の南海・東海地震（1707・10・29）［5000〜2万］　180, 231, 310
宝永の伯耆地震（1710・10・3 および 1711・3・19）［多数］　206
寛保の渡島半島津波（1741・8・28）［2000］　305
宝暦の八戸沖地震（1763・3・11）　178
明和の八重山津波（1771・4・24）［1.2万］　181, 289
天明の小田原地震（1782・8・23，2回）200
寛政の島原地震（1792・5・21）［1.5万］　304

＊ 1582年10月5日以前の日付でGはグレゴリオ暦，Jはユリウス暦．以後はすべてグレゴリオ暦，現地時間．日本の地震のMは，1885〜1925年は宇津（1982），1926年以降は気象庁による．1980年までのM_s（浅い地震）またはm_B（深い地震）は阿部（1981, 84），阿部・野口（1983）にあるものはそれによる．1981年以降のM_sはUSGSによる．1976年までのM_wは個々の論文による値（出典略），1977年以降のM_wはHarvard大学のCMT解から換算した値である．［ ］内は死者数．

寛政の鰺ヶ沢地震（1793・2・8）［12］　　230, 320
享和の佐渡小木地震（1802・12・9）［37］　　230, 320
文化の象潟地震（1804・7・10）［300］　　230, 320
文化の男鹿半島地震（1810・9・25）［60］　　200
文政の岩代地震（1821・12・13 および 1822・1・26）　　206
天保の根室釧路沖地震（1843・4・25）［46］　　178
弘化の善光寺地震（1847・5・8）［8000］　　226
安政の伊賀地震（1854・7・9）［1600］　　200, 226
安政の東海地震（1854・12・23）［2000］　　179, 180
安政の南海地震（1854・12・24）［数千］　　180, 307
安政の江戸地震（1855・11・11）［7500〜1万］　　179
安政の八戸沖地震（1856・8・23）［38］　　178
安政の飛越地震（1858・4・9）［426］　　304
安政の石見地震（1859・1・5 および 10・4）　　206
（以下明治）明治元年＝1868年（9月8日以降）
浜田地震（1872・3・14）［555］　　200, 230, 320
横浜地震（1880・2・22）　　4
濃尾地震（1891・10・28）M 8.0 ［7273］　　8, 181, 193, 226, 245, 280, 309
能登地震（1892・12・9 および 12・11）［1］　　206
根室沖地震（1894・3・22）M 7.9. M_s 8.1 ［1］　　178
東京地震（1894・6・20）M 7.0, M_w 6.6 ［31］　　179
阿蘇地震（1894・8・8 と 1895・8・27）M 6.3 と M 6.3　　206
三陸沖地震（津波地震）（1896・6・15）M_s 8.2, M_w 8.0 ［2.2万］　　178, 288, 306, 308
陸羽地震（1896・8・31）M 7.2, M_s 7.3 ［209］　　178, 200, 226
須坂地震（1897・1・17 および 4・30）M 5.2 と M 5.4　　232
宮城県沖地震（1897・2・20）M 7.4　　178
福岡地震（1898・8・10 および 8・12）M 6.0 と M 5.8　　206
有馬の鳴動（1899・8月最盛）　　205, 308
宍道湖地震（1904・6・6）M 5.4 と M 5.8　　206
芸予地震（1905・6・2）M 7.2, m_B 7.0 ［11］　　181
三重県沖深発地震（1906・1・21）M 7.6, m_B 7.5, h 350 km　　219
房総沖地震（1909・3・13）M 7.5. m_B 7.6　　179, 219
姉川地震（1909・8・14）M 6.8 ［41］　　232
有珠山地震（1910・7・24）M 5.1　　170
奄美大島沖地震（1911・6・15）M 8.0, m_B 8.1, h 100 km ［12］　　181
（以下大正）大正元年＝1912年（7月30日以降）
鹿児島地震（1913・6・29 および 6・30）M 5.7 と M 5.9　　206
鹿児島地震（1914・1・12）M 7.1. M_s 6.7 ［35］　　170
浅間山地震（1916・2・22）M 6.2　　170
静岡県中部地震（1917・5・18）M 6.3 ［2］　　9, 257
日本海の深発地震（1917・7・31）M 7.6, m_B 7.4, h 500 km　　128

地震索引

大町地震（1918・11・11）M 6.1 と M 6.5　　206, 232
三次地震（1919・11・1）M 5.8　　257
島原地震（1922・12・8）M 6.9 と M 6.5 [26]　　232, 257
関東地震（1923・9・1）M 7.9, M_s 8.2, M_w 7.9 [14.3万]　　125, 126, 127, 179, 218, 226, 232, 237, 257, 280, 303
房総沖地震（1923・9・2）M 7.3, M_s 7.7　　289
但馬地震（1925・5・23）M 6.8 [428]　　164, 226
（以下昭和）昭和元年＝1926 年（12月25日以降）
兵庫県沖の深発地震（1927・1・15）M 6.3, h 380 km　　164
丹後地震（1927・3・7）M 7.3, M_s 7.6, M_w 7.1 [2925]　　181, 191, 226, 235, 241, 257, 286, 320
関原地震（1927・10・27）M 5.2　　321
志摩半島沖の深発地震（1929・6・3）M 7.0, h 360 km　　140, 258
伊東群発地震（1930・3〜5月）最大 M 5.9　　203, 232
北伊豆地震（1930・11・26）M 7.3, M_s 7.2, M_w 7.0 [272]　　141, 200, 226, 245, 257, 280, 309
沿海州の深発地震（1931・2・20）M 7.5, m_B 7.4, h 350 km　　219
西埼玉地震（1931・9・21）M 6.9 [16]　　280
三陸沖地震（1933・3・3）M 8.1, M_s 8.5, M_w 8.4 [3064]　　178, 219, 277, 280, 291, 306, 308, 327
宮城県沖地震（1936・11・3）M 7.5, M_s 7.2　　178
宮古島北方沖（1938・6・10）M 6.7, M_s 7.7　　181
福島県沖地震（1938・11・5）M 7.5, M_s 7.7, M_w 7.8 [1]　　178, 280
福島県沖地震（津波地震）（1938・11・14）M 6.0, M_s 7.0　　289
積丹半島沖地震（1940・8・2）M 7.5, M_s 7.5, M_w 7.6 [10]　　178, 280
長野地震（1941・7・15）M 6.1 [5]　　200
鳥取県東部地震（1943・3・4 と 3・5）M 6.2 と M 6.2　　206
鳥取地震（1943・9・10）M 7.2, M_s 7.4, M_w 7.0 [1083]　　181, 193, 226, 277, 280, 322
東南海地震（1944・12・7）M 7.9, M_s 8.0, M_w 8.1 [1251]　　180, 218, 280, 321, 330
昭和新山の群発地震（1944〜45）最大 M 5.0　　170
三河地震（1945・1・13）M 6.8, M_s 6.8, M_w 6.6 [2306]　　181, 200, 226, 280
南海道地震（1946・12・21）M 8.0, M_s 8.2, M_w 8.1 [1330]　　189, 230, 280, 291, 327
福井地震（1948・6・28）M 7.1, M_s 7.3, M_w 7.0 [3769]　　121, 126, 145, 181, 189, 193, 228, 275, 280
今市地震（1949・12・26）M 6.2 と M 6.4 [10]　　206, 232
サハリン南部沿岸の深発地震（1950・2・28）M 7.8, m_B 7.5, h 320 km　　219
十勝沖地震（1952・3・4）M 8.2, M_s 8.3, M_w 8.1 [33]　　36, 176, 210, 308
吉野地震（1952・7・18）M 6.8 [9]　　109, 322
房総沖地震（1953・11・26）M 7.4, M_s 7.7, m_B 7.7, M_w 7.9　　179, 218
二ッ井地震（1955・10・19）M 5.9　　232
新島地震（1957・11・11）M 6.0　　200
択捉島沖地震（1958・11・7）M 8.1, M_s 8.1, M_w 8.3　　176, 178, 280
弟子屈地震（1959・1・31）M 6.3 と M 6.1　　206
長岡地震（1961・2・2）M 5.2 [5]　　232, 321

北美濃地震（1961・8・19）M 7.0, M_s 6.9 [8]　280
宮城県北部地震（1962・4・30）M 6.5 [3]　232
三宅島群発地震（1962・8〜9月）最大 M 5.9　170
択捉島沖地震（1963・10・13）M 8.1, M_s 8.1, M_w 8.5　140, 176, 276, 280
長野県北部地震（1964・1・22）M 3.3　201
男鹿半島沖地震（1964・5・7）M 6.9, M_s 6.6, M_w 7.0　280
新潟地震（1964・6・16）M 7.5, M_s 7.5, M_w 7.6 [26]　141, 192, 230, 280, 316, 320, 330
鹿島灘群発地震（1965・9月）最大 M 6.7　202
松代群発地震（1966年最盛）最大 M 5.4　202, 232, 308, 309
麻績地震（1967・9・14）M 5.1　321
十勝沖地震（1968・5・16）M 7.9, M_s 8.1, M_w 8.2 [52]　126, 137, 176, 280, 291, 308, 327
京都府中部地震（和知地震）（1968・8・18）M 5.6　200
北海道東方沖地震（1969・8・12）M 7.8, M_s 7.8, M_w 8.2　178, 179, 200, 280
岐阜県中部地震（1969・9・9）M 6.6 [1]　280
根室半島沖地震（1973・6・17）M 7.4, M_s 7.7, M_w 7.8　180, 280, 311
伊豆半島沖地震（1974・5・9）M 6.9, M_s 6.3, M_w 6.5 [30]　189, 226, 241, 280, 308, 324, 326, 327
阿蘇北部地震（1975・1・23）M 6.1　200
色丹島沖地震（津波地震）（1975・6・10）M 7.0, M_s 6.8　139, 289
有珠山の群発地震（1977〜82）最大 M 4.3　170
伊豆半島東方沖の群発地震（1978〜）最大 M 6.8, M_w 6.4　203, 322
伊豆大島近海地震（1978・1・14）M 7.0, M_w 6.6 [25]　200, 280, 323, 324, 326, 328
青森県東岸の地震（1978・5・16）M 5.8（2回）　206
宮城県沖地震（1978・6・12）M 7.4, M_s 7.5, M_w 7.6 [28]　178, 200
岩崎群発地震（1978〜79）最大 M 4.2　321
伊豆半島東方沖地震（1980・6・29）M 6.7, M_w 6.4　200
浦河沖地震（1982・3・21）M 7.1, M_w 6.9　200
小笠原西北西はるか沖の深発地震（1982・7・4）M_w 7.0, h 554 km　166
鹿島灘地震（1982・7・23）M 7.0, M_w 7.0　200
日本海中部地震（1983・5・26）M 7.7, M_w 7.7 [104]　179, 194, 200, 280, 321, 323, 324
三宅島地震（1983・10・3）M 6.2, M_w 6.0　170
鳥島近海地震（1984・6・13）M 5.9　289, 290
長野県西部地震（1984・9・14）M 6.8, M_w 6.2 [29]　90, 171, 280, 323
（以下平成）平成元年＝1989年（1月7日以降）
サハリン中部の深発地震（1990・5・12）M 7.8, M_w 7.2, h 603 km　219
三陸沖地震（1992・7・18）3分間隔で M 6.9, M_w 6.9　242
釧路沖地震（1993・1・15）M 7.8, M_w 7.6, h 101 km [2]　219, 280
北海道南西沖地震（1993・7・12）M 7.8. M_w 7.7 [230]　178, 280
日本海西部の深発地震（1994・7・22）M 7.6, M_w 7.3, h 459 km　219
北海道東方沖地震（1994・10・4）M 8.2, M_w 8.3　178, 280
三陸はるか沖地震（1994・12・28）M 7.6, M_w 7.8 [3]　159, 219, 241, 280

兵庫県南部地震（1995・1・17）M 7.3, M_s 6.8, M_w 6.9 ［6432］　　125, 181, 189, 200, 220, 226, 280, 285, 308
択捉島沖地震（1995・12・3）M 7.2, M_w 7.9　　199
鳥島近海地震（1996・9・5）M 6.2, M_w 5.2　　290
鹿児島県北西部地震（1997・3・26）M 6.5, M_w 6.1 および（1997・5・13）M 6.3, M_w 6.1　　206
岩手・秋田県境の地震（1997・8・11）M 5.9 と M 5.7　　206
岩手山地震（1998・9・3）M 6.1, M_w 5.8　　169
有珠山群発地震（2000・3〜7）最大 M 4.6　　170
新島・神津島・三宅島近海の群発地震（2000 年 7〜8 月最盛），最大 M 6.5, M_w 6.5 ［1］　　169, 170, 200
鳥取県西部地震（2000・10・6）M 7.3, M_w 6.7　　171, 280, 324

B. 外国の地震（現在の国名・国境による）

中国陝西省華県地震（1556・2・2 G/1・23 J）［83 万］　　185
ペルー Lima 地震（1586・7・9）［多数？］　　184
中国山東省郯城地震（1668・7・25）［3.3〜5 万］　　185
ペルー Callao 地震（1687・10・20）［5000］　　184
イタリア Catania 地震（1693・1・11）［5.4〜10 万］　　187
米国 Cascadia 地震（1700・1・26）M_w 8.9　　183
イラン Tabriz 地震（1727・11・18）［7.7 万］　　186
チリ Concepción 地震（1730・7・8）［多数？］　　184
チリ Concepción 地震（1751・5・24 か 25）［多数］　　184
ポルトガル Lisbon 地震（1755・11・1）［6 万］　　187, 307
イタリア Calabria 地震（1783・2・5）［3〜5 万］　　187
米国 New Madrid 地震（1811・12・16, 1812・1・23 と 2・7）　　183
チリ Concepción 地震（1822・11・19）［多数］　　184
チリ Valdivia 地震（1837・11・7）［多数］　　184
ニュージーランド Wellington 地震（1855・1・23）　　229
米国 Fort Tejon 地震（1857・1・9）　　228, 245
イタリア Napoli 南東方の地震（1857・12・16）［1〜2 万］　　187
米国 Hawaii 島地震（1868・4・2）［81］　　169
チリ Arica 地震（1868・8・13）［1〜4 万］　　184
米国 Owens Valley 地震（1872・3・26）［27〜50］　　226
チリ Iquiquo 地震（1877・5・9）［多数］　　184
インドネシア Krakatoa 火山津波（1883・8・27）［3.6 万］　　305
米国 Charleston 地震（1886・8・31）［60〜100］　　183
インド Assam 地震（1897・6・12）M_s 8.0 ［1500］　　125, 185
ドイツ Vogtland の群発地震（1897〜1908）　　205
米国 Alaska 州 Yaktat 湾地震（1899・9・3）M_s 7.9 と（9・10）M_s 8.0　　183
インド Kangra 地震（1905・4・4）M_s 7.5 ［1〜2 万］　　186
米国 San Francisco 地震（1906・4・18）M_s 7.8 ［700］　　8, 141, 182, 220, 228, 305

地 震 索 引

チリ Valparaiso 地震（1906・8・17）M_s 8.1, M_w 8.2 ［1500〜2万］　184
イタリア Messina 地震（1908・12・28）M_s 7.0 ［8.2〜11万］　187
クロアチア Kulpa Valley 地震（1909・10・8）　85
タジキスタン Pamir 地震（1911・2・18）M_s 7.3 ［90］　140
イタリア Avezzano 地震（1915・1・13）M_s 6.9 ［3〜3.5万］　187
米国 Pleasant Valley 地震（1915・10・3）M_s 7.7　228
中国寧夏回族自治区海原地震（1920・12・16）M_s 8.6 ［22〜24万］　185
チリ Atakama 地震（1922・11・11）M_s 8.3, M_w 8.5 ［600〜1000］　184
オーストリア Tauern 地震（1923・11・28）　85
中国甘粛省古浪地震（1927・5・23）M_s 7.9, M_w 7.7 ［数万］　185
ニュージーランド Buller 地震（1929・6・16）M_s 7.6 ［17］　229
大西洋（カナダ Newfoundland 沖）Grand Banks 地震（1929・11・18）M 7.2 ［52］　304
ニュージーランド Hawke's Bay 地震（1931・2・3）M_s 7.8 ［225〜285］　228
インド・ネパール国境地震（1934・1・15）M_s 8.3, M_w 8.2 ［1万］　186
パキスタン Quetta 地震（1935・5・30）M_s 7.6 ［2.5〜6万］　186
チリ Chillán 地震（1939・1・25）M_s 7.8 ［2.5〜3万］　184
トルコ Erzincan 地震（1939・12・26）M_s 7.8 ［32700］　186
米国 Imperial Valley 地震（1940・5・18）M_s 7.1 ［9］　182, 228
ルーマニア Vrancea 地震（1940・11・10）m_B 7.3, h 150 km ［1000］　168
米国 Aleutian 地震（1946・4・1）M_s 7.3 ［173］　288
ドイツ Heligoland の爆破（1947・4・18）4 kt　86
トルクメニスタン Ashkhabad 地震（1948・10・5）M_s 7.3 ［2万］　186
タジキスタン Khait 地震（1949・7・10）M_s 7.5 ［1.2万］　186
インド Assam 地震（1950・8・15）M_s 8.6, M_w 8.6（中国西蔵地震ともいう）［4000］　185
米国 Kern County 地震（1952・7・21）M_s 7.8 ［12〜14］　183, 228
ロシア Kamchatka 地震（1952・11・4）M_s 8.2, M_w 9.0　36, 102, 137, 276
米国 Fairview Peak 地震（1954・12・16）M_s 7.1　228
米国 Aleutian 地震（1957・3・9）M_s 8.1, M_w 9.1　138
モンゴル Gobi-Altai 地震（1957・12・4）M_s 8.0, M_w 8.1 ［30〜1200］　186, 276
米国 Alaska 南東部地震（1958・7・10）M_s 7.9, M_w 8.2 ［3〜6］　183
モロッコ Agadir 地震（1960・2・29）M 5.7 ［1.2〜1.5万］　187
チリ地震（1960・5・22）M 8.5, M_w 9.5 ［1700〜5700］　7, 109, 137, 170, 184, 232, 235, 266, 276, 291, 310, 321
米国 GNOME 地下核実験（1961・12・10）3.1 kt　158
中国新豊江ダム地震（1962・3・19）M 6.1 ［5］　223
米国 Denver の群発地震（1962〜66）　223
米国 Alaska 地震（1964・3・27）M_s 8.4, M_w 9.2 ［115〜131］　110, 137, 140, 232, 235, 291, 309
アフガニスタン Hindu Kush の地震（1965・3・14）m_B 7.5, h 205 km　168, 195
米国 Aleutian 列島 LONGSHOT 地下核実験（1965・10・29）80 kt　159
ギリシャ Kremasta 地震（1966・2・5）M 6.2 ［1］　223
ウズベキスタン Tashkent 地震（1966・4・25）M 5.5 ［10］　327

地 震 索 引

米国 Parkfield 地震（1966・6・27）M_L 5.3, M_s 6.5　　182, 191, 330
中国河北省邢台地震（1966・3・8 と 22）M_s 6.8 と 7.1 ［8000］　185, 205
インド Koyna 地震（1967・12・10）M 6.2 ［110〜180］　223
米国 BOXCAR 地下核実験（1968・4・26）1.2 Mt　224
イラン Dasht-e Bayaz 地震（1968・8・31）M_s 7.1 ［1.2〜1.5 万］　186
オーストラリア Meckering 地震（1968・10・14）M 7.3　185
米国 BENHAM 地下核実験（1968・12・19）1.1 Mt　224
中国雲南省通海地震（1970・1・5）M_s 7.3 ［1.56 万］　185
ペルー Ancash 地震（1970・5・31）M_s 7.5, M_w 7.9 ［5〜7 万］　184
米国 San Fernando 地震（1971・2・9）M 6.5 ［58］　183, 228, 317
中国遼寧省海城地震（1975・2・4）M_s 7.2 ［1328］　318, 323
トルコ Lice 地震（1975・9・6）M 6.7 ［2300〜3000］　186
米国 Hawaii 島地震〔Kalapana 地震〕（1975・11・30）M_s 7.2 ［2］　169
グアテマラ地震（1976・2・4）M_s 7.5 ［2.3 万］　183, 284
イタリア Friuli 地震（1976・5・6）M 6.1 ［900〜1000］　187
中国河北省唐山地震（1976・7・28）M_s 7.8 ［24.3 万］　185
フィリピン Mindanao 島沖地震（1976・8・17）M_s 7.8 ［6500〜8000］　185
トルコ Van 地震（1976・11・24）M_s 7.1 ［3600〜5000］　185
ルーマニア Vrancea 地震（1977・3・4）m_B 7.1, M_w 7.5, h 94 km ［1387〜1581］　168
インドネシア Sumbawa 島沖地震（1977・8・19）M_s 8.1, M_w 8.3 ［189］　291
米国 Long Valley カルデラ群発地震（1978〜）最大 M_s 6.1, M_w 6.2　205
イラン Tabas 地震（1978・9・16）M_s 7.2, M_w 7.3 ［1.5〜2 万］　186
米国 Imperial Valley 地震（1979・10・15）M_L 6.6, M_w 6.6　182, 330
米国 St. Helens 火山爆発地震（1980・5・18）M_s 5.0, M_w 5.7　290
アルジェリア El Asnam 地震（1980・10・10）M_s 7.1, M_w 7.1 ［2500〜5000］　187
イタリア Irpinia 地震（1980・11・23）M_s 6.8, M_w 6.9 ［3000〜4000］　187
米国 Coalinga 地震（1983・5・2）M_s 6.5, M_w 6.4　317
メキシコ Michoacan 地震（1985・9・19）M_s 8.1, M_w 8.0 ［9500］　183, 217
米国 Whittier Narrows 地震（1987・10・1）M_s 5.7, M_w 5.9 ［8］　317
アルメニア Spitak 地震（1988・12・7）M_s 6.8, M_w 6.7 ［2.5 万］　187
米国 Loma Prieta 地震（1989・10・18）M_s 7.1, M_w 6.9 ［63］　182
イラン Rudbar 地震（1990・6・20）M_s 7.7, M_w 7.4 ［3.5 万］　186
フィリピン Luzon 島地震（1990・7・16）M_s 7.8, M_w 7.7 ［2400］　185, 217, 228
米国 Landers 地震（1992・6・28）M_s 7.6, M_w 7.3 ［1］　220, 228, 232
米国 Big Bear 地震（1992・6・28）M_s 6.7, M_w 6.5　220
ニカラグア西岸地震（1992・9・2）M_s 7.2, M_w 7.6 ［184］　288, 289
米国 Northridge 地震（1994・1・17）M 6.8, M_w 6.7 ［60］　183, 228, 317
フィジーの深発地震（1994・3・10）M_w 7.6, h 564 km　195
ボリビア深発地震（1994・6・8）M_w 8.2, h 631 km ［10］　184, 195, 302
ペルー Chimbote 沖地震（1996・2・21）M_s 6.6, M_w 7.5 ［12］　289
パプアニューギニア地震（1998・7・17）M_s 7.1, M_w 7.0 ［2700］　289

トルコ Kocaeli 地震（1999・8・17）M_s 7.8, M_w 7.5 ［1.7万］　186, 217
台湾集集地震（1999・9・21）M_s 7.7, M_w 7.7 ［2400］　185
インド西部（Gujarat 州）地震（2001・1・26）M_s 7.7, M_w 7.7 ［2万］　186

事項索引

ア

ISS　38
ISC　38
ICB　80
IDA　39
IRIS　39
アウターライズ　164
アコースティックエミッション（AE）　251
アセノスフェア　92
アスペリティ（断層の）　283
アモントンの法則　254
R　102
R_g　107
アレー　40, 157
安定すべり　253

イ

iasp91 走時表　81
石本・飯田の式　147
異常震域　128
位相　81
位相スペクトル　12
位相速度　57, 102, 103
位相特性　13
Ⅰ型　263
移動（地震活動の）　210
移動震源　274, 276
異方性　49, 89, 100
インバージョン　73, 284
インパルス応答　11

ウ

Wiechert 式地震計　24
上半球投影　261
Wood-Anderson 式地震計　24, 130

埋込式ひずみ計　36, 322
ウルフネット　260

エ

エアガン　87
エアリー相　58
AIC　151, 222
AE→アコースティックエミッション
A型地震　169
液状化（地盤の）　7, 303
S　80, 83
SRO　39
SAR→合成開口レーダー
SS　83
sS　83
SH 波　51
S_n　83
SN 比　40
SmS　85
SOC→自己組織化臨界性
SKS　80, 83
ScS　80, 83
$ScSp$　118
S 波　5, 47
$S-P$ 時間　153
sP　83
SV 波　51
ETAS モデル　213
エネルギー（地震の）　139, 267
エピソード的クリープ　241
FFT　13
MSK 震度階　124
MM 震度階→改正メルカリ震度階
M_2 波　58
L_g　107
縁海　114
円錐型　247

事項索引

延性的　247

オ

大地震　3
大森公式（震源距離の）　153
大森公式（余震の）　192
応力　43
応力降下　266
応力-ひずみ曲線　247
応力腐食　250
応力偏差テンソル　44
遅れ破壊　197, 250
押し（初動の）　8, 257
ω^3 モデル　281
ω^2 モデル　281
ORFEUS　39

カ

外核　79
海岸段丘　246
海震　304
改正メルカリ震度階　121
回折　83
海底地震計　41, 159
海洋底拡大　295
改良大森公式　192
核（地球の）　6, 98
角距離　6
核実験　87, 139, 143, 158, 224
核爆発→核実験
核-マントル境界（CMB）　6, 79
確率利得　319
隠れた層　77
陰　83
重ね合せメカニズム解　290
火山性地震　146, 169, 206
過制振　19
加速度（地震動の）　124
加速度地震計　23
偏り（波の）　47
活断層　243

カップリング→プレート間カップリング
可動コイル形変換器　25
Galitzin 式地震計　26
間隙圧　249
感震器　5
換振器　24
観測所　5, 37
観測点補正　158
観測網　5, 38
環太平洋地震帯　161

キ

機械式地震計　4, 21
幾何学的広がり（波線の）　75
気象庁震度階級　121
気象庁のマグニチュード　134
基本倍率　21
基本モード　36
逆測線　78
逆断層　225
逆伝搬図　305
逆分散　58
逆問題　73
Q　65
Q 構造　96, 100, 106, 118
吸収係数　66
キュリー点深度　171
強震計　23
極（プレート相対運動の）　296
局発地震　130
巨大地震　3
Kirnos 式地震計　32

ク

空隙圧→間隙圧
空白域（大地震の）　217
空白域（地震活動の）　169, 217
屈折　51
屈折法　86
グーテンベルク・リヒターの式　143
繰返し（地震の）　179, 209, 240, 313

事 項 索 引　369

クリープ（岩石の）　69, 196
クリープ（断層の）　241
クリープ的不安定　301
グリーン関数　270
Gray 型振り子　18
クーロンの式　249
クーロンの破壊応力（CFS）　249
クーロンの破壊関数（CFF）→クーロンの破壊応力
群速度　58, 100, 102
群発地震　3, 202, 322

ケ

経験的グリーン関数　286
傾斜計　36
計測震度　121
結合定数　28
月　震　2
ケーブル方式　41
限界ひずみ　235
減　衰　65
減衰器　26
減衰振動　19
減衰定数　19
減衰比　19
検潮器　305, 321
顕著地震　130
原点走時　77
検流計　24

コ

碁石モデル　140
光学式地震計　4, 21
宏観異常現象　328
広義の前震　324
広義の余震　189
高 Q 層　118, 166
交差距離　77
格子点捜査法　156
高次モード　57, 63
降斜圧縮　291

降斜伸張　291
更新過程　208
校　正　33
合成開口レーダー（SAR）　232
校正関数　131
構成則（摩擦の）　254, 287
剛性率　45
高速度層　118, 166
広帯域地震計　33, 39
光波測距儀　233
後氷期隆起運動　242
極微小地震　3
コーダ Q　326
コーナー周波数　273
520 km 不連続面　91
固有地震　151, 210
固有周期　15
コンボリューション　11
コンラッド不連続面　85

サ

最小二乗法　155
最深点　72
サイスミシティ　3, 166
サイスミシティマップ　160, 173
サイスミックゾーネーション　315
最大倍率　30
最大有感距離　136
最大余震　194
最尤法　145, 192
再来期間　313
サイレント地震　242
逆立ち振り子　16
Sacks-Evertson 式ひずみ計　36
雑微動　1, 38
三角測量　233
三次元波線追跡　79
三重合（走時曲線の）　74
三辺測量　233
散　乱　65, 99

シ

G 102
G-R 式→グーテンベルク・リヒターの式
GSDN 39
CFS→クーロンの破壊応力
CFF→CFS
CMT 271
CMB→核-マントル境界
CLVD 271
GPS 233, 321
Jeffreys-Bullen の走時表 80
GEOSCOPE 38
時間間隔 207, 208
時間領域 13
自己共分散関数 13
自己組織化臨界性（SOC） 150
自己浮上方式 42
地 震 1
地震活動 3, 160, 166, 172, 182
地震観測所 37
地震観測網 38
地震危険度 313
地震記象 4
地震区 168
地震計 4, 14
地震計台 38
地震災害 7
地震帯 168
地震体積 191
地震断層 7, 226
地震地磁気効果 310
地震動 1
地震の効率 140
地震の巣 168
地震波 1
地震波エネルギー 140, 267
地震波速度変化 325
地震波トモグラフィー 7, 78
地震モーメント 138, 265
地震予知 9, 318

地すべり 7, 303
沈込み 294
自然地震 1
下半球投影 261
実効応力 267
実効封圧 249
実質に働く力 45
実体波 1
実体波マグニチュード 132
実体振り子 16
地鳴り 7, 205, 308
地盤沈下 243
主圧力軸 259
周期性 213
周期延ばし 16
重合（記録波形の） 88
自由振動 4, 62, 109
周波数スペクトル 12
周波数特性 13, 21, 28
周波数領域 14
重力変化 311
主応力 44
シュスターの検定 207
主張力軸 259
出 力 11
主ひずみ 44, 234
順問題 73
小区域地震 130
上下動地震計 4
上下変動 230, 320
象限型 247
常時自由振動 110
常時微動 1
小地震 3
上部マントル 91, 119
初期微動継続時間→$S-P$ 時間
初 動 8, 247, 263
除波フィルター 41
地割れ 7, 303
震 央 2
震央距離 6, 84

事 項 索 引　　　371

震　源　2
震源域　2
震源核形成→破壊核形成
震源過程　282
震源球　261
震源距離　6
震源決定　153
震源時　6
震源時間関数　270
震源断層　226
震源の深さ　2, 164
人工地震　1, 86
伸縮計　35, 322
震　度　2, 121, 135
振動台　33
振動倍率　22
浸透理論　143
震度階　121
震度計　121, 125
震波線　71
深発地震　2, 164, 195, 301
深発地震面　164
振幅スペクトル　12
振幅特性　13

ス

水管傾斜計　37
水準測量　232, 321
水準点　232
水平動地震計　4
水平振り子　16
水平変動　233
スケーリング則　279
すす書き　24
スティックスリップ　253
ステレオ投影　260
ストレインステップ　238
スネルの法則　72
スペクトル　12, 272, 281
すべり角　225
すべり弱化　255

すべり速度　273
すべり量予測可能モデル　210
SMAC強震計　23
スラブ　116, 166
スラブ効果　116
スリップベクトル　225, 259
スロー地震　288

セ

静穏化（地震活動の）　213, 217, 323
正規モード　62
セイシュ　308
制振作用　19
制振器　20
制振比　19
脆性的　247
正断層　225
正分散　58
世界標準地震計観測網→WWSSN
節　線　247
接線応力　44
節　面　247
セルオートマトン　150
先行群発地震　324
先行すべり　330
線形システム　11
前　震　3, 199, 322
せん断応力　44
前兆現象　9, 318, 328
セントロイド　271
セントロイドモーメントテンソル→CMT
浅発地震　2

ソ

相　81
相関（地震活動の）　218
走　時　6
走時曲線　6, 81
走時残差　117
相似地震群　290
走時図　6

走時表　80
総振動時間　134
相転移　301
相転移型断層運動　301
SOFARチャネル　109
速度地震計　23
速度弱化　254
存否法　13

タ

帯域フィルター　41
第一種地震空白域　217
大地震　3
対数正規分布　209
対せき点　102
体積弾性率　45
体積ひずみ計　36
第二種地震空白域　217, 323
タイムターム法　78
タイムマーク　5, 38
ダイラタンシー　248, 329
ダイラタンシー-拡散モデル　329
ダイラタンシー硬化　218, 250
大陸移動　295
卓越周期　281
立上り時間　273
縦ずれ断層　225
縦波　5
WWSSN　38
ダブルカップル　263
ダム誘発地震　222
短期予知　318
短周期地震計　4, 32, 38
単色地震　170
弾性反発説　8
断層　225, 236
断層パラメーター　9, 278
断層面　8, 258
断層面解　258
断層面積　265, 268, 279
断層モデル　274

単振り子　15
単力源　292
断裂帯　120, 296

チ

地殻　6
地殻応力　290
地殻構造　85, 88, 100, 114
地殻熱流量　114, 170
地殻変動　7, 225, 230, 236, 320
地下水　307, 327
地球潮汐　216
地磁気　309, 326
地磁気のしま模様　295
地心緯度　84
地電流　310, 327
着震時→到着時
チャネル波　108
チャンドラー章動　311
中央海嶺　120, 166, 293
中期予知　318
中地震　3
長期予知　318
長周期地震計　4, 32, 38
直角づり　18
地理緯度　84

ツ

Zöllnerづり　37
津波　7, 184, 304
津波計　306
津波警報　306
津波地震　139, 288
津波マグニチュード　139
坪井公式　134

テ

DSS　87
低周波地震　139
低速度層　74, 92
T軸　259

事 項 索 引

T 相　108
D'' 層　95
$dT/d\Delta$ 法　92
適中率　318
テクトニックな応力　290
デクラスタリング　167
デコンボリューション　11
デプスフェイズ　157
δ 関数　11
ΔCFS　220
テレメーター　5, 39
電圧感度　33
転位論　266
点過程　206
電気抵抗　253, 310, 327
転向円　259
電磁式地震計　4, 24
点震源　269
電流感度　26

ト

等化　264
島弧　114, 291
等震度線　126, 156
等積投影　260
到着時　5
導波層　108
等方性　44
動力学的破壊モデル　285
特性方程式　54, 61
De Quervain-Piccard 式地震計　24
土石流　7, 303
ドーナツパターン　218
トモグラフィー→地震波トモグラフィー
トランスフォーム断層　166, 289, 293, 294
トリガーモデル　211

ナ

内核　79
内部摩擦　65
内部摩擦係数　249

長さゼロのばね　18

ニ

II 型　263
二重地震面　173
20° 不連続　82
二次余震　193
二対の偶力→ダブルカップル
入力　11

ヌ

ヌルベクトル　259

ネ

ねじれ振動　62
粘性　67
粘性係数　67
粘弾性　67

ノ

伸び縮み振動　62
ノーマルモード→正規モード

ハ

背景雑音　2, 38, 40
ハイドロホン　87
バイラテラル断層運動　274
倍率曲線　23
破壊核形成　255, 330
破壊強度　248
墓石の転倒　125
破壊伝搬速度　274, 283
破壊経歴　285
爆破地震学　86
波形モデリング　94
波源域（津波の）　305
Haskell の方法　58, 65
波数　47
波線パラメーター　72
バックスリップ　240
発掘調査（活断層の）　245

発光現象　7, 309
発震機構　9, 247
発生時期予測可能モデル　210
発生率　207
波動方程式　46
ばね-ブロックモデル　150, 198
バリヤー（断層の）　283
パワースペクトル　12, 207, 212, 214
反射　51
反射断面図　88
反射法　88
反射面（地殻内の）　88, 91

ヒ

ピエゾ磁気効果　310
P　80, 83
PmP　85
P_n　83
PL　109
B型地震　146, 169
P'　80, 83
$P'P'$　83
PP　80, 83
pP　80, 83
引き（初動の）　8, 257
引金作用　216
$PKIKP$　98
$PKJKP$　99
PKP　80, 83
PcP　83
P軸　259, 292
B軸　259
微小地震　3
微小破壊　248, 250
ひずみ　43
ひずみエネルギー　50, 141
ひずみ解放曲線　196
ひずみ地震計　34
ひずみの主軸　44
ひずみ偏差テンソル　44
非ダブルカップル地震　27, 289

左ずれ断層　225
$P'dP'$　94
PdP　94
非弾性　65
b 値　145, 201
p 値　192
PDE　38
非定常ポアソン過程　208
P波　5, 47
標準走時表　156
表面波　1, 51, 100
表面波マグニチュード　131
ヒンジライン　230

フ

VLBI　297, 321
フィードバック型（換振器）　33
封圧　248
フォークトモデル　68
不足制振　19
フックの法則　44
不動点　14
フラクタル　149, 172
フラクタル次元　149, 172
プルーム→マントルプルーム
Press-Ewing 式地震計　32
Brune モデル　272
プレート　92, 294
プレート間カップリング　298
プレート間地震　163
プレート境界地震→プレート間地震
プレートテクトニクス　9, 294
プレート内地震　161
PREM モデル　112
分岐ポアソン過程　211
分散（波の）　6, 57
分散曲線　61, 101, 104
分枝モデル　148
分裂（S波）　49
分裂（スペクトルの）　110

事項索引

ヘ

べき分布　148, 172
Benioff 式地震計　32
ベニオフゾーン→和達・ベニオフゾーン
ヘルグロッツ・ウィーヘルトのインバージョン　73
変位地震計　23
変位ポテンシャル　48
変換（地震波の）　77
変換器　4
変曲点　75
ベンドルフの法則　72
偏波角　264

ホ

ポアソン過程　206
ポアソン比　45
ポアソン分散指数　207
ホイヘンスの原理　51, 305
方位角　84
法線応力　44
飽和（マグニチュードの）　137
補助曲　258
捕捉波　108
ホットスポット　96, 295, 300
ポーラーフェイズシフト　102
本震　3

マ

マイクロゾネーション　317
マキシマムエントロピ法　13
マグニチュード　2, 130
摩擦（地震計の）　24
摩擦係数　254
マスターイベント　159
マクスウェルモデル　68
マルチパス　118
マルチフラクタル　149
マルチプルショック　284
マントル　6, 91

マントル対流　295
マントルプルーム　300
マントルレイリー波　102
マントルラブ波　102

ミ

見掛け応力　267
見掛け速度　72
右ずれ断層　225
水の注入　223
脈動　1

メ

メカニズム解→断層面解

モ

モホ　6, 85
モホロビチッチ不連続面　6, 85
モーメント→地震モーメント
モーメントテンソル　270
モーメントマグニチュード　138
モール円　249

ヤ

山崩れ　7, 303
山津波　303
山はね　1, 224, 268
やや顕著地震　130
やや深発地震　2, 173
ヤング率　45

ユ

Ewing 型振り子　17
USGS　38, 271
有感半径　136
誘発地震　1, 220, 222
ユニラテラル断層運動　274
ユーラシア地震帯　161

ヨ

余効すべり　241
横ずれ断層　225
横波　5
余震　3, 189
余震域　189
予知率　318
410 km 不連続面　91

ラ

LaCoste 型振り子　18
LASA　40
ラドン　327
ラブ波　6, 55, 61
ラメの定数　44
ランダムウォーク　215
乱泥流　304

リ

リーキングモード　62
リソスフェア　92
リーフスプリング型（振り子）　18
リフト　120
理論地震記象　166, 270, 275
臨界制振　19

レ

レイリー波　6, 53, 58
歴史地震　172
レシーバー関数　86
連係震源決定　160

ロ

ローカルマグニチュード　131
660 km 不連続面　91, 94

ワ

ワイブル分布　209
和達ダイヤグラム　154, 325
和達・ベニオフゾーン　165

── 著者紹介 ──

宇津徳治（うつとくじ）

最終学歴　1951年東京大学理学部地球物理学科卒業
専　攻　　地震学
　　　　　北海道大学助教授・名古屋大学教授・東京大学地震研究所教授を経て，
現　在　　東京大学名誉教授・理学博士
主要著書　地震活動総説（東京大学出版会）
　　　　　地震の事典（共著）（朝倉書店）

地　震　学
（第3版）

検印廃止

© 1977, 1984, 2001

1977年 9月 1日　初版1刷発行	著　者　　宇　津　徳　治
1981年10月 5日　初版6刷発行	
1984年10月 5日　第2版1刷発行	発行者　　南　條　光　章
1995年 3月15日　第2版5刷発行	東京都文京区小日向4丁目6番19号
2001年 7月 1日　第3版1刷発行	
2024年 5月 1日　第3版9刷発行	

NDC 453

発行所　東京都文京区小日向4丁目6番19号
　　　　電話　東京(03)3947-2511番（代表）
　　　　郵便番号112-0006
　　　　振替口座 00110-2-57035番
　　　　URL　http://www.kyoritsu-pub.co.jp/

共立出版株式会社

印刷・精興社　製本・ブロケード　　　　　　Printed in Japan

一般社団法人 自然科学書協会 会員　NSPA

ISBN978-4-320-04637-5

JCOPY　〈出版者著作権管理機構委託出版物〉

本書の無断複製は著作権法上での例外を除き禁じられています．複製される場合は，そのつど事前に，出版者著作権管理機構（TEL：03-3513-6969，FAX：03-3513-6979，e-mail：info@jcopy.or.jp）の許諾を得てください．

■地学・地球科学・宇宙科学関連書　www.kyoritsu-pub.co.jp 共立出版

地質学用語集 和英・英和……………日本地質学会編	国際層序ガイド 層序区分・用語法・手順へのガイド…………日本地質学会訳編
SDGs達成に向けたネクサスアプローチ 地球環境問題の解決のために 谷口真人編	地質基準……………日本地質学会地質基準委員会編著
地球・環境・資源 地球と人類の共生をめざして 第2版………内田悦生他編	東北日本弧 日本海の拡大とマグマの生成…………周藤賢治著
地球・生命 その起源と進化……………大谷栄治他著	地盤環境工学……………………………嘉門雅史他著
グレゴリー・ポール恐竜事典 原著第2版 東 洋一他監訳	岩石・鉱物のための熱力学…………内田悦生著
天気のしくみ 雲のでき方からオーロラの正体まで……………森田正光他著	岩石熱力学 成因解析の基礎………………川嵜智佑著
竜巻のふしぎ 地上最強の気象現象を探る………森田正光他著	同位体岩石学……………………………加々美寛雄他著
大気放射学 衛星リモートセンシングと気候問題へのアプローチ 藤枝 鋼他共訳	岩石学概論(上)記載岩石学 岩石学のための情報収集マニュアル 周藤賢治他著
土砂動態学 山から深海底までの流砂・漂砂・生態系 松島亘志他編著	岩石学概論(下)解析岩石学 成因的岩石学へのガイド 周藤賢治他著
海洋底科学の基礎……………日本地質学会「海洋底科学の基礎」編集委員会編	地殻・マントル構成物質……………周藤賢治他著
ジオダイナミクス 原著第3版……………木下正高監訳	岩石学Ⅰ～Ⅲ (共立全書189・205・214)…都城秋穂他共著
プレートダイナミクス入門……………新妻信明著	偏光顕微鏡と岩石鉱物 第2版…………黒田吉益他共著
地球の構成と活動 (物理科学のコンセプト7)…黒星瑩一訳	数値相対論と中性子星の合体 (物理学最前線25) 柴田 大
地震学 第3版……………………………宇津徳治著	原子核から読み解く超新星爆発の世界 (物理学最前線21) 住吉光介著
水文科学……………………………杉田倫明他編著	重力波物理の最前線 (物理学最前線17)……川村静児著
水文学……………………………杉田倫明著	惑星形成の物理 太陽系と系外惑星系の形成論入門 (物理学最前線6)…井田 茂他著
湖の科学……………………………占部城太郎訳	天体画像の誤差と統計解析 (クロスセクショナルS7) 市川 隆他著
環境同位体による水循環トレーシング…山中 勤著	宇宙生命科学入門 生命の大冒険……………石岡憲昭著
陸水環境化学……………………………藤永 薫編集	現代物理学が描く宇宙論……………真貝寿明著
地下水モデル 実践的シミュレーションの基礎 第2版 堀野治彦他著	多波長銀河物理学……………竹内 努訳
地下水流動 モンスーンアジアの資源と循環……谷口真人編著	宇宙物理学 (KEK物理学S3)……………小玉英雄他著
環境地下水学……………………………藤縄克之著	宇宙物理学……………………………桜井邦朋著
復刊 河川地形……………………………高山茂美著	復刊 宇宙電波天文学……………赤羽賢司他共著